钟翔山　主编

CHONGYA SHENGCHAN GONGYI JI ZHILIANG GUANLI

# 冲压生产工艺及质量管理

化学工业出版社
·北京·

## 内容简介

本书针对冲压生产工艺及质量管理的实际工作需要，系统、全面地介绍了冲压生产的下料、冲裁、精冲、弯曲、拉深、成形等工序的加工工艺，各类加工技术的操作手法、操作过程和操作技巧以及工艺步骤，常见加工缺陷的预防及补救措施；基于全面质量管理（TQM）的系统观点，对各冲压加工工序、冲压原材料及冲模制造过程、冲压加工过程等各类影响冲压件质量的因素进行了综合分析与探讨。

本书内容详尽实用、结构清晰明了，既可供从事冲压工艺及模具设计相关工作的工程技术人员、质量管理人员、操作工人使用，也可作为高校机电专业和模具设计与制造专业师生的参考书。

**图书在版编目（CIP）数据**

冲压生产工艺及质量管理/钟翔山主编. —北京：化学工业出版社，2021.12

ISBN 978-7-122-40040-6

Ⅰ.①冲… Ⅱ.①钟… Ⅲ.①冲压-生产工艺-质量管理 Ⅳ.①TG38

中国版本图书馆 CIP 数据核字（2021）第 203702 号

责任编辑：贾 娜 韩亚南　　装帧设计：王晓宇

责任校对：张雨彤

出版发行：化学工业出版社（北京市东城区青年湖南街 13 号　邮政编码 100011）

印　　装：北京天宇星印刷厂

787mm×1092mm 1/16 印张 17½ 字数 459 千字 2022 年 2 月北京第 1 版第 1 次印刷

购书咨询：010-64518888　　售后服务：010-64518899

网　　址：http://www.cip.com.cn

凡购买本书，如有缺损质量问题，本社销售中心负责调换。

定　　价：89.00 元

# 前言

冲压是金属塑性加工的一种基本方法。采用冲压工艺生产的各种板料零件，具有生产率高、尺寸精度好、重量轻、成本低并易于实现机械化和自动化等特点，在现代汽车、拖拉机、电机、电器、电子仪表、日用生活用品、航天、航空以及国防工业等领域发挥着重要作用。

随着我国经济快速、健康、持续、稳定地发展和改革开放的不断深入，以及经济转型和机械加工业的发展，对冲压件的需求也在增多。为满足企业对冲压件生产的迫切需要，本着提高从业者生产加工技术，满足冲压件生产质量管理之目的，我们总结多年来的实践经验，突出操作性及实用性，精心编写了本书。

全书共九章，针对冲压生产工艺及质量管理的实际工作需要，对冲压生产的下料、冲裁、精冲、弯曲、拉深、成形等工序的加工工艺，各类加工技术的操作手法、操作过程和操作技巧以及工艺步骤，常见加工缺陷的预防及补救措施等内容进行了系统、全面的介绍；基于全面质量管理（TQM）的系统观点，对各冲压加工工序、冲压原材料及冲模制造过程、冲压加工过程等各类影响冲压件质量的因素进行了综合分析与探讨。

本书注重冲压加工的特色，努力将冲压生产工艺与质量管理融合起来进行分析，既站在质量管理的高度来讲解冲压加工技术，又从冲压加工技术应用的角度来解析质量管理方法，做到冲压生产工艺与质量管理的交会融合，从而对影响冲压件加工质量的各类因素进行全面的分析与理解，以找到解决问题的最佳途径、对策及方法。通过对本书的学习，既可以了解冲压件生产工艺，又便于预防、治理、控制冲压件质量缺陷，保证安全正确生产，实现质量控制从事后把关向事前优化的转化、提升。本书具有内容系统全面、结构清晰明了、实用性强等特点，既可供从事冲压工艺及模具设计相关工作的工程技术人员、质量管理人员、操作工人使用，也可作为高校机电专业和模具设计与制造专业师生的参考书。

本书由钟翔山主编，钟礼耀、曾冬秀、周莲英副主编，参加资料整理与编写的还有周彬林、刘梅连、欧阳拥、周爱芳、周建华、胡程英，参与部分文字处理工作的有钟师源、孙雨暄、欧阳露、周宇琼。全书由钟翔山整理统稿，钟礼耀校审。

本书在编写过程中，得到了同行及有关专家、高级技师等的热情帮助、指导和鼓励，在此一并表示由衷的感谢！然而由于水平所限，疏漏不足之处在所难免，热诚希望广大读者和专家批评指正。

钟翔山

# 目录

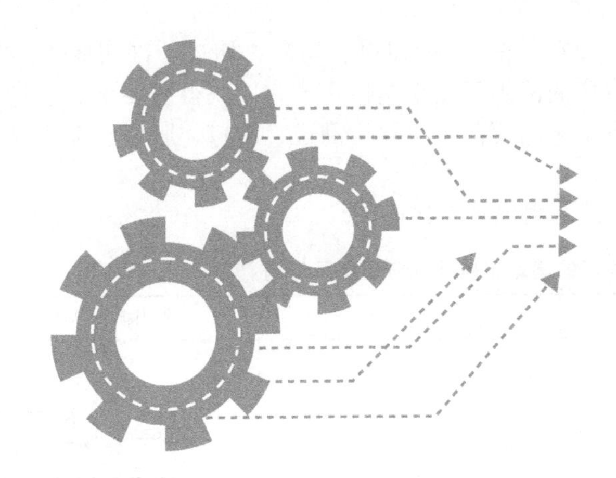

# 第1章 冲压加工基础

## 1.1 冲压加工基础知识

冲压加工又称板料冲压或冷冲压，是压力加工中的先进方法之一。冲压加工一般是以金属板料为原材料（也有采用金属管料和非金属材料的），利用安装在压力机上的模具作往复运动，在常温下对金属板料施加压力，使其产生分离或变形，从而获得一定形状、尺寸和性能的零件的加工方法。

### 1.1.1 冲压加工的特点

由于冲压加工出的产品主要是由模具保证的，因此，其具有如下加工特点：

① 在材料消耗不大的前提下，制造出的零件重量轻、刚度好、精度高。由于在冲压过程中材料的表面不受破坏，使得制件的表面质量较好，外观光滑美观。并且经过塑性变形后，金属内部的组织得到改善，机械强度有所提高。

② 在压力机的简单冲击下，一次工序即可完成由其他加工方法所不能或难以制造完成的较复杂形状零件的加工，生产率高。每分钟一台冲压设备可生产零件从几件到几十件。采用高速冲床生产率每分钟可高达数百件甚至一千件以上。

③ 制件的精度较高，且能保证零件尺寸的均一性和互换性，不需要进一步的机械加工即可以满足一般的装配和使用要求。

④ 原材料是冶金厂大量生产的廉价的轧制板材或带材，可以实现零件的少切屑和无切屑加工。材料利用率一般可达75%～85%，可大量节约金属材料，制件的成本较低。

⑤ 节省能源。冲压时可不需加热，也不像切削加工那样将金属切成碎屑而需要消耗很大的能量。

⑥ 在大批量的生产中，易于实现机械化和自动化，进一步提高劳动生产率。

⑦ 操作简单，对操作人员的技术要求不高。当生产发展需要时，通过短期培训即可上岗操作。

⑧ 冲压加工一般需要有专用的模具，模具制造周期长、费用高。因此，只有在大批量生产条件下，冲压加工的优越性才能更好地显示出来。

### 1.1.2 冲压加工的主要工序

冲压件尽管外形、尺寸千差万别，但按其加工成形特性的不同，冲压基本工序可分为分离类工序与塑性变形类工序两大类。

分离类工序是使冲压件与板料沿要求的轮廓线相互分离，并获得一定断面质量的冲压加工方法，分离类工序主要包括冲裁（冲孔、落料）、切口、切断、切边、剖切等工序；塑性变形类工序是使冲压毛坯在不产生破坏的前提下发生塑性变形，以获得所要求的形状、尺寸和精度的冲压加工方法，变形工序主要包括弯曲、拉深、翻边、缩口、胀形、起伏成形、整形、冷挤压等工序。

表 1-1 给出了冲压的基本工序及其所用模具结构简图。

**表 1-1　冲压的基本工序及其所用模具结构**

| 类别 | 工序名称 | 工序简图 | 工序特点 | 所用模具结构简图 |
|---|---|---|---|---|
| 分离类工序 | 落料 | 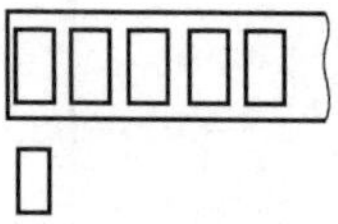 | 用模具沿封闭轮廓线冲切板料，切下部分是工件 | 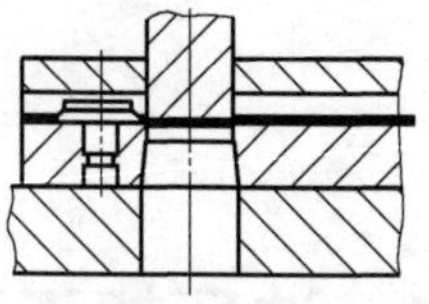 |
| | 冲孔 | 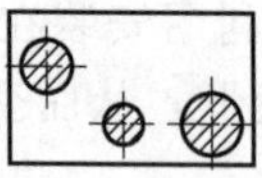 | 用模具沿封闭轮廓线冲切板料，切下部分是废料 | 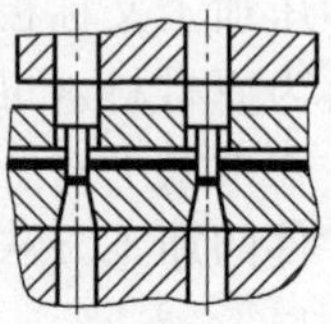 |
| | 切断 | 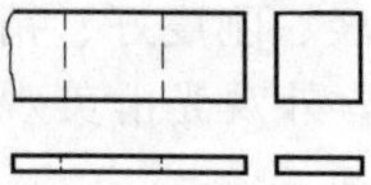 | 用剪刀或模具将板料沿不封闭轮廓线分离 | 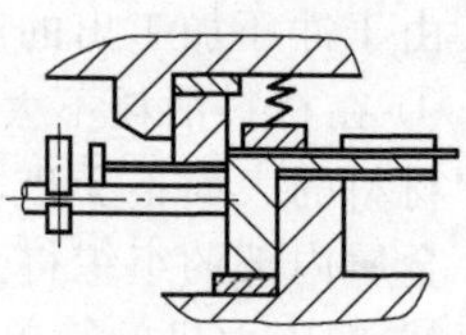 |
| | 切口 | 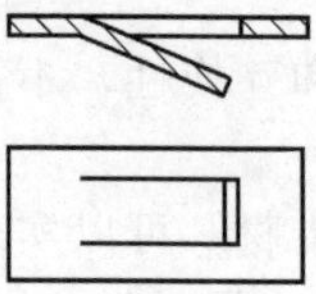 | 用模具沿不封闭轮廓将部分板料切开并使其下弯 | 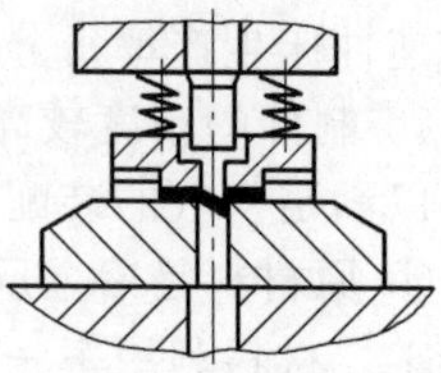 |
| | 切边 | 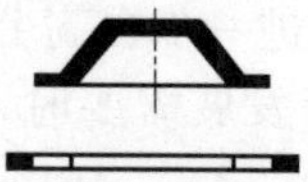 | 用模具将工件边缘的多余材料冲切下来 | 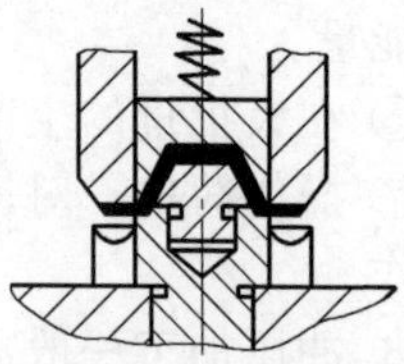 |
| | 剖切 | 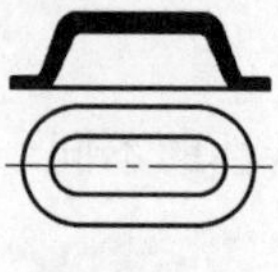 | 用模具将冲压成形的半成品切开成为两个或数个工件 | 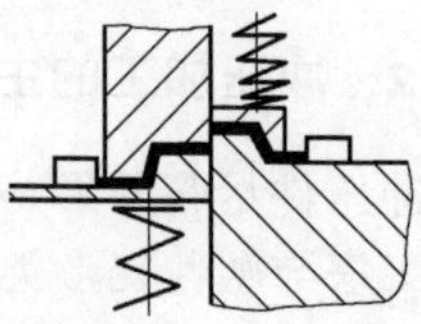 |

续表

| 类别 | 工序名称 | | 工序简图 | 工序特点 | 所用模具结构简图 |
| --- | --- | --- | --- | --- | --- |
| 塑性变形类工序 | 弯曲 | | 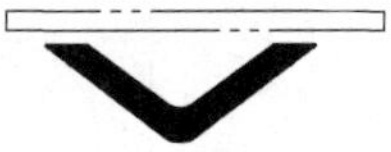 | 用模具将板料弯成各种角度和形状 | 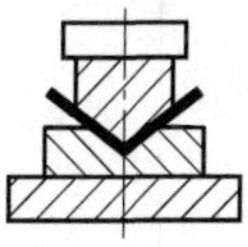 |
| | 拉深 | 不变薄拉深 | 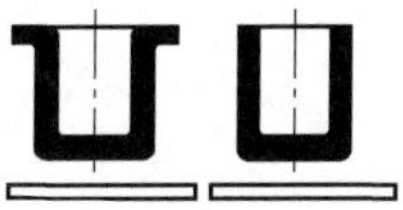 | 用模具将板料毛坯冲制成各种开口的空心件 |  |
| | | 变薄拉深 |  | 用模具采用减小直径和壁厚的方法改变空心半成品的尺寸 | 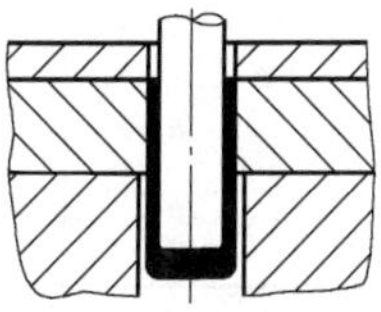 |
| | 起伏成形 | | 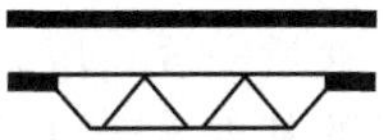 | 用模具将板料局部拉深成凸起和凹进形状 | 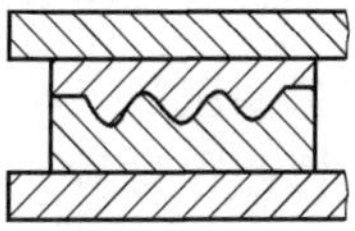 |
| | 翻边 | 翻孔 | 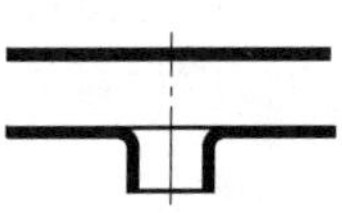 | 用模具将板料上的孔或外缘翻成直壁 | 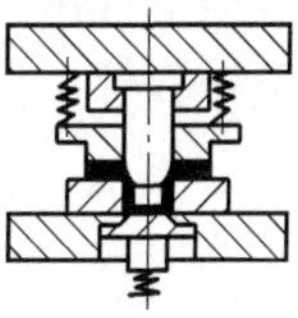 |
| | | 外缘翻边 | 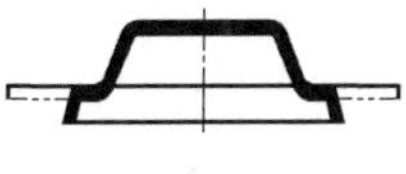 | | 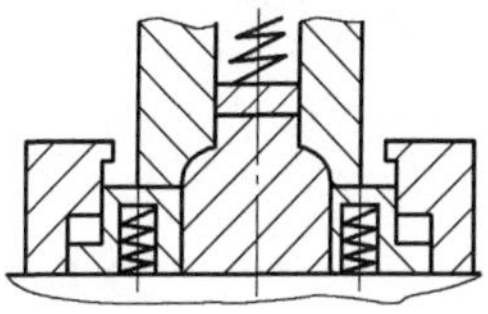 |
| | 缩口及扩口 | |  | 用模具使空心件或管状毛坯的径向尺寸缩小 | 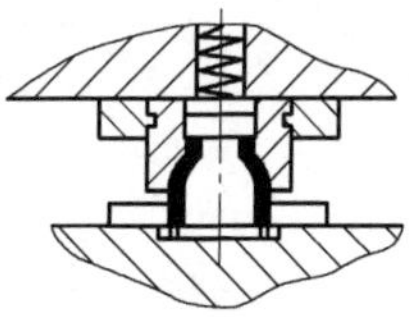 |
| | 胀形 | | 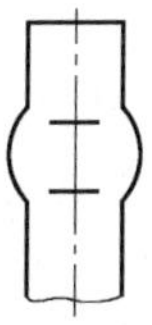 | 用模具使空心件或管状毛坯向外扩张，使径向尺寸增大 | 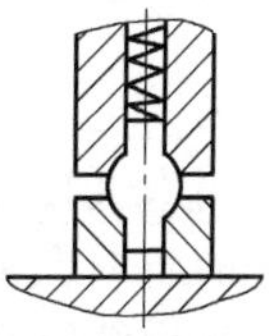 |

续表

| 类别 | 工序名称 | | 工序简图 | 工序特点 | 所用模具结构简图 |
|---|---|---|---|---|---|
| 塑性变形类工序 | 校形 | 校平 | | 将翘曲的平板件压平或将成形件不准确的地方压成正确形状 | |
| | | 整形 | | | |
| | 冷挤压 | | | 使金属沿凸、凹模间隙或凹模模口流动，从而使原毛坯转变为薄壁空心件或横断面不等的半成品 | |

### 1.1.3 冲压加工的生产要素

根据冲压加工原理可知，冲压件主要是利用板料，通过安放在压力机上的模具来完成加工的，因此，材料、冲压设备、模具就构成了冲压加工的基本生产要素。

（1）冲压用原材料

冲压加工常用的原材料主要有金属板料和卷料两种，其中又以板料应用最多，有时也可对某些型材（管材）及非金属材料进行加工。冲压板料的常用材料如图 1-1 所示。

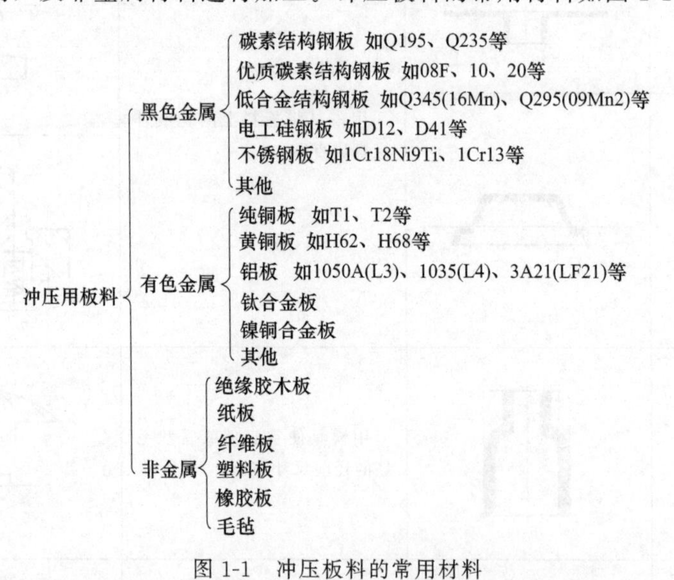


图 1-1 冲压板料的常用材料

尽管为满足不同产品的使用要求，冲压生产中所用的原材料相当广泛，但并不是所有的材料都可用来进行冲压加工，用来冲压加工的材料必须具有良好的冲压性能、良好的使用性能及良好的表面质量，使之适合冲压工艺特点，易于接受冲压加工。有关冲压加工用原材料的要求，在后续章节将进行详细的介绍。

（2）冲压设备

用作冲压加工的设备称为冲压设备，主要包括机械压力机、液压机、剪切机等。其中机械压力机在冲压生产中应用最广，随着现代冲压技术的发展，高速压力机［冲压速度在600次/min以上，送料精度高达±(0.01～0.03) mm，主要用于电子、仪表、汽车等行业的特大批量的冲裁、弯曲、浅拉深等工序的生产冲孔、落料等工序］、多工位自动压力机（结构与闭式双点压力机相似，但装有自动进料机构和工位间的传送装置，传送机构与主轴和主滑块机械连接，在任何速度下都能保持同步操作，能按一定顺序自动完成落料、冲孔、拉深、弯曲、整形等工序，每一行程可生产一个制件）、数控回转头压力机（整机由计算机控制，带有模具刀库的数控冲切及步冲压力机，能自动、快速换模，通用性强，生产率高，突破了传统冲压加工离不开专用模具的束缚，主要用于冲裁、切口及浅拉深）、精密冲裁压力机（整机除主滑块之外，还设有压边和反压装置，其压力可分别调整，机身精度高，刚性好，具有封闭高度调节机构，调节精度高，主要用于精密冲裁）等各种新型压力机得到了广泛应用。

1）机械压力机

机械压力机又称冲床。冲压车间常用的机械压力机有曲柄压力机、摩擦压力机等。

① 曲柄压力机。曲柄压力机是以曲柄传动的锻压机械，按公称压力的大小分为大、中、小型。小型冲床的公称压力小于1000kN，中型冲床压力为1000～3000kN，3000kN以上的为大型冲床；按压力机连杆数目可分为单点和双点式，其中：单点压力机的滑块由一个连杆带动，用于台面较小的压力机，双点压力机的滑块由两个连杆带动，用于左、右台面较宽的压力机；按压力机滑块的数目可分为单动、双动和三动压力机，图1-2为不同运动滑块数目的曲柄压力机工作示意图。

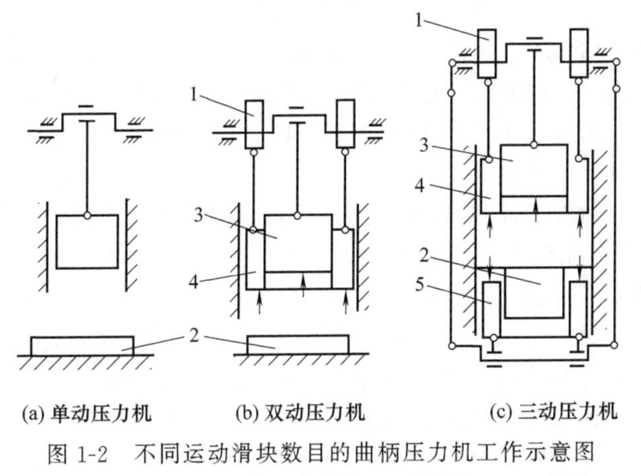


图1-2 不同运动滑块数目的曲柄压力机工作示意图

1—凸轮；2—工作台；3—内滑块；4—外滑块；5—下滑块

其中：单动压力机只有一个滑块，主要用于冲裁、弯曲等工序作业，拉深作业时，常利用气垫压边。

双动压力机有内、外两个滑块，两个滑块可分别运动，外滑块主要用于压边，内滑块用于拉深，所以又称为拉深压力机，通常内滑块采用曲柄连杆机构驱动，外滑块采用曲轴凸轮机构驱动，外滑块通常有四个加力点，用于调整作用于坯料周边的压边力。

三动压力机除了压力机的上部有一个内滑块和一个外滑块之外，压力机下部有一个下滑块，上、下两面的滑块作相反方向的运动，用以完成相反方向的拉深工作，主要用于大型覆盖件的拉深和成形。

此外，曲柄压力机按结构形式还可分为开式压力机和闭式压力机，由于都是通用性冲压设备，故应用广泛。

a. 曲柄开式压力机。曲柄开式压力机主要用于冲压加工中的冲孔、落料、切边、浅拉深、成形等工序。床身多为C形结构，操作者可以从前、左、右三个方向接近工作台，压力机采用刚性离合器，结构简单，不能实现寸动行程，工作台下设有气垫供浅拉深时切边或工件顶出之用。可附设通用的辊式或夹钳式等送料装置，实现自动送料。小吨位压力机采用滑块行程调节机构及无级变速装置，可提高行程次数。由于床身刚性所限，开式压力机只适用于中、小型压力机。

开式压力机按其工作台结构可分为可倾式压力机（工作台及床身可以在一定角度范围内向后倾斜的压力机）；固定式压力机（工作台及床身固定的压力机）；升降式压力机（工作台可以在一定范围内升降的压力机），如图 1-3 所示。

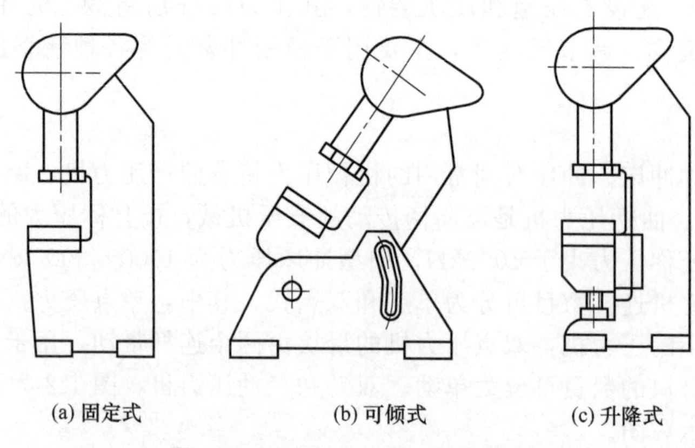


图 1-3　开式压力机的工作台类型

尽管曲柄压力机的种类较多，但工作原理基本相同。简单地说，就是通过曲柄机构（曲柄连杆机构、曲柄肘杆机构等）增力和改变运动形式，利用飞轮来储存和释放能量，通过曲柄压力机产生的工作压力来完成冲压作业。以下以 JB23-63 曲柄开式可倾压力机为例来说明其结构图与运动原理，见图 1-4。

压力机运动时，电动机 1 通过 V 带把运动传给大带轮 3，再经小齿轮 4、大齿轮 5 传给曲轴 7。连杆 9 上端装在曲轴上，下端与滑块 10 连接，把曲轴的旋转运动变为滑块的往复直线运动，滑块 10 运动的最高位置称为上止（死）点位置，最低位置称为下止（死）点位置。由于生产工艺的需要，滑块有时运动，有时停止，所以装有离合器 6 和制动器 8。由于压力机在整个工作时间周期内进行工艺操作的时间很短，大部分时间为无负荷的空程。为了使电动机的负荷均匀，有效地利用设备能量，因而装有飞轮，大带轮同时起飞轮作用。

当压力机工作时，将所用模具的上模 11 装在滑块上，下模 12 直接装在工作台 14 上或在工作台面上加垫板 13，便可获得合适的闭合高度。此时将材料放在上下模之间，即能进行冲裁或其他变形工艺加工，制成工件。

由图 1-4 可知，滑块 10 的行程（即滑块上死点至下死点的距离）等于曲轴 7 偏心距的两倍，具有压力机行程较大且不能调节的特点。但是，由于曲轴在压力机上由两个或多个对称轴承支撑着，因此压力机所受的负荷较均匀，故可制造大行程和大吨位的压力机。

图 1-5 所示偏心压力机，通过调节压力机中偏心套 5 的位置可实现压力机滑块行程的调节，该类压力机具有行程不大但可适当调节的特点，因此可用于要求行程不大的导板式等模具的冲裁加工。

b. 曲柄闭式压力机。操作者只能从前后两个方向接近工作台，床身为左右封闭的压力机，刚性较好，能承受较大的压力，因此适用于一般要求的大、中型压力机和精度要求较高

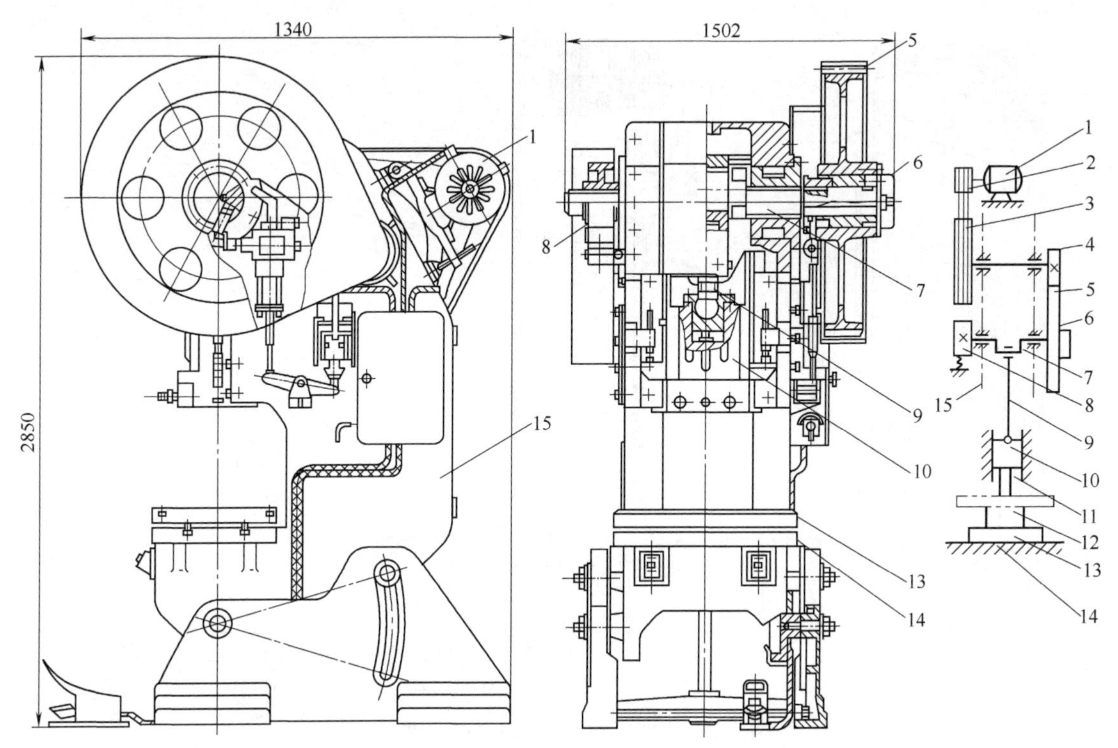


图 1-4 JB23-63 曲柄开式可倾压力机结构图与运动原理图

1—电动机；2—小带轮；3—大带轮；4—小齿轮；5—大齿轮；6—离合器；7—曲轴；
8—制动器；9—连杆；10—滑块；11—上模；12—下模；13—垫板；14—工作台；15—机身

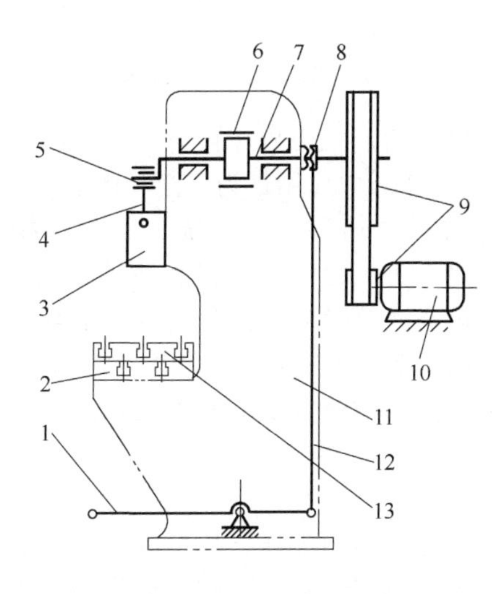


图 1-5 偏心压力机结构简图

1—脚踏板；2—工作台；3—滑块；4—连杆；5—偏心套；6—制动器；7—偏心主轴；
8—离合器；9—带轮；10—电动机；11—床身；12—操纵杆；13—工作台垫板

的轻型压力机。主要用于冷冲压加工中的冲孔、落料、切边、弯曲、拉深、成形等工序。

曲柄闭式压力机一般采用摩擦离合器及制动器，有复杂的控制系统，并采用平衡器来平衡连杆和滑块部位，工作起来比较平稳，同时设有气垫。图 1-6 为曲柄闭式压力机的外形及传动示意图。

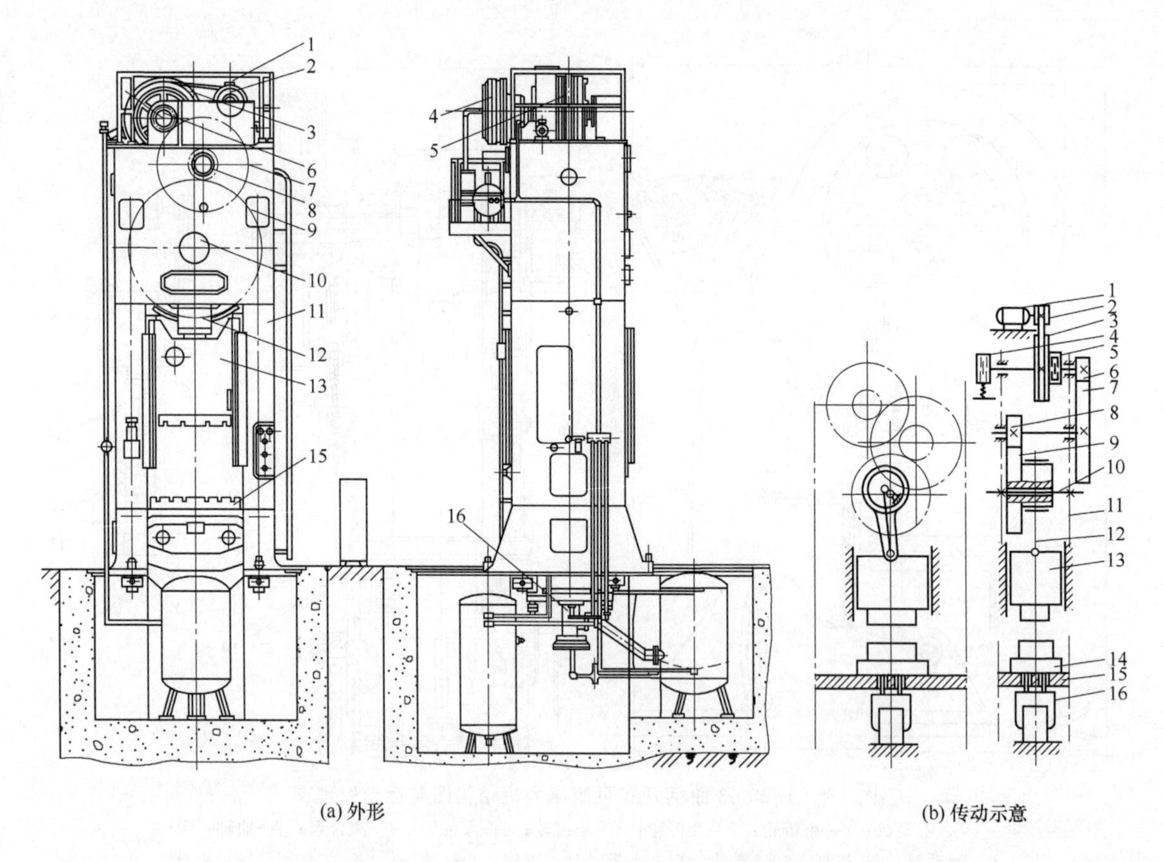


图 1-6　曲柄闭式压力机机外形及传动示意图

1—电动机；2—小带轮；3—大带轮；4—制动器；5—离合器；6,8—小齿轮；7—大齿轮；9—带偏心轴颈的大齿轮；10—轴；11—床身；12—连杆；13—滑块；14—垫板；15—工作台；16—液压气垫

② 摩擦压力机。摩擦压力机与曲柄压力机一样有增力机构和飞轮，是利用螺旋传动机构来增力和改变运动形式的，在生产实际中应用最为广泛。图 1-7 为摩擦压力机的结构简图。

工作时，用操纵系统（手柄）15 通过杠杆系统 13、14，操纵转轴 9 向左或向右移动。摩擦盘 10 和 11 之间的距离，略大于飞轮 7 的直径。转轴 9 由电动机通过带轮传动而旋转，当其向左或向右移动时，摩擦盘与螺纹套筒 4 是传动螺纹配合，于是滑块 6 被带动向上或向下做直线运动。向上为回程，向下为工作行程。

摩擦压力机没有固定的下死点，作业范围受到限制，一般用于校平、压印、切边、切断和弯曲等冲压作业和模锻作业。

2）冲压液压机

冲压液压机用于板材冲压成形，适用于冷挤压、复杂拉深及成形等冲压工序。其工作原理是静压传递原理（帕斯卡原理），即将高压液体压入液压缸内，借助液压柱塞，推动滑块运行实现冲压。

液压机的工作介质主要有两种。采用乳化液的一般称为水压机；采用油的称为油压机。

乳化液由 2%的乳化脂和 98%的软水混合而成，乳化液具有较好的防腐蚀和防锈性能，并有一定的润滑作用。乳化液的价格便宜，不燃烧，不易污染工作场地，故耗热量大以及热加工用的液压机多为水压机。

油压机应用的工作介质为全损耗系统用油，有时也采用透平机油或其他类型的液压油，在防腐蚀、防锈和润滑性能方面优于乳化液，但油的成本高，也易于污染场地，中小型液压

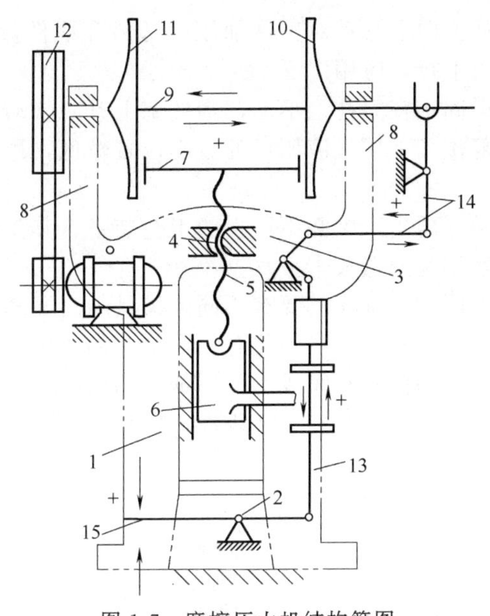


图 1-7　摩擦压力机结构简图

1—床身；2—工作台；3—横梁；4—螺纹套筒；5—螺杆；6—滑块；7—飞轮；8—支架；
9—转轴；10,11—摩擦盘；12—带轮；13,14—杠杆系统；15—操纵系统

机多采用油压机。

常用的冲压液压机主要有上压式液压机［见图 1-8 (a)］及下压式液压机［见图 1-8 (b)］两种。

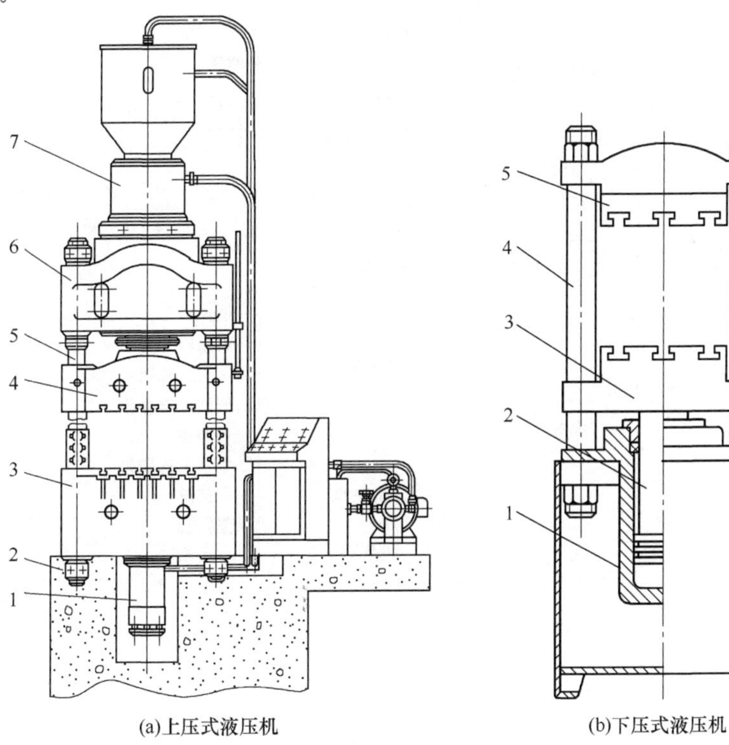


(a)上压式液压机

1—顶出缸；2—锁紧螺母；3—下横梁；
4—活动横梁；5—立柱；6—上横梁；7—工作缸

(b)下压式液压机

1—工作缸；2—活塞杆；3—活动横梁；
4—立柱；5—上横梁

图 1-8　液压机的种类

上压式液压机的活塞从上向下移动对工件加压，送料和取件操作在固定工作台上进行，操作方便，而且易实现快速下行，应用广泛。

下压式液压机的上横梁固定在立柱上不动，当柱塞上升时带动活动横梁上升，对工件施压。卸压时，柱塞靠自重复位，下压式液压机的重心位置较低，稳定性好。

**（3）冲压模具**

冲压模具简称冲模，是冲压生产中必不可少的工艺装备，其设计、制造质量直接影响到冲压件的加工质量、生产效率及制造成本。

一般说来，冲压件的不同加工工序需要有不同的模具与之配套，而采用不同的加工工艺就需要设计有不同结构的模具与其对应，即使对相同结构的冲压件，若生产批量、设备、规模不同也需要由与之协调的不同模具来完成。冲压加工的这种特点，使模具的结构多样，类型很多。图 1-9 为按不同的冲压加工工艺、模具结构及模具机械化实现的程度等，对冲模类型的分类情况。

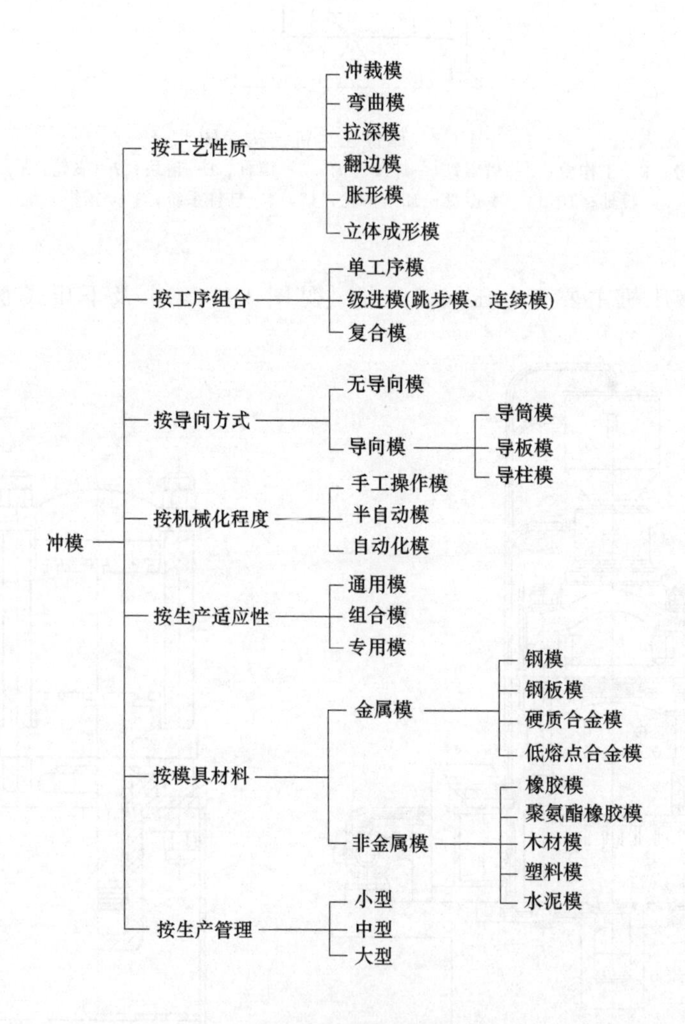


图 1-9　冲模的分类

尽管模具类型众多，但模具零件的组成却有共同的特点，图 1-10 为模具零件的分类情况。具体的模具结构将在不同的冲压工序中分别介绍。

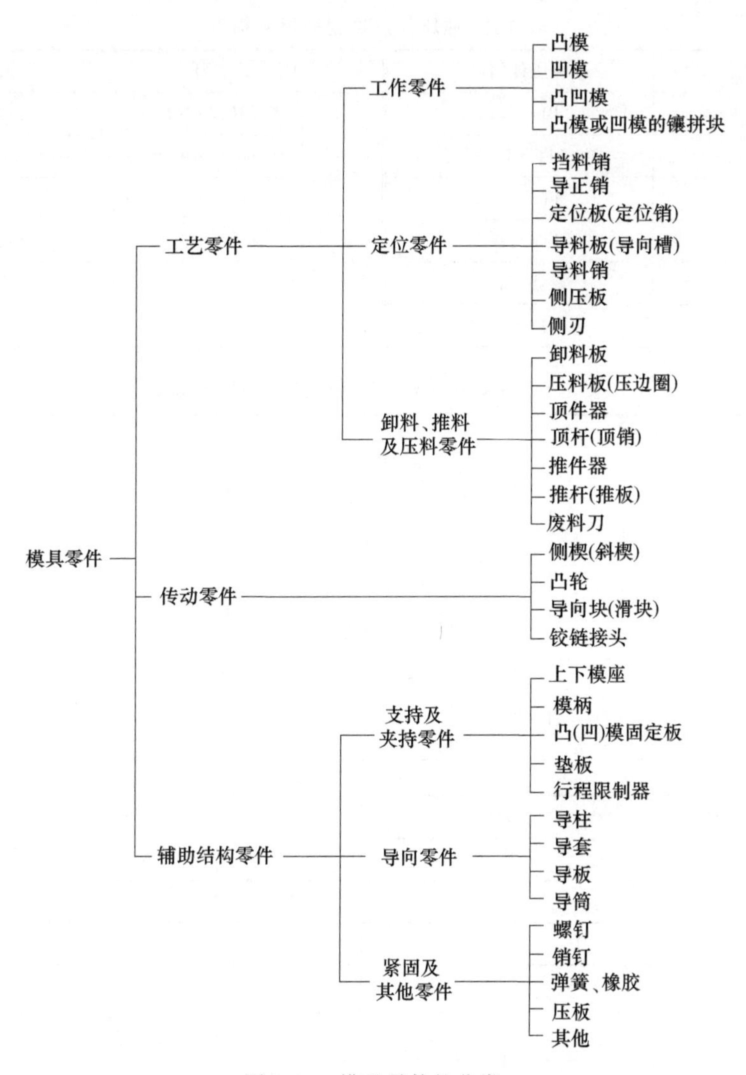


图 1-10　模具零件的分类

## 1.2　冲压件的质量要求

冲压加工后，其生产的冲压件必须满足图样规定的形状及尺寸精度和表面质量要求，以保证冲压制品本身的质量，或为后续加工工序、零部件装配或总装提供优质的产品。具体要求如下。

（1）冲压件的尺寸公差

冲压件图样上，一般标注了尺寸及尺寸公差，冲压后的制品零件，必须使尺寸控制在尺寸公差范围内。不同加工工序的冲压件能达到的尺寸精度是不同的，表 1-2 为采用普通冲模冲压时，冲压件一般能达到的尺寸精度等级。

GB/T 15055—2007 规定了冲压件未注公差尺寸的极限偏差，参见表 1-3（未注公差冲裁件线性尺寸的极限偏差）～表 1-8（未注公差弯曲角度尺寸的极限偏差）。公差标准中分为 f、m、c、v 四个等级，f 级精度最高，v 级精度最低，一般企业根据自身生产加工能力及产品经济技术的要求制订了相应的企业标准，规定了选用的等级，在设计和检验时，可参照选用。

表 1-2 冲压件能达到的尺寸精度

| 冲压工序性质 | 冲压件精度 | 冲压工序性质 | | 冲压件精度 |
|---|---|---|---|---|
| 普通冲裁 | IT11～IT12 | 拉深 | 筒形拉深件高度 | IT11～IT12 |
| 光洁冲裁 | IT9～IT11 | | 带凸缘拉深件高度 | IT9～IT11 |
| 精密冲裁 | IT6～IT8 | | 拉深直径 | IT9～IT11 |
| 整修 | IT6～IT7 | | 拉深件厚度 | IT11～IT12 |
| 冲孔 | IT11 | 冷挤压 | | IT9 |
| 弯曲 | IT11～IT12 | | | |

表 1-3 未注公差冲裁件线性尺寸的极限偏差 单位：mm

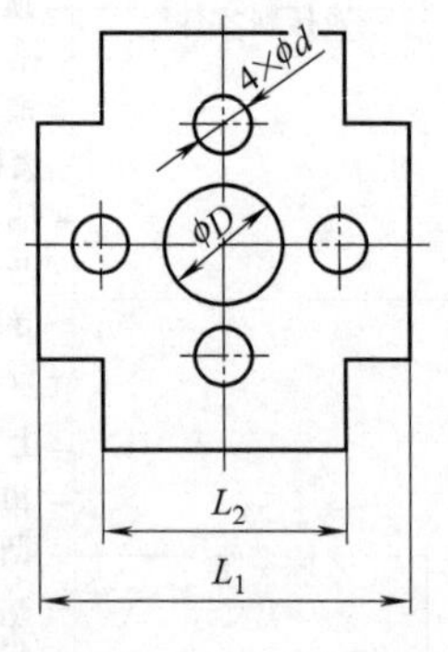

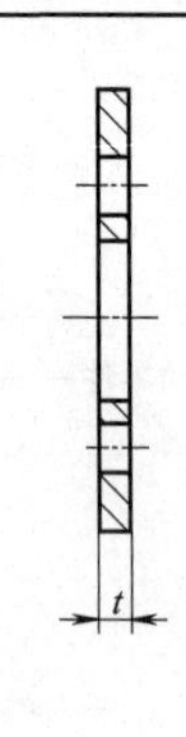


| 基本尺寸 $L$、$D(d)$ | | 材料厚度 $t$ | | 公差等级 | | | |
|---|---|---|---|---|---|---|---|
| 大于 | 至 | 大于 | 至 | f | m | c | v |
| 0.5 | 3 | — | 1 | ±0.05 | ±0.10 | ±0.15 | ±0.20 |
| | | 1 | 3 | ±0.15 | ±0.20 | ±0.30 | ±0.40 |
| 3 | 6 | — | 1 | ±0.10 | ±0.15 | ±0.20 | ±0.30 |
| | | 1 | 4 | ±0.20 | ±0.30 | ±0.40 | ±0.55 |
| | | 4 | — | ±0.30 | ±0.40 | ±0.60 | ±0.80 |
| 6 | 30 | — | 1 | ±0.15 | ±0.20 | ±0.30 | ±0.40 |
| | | 1 | 4 | ±0.30 | ±0.40 | ±0.55 | ±0.75 |
| | | 4 | — | ±0.45 | ±0.60 | ±0.80 | ±1.20 |
| 30 | 120 | — | 1 | ±0.20 | ±0.30 | ±0.40 | ±0.55 |
| | | 1 | 4 | ±0.40 | ±0.55 | ±0.75 | ±1.05 |
| | | 4 | — | ±0.60 | ±0.80 | ±1.10 | ±1.50 |
| 120 | 400 | — | 1 | ±0.25 | ±0.35 | ±0.50 | ±0.70 |
| | | 1 | 4 | ±0.50 | ±0.70 | ±1.00 | ±1.40 |
| | | 4 | — | ±0.75 | ±1.05 | ±1.45 | ±2.10 |
| 400 | 1000 | — | 1 | ±0.35 | ±0.50 | ±0.70 | ±1.00 |
| | | 1 | 4 | ±0.70 | ±1.00 | ±1.40 | ±2.00 |
| | | 4 | — | ±1.05 | ±1.45 | ±2.10 | ±2.90 |

续表

| 基本尺寸 $L$、$D(d)$ | | 材料厚度 $t$ | | 公差等级 | | | |
|---|---|---|---|---|---|---|---|
| 大于 | 至 | 大于 | 至 | f | m | c | v |
| 1000 | 2000 | — | 1 | ±0.45 | ±0.65 | ±0.90 | ±1.30 |
| | | 1 | 4 | ±0.90 | ±1.30 | ±1.80 | ±2.50 |
| | | 4 | — | ±1.40 | ±2.00 | ±2.80 | ±3.90 |
| 2000 | 4000 | — | 1 | ±0.70 | ±1.00 | ±1.40 | ±2.00 |
| | | 1 | 4 | ±1.40 | ±2.00 | ±2.80 | ±3.90 |
| | | 4 | — | ±1.80 | ±2.60 | ±3.60 | ±5.00 |

注：对于 0.5mm 及 0.5mm 以下的尺寸应标公差。

**表 1-4 未注公差成形件线性尺寸的极限偏差** 单位：mm

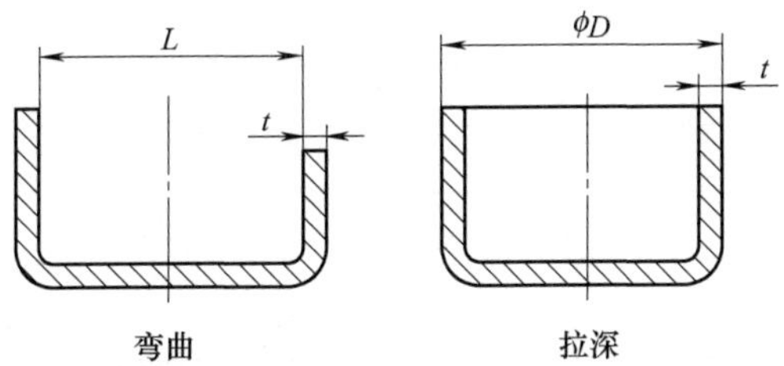


| 基本尺寸 $L$、$D$ | | 材料厚度 $t$ | | 公差等级 | | | |
|---|---|---|---|---|---|---|---|
| 大于 | 至 | 大于 | 至 | f | m | c | v |
| 0.5 | 3 | — | 1 | ±0.15 | ±0.20 | ±0.35 | ±0.50 |
| | | 1 | 4 | ±0.30 | ±0.45 | ±0.60 | ±1.00 |
| 3 | 6 | — | 1 | ±0.20 | ±0.30 | ±0.50 | ±0.70 |
| | | 1 | 4 | ±0.40 | ±0.60 | ±1.00 | ±1.60 |
| | | 4 | — | ±0.55 | ±0.90 | ±1.40 | ±2.20 |
| 6 | 30 | — | 1 | ±0.25 | ±0.40 | ±0.60 | ±1.00 |
| | | 1 | 4 | ±0.50 | ±0.80 | ±1.30 | ±2.00 |
| | | 4 | — | ±0.80 | ±1.30 | ±2.00 | ±3.20 |
| 30 | 120 | — | 1 | ±0.30 | ±0.50 | ±0.80 | ±1.30 |
| | | 1 | 4 | ±0.60 | ±1.00 | ±1.60 | ±2.50 |
| | | 4 | — | ±1.00 | ±1.60 | ±2.50 | ±4.00 |
| 120 | 400 | — | 1 | ±0.45 | ±0.70 | ±1.10 | ±1.80 |
| | | 1 | 4 | ±0.90 | ±1.40 | ±2.20 | ±3.50 |
| | | 4 | — | ±1.30 | ±2.00 | ±3.30 | ±5.00 |
| 400 | 1000 | — | 1 | ±0.55 | ±0.90 | ±1.40 | ±2.20 |
| | | 1 | 4 | ±1.10 | ±1.70 | ±2.80 | ±4.50 |
| | | 4 | — | ±1.70 | ±2.80 | ±4.50 | ±7.00 |
| 1000 | 2000 | — | 1 | ±0.80 | ±1.30 | ±2.00 | ±3.30 |
| | | 1 | 4 | ±1.40 | ±2.20 | ±3.50 | ±5.50 |
| | | 4 | — | ±2.00 | ±3.20 | ±5.00 | ±8.00 |

注：对于 0.5mm 及 0.5mm 以下的尺寸应标公差。

表 1-5　未注公差冲裁圆角半径线性尺寸的极限偏差　　单位：mm

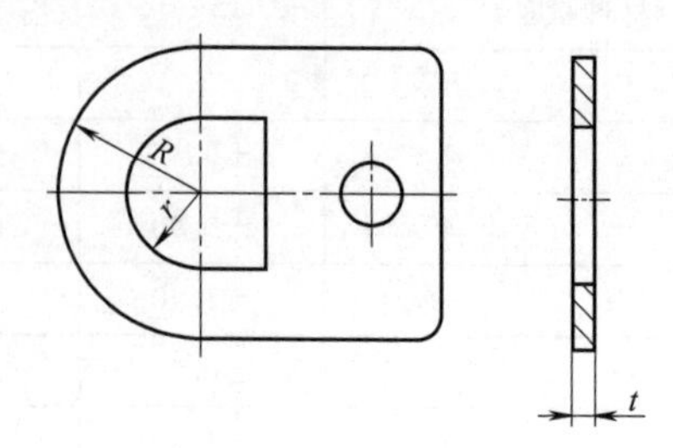


| 基本尺寸 $R$、$r$ | | 材料厚度 $t$ | | 公差等级 | | | |
|---|---|---|---|---|---|---|---|
| 大于 | 至 | 大于 | 至 | f | m | c | v |
| 0.5 | 3 | — | 1 | ±0.15 | | ±0.20 | |
| | | 1 | 4 | ±0.30 | | ±0.40 | |
| 3 | 6 | — | 4 | ±0.40 | | ±0.60 | |
| | | 4 | — | ±0.60 | | ±1.00 | |
| 6 | 30 | — | 4 | ±0.60 | | ±0.80 | |
| | | 4 | — | ±1.00 | | ±1.40 | |
| 30 | 120 | — | 4 | ±1.00 | | ±1.20 | |
| | | 4 | — | ±2.00 | | ±2.40 | |
| 120 | 400 | — | 4 | ±1.20 | | ±1.50 | |
| | | 4 | — | ±2.40 | | ±3.00 | |
| 400 | — | — | 4 | ±2.00 | | ±2.40 | |
| | | 4 | — | ±3.00 | | ±3.50 | |

表 1-6　未注公差成形圆角半径线性尺寸的极限偏差　　单位：mm

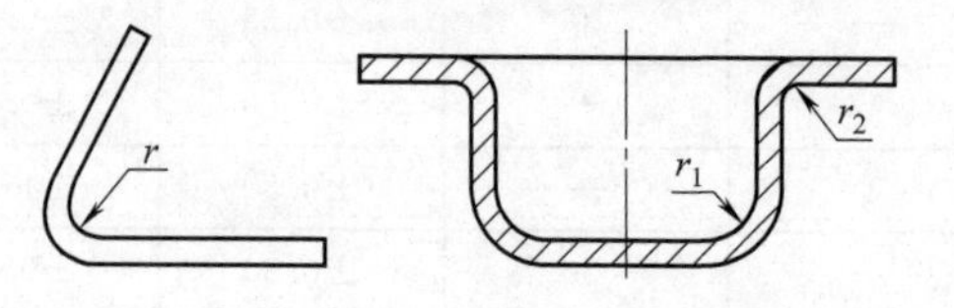


| 基本尺寸 $r$、$r_1$、$r_2$ | ≤3 | >3～6 | >6～10 | >10～18 | >18～30 | >30 |
|---|---|---|---|---|---|---|
| 极限偏差 | +1.00<br>−0.30 | +1.50<br>−0.50 | +2.50<br>−0.80 | +3.00<br>−1.00 | +4.00<br>−1.50 | +5.00<br>−2.00 |

表 1-7　未注公差冲裁角度尺寸的极限偏差

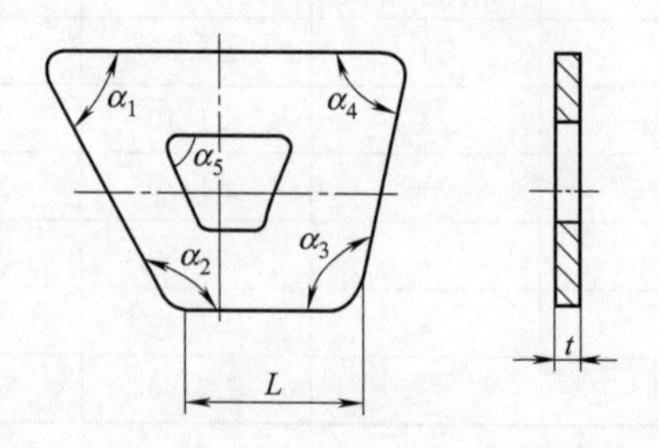

续表

| 公差等级 | 短边长度 $L$/mm | | | | | | |
|---|---|---|---|---|---|---|---|
| | ≤10 | >10～25 | >25～63 | >63～160 | >160～400 | >400～1000 | >1000～2500 |
| f | ±1°00′ | ±0°40′ | ±0°30′ | ±0°20′ | ±0°15′ | ±0°10′ | ±0°06′ |
| m | ±1°30′ | ±1°00′ | ±0°45′ | ±0°30′ | ±0°20′ | ±0°15′ | ±0°10′ |
| c<br>v | ±2°00′ | ±1°30′ | ±1°00′ | ±0°40′ | ±0°30′ | ±0°20′ | ±0°15′ |

**表 1-8　未注公差弯曲角度尺寸的极限偏差**

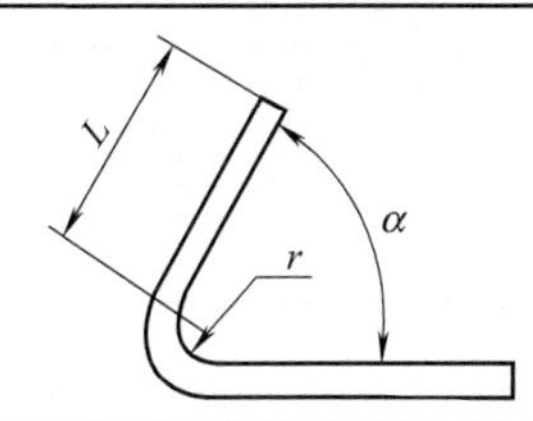


| 公差等级 | 短边长度 $L$/mm | | | | | | |
|---|---|---|---|---|---|---|---|
| | ≤10 | >10～25 | >25～63 | >63～160 | >160～400 | >400～1000 | >1000～2500 |
| f | ±1°15′ | ±1°00′ | ±0°45′ | ±0°35′ | ±0°30′ | ±0°20′ | ±0°15′ |
| m | ±2°00′ | ±1°30′ | ±1°00′ | ±0°45′ | ±0°35′ | ±0°30′ | ±0°20′ |
| c<br>v | ±3°00′ | ±2°00′ | ±1°30′ | ±1°15′ | ±1°00′ | ±0°45′ | ±0°30′ |

**（2）表面形状和位置公差**

冲压件在冲压后除满足尺寸精度外，其表面形状和相对位置也应满足图样规定的公差要求。

冲压件常用的形状和位置公差包括：直线度、平面度、同轴度、对称度、圆度、圆跳动、平行度、垂直度和倾斜度等。其未注形位公差数值可按 GB/T 1184—1996 中的规定选取，参见表 1-9（直线度、平面度未注公差数值）～表 1-12（同轴度、对称度、圆跳动未注公差数值）。

**表 1-9　直线度、平面度未注公差数值**

| 主参数 $L$/mm | 公差等级 | | | |
|---|---|---|---|---|
| | A | B | C | D |
| | 公差值/μm | | | |
| ≤10 | 12 | 20 | 30 | 60 |
| >10～16 | 15 | 25 | 40 | 80 |
| >16～25 | 20 | 30 | 50 | 100 |
| >25～40 | 25 | 40 | 60 | 120 |
| >40～63 | 30 | 50 | 80 | 150 |
| >63～100 | 40 | 60 | 100 | 200 |
| >100～160 | 50 | 80 | 120 | 250 |
| >160～250 | 60 | 100 | 150 | 300 |
| >250～400 | 80 | 120 | 200 | 400 |
| >400～630 | 100 | 150 | 250 | 500 |

**表 1-10 平行度、垂直度、倾斜度未注公差数值**

| 主参数 $L$/mm | 公差等级 | | | |
|---|---|---|---|---|
| | A | B | C | D |
| | 公差值/μm | | | |
| ≤10 | 30 | 50 | 80 | 120 |
| >10～16 | 40 | 60 | 100 | 150 |
| >16～25 | 50 | 80 | 120 | 200 |
| >25～40 | 60 | 100 | 150 | 250 |
| >40～63 | 80 | 120 | 200 | 300 |
| >63～100 | 100 | 150 | 250 | 400 |
| >100～160 | 120 | 200 | 300 | 500 |
| >160～250 | 150 | 250 | 400 | 600 |
| >250～400 | 200 | 300 | 500 | 800 |
| >400～630 | 250 | 400 | 600 | 1000 |

**表 1-11 圆度未注公差数值**

| 主参数 $d(D)$ /mm | 公差等级 | | | |
|---|---|---|---|---|
| | A | B | C | D |
| | 公差值/μm | | | |
| ≤3 | 6 | 10 | 14 | 25 |
| >3～6 | 8 | 12 | 18 | 30 |
| >6～10 | 9 | 15 | 22 | 36 |
| >10～18 | 11 | 18 | 27 | 43 |
| >18～30 | 13 | 21 | 33 | 52 |
| >30～50 | 16 | 25 | 39 | 62 |
| >50～80 | 19 | 30 | 46 | 74 |
| >80～120 | 22 | 35 | 54 | 87 |
| >120～180 | 25 | 40 | 63 | 100 |
| >180～250 | 29 | 46 | 72 | 115 |
| >250～315 | 32 | 52 | 81 | 130 |
| >315～400 | 36 | 57 | 89 | 140 |
| >400～500 | 40 | 63 | 97 | 155 |

**表 1-12 同轴度、对称度、圆跳动未注公差数值**

| 主参数 $d(D)$、$B$、$L$/mm | 公差等级 | | | |
|---|---|---|---|---|
| | A | B | C | D |
| | 公差值/μm | | | |
| ≤1 | 15 | 25 | 40 | 60 |
| >1～3 | 20 | 40 | 60 | 120 |
| >3～6 | 25 | 50 | 80 | 150 |

续表

| 主参数 $d(D)$、$B$、$L$/mm | 公差等级 | | | |
|---|---|---|---|---|
| | A | B | C | D |
| | 公差值/μm | | | |
| >6～10 | 30 | 60 | 100 | 200 |
| >10～18 | 40 | 80 | 120 | 250 |
| >18～30 | 50 | 100 | 150 | 300 |
| >30～50 | 60 | 120 | 200 | 400 |
| >50～120 | 80 | 150 | 250 | 500 |
| >120～250 | 100 | 200 | 300 | 600 |
| >250～500 | 120 | 250 | 400 | 800 |
| >500～800 | 150 | 300 | 500 | 1000 |

（3）表面平直度与表面粗糙度

冲压零件的表面平直度与表面粗糙度，也是标志零件质量的重要指标。对不同加工工序的零件表面平直度、表面粗糙度能达到不同的等级要求，具体要求将在后续的各加工工序中详细介绍。

## 1.3 冲压件的质量检查

冲压件生产均为批量生产，为检测冲压生产中的产品零件尺寸，控制产品质量，都需使用一定的量具。生产中使用的量具有通用量具和专用量具两大类。

常用的通用量具有：钢尺、游标卡尺、百分尺、万能角度尺、高度尺、直角尺、深度尺、塞尺、百分表等，精密测量的通用设备有工具显微镜、三坐标测量机等；专用量具是针对某一零件使用的量具，主要用于检查使用通用量具不便于或无法检查的曲线、曲面等尺寸与形位公差。常用的有平面曲线样板、三维（立体）检验样架，后者可用于大型覆盖件的检查。

（1）冲压件质量检查的方式

冲压生产中，冲压件质量检查方式、方法与冲压件生产批量、冲压件尺寸大小有关，一般对于大批量生产的大、中型复杂件，较多采用专用量具，以提高检测效率；而对生产批量较小，外形尺寸较小的冲压件，考虑到生产制造的成本，较多采用通用量具。

产品零件设计图纸标注的尺寸，有的通过直接测量便能得到，有的不能直接测量，需经过换算才能得到，冲压件平面线性尺寸换算一般都是用平面几何、三角的关系式换算的。

冲压件的质量检测贯彻于生产加工整个过程，包括对成品冲压件和中间工序件的检测。产品质量检查制度主要执行的是“三检制”，即自检、互检、专检；检查方式主要有首检、巡检、末检和抽检。

① 首检　首检的目的在于确认模具调试质量和调试效果，决定能否进入正式批量冲压。主要由操作人员完成（属于自检），由专职检验复检（属于专检）并审核通过后，方可进行批量生产。一般检查数量为1～5件，大尺寸零件取下限。

② 巡检　巡检是冲压过程中的检查，由检查员随意抽查几件，主要检查有无因模具磨损、损坏、操作定位不正确等引起的质量缺陷，根据企业管理制度的不同，巡检可能由专职检验员担任，也可由本班组人员相互组织检验（属于互检）。

③ 末检　末检是本批冲压完成时的检查，确定下批加工前模具是否需要修理，一般由操作人员自己独立完成（属于自检）。

④ 抽检　抽检是一批工件冲压后，为确认此批制件质量进行的抽件检查，也是产品入库或下转前的最后一道检验工序，一般由专职检验员完成（属于专检），抽检数量一般按零件生产批量的 2%～5%进行检查，若发现一定比例的不合格品，根据产品控制管理制度，则可能转化成全检。

（2）冲压件质量检查的范围

冲压件质量检查包括形状、尺寸精度检查和表面质量检查两大类。

① 形状、尺寸精度检查　对于不同工序的冲件，其形状及尺寸精度有不同的要求，该类要求在加工工艺中都有相应的检验要求，形状、尺寸精度检查就是根据检验要求进行检查。一般，对中、小零件采用量具或专用检具，对于大型复杂曲面零件应采用样板、样架或采用三坐标测量仪进行检查。

② 表面质量检查　冲压件表面质量包括冲裁件毛刺高度和断面质量、成形件表面拉伤、缩颈、开裂、皱折等，多采用目测检查，特殊要求需进行无损检测。

（3）冲压件质量检查的依据

冲压件质量检查主要以冲压件产品零件图样和冲压工艺规程作为检查的依据。冲压工艺规程包括冲压工艺卡和检验卡等。

成品及中间工序冲压件的尺寸检测是根据产品零件图和冲压工艺文件卡、检验卡等对冲压件相应尺寸进行的测量检查。

除上述冲压工艺卡和检验卡之外，冲压件的质量检查还应遵照国标、部标和本企业有关质量检验的标准进行。

## 1.4　冲压加工质量控制的方法与内容

依照冲压件生产制造的有关标准，对生产制造完成后的冲压件进行的质量检查，尽管有利于产品质量的保证，但由于这种质量检查实现的仅仅是产品质量的事后把关，并不能提高产品质量，只能剔除次品和废品，仅是一种质量检验。若仅依靠质量检查这种方式实现对冲压加工产品质量的控制，显然，整个控制过程是不完整的，控制的范围也是不全面的，因此，要重视质量的控制，就必须实行有效的质量管理。

按照现代质量管理对质量的理解，并不仅限于产品质量。质量是产品、过程和服务满足规定或潜在需要能力的特征或特征的总和，也就是说，现代质量管理应贯穿于产品制造全过程，产品质量的控制也应贯穿于制造过程的全部要素。

### 1.4.1　冲压加工质量控制的方法

冲压生产属于批量生产，在冲压生产过程中要实现质量控制，以确保冲压件质量的稳定。按照目前推广应用最广泛的全面质量管理（Total Quality Management，简称 TQM）和 ISO 9000 族标准的要求可知，冲压生产的质量控制应通过采取一系列作业技术和活动对各个过程实施控制，控制的内容主要包括：质量方针和目标控制、文件和记录控制、采购控制、生产、制造和服务运作控制、不合格品控制等。

（1）冲压加工质量控制的步骤

为有效地对冲压加工的质量实施控制，首先应依照冲压加工的特点，按 ISO 9001 标准要求建立起与之相适应的质量管理体系并严格按体系文件要求操作和运行。通过质量管理体系的建立和运行，可以将管理职责、资源管理、产品实现、测量、分析和改进等几个相互关联或相互作用的一组过程有机地组成一个执行和控制的整体，实现质量管理体系建立、策划的质量方针和质量目标。其次，应针对所建立的质量管理体系，组织对影响产品、体系或过程质量的因素加以识别和分析，找出主导因素，实施因素控制，才能取得较好的质量控制效果。

（2）质量管理体系建立的要点

质量管理体系的建立应按 ISO 9001 标准要求组织完成，并将其文件化，对内为了让员工理解与执行，对外向顾客和相关方展示与沟通。质量管理体系文件应在总体上满足 ISO 9000 族标准的要求；在具体内容上应反映本组织的产品、技术、设备、人员等特点，要有利于本组织所有职工的理解和贯彻。用有效的质量管理体系文件来规范、具体化和沟通各项质量活动，使每个员工都明确自己的任务和质量职责，促使每个员工把保证和提高看成是自己的责任。编制和使用质量管理体系文件是具有高附加值和动态的活动。

质量管理体系文件编写完成并经评审、批准发布运行后，全体员工应依据质量管理体系文件的要求，在各项工作中按照质量管理体系文件要求操作。为确保质量管理体系有效运行，应当注意以下几个方面：

① 质量管理体系运行前的培训　应采取多种形式，分层次对员工进行质量管理教育和质量管理体系文件的学习和培训。

② 组织协调　质量管理体系的运行涉及组织许多部门和各个层次的不同活动。为保证各项活动能够有序展开，对出现的矛盾和问题，领导者要及时沟通与协调，必要时采取相应措施，才能保证质量管理体系的有效运行。

③ 搞好过程控制，严格按规范操作　组织的员工应严格执行工艺规程和作业指导书，操作前要做好各项准备工作，熟悉工艺要求和作业方法，检查原材料和加工设备是否符合要求，加工过程中对各项参数和条件实施监控，确保各项参数控制在规定的范围内，做到一次做好，保证加工大产品满足规范要求。

④ 监视与测量过程，不断完善体系　在质量管理体系运行过程中，组织采用过程监视与测量的方法，对质量管理体系运行情况实施日常监控，确保质量管理体系运行中暴露出的问题，如与标准要求不符合或与本组织实际不符合等问题及时、全面地收集上来，进行系统分析，找出根本原因，提出并实施纠正措施，包括对质量管理体系文件的修改，使质量管理体系逐步完善、健全。

⑤ 质量管理体系审核　组织进行质量管理体系内部审核与接受质量管理体系外部审核是保证质量管理体系有效运行的重要手段。审核的目的是对照规定要求，检查质量管理体系实施过程中是否按照规范操作，确定质量目标的实现情况，评价质量管理体系的改进机会。

（3）冲压加工质量控制实施的过程

按照质量管理体系的有关质量控制的要求，冲压加工质量控制过程的实施，可分为四个阶段进行，即通常所说的按 PDCA 四阶段循环进行。

① 计划阶段，又称 P 阶段（Plan）　该阶段主要内容是通过市场调查、用户访问等，摸清用户对冲压加工产品质量的要求，确定质量政策、质量目标和质量计划等。

② 执行阶段，又称 D 阶段（Do）　该阶段主要是实施 P 阶段所规定的内容，如根据冲压加工质量标准进行产品设计、试制等，还包括计划执行前的人员培训。

③ 检查阶段，又称 C 阶段（Check）　该阶段主要是在计划执行过程中或执行之后，检查执行情况是否符合计划的预期结果。

④ 处理阶段，又称 A 阶段（Action）　该阶段主要是根据检查结果采取相应的整改措施。

## 1.4.2 冲压加工质量控制的内容

依照全面质量管理（TQM）理论可知，冲压加工的质量也有一个产生、形成和实现的过程，这一过程是由一系列的彼此联系、相互制约的活动所构成的。这些活动的大部分是由企业内部的各个部门所承担的，但还有许多活动涉及企业外部的供应商、零售商、批发商、顾客等，对所有这些活动进行仔细分析，是控制和保证冲压加工质量必不可少的。

依照质量管理体系对质量控制的分析，冲压加工质量可从“人、机、料、法、环、测”六大影响因素进行控制，图 1-11 为冲压加工质量因果分析图。

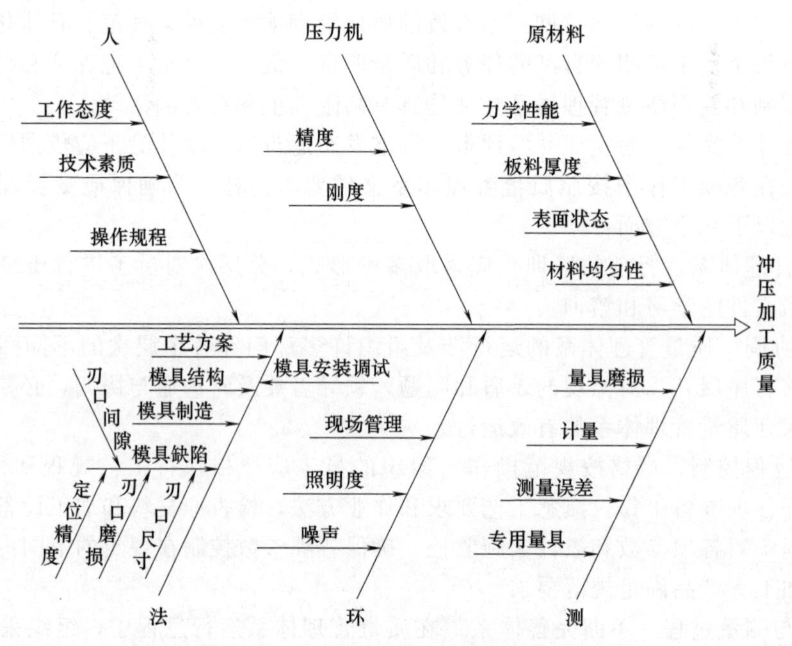


图 1-11 冲压加工质量因果分析图

从因果分析图中可看出，影响冲压加工质量的因素很多，涵盖了冲压加工的全部活动和整个过程，从冲压加工的人员素质、工作态度，冲压加工设备的精度及工作状态到冲压材料的表面质量、力学性能的均匀性，冲压工作的加工环境、冲压加工件的测量、检查，再到冲压加工的方案制定、模具的制造和冲压加工过程中模具安装、调整，模具工作的状态等因素均处于冲压加工质量控制之列。

根据冲压加工的特点可知，冲压件主要是依赖不同的模具来完成的，冲压件的加工与冲压模是密不可分的。不同的冲压件可能采用不同的模具、不同的冲压加工工序来完成，即使相同的零件由于加工设备及生产批量的不同，也可能设计不同的模具结构来满足零件的加工要求，不同冲压加工工序的模具设计有其自身的特点，但不同的冲压件和不同的冲压加工工序对操作人员、加工设备、加工环境及检查测量却有差不多相同的要求，由此可见，影响冲压加工质量的“人、机、料、法、环、测”六大因素，重点控制的应是“料、法、测”，其中，又尤以“法”因素为关键，当然由于各种因素的综合作用，对其他因素也不可忽视。

基于上述分析，为控制冲压加工质量，提高冲压件质量，本书后续章节将根据冲压加工全过程及冲压加工的特点，通过对冲压加工的原材料及各加工工序（下料、冲裁、精冲、弯曲、拉深、成形）的生产工艺以及冲模的制造、冲压加工过程等冲压生产全过程进行全面的质量控制分析，为生产高质量的各类冲压件提供技术支持。

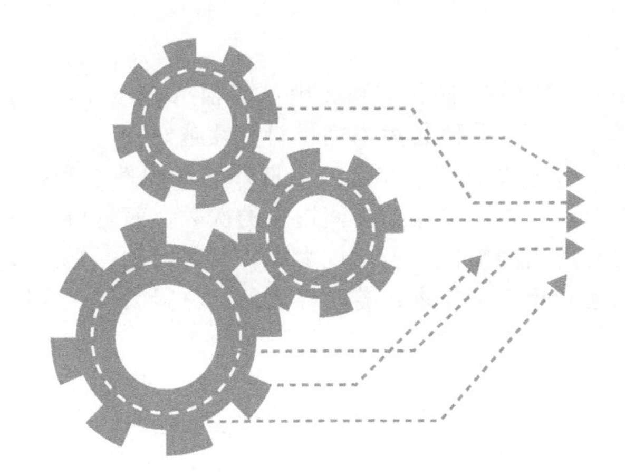

# 第2章 冲压原材料及下料加工

## 2.1 冲压用原材料的要求

在冲压生产中，冲压件所用的材料是多种多样的，这就对冲压用原材料提出了一定的要求。一方面，为满足不同产品的使用性能要求，使用的冲压用原材料的力学性能、物理性能需满足各种使用性能上的要求。如：机械和仪器制造等零件着重要求具有较好的机械强度、刚度和冲击韧性；化学和医疗仪器零件则着重要求具有耐腐蚀性；飞机和宇航飞行器等零件着重要求传热和耐热性能；汽车、摩托车等零件着重于表面质量；运输和农业机械等零件着重于耐磨和耐久性。即适宜冲压用原材料应该具有良好的使用性能。另一方面，为改善冲压过程的变形条件，以适应冲压成形过程的变形要求，冲压用原材料还应具有良好的冲压性能、良好的表面质量要求。

（1）良好的冲压性能

材料的冲压性能是指材料对各种冲压加工方法的适应能力。包括便于加工，容易得到高质量和高精度的冲压件，生产率高（一次冲压工序的极限变形程度大），对模具损伤小，不产生废品等。由于各种不同的冲压方法其应力状态和变形特点不同，所以对冲压用材料的冲压性能要求也不一样，具体有以下要求：

① 材料的塑性　在变形区部位，材料内部应力主要是拉应力，其变形主要是伸长和厚度减薄。当主要变形部位超过成形极限时，便会引起破裂。因此，要求材料具有良好的塑性和塑性变形的稳定性。塑性好的材料，允许的成形极限大，这样可减少工序，减少因材质不良而产生的废、次品。

影响材料塑性的因素是化学成分、金相组织和力学性能。一般来说，钢中的碳、硅、硫的含量增加，都会使材料的塑性降低，脆性增加。其中含碳量对材料塑性影响最大，一般认为 $w(C) \leqslant 0.05\% \sim 0.15\%$ 的低碳钢具有良好的塑性。常用牌号有：08、08F、08A1、10等，其中以08A1的塑性最好；当 $w(Si) < 0.37\%$ 时，对钢的塑性影响不大，但大于这一数值，即使含碳量很少，也会使材料变得硬而脆；而当硫在钢中与锰和铁相结合后，以硫化物的形态出现，会严重影响材料的热轧性能，硫化物促使条状组织产生，塑性降低。因此，对形状复杂的汽车覆盖件和摩托车油箱以及对材料强度要求不高的复杂拉深零件，多采用塑性很好的08A1钢板加工。

钢板的晶粒大小对塑性影响甚大。晶粒大，则塑性降低，在冲压成形时，不仅容易产生破裂，而且制件表面还容易产生粗糙的橘皮，给后续的抛光、电镀、涂漆等工序带来不利的影响。若晶粒过细，又会使材料的强度及硬度增加，冲压零件回弹现象增加，冲模寿命短。因此，钢板的晶粒大小应适中。复杂拉深用的冷轧薄钢板，其适宜材料晶粒为6～8级，中板为 5～7 级，且相邻级别不超过 2 级。

材料塑性的好坏，通常用伸长率 $\delta$、断面收缩率 $\psi$ 和杯突试验值（冲压深度）$I_E$ 等塑性指标来表示。伸长率、断面收缩率及杯突试验值越大，则材料塑性越好。

一般来说，用于变形的材料，必须有足够的塑性和韧性、良好的弯曲性能和拉深性能。塑性好，则允许的变形程度就大，不但可以减少工序及中间退火的次数，而且可以不需要中间退火。至于分离工序的材料则需要有适当的塑性，若塑性太高，材料太软，则冲裁后的零件尺寸精度及允许的毛刺高度都难以达到规定的要求；若塑性太低，材料太硬、太脆，则会降低冲模寿命。

② 材料的抗压失稳起皱能力　在变形区部位，当材料内部主要是压缩应力时，如直壁零件的拉深、缩口及外凸曲线翻边等，其变形主要是压缩，厚度增加，这时，容易产生失稳起皱。因此，在要求材料具有良好塑性的同时，还要求材料具有良好的抗压失稳起皱能力。抗压失稳起皱能力通常用屈强比（$\delta_s/\delta_b$）和板厚方向性系数（$r$）等指标来表示。

较小的屈强比（$\delta_s/\delta_b$），几乎对所用冲压成形都有利，并可提高成形零件尺寸及形状的稳定性。如在拉深时，如果材料的屈服点 $\delta_s$ 低，则变形区的切向压应力小，材料抗压失稳起皱的能力高，则防止起皱必需的压边力和摩擦损失都将相应地降低，有利于提高极限变形程度，屈强比愈大，则其允许变形程度的范围就愈小。

$r$ 值的大小，表明板材料平面方向和厚度方向上变形难易程度的比较，当 $r>1$ 时，板料厚度方向上的变形比宽度方向上的变形困难。所以 $r$ 值大的材料，在复杂形状的曲面零件拉深成形时，厚度方向上变形比较困难，即变薄量小，而在板料平面内的压缩变形比较容易，毛坯中间部分起皱的趋向性降低，也就是抗压失稳起皱的能力高，有利于冲压加工的进行和产品质量的提高。

**（2）良好的表面质量**

材料良好的表面质量是指材料表面应光洁、平整和无锈等。主要包括以下内容：

① 材料表面无缺陷　材料表面质量的好坏，将直接影响制件的外观性。表面如有裂纹、麻点、划痕、结疤、气泡等缺陷，在冲压过程中，还容易在缺陷部位产生应力集中而引起破裂。

② 材料表面平整　材料表面若挠曲不平，会影响剪切和冲压时的定位精度，以及由于定位不稳而造成废品，或因冲裁过程中材料变形时的展开作用而损坏冲头。在变形工序中，材料表面的平面度也会影响材料的流向，引起局部起皱或破裂。

③ 材料表面无锈　若材料表面有锈，不仅影响冲压性能，损伤模具，而且还会影响后续焊接和涂漆等工序的正常进行。

表 2-1（常用金属材料的力学性能）和表 2-2（不同温度条件下常用非金属材料的力学性能）列出了冲压加工常用的金属和非金属材料的力学性能。

**表 2-1　常用金属材料的力学性能**

| 材料名称 | 牌号 | 材料的状态 | 力学性能 | | | |
|---|---|---|---|---|---|---|
| | | | 抗剪强度 $\tau$ | 抗拉强度 $\sigma_b$ | 屈服点 $\sigma_s$ | 伸长率 $\delta_{10}$/% |
| | | | 强度/MPa | | | |
| 电工纯铁 $w(C)\leqslant 0.025\%$ | DT1、DT2、DT3 | 退火 | 177 | 225 | | 26 |
| 电工硅钢 | D11、D12、D21、D31、D32 | 退火 | 186 | 225 | | 26 |
| | D41～D48、D310～D340 | 未退火 | 549 | 637 | | |

续表

| 材料名称 | 牌号 | 材料的状态 | 力学性能 | | | |
| --- | --- | --- | --- | --- | --- | --- |
| | | | 抗剪强度 $\tau$ | 抗拉强度 $\sigma_b$ | 屈服点 $\sigma_s$ | 伸长率 $\delta_{10}$ |
| | | | 强度/MPa | | | /% |
| 普通碳素钢 | Q195 | 未退火 | 255～314 | 314～392 | 195 | 28～33 |
| | Q235 | | 304～373 | 372～461 | 235 | 21～25 |
| | Q275 | | 392～490 | 490～608 | 275 | 15～19 |
| 碳素结构钢 | 08F | 退火 | 216～304 | 275～383 | 177 | 32 |
| | 08 | | 255～353 | 324～441 | 196 | 32 |
| | 10F | | 216～333 | 275～412 | 186 | 30 |
| | 10 | | 255～333 | 294～432 | 206 | 29 |
| | 15 | | 265～373 | 333～471 | 225 | 26 |
| | 20 | | 275～392 | 353～500 | 245 | 25 |
| | 30 | | 353～471 | 441～588 | 294 | 22 |
| | 35 | | 392～511 | 490～637 | 314 | 20 |
| | 45 | | 432～549 | 539～686 | 353 | 16 |
| 冷轧深拉深钢 | 08Al-ZF | 退火 | | 255～324 | 196 | 44 |
| | 08Al-HF | | | 255～334 | 206 | 42 |
| | 08Al-F $t>1.2$ | | | 255～343 | 216 | 39 |
| | 08Al-F $t=1.2$ | | | 255～343 | 216 | 42 |
| | 08Al-F $t<1.2$ | | | 255～343 | 235 | 42 |
| 优质碳素钢 | 10Mn2 | 退火 | 314～451 | 392～569 | 225 | 22 |
| | 65Mn | | 588 | 736 | 392 | 12 |
| 合金结构钢 | 25CrMnSiA<br>25CrMnSi | 低温退火 | 392～549 | 490～686 | | 18 |
| | 30CrMnSiA<br>30CrMnSi | | 432～588 | 539～736 | | 16 |
| 不锈钢 | 2Cr13 | 退火 | 314～392 | 392～490 | 441 | 20 |
| | 1Cr18Ni9Ti | 热处理 | 451～511 | 529～686 | 196 | 35 |
| 铝 | 1060(L2)、1050A(L3)、1200(L5) | 退火 | 78 | 74～108 | 49～78 | 25 |
| | | 冷作硬化 | 98 | 118～147 | | 4 |
| 铝锰合金 | 3A21(LF21) | 退火 | 69～98 | 108～142 | 49 | 19 |
| | | 半冷作硬化 | 98～137 | 152～196 | 127 | 13 |
| 铝镁合金<br>铝铜镁合金 | 5A02(LF2) | 退火 | 127～158 | 177～225 | 98 | 20 |
| | | 半冷作硬化 | 158～196 | 225～275 | 206 | |
| 硬铝 | 2A12(LY12) | 退火 | 103～147 | 147～211 | 104 | 12 |
| | | 淬火并经自然时效 | 275～304 | 392～432 | 361 | 15 |
| | | 淬火后冷作硬化 | 275～314 | 392～451 | 333 | 10 |

续表

| 材料名称 | 牌号 | 材料的状态 | 力学性能 | | | |
|---|---|---|---|---|---|---|
| | | | 抗剪强度 $\tau$ | 抗拉强度 $\sigma_b$ | 屈服点 $\sigma_s$ | 伸长率 $\delta_{10}$ /% |
| | | | 强度/MPa | | | |
| 纯铜 | T1、T2、T3 | 软 | 157 | 196 | 69 | 30 |
| | | 硬 | 235 | 294 | | 3 |
| 黄铜 | H62 | 软 | 255 | 294 | | 35 |
| | | 半硬 | 294 | 373 | 196 | 20 |
| | | 硬 | 412 | 412 | | 10 |
| | H68 | 软 | 235 | 294 | 98 | 40 |
| | | 半硬 | 275 | 343 | | 25 |
| | | 硬 | 392 | 392 | 245 | 15 |
| 锡磷青铜<br>锡锌青铜 | QSn4-4-2.5<br>QSn4-3 | 软 | 255 | 294 | 137 | 38 |
| | | 硬 | 471 | 539 | | 3～5 |
| | | 特硬 | 490 | 637 | 535 | 1～2 |

**表 2-2 不同温度条件下常用非金属材料的力学性能**

| 材料 | 温度/℃ | 孔的直径/mm | | | |
|---|---|---|---|---|---|
| | | 1～3 | ＞3～5 | ＞5～10 | ＞10 和外形 |
| | | 抗剪强度 $\tau$/MPa | | | |
| 纸胶板 | 22 | 150～180 | 120～150 | 110～120 | 100～110 |
| | 70～100 | 120～140 | 100～120 | 90～100 | 95 |
| | 105～130 | 110～130 | 100～110 | 90～100 | 90 |
| 布胶板 | 22 | 130～150 | 120～130 | 105～120 | 90～100 |
| | 80～100 | 100～120 | 80～110 | 90～100 | 70～80 |
| 玻璃布胶板 | 22 | 160～185 | 150～155 | 150 | 40～130 |
| | 80～100 | 121～140 | 115～120 | 110 | 90～100 |
| 有机玻璃 | 22 | 90～100 | 80～90 | 70～80 | 70 |
| | 70～80 | 60～8 | 70 | 50 | 40 |
| 聚氯乙烯塑料 | 22 | 120～130 | 100～110 | 50～90 | 60～80 |
| | 80～100 | 60～80 | 50～60 | 40～50 | 40 |
| 赛璐珞 | 22 | 80～100 | 70～80 | 60～65 | 60 |
| | 70 | 50 | 40 | 35 | 30 |

表 2-3～表 2-7 列出了冲压常用金属材料板料的规格尺寸。

**表 2-3 冷轧切边钢板、钢带的宽度允许偏差**（GB/T 708—2019） 单位：mm

| 公称宽度 | 宽度允许偏差 | |
|---|---|---|
| | 普通精度 | 较高精度 |
| ≤1200 | $^{+4}_{0}$ | $^{+2}_{0}$ |

续表

| 公称宽度 | 宽度允许偏差 | |
|---|---|---|
| | 普通精度 | 较高精度 |
| >1200～1500 | +5<br>0 | +2<br>0 |
| >1500 | +6<br>0 | +3<br>0 |

注：1. 表中规定的数值适用于冷轧切边钢板、钢带的宽度允许偏差，不切边钢板、钢带的宽度允许偏差由供需双方商定。

2. 钢板和钢带的公称宽度600～2050mm，在此范围内按10mm倍数取任何尺寸。

**表 2-4　冷轧纵切钢带的宽度允许偏差**（GB/T 708—2019）　　单位：mm

| 公称厚度 | 宽度允许偏差 | | | | |
|---|---|---|---|---|---|
| | 公称宽度 | | | | |
| | ≤125 | >125～250 | >250～400 | >400～600 | >600 |
| ≤0.40 | +0.3<br>0 | +0.6<br>0 | +1.0<br>0 | +1.5<br>0 | +2.0<br>0 |
| >0.40～1.0 | +0.5<br>0 | +0.8<br>0 | +1.2<br>0 | +1.5<br>0 | +2.0<br>0 |
| >1.0～1.8 | +0.7<br>0 | +1.0<br>0 | +1.5<br>0 | +2.0<br>0 | +2.5<br>0 |
| >1.8～4.0 | +1.0<br>0 | +1.3<br>0 | +1.7<br>0 | +2.0<br>0 | +2.5<br>0 |

**表 2-5　冷轧钢板的长度允许偏差**（GB/T 708—2019）　　单位：mm

| 公称长度 | 长度允许偏差 | |
|---|---|---|
| | 普通精度 | 较高精度 |
| ≤2000 | +6<br>0 | +3<br>0 |
| >2000 | +0.3%×公称长度<br>0 | +0.15%×公称长度<br>0 |

注：钢板的公称长度1000～6000mm，在此范围内按50mm倍数取任何尺寸。

**表 2-6　冷轧钢板和钢带的厚度允许偏差**（GB/T 708—2019）　　单位：mm

| 公称厚度 | 厚度允许偏差 | | | | | |
|---|---|---|---|---|---|---|
| | 普通精度 | | | 较高精度 | | |
| | 公称宽度 | | | 公称宽度 | | |
| | ≤1200 | >1200～1500 | >1500 | ≤1200 | >1200～1500 | >1500 |
| ≤0.40 | ±0.04 | ±0.05 | ±0.05 | ±0.025 | ±0.035 | ±0.045 |
| >0.40～0.60 | ±0.05 | ±0.06 | ±0.07 | ±0.035 | ±0.045 | ±0.050 |
| >0.60～0.80 | ±0.06 | ±0.07 | ±0.08 | ±0.040 | ±0.050 | ±0.060 |
| >0.80～1.00 | ±0.07 | ±0.08 | ±0.09 | ±0.045 | ±0.060 | ±0.060 |
| >1.00～1.20 | ±0.08 | ±0.09 | ±0.10 | ±0.055 | ±0.070 | ±0.070 |
| >1.20～1.60 | ±0.10 | ±0.11 | ±0.11 | ±0.070 | ±0.080 | ±0.080 |
| >1.60～2.00 | ±0.12 | ±0.13 | ±0.13 | ±0.080 | ±0.090 | ±0.090 |
| >2.00～2.50 | ±0.14 | ±0.15 | ±0.15 | ±0.100 | ±0.110 | ±0.110 |

续表

| 公称厚度 | 厚度允许偏差 | | | | | |
| --- | --- | --- | --- | --- | --- | --- |
| | 普通精度 | | | 较高精度 | | |
| | 公称宽度 | | | 公称宽度 | | |
| | ≤1200 | >1200～1500 | >1500 | ≤1200 | >1200～1500 | >1500 |
| >2.50～3.00 | ±0.16 | ±0.17 | ±0.17 | ±0.110 | ±0.120 | ±0.120 |
| >3.00～4.00 | ±0.17 | ±0.19 | ±0.19 | ±0.140 | ±0.150 | ±0.150 |

注：1. 表中规定的数值为最小屈服强度小于 280MPa 的冷轧钢板和钢带的厚度允许偏差，对最小屈服强度大于 280MPa、小于 360MPa 的钢板和钢带，其厚度允许偏差应比本表规定增加 20%；对最小屈服强度不小于 360MPa 的钢板和钢带，其厚度允许偏差应比本表规定增加 40%。

2. 钢板和钢带（包括纵向钢带）的公称厚度 0.30～4.00mm，公称厚度小于 1mm 的钢板和钢带按 0.05mm 的倍数取任何尺寸，公称厚度不小于 1mm 的钢板和钢带按 0.1mm 的倍数取任何尺寸。

**表 2-7 热轧单张轧制钢板厚度的允许偏差**（N 类）（GB/T 709—2019） 单位：mm

| 公称厚度 | 厚度允许偏差 | | | |
| --- | --- | --- | --- | --- |
| | ≤1500 | >1500～2500 | >2500～4000 | >4000～4800 |
| 3.00～5.00 | ±0.45 | ±0.55 | ±0.65 | — |
| >5.00～8.00 | ±0.50 | ±0.60 | ±0.75 | — |
| >8.00～15.0 | ±0.55 | ±0.65 | ±0.80 | ±0.90 |
| >15.0～25.0 | ±0.65 | ±0.75 | ±0.90 | ±1.10 |
| >25.0～40.0 | ±0.70 | ±0.80 | ±1.00 | ±1.20 |
| >40.0～60.0 | ±0.80 | ±0.90 | ±1.10 | ±1.30 |
| >60.0～100 | ±0.90 | ±1.10 | ±1.30 | ±1.50 |
| >100～150 | ±1.20 | ±1.40 | ±1.60 | ±1.80 |
| >150～200 | ±1.40 | ±1.60 | ±1.80 | ±1.90 |
| >200～250 | ±1.60 | ±1.80 | ±2.00 | ±2.20 |
| >250～300 | ±1.80 | ±2.00 | ±2.20 | ±2.40 |
| >300～400 | ±2.00 | ±2.20 | ±2.40 | ±2.60 |

注：1. 热轧单张轧制钢板公称厚度 3～400mm，热轧单张轧制钢板公称宽度 600～4800mm。在此范围内，厚度小于 30mm 的钢板按 0.5mm 倍数取任何尺寸；厚度不小于 30mm 的钢板按 1mm 倍数取任何尺寸，公称宽度按 10mm 或 50mm 倍数取任何尺寸。

2. 钢板的公称长度 2000～20000mm，在此范围内，公称长度按 50mm 或 100mm 倍数取任何尺寸。

## 2.2 原材料的品质管理

冲压用原材料是冲压加工最基本生产要素之一，冲压用原材料与冲压生产的关系相当密切，材料质量的好坏直接影响到冲压工艺过程设计、冲压件质量、产品使用寿命和冲压件成本，冲压件材料费用往往要占冲压件成本的 60%～80%。因此，对冲压用原材料进行有效的质量控制，稳定材料质量，一方面有利于保证产品后续冲压工序的加工，生产出优良的冲压件；另一方面也有利于控制生产成本，提高经济效益。

对大多数冲压加工企业来讲，为便于生产的组织和管理，冲压用原材料一般是采用从钢板生产厂家分次成批采购完成，经冲压生产加工的消耗后，再进行后续的进货补充，周而复始。根据这一生产特性，对冲压用原材料的控制，也是一个循环的系统工程，其应包括原材料采购入库、入库贮存、生产加工等各个阶段中的质量控制。

### 2.2.1 原材料采购入库前的品质鉴别

一般说来，原材料采购入库前，除对生产厂家提供的合格证进行例行检查外，还要对所购原材料进行复查、抽检，以便能对所购的原材料质量进行更进一步的准确鉴别，其内容主要包括：光谱分析、化学分析、金相检验、硬度试验、力学性能试验等，由于此类鉴别需要有一定实验分析手段，若企业无理化检测实验设备，除可采取委托外检外，也可用以下方法对金属材料进行现场快速鉴别。

**（1）火花鉴别**

火花鉴别是将钢铁材料轻轻压在砂轮上打磨，观察所爆射出的火花形状和颜色，以判断钢铁成分范围的方法，材料不同，其火花也不同。

① 低碳钢的火花特征　低碳钢的火束呈草黄带红色，发光适中。流线稍多，长度稍长，自根部起逐渐膨胀粗大，至尾部又逐渐收缩、尾部下垂呈半弧形。色稍暗，时有枪尖尾花，花量不多，爆化为四根分叉一次花，呈星形，芒线较粗。在流线上的爆花，只有一次爆裂的芒线称一次花。一次花是含碳量在0.25%以下的火花特征。

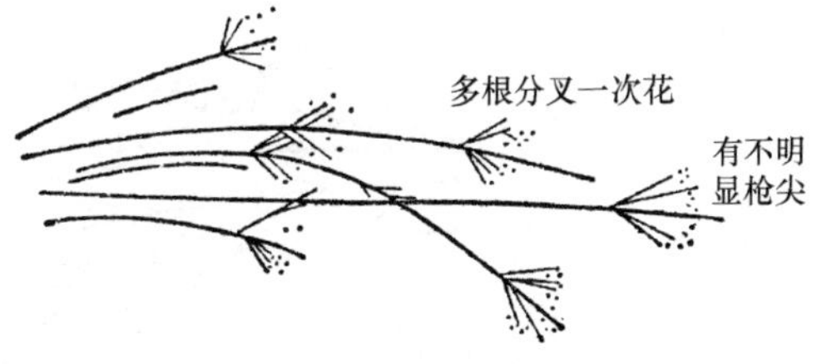

图 2-1　20 钢的火花特征

图 2-1 为 20 钢的火花特征，其流线多、带红色，火束长，芒线较粗，花量稍多，多根分叉爆裂，爆化呈草黄色。

② 中碳钢的火花特征　中碳钢的火束呈黄色，发光明亮。流线多而细长，尾部垂直、尖端分叉、爆化为多根分叉二次花，附有节点，芒线清晰有较多的小花和花粉产生，并开始出现不完全的两层复花，火花盛开、射力较大，花量较多约占整个火束的五分之三以上。

图 2-2 为 45 钢的火花特征，其流线多而稍细，火束短而亮度大，爆裂为多根分叉的三次花，花量占整个火束的五分之三以上，有很多的小花及花粉。

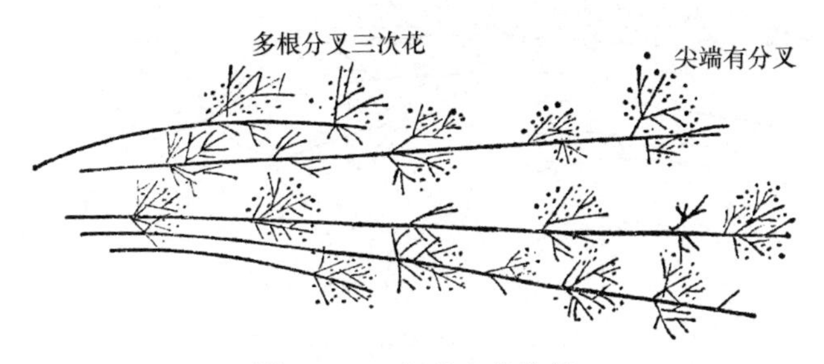

图 2-2　45 钢的火花特征

③ 高碳钢的火花特征 高碳钢的火束呈黄色，光度根部暗、中部明亮、尾部次之。流线多而细、长度较短、形挺直、射力强。爆化为多根分叉二次、三次爆烈，三层复花，花量较多，约占整个火束的四分之三以上。

图 2-3 为 65 钢的火花特征，整个火束呈黄色，光度是根部暗、中部明亮、尾部次之；流线多而细、长度较短、形挺直、射力强。爆化为多根分叉的二次、三次爆花，花量多而拥挤，占整个火束的四分之三以上。芒线细长而多，间距密，芒线间杂有很多花粉。

④ 碳素工具钢的火花特征　图 2-4 为 T7 钢的火花特征，其流线多而细，火束粗短；花量多，三次花占火束的五分之四，并有碎花及花粉，发光渐次减弱，火花稍带红色，爆裂为

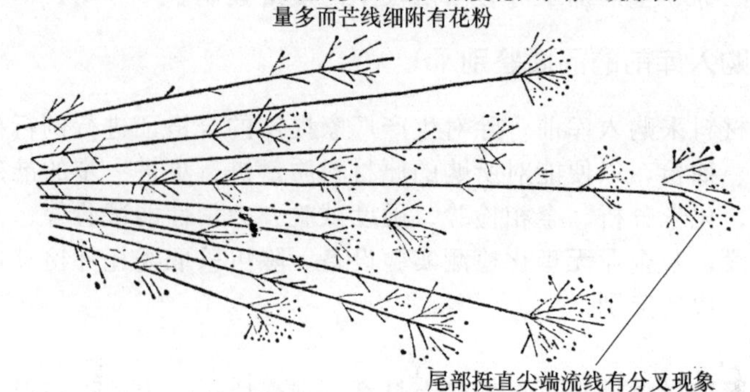

图 2-3　65 钢的火花特征

多根分叉，花形由基本的星形发展为三层叠开，花数增多。研磨时手的感觉稍硬。

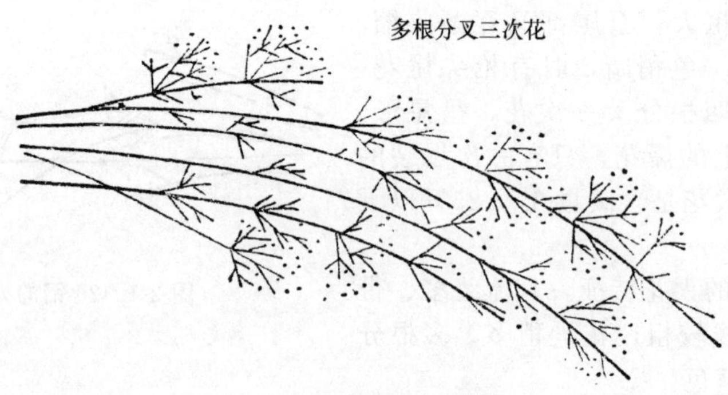

图 2-4　T7 钢的火花特征

图 2-5 为 T10 钢的火花特征，其流线多而细，火束较 T7 更为粗短；花量多，三次花占火束的六分之五以上，爆花稍弱带红色，碎花及小花很多。

图 2-5　T10 钢的火花特征

⑤ 高速钢的火花特征　图 2-6 为 W18Cr4V 钢的火花特征，其火束细长，呈赤橙色，发

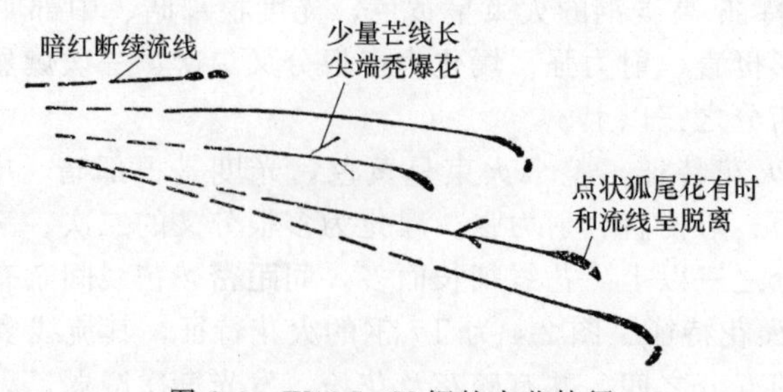

图 2-6　W18Cr4V 钢的火花特征

光极暗，由于钨的影响，几乎无火花爆裂，仅尾部略有三四根分叉爆花，中部和根部为断续流线，尾部呈点形狐尾花，研磨时材质较硬。

（2）色标鉴别

生产中为了表明金属材料的牌号、规格等，通常在材料上做一定的标记，常用的标记方法有涂色、打印、挂牌等。金属材料的涂色标志用以表示钢类、钢号，涂在材料一端的端面或外侧。成捆交货的钢应涂在同一端的端面上，盘条则涂在卷的外侧。具体的涂色方法在有关标准中做了详细的规定，可以根据材料的色标对钢铁材料进行鉴别。表 2-8 给出了常见钢材的涂色标记。

表 2-8　常见钢材的涂色标记

| 钢号 | 涂色标记 | 钢号 | 涂色标记 |
|---|---|---|---|
| 05～15 | 白色 | 锰钢 | 黄色＋蓝色 |
| 20～25 | 棕色＋绿色 | 硅锰钢 | 红色＋黑色 |
| 30～40 | 白色＋蓝色 | 铬钢 | 蓝色＋黄色 |
| 45～85 | 白色＋棕色 | W12Cr4V4Mo | 棕色一条＋黄色一条 |
| 15Mn～40Mn | 白色二条 | W18Cr4V | 棕色一条＋蓝色一条 |
| 45Mn～70Mn | 绿色二条 | W9Cr4V2 | 棕色二条 |

（3）断口鉴别

材料或零部件因受某些物理、化学或机械因素的影响而导致破断所形成的自然表面称为断口。现场可根据断口的自然形态来断定材料的韧脆性，也可据此判定相同热处理状态的材料含碳量的高低。若断口呈纤维状、无金属光泽、颜色发暗、无结晶颗粒且断口边缘有明显的塑性变形特征，则表明钢材具有良好的塑性和韧性，含碳量较低；若材料断口齐平、呈银灰色、具有明显的金属光泽和结晶颗粒，则表明材料为金属脆性断裂。

（4）音响鉴别

现场也可根据钢铁敲击时声音的不同，对其进行初步鉴别。例如，当原材料钢中混入铸铁材料时，由于铸铁的减振性较好，敲击时声音较低沉，而钢材敲击时则可发出较清脆的声音。

（5）外观鉴别

现场也可根据钢铁的外观质量进行鉴别，有以下特性的一般可辨别为假冒伪劣钢材。

① 钢材表面形成各种折线　这种缺陷往往贯穿整个零件产品的纵向，折弯时就会开裂，钢材的强度大大下降。

② 钢材外表面经常有麻面现象　这种麻面是由于轧槽磨损严重而引起钢材表面不规则的凹凸不平缺陷。

③ 钢材表面易产生结疤　这是由于钢材材质不均匀，杂质多，或厂家生产设备简陋，容易粘钢，杂质咬入轧辊后产生的。

④ 钢材表面易产生裂纹　产生的原因是由于它的坯料气孔多，在冷却的过程中受到热应力的作用，产生裂痕，经过轧制后就有裂纹。

⑤ 钢材极容易刮伤　产生的原因是厂家生产设备简陋，易产生毛刺，刮伤钢材表面，如果深度刮伤就会降低钢材的强度。

⑥ 钢材的切口不平且无光　若钢材的切头端面凹凸不平，无金属光泽，呈淡红色或类似生铁的颜色，则多为生产设备简陋厂家的产品。

⑦ 钢材的密度偏小　若钢材的密度偏小且外形尺寸超差严重，则也多为生产设备简陋

厂家的产品。

只有入库前的各项检测数据符合相关国标或部标要求的，才可办理入厂合格证，准予入库。若有个别指标不合格，须经相关的技术、质管等部门签字认定，办理入厂代用手续后，方可入库，不同意代用的，不准入厂进库，所购原材料应办理退货手续，更不准擅自入库，流入后续的生产加工过程。

### 2.2.2 原材料入库贮存及生产加工过程的品质管理

冲压用原材料经入库验收合格后，自动转入入库贮存、生产加工过程的质量控制阶段，由于冲压件的质量和加工过程的难易在很大程度上取决于原材料的表面质量和尺寸精度，表面质量差的板料在冲压时，往往因其表面具有缺陷而引起应力集中，使冲压件容易产生裂纹。表面粗糙的板料对模具工作部分的磨损也很严重。因此，入库贮存、生产加工过程的原材料质量控制要点主要在于原材料的表面质量和尺寸精度两方面。

① 原材料的表面质量　用于冲压的原材料，其表面必须是完全光滑平整、没有分层、气泡、划痕、结疤、气泡、刮伤、裂缝、缩孔、凹痕等各种表面疵病和其他力学性能的损伤，没有锈斑、氧化皮以及各种金属和非金属的杂质。这是因为：在冲压加工中，上述表面缺陷部位易产生应力集中而破坏。例如板料表面产生翘曲或不平时，影响剪切加工定位和损坏凸模，使废品率升高；板料有侧弯时，板料送进困难，并且送进时容易产生翘曲变形；板料表面有锈蚀现象发生，不仅对冲压加工不利，严重影响工件表面质量，而且使模具寿命降低，并给后续工序（如焊接、喷漆等）带来一定的困难。

② 原材料的尺寸精度　用于冲压的原材料，其尺寸精度主要是控制材料的厚度，冲压加工对板料厚度的公差要求是比较严格的，材料的厚度公差对冲件的精度和质量有较大的影响。这是因为：在冲裁、弯曲、拉深、翻边和整形等成形工序中，一定的模具间隙适用于一定的材料厚度。如果材料厚度小于板料厚度的最小极限尺寸，则模具的间隙过大，对于拉深件来说，这时往往会使冲压件出现起皱、侧壁呈锥形或曲线形等缺陷，特别是在多次拉深、复杂成形和弯曲整形时，冲压件达不到所需的形状和尺寸，以致影响冲压件的精度和质量。而当材料的厚度超过正公差时，则有可能使材料表面擦伤，或使冲压件破裂，严重时甚至导致模具被挤裂、压力机被损坏等不良后果。

表 2-9～表 2-11 列出了冲压常用金属材料板料厚度的允差，原材料入库贮存、生产加工阶段可按此标准要求检测执行。

**表 2-9　热轧单张轧制钢板厚度的允许偏差（A类）（GB/T 709—2019）　单位：mm**

| 公称厚度 | 厚度允许偏差 | | | |
|---|---|---|---|---|
| | ≤1500 | ＞1500～2500 | ＞2500～4000 | ＞4000～4800 |
| 3.00～5.00 | +0.55<br>−0.35 | +0.70<br>−0.40 | +0.85<br>−0.45 | — |
| ＞5.00～8.00 | +0.65<br>−0.35 | +0.75<br>−0.45 | +0.95<br>−0.55 | — |
| ＞8.00～15.0 | +0.70<br>−0.40 | +0.85<br>−0.45 | +1.05<br>−0.55 | +1.20<br>−0.60 |
| ＞15.0～25.0 | +0.85<br>−0.45 | +1.00<br>−0.50 | +1.15<br>−0.65 | +1.50<br>−0.70 |
| ＞25.0～40.0 | +0.90<br>−0.50 | +1.05<br>−0.55 | +1.30<br>−0.70 | +1.60<br>−0.80 |
| ＞40.0～60.0 | +1.05<br>−0.55 | +1.20<br>−0.60 | +1.45<br>−0.75 | +1.70<br>−0.90 |

续表

<table>
<tr><th rowspan="2">公称厚度</th><th colspan="4">厚度允许偏差</th></tr>
<tr><th>≤1500</th><th>>1500～2500</th><th>>2500～4000</th><th>>4000～4800</th></tr>
<tr><td>>60.0～100</td><td>+1.20<br>−0.60</td><td>+1.50<br>−0.70</td><td>+1.75<br>−0.85</td><td>+2.00<br>−1.00</td></tr>
<tr><td>>100～150</td><td>+1.60<br>−0.80</td><td>+1.90<br>−0.90</td><td>+2.45<br>−1.05</td><td>+2.40<br>−1.20</td></tr>
<tr><td>>150～200</td><td>+1.90<br>−0.90</td><td>+2.20<br>−1.00</td><td>+2.45<br>−1.15</td><td>+2.50<br>−1.30</td></tr>
<tr><td>>200～250</td><td>+2.20<br>−1.00</td><td>+2.40<br>−1.20</td><td>+2.70<br>−1.30</td><td>+3.00<br>−1.40</td></tr>
<tr><td>>250～300</td><td>+2.40<br>−1.20</td><td>+2.70<br>−1.30</td><td>+2.95<br>−1.45</td><td>+3.20<br>−1.60</td></tr>
<tr><td>>300～400</td><td>+2.70<br>−1.30</td><td>+3.00<br>−1.40</td><td>+3.25<br>−1.55</td><td>+3.50<br>−1.70</td></tr>
</table>

**表 2-10　热轧单张轧制钢板厚度的允许偏差（B类）（GB/T 709—2019）　单位：mm**

<table>
<tr><th rowspan="2">公称厚度</th><th colspan="8">厚度允许偏差</th></tr>
<tr><th colspan="2">≤1500</th><th colspan="2">>1500～2500</th><th colspan="2">>2500～4000</th><th colspan="2">>4000～4800</th></tr>
<tr><td>3.00～5.00</td><td rowspan="12">−0.30</td><td>+0.60</td><td rowspan="12">−0.30</td><td>+0.80</td><td rowspan="12">−0.30</td><td>+1.00</td><td colspan="2">—</td></tr>
<tr><td>>5.00～8.00</td><td>+0.70</td><td>+0.90</td><td>+1.20</td><td colspan="2">—</td></tr>
<tr><td>>8.00～15.0</td><td>+0.80</td><td>+1.00</td><td>+1.30</td><td rowspan="10">−0.30</td><td>+1.50</td></tr>
<tr><td>>15.0～25.0</td><td>+1.00</td><td>+1.20</td><td>+1.50</td><td>+1.90</td></tr>
<tr><td>>25.0～40.0</td><td>+1.10</td><td>+1.30</td><td>+1.70</td><td>+2.10</td></tr>
<tr><td>>40.0～60.0</td><td>+1.30</td><td>+1.50</td><td>+1.90</td><td>+2.30</td></tr>
<tr><td>>60.0～100</td><td>+1.50</td><td>+1.80</td><td>+2.30</td><td>+2.70</td></tr>
<tr><td>>100～150</td><td>+2.10</td><td>+2.50</td><td>+2.90</td><td>+3.30</td></tr>
<tr><td>>150～200</td><td>+2.50</td><td>+2.90</td><td>+3.30</td><td>+3.50</td></tr>
<tr><td>>200～250</td><td>+2.90</td><td>+3.30</td><td>+3.70</td><td>+4.10</td></tr>
<tr><td>>250～300</td><td>+3.30</td><td>+3.70</td><td>+4.10</td><td>+4.50</td></tr>
<tr><td>>300～400</td><td>+3.70</td><td>+4.10</td><td>+4.50</td><td>+4.90</td></tr>
</table>

**表 2-11　热轧单张轧制钢板厚度的允许偏差（C类）（GB/T 709—2019）　单位：mm**

<table>
<tr><th rowspan="2">公称厚度</th><th colspan="8">厚度允许偏差</th></tr>
<tr><th colspan="2">≤1500</th><th colspan="2">>1500～2500</th><th colspan="2">>2500～4000</th><th colspan="2">>4000～4800</th></tr>
<tr><td>3.00～5.00</td><td rowspan="12">0</td><td>+0.90</td><td rowspan="12">0</td><td>+1.10</td><td rowspan="12">0</td><td>+1.30</td><td rowspan="12">0</td><td>—</td></tr>
<tr><td>>5.00～8.00</td><td>+1.00</td><td>+1.20</td><td>+1.50</td><td>—</td></tr>
<tr><td>>8.00～15.0</td><td>+1.10</td><td>+1.30</td><td>+1.60</td><td>+1.80</td></tr>
<tr><td>>15.0～25.0</td><td>+1.30</td><td>+1.50</td><td>+1.80</td><td>+2.20</td></tr>
<tr><td>>25.0～40.0</td><td>+1.40</td><td>+1.60</td><td>+2.00</td><td>+2.40</td></tr>
<tr><td>>40.0～60.0</td><td>+1.60</td><td>+1.80</td><td>+2.20</td><td>+2.60</td></tr>
<tr><td>>60.0～100</td><td>+1.80</td><td>+2.20</td><td>+2.60</td><td>+3.00</td></tr>
<tr><td>>100～150</td><td>+2.40</td><td>+2.80</td><td>+3.20</td><td>+3.60</td></tr>
<tr><td>>150～200</td><td>+2.80</td><td>+3.20</td><td>+3.60</td><td>+3.80</td></tr>
<tr><td>>200～250</td><td>+3.20</td><td>+3.60</td><td>+4.00</td><td>+4.40</td></tr>
<tr><td>>250～300</td><td>+3.60</td><td>+4.00</td><td>+4.40</td><td>+4.80</td></tr>
<tr><td>>300～400</td><td>+4.00</td><td>+4.40</td><td>+4.80</td><td>+5.20</td></tr>
</table>

凡入库贮存后表面质量、尺寸精度不合格的原材料，不能直接转入生产加工，若要使用，需经相关的技术、质管等部门采取相关措施、签字认定，办理相关使用手续后，方可代用。

## 2.3 下料加工的方法

在冲压生产过程中，下料往往是首道工序。下料加工的内容主要是将板料剪成一定尺寸规格的条料、块料作为后续冲裁、弯曲、拉深、成形等工序的毛坯，在有些情况下，亦可将剪切好的块料直接作为零件使用。

剪切所用的设备主要有剪板机、振动剪切机、滚剪机及卷材开卷机等。冲压车间常用的剪切下料设备主要为剪板机，振动剪切机。根据应用剪切设备的不同，剪切方法可分为平剪、斜剪、振动剪及滚剪。

### 2.3.1 平剪和斜剪

平剪和斜剪是平刃剪和斜刃剪的简称。平剪和斜剪的剪切方法主要适用于剪板机，剪板机用于板料切断，且只能剪切直线。剪板机按传动方式不同分为机械传动剪板机和液压传动剪板机。剪切板厚小于 10mm 的剪板机多为机械传动结构，剪切板厚大于 10mm 的剪板机多为液压传动结构。图 2-7 为普通机械剪板机结构示意图，目前，普通剪板机已实现了数显或数控化改型，改进后的剪板机后挡料装置能实现自动定位控制，剪切间隙也能实现自动调节，但基本加工原理与普通剪板机相同。

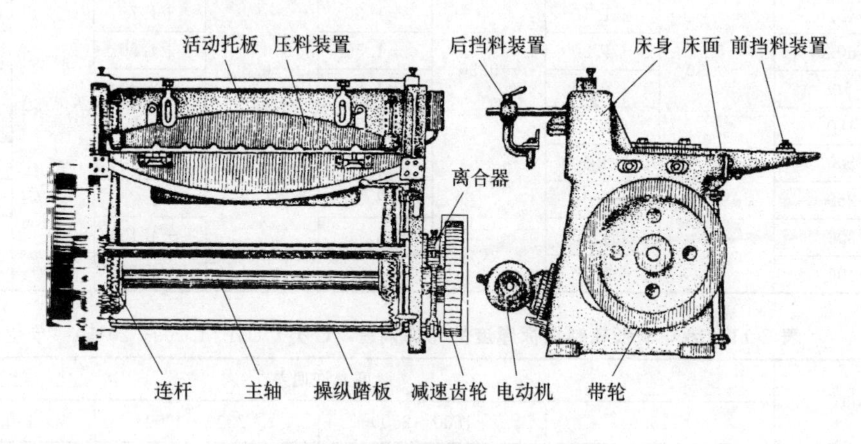


图 2-7 普通机械剪板机结构示意图

剪板机由床身、床面、上下刀片、压料装置和传动系统等部件组成。下刀片固定在床面上，上刀片固定在活动托板上。若上下刀片采用的是斜刃剪，则通过上刀片相对于下刀片的交错运动，实现板料的剪切；若上下刀片采用的是上下平行的刃口实现板料的剪切，则为平刃剪。

（1）平刃剪

图 2-8 为平刃剪示意图，应用平刃剪板机，在上下平行的刃口间进行剪切。这种剪板机行程小、剪切力大，适宜于剪切厚度大、宽度小的板料。

（2）斜刃剪

斜刃剪示意图如图 2-9 所示。

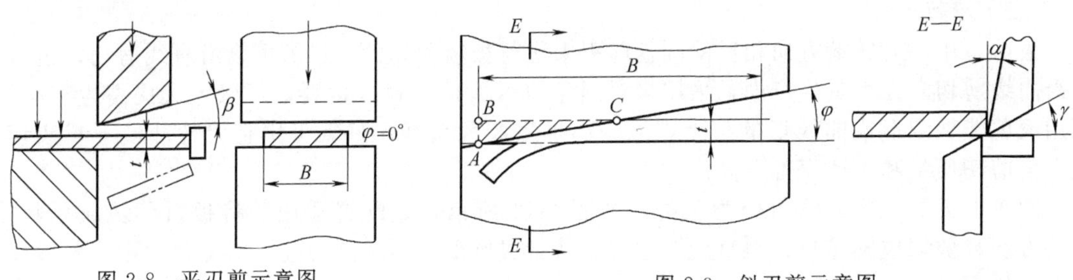


图 2-8　平刃剪示意图　　　　图 2-9　斜刃剪示意图

斜刃剪切可大大减小剪切力。斜刃剪板机下刃口呈水平状态，上刃口与下刃口呈一定角度的倾斜状态，在上下刃口间进行剪切，由于上剪刃是倾斜的，剪切时刃口与材料的接触长度比板料宽度小得多。因此，这种剪板机行程大、剪力小、工作平稳，适宜于剪切厚度小、宽度大的板料。

一般上剪刃的倾角 $\varphi$ 在 1°～6°之间。板料厚度为 3～10mm 时，取 $\varphi=1°\sim3°$，厚度为 12～35mm 时，取 $\varphi=3°\sim6°$。$\gamma$ 为前角，可减小剪切时材料的转动；$\alpha$ 为后角，可减少刃口和材料的摩擦。$\gamma$ 一般取 15°～20°，$\alpha$ 一般取 1.5°～3°。

### 2.3.2　振动剪和滚剪

振动剪和滚剪的剪切方法分别适用于振动剪切机和圆盘剪板机。振动剪切机又称剪切冲型机、短步剪。其外形结构见图 2-10（a）。

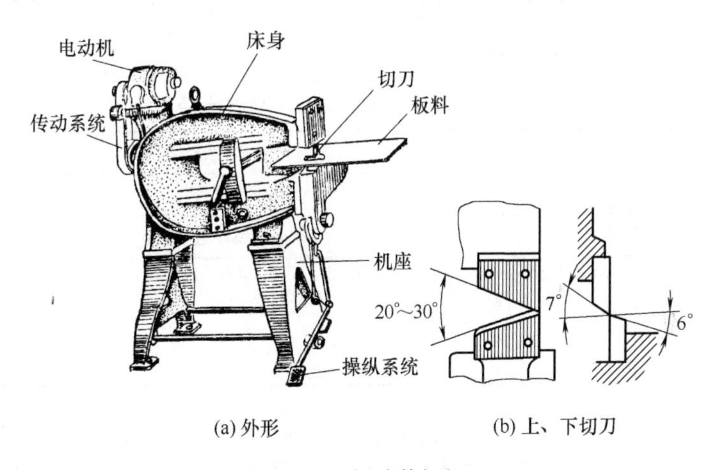


(a) 外形　　(b) 上、下切刀

图 2-10　振动剪切机

（1）振动剪

振动剪切机由机座、床身、上下切刀和传动系统组成。上切刀固定在刀座上，通过连杆与偏心轴相连，由电动机带动以每分钟 1500～2000 次的快速往复振动，行程约 2～3mm，上切刀与下切刀的刀刃相对倾斜夹角 20°～30°，且上、下切刀本身都具有较大的倾角（约为 0°～15°），见图 2-10（b）。剪刃较窄，且两刀尖通常处于接触状态，重叠量约为 0.2～1.0mm。

振动剪在剪切材料时，是一小段一小段剪下的，由于剪切过程不连续，所以生产效率很低，且剪切质量差，裁件边缘粗糙，有微小的锯齿形，毛坯加工精度差，但由于可以实现在板料上切下直线或曲线轮廓形状的冲压件毛坯，且振动剪结构简单，便于制造，对剪切不同形状、尺寸零件和毛坯的适应性好，因此，常用于小批量毛坯冲压件的加工。

(2) 滚剪

滚剪是用一对转动方向相反的圆盘剪刃来进行板料剪切的。滚剪可以沿直线剪切，也可以沿曲线剪切。在大量生产中，采用多对圆盘剪刃剪切条料或带料，可以大大提高生产率。利用滚剪能剪圆形或曲线形的特点，某些小批生产大型冲压件，可用它代替冲模下料或切边，但剪切质量和生产率都不高。

圆盘剪刃的配置方法可分为三种。如图 2-11 所示，直配置适用于将板料剪裁成条料，或将方坯料剪切成圆坯料；斜直配置适用于剪裁成圆形坯料或圆内孔；斜配置适用于剪裁任意曲线轮廓的坯料。

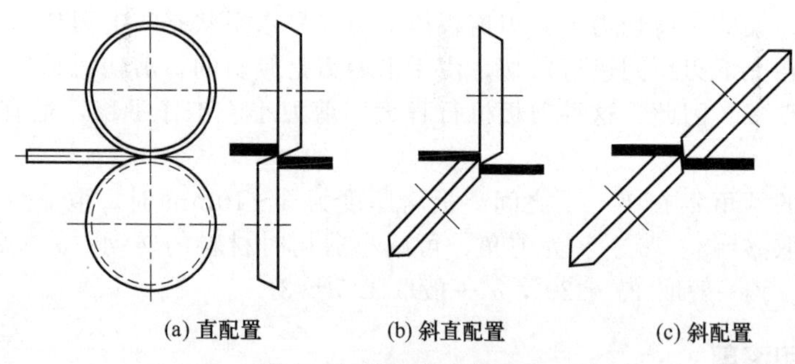


图 2-11 圆盘剪刃的配置

滚剪时，上下剪刃的间隙取决于被剪切板料的厚度，一般取 0.05～0.2mm。用滚剪剪曲线轮廓毛坯时，其曲率半径有一定的限制，最小曲率半径与剪刃直径、板料厚度有关。圆盘剪剪裁的最小曲率半径见表 2-12。

表 2-12 圆盘剪剪裁的最小曲率半径　　单位：mm

| 剪刃直径 | 板料厚度 | | |
|---|---|---|---|
| | <1 | 1.5～2.5 | 3～6 |
| | 最小曲率半径/mm | | |
| 75 | 40 | 45 | 50 |
| 90 | 50 | 75 | 85 |
| 100 | 50 | 75 | 90 |
| 125 | 50 | 90 | 90 |

选用圆盘剪板机时，主要的额定工艺参数是容许剪切的最大厚度。用圆盘剪来剪切曲线轮廓的毛坯时，还需知道剪板机容许剪切的最大直径和最小曲率半径。例如 Q23-4×1000 型双盘剪板机，可剪的最大板厚为 4mm，最大直径为 1000mm。

滚剪常用于在一些冲压自动生产线上各种规格卷料的加工。由于钢厂生产的卷料通常是定规格的，如宽度 700mm、900mm、1200mm、1500mm、2000mm 等，因此卷料需要在开料线上分剪，制成所需宽度尺寸的小卷料，供冲压生产用。图 2-12 为卷料开料生产线。

多条带料剪切机是利用滚剪加工进行卷料开料的，其工作过程为：开卷机上的卷料松卷后，使料头进入送料辊，经多辊板料校平机校平之后，卷料经料架送料辊进入多条带料剪切机。根据所需带料宽度，调整好相邻刀盘之间的距离及上下刀盘之间的间隙，即可剪切出所需要的带料。带料经地坑及分离装置进入重卷机，便可制成所需宽度尺寸的小卷料。

## 2.3.3 其他下料加工方法

除利用振动剪、滚剪等板料下料设备完成圆形或曲形板料的剪切外，随着科技的进步，

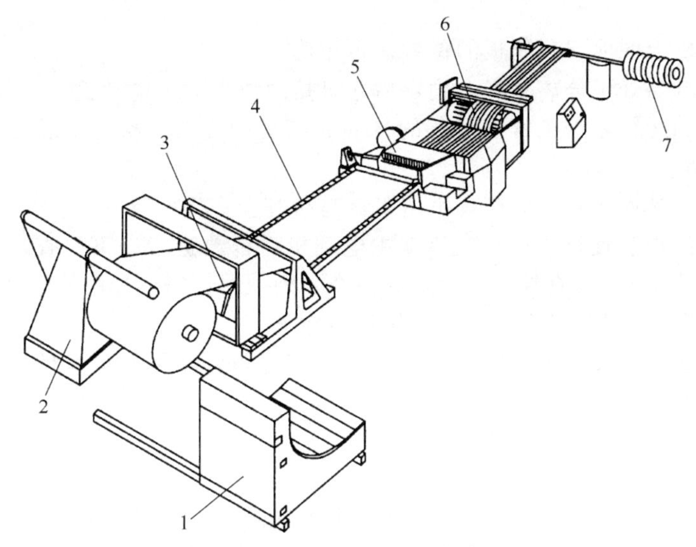

图 2-12　卷料开料生产线

1—装载小车；2—开卷机；3—校平装置；4—料架；5—多条带料剪切机；6—地坑；7—重卷机

数控冲床或数控激光切割、等离子切割、高压水切割等也广泛用来完成曲线形或异形板料的下料，对某些小批生产的大型冲压件，用它来代替冲裁模下料或切边有较大的优势，其下料应用参见表 2-13。

**表 2-13　其他下料加工的应用**

| 下料加工方法 | 应用说明 |
| --- | --- |
| 数控冲床 | 碳钢、不锈钢、铝、铜等金属板料的直线或异形件的下料，精度达±0.1mm |
| 数控激光切割 | 各种金属材料的切割，切缝约为 0.15～0.5mm，切割精度达±0.1mm，设备昂贵 |
| 等离子切割 | 碳钢、不锈钢、高合金钢、铝铜及其合金等金属板料的直线或异形件的下料，精度达±0.5mm，并可水下切割 |
| 高压水切割 | 几乎能切割所有的金属及非金属，但设备昂贵 |
| 线切割加工 | 多用于淬火钢、硬质合金的切割，尤其适用于冲裁模的制造，切割精度达±0.01mm，但切割效率较低 |

在冲压生产加工过程中，企业为便于原材料及设备的统一管理，往往将各种冲压下料设备集中起来，组成专门的剪切下料工段、车间，其加工的对象主要为板料、卷料。

## 2.4　下料加工的操作要点

使用剪板机剪切条料及块料是一项繁重而又危险的工作，极易出现人身伤害事故，因此，在进行剪板下料操作时，应严格按剪切操作规程进行，具体操作要点如下。

**（1）工作前的要求**

① 按规定穿戴好劳动保护用品，如扎紧袖口、戴好手套，女操作员还应将长发全部塞入工作帽。

② 仔细查看交接班记录。

③ 检查和校正挡尺的位置。

④ 检查工作场地照明，特别要查看剪切线的照度是否足够。

⑤ 检查防护挡板，以及齿轮、轴和带的防护罩是否齐全和完好，要把设备上的一切防

护罩安放妥当。

⑥ 检查剪板机上的剪刀和压板的位置是否正确。

⑦ 注意使离合器处于分离状态，确定后才可接通设备的主电动机。

⑧ 检查设备的运行是否正常，设备的自动分离机构应在一次剪切后即分离，刀架必须停止在上死点位置。

⑨ 使用手用工具操作时，要检查手用工具是否齐全完好。

⑩ 使用光电保护装置时，在每次启动主电动机后都要进行以下检查，除了根据使用说明书的要求安装、调整、检查外，还要重点检查下列项目：每道光束的遮光检查或破坏感应幕的检查，遮光或破坏感应幕停机后的自保功能检查。

⑪ 发现设备或安全装置不正常时，立即报告安全员，不可擅自修理，待设备或安全装置修复后才可进行工作。

⑫ 向车间领取所制零件的工艺卡。

**（2）工作时的要求**

① 根据剪切板的厚度，调整好刀片间隙，调整好挡尺的定位位置。

② 集中精力，认真操作，工作时操作者不许与他人闲谈。

③ 两个人以上操作时，应配合协调、动作一致，应指定专人负责指挥，并操纵脚踏开关。

④ 剪切一次后，脚必须离开启动踏板，以防误操作。

⑤ 发生下列情况时，要停止工作并报告：剪切机突然发生连剪现象，剪切机工作不正常，照明熄灭，安全装置不正常。

⑥ 保持工作场地的整洁，及时将剪切件放在适当的位置。

⑦ 在下列情况下，要停机并把启动踏板移到空挡处或锁住：暂时离开，发现有不正常现象，由于停电而电动机停止运行。

**（3）工作完成后的要求**

① 关闭主电动机，直到设备完全停止运转。

② 收拾工作场地，收集所有剪切件、冲裁片，并放在规定的位置。

③ 擦净设备和刀片，并涂防锈油。

④ 填写交接班记录。

⑤ 将启动踏板放在空挡处或锁住。

## 2.5 下料加工的注意事项

下料加工相对来说是技术含量较低的冲压加工工序，其剪切过程一般是：将大张的板料或卷料放在剪板机的两剪刃之间，借助外力（电动机或液压缸）带动两剪刃相对运动，并对其施加压力而沿剪刃断开，成为合乎下道工序需要的条料或块料。在下料加工过程中应注意以下事项：

① 开车前必须仔细检查剪板机的操作系统、离合器、制动器是否处于可靠、有效的状态，安全装置是否完好可靠。发现异常立即采取必要措施，严禁设备带病运行。刚性离合器在运行中，应保证转销和键无明显的撞击声。

② 电动机不得带负荷启动，开机前离合器应分离。正式作业前必须空转试车，检查拉杆有无失灵现象，各处螺钉有无松动，确认各部件正常后方可正式操作。

③ 工作前要用手扳动带轮转几转，观察刀片运动情况。

④ 操作时机床后面不准站人接料。

⑤ 调整刀片后，一定要先进行手动试验及空车试验。

⑥ 工作台上不得放置其他的物品以及与工作无关的杂物，调整和清扫必须停机进行。

⑦ 工作场地周围保持整洁，保证垂直起吊工件或零件无阻碍。

⑧ 送料时要集中精力，特别注意保证手指安全，一张板料剪到末端时，不得用手指垫在板料下送料。

⑨ 剪切小块料应采取加垫的方法，防止压料不当而发生意外事故。

⑩ 严禁两人同时在同一台剪板机上剪切两种板料。

⑪ 禁止使用剪板机加工超长、超厚的工件；不得使用剪板机剪切经淬火的碳素钢、高速钢、合金工具钢、铸铁及脆性材料。

⑫ 刀片和刀口必须锐利，切薄板时刀片必须紧密贴合，上、下刀片要保持平行，刀片间隙不得大于板料厚度的1/10。不可用钝口剪刀工作，及时检查剪切件的剪裁边是否平整。

⑬ 在操作过程中，工件未校准前不准踩踏板，不准拉动气钩，任何时间、任何情况下都不允许将头、手置于刀口之下。

⑭ 裁剪长板料时，应有辅助支架；裁剪大而重的板料时，应有滚动支架，吊起板料要有起重装置，起吊过程中应有足够的辅助工人，且应保持与辅助工协调、配合。

⑮ 不要用手取出卡在剪刀下的剪切件，要用钳子取出。

⑯ 对剪切加工工艺中要求了板料轧制纤维方向件（为防止弯曲加工的开裂，一般在弯曲件下料工序中，要求剪切下料的方向），应按板料的长度方向即板料轧制纤维方向进行剪切下料。

## 2.6 下料作业常见问题分析

尽管下料加工相对来说较为简单，但在下料作业中仍有些问题容易被忽略。

**(1) 剪切余料随意放置**

冲压加工中的原材料约占冲压零件成本的60%～80%，因此，提高材料利用率，有助于降低生产成本，在生产中应按不同零件的需要进行排样，使得剪切的余料最小，当余料尺寸较大又不可避免时，应尽可能保留完整的余料，将剪切完的原材料余料按材料品号、厚度、尺寸规格分门别类放好，同时还需标明材料的纤维方向（一般为板料的长度方向），以供其他冲压件使用。不可随意放置，以造成管理的混乱及材料的浪费。

**(2) 剪切仅考虑料厚不管品号**

剪板机标定的主要规格是$t \times B$，$t$为最大允许剪切材料厚度，$B$为最大允许剪切板料宽度。剪板机下料禁止用于加工超过宽度$B$、超出最大允许板料厚度$t$的工件，这是剪板机下料的常识，但这里指的最大厚度$t$并不适用于全部品号的材料。这是因为：剪板机是按最大容许剪切力设计的，如果剪切的板料超过剪板机最大允许厚度，则易导致上、下刀口崩刃，或损坏剪板机的传动系统而使剪板机不能工作。

若剪板机上剪刃是平直放置的，见图2-8，则可按平刃剪的剪切力计算：

$$F = KBt\tau$$

式中 $F$——剪切力，N；

$t$——板料厚度，mm；

$\tau$——材料抗剪强度，MPa；

$K$——安全系数，可取为1.0～1.3；

$B$——剪切板料被剪切的宽度，mm。

若剪板机上剪刃是倾斜的，见图2-9，则可按斜刃剪的剪切力计算：

$$F=\frac{Kt^2\tau}{2\tan\varphi}$$

式中　$\varphi$——上剪刃倾斜角，(°)。

由于剪板机设计时，一般是按剪切中等硬度材料（抗剪强度 400MPa 左右的 25～30 钢）来考虑的，因此，如果被剪材料的抗剪强度为 800MPa（如弹簧钢、高合金钢板），则最大容许剪切板料厚度为剪板机标定的容许剪切厚度的 2/3。因此，下料剪切时，应考虑剪切材料的品号，而不应仅仅只注意剪切材料的厚度。

（3）脆硬材料随意剪切

剪板机不能用于剪切经淬火的钢、高速钢、合金工具钢，也不宜剪切铸铁及脆性材料，这是因为：该类材料塑性差、硬度大，冲裁后易产生撕裂破碎、剪切面粗糙，且对剪板机剪刃的磨损大，既影响剪板机剪刃使用寿命，又对剪板机伤害极大。因此，不宜加工脆性材料。

## 2.7 下料加工的质量检测

下料加工的条料或块料往往是后续冲压加工的坯料，因此，控制好首道工序的质量，有利于保证后续冲压件的生产，下料加工的质量控制主要是下料原材料的表面质量及剪切料的尺寸、形位公差（主要是直线度及垂直度）要求，经检测不合格的下料件应经过产品、工艺技术人员及相关质量管理人员的审查、处理，不同意使用的剪切下料件不允许向下道工序流转，否则，将造成更大的浪费。主要的检测标准如下：目前，生产中广泛使用的剪板机均为斜刃剪板机，采用斜刃剪板机从板材上剪下来的剪切件的剪切宽度可按表 2-14 确定。

表 2-14　剪切宽度公差　　单位：mm

<table>
<tr><td rowspan="2">材料厚度 / 精度等级 / 剪切宽度</td><td colspan="2">≤2</td><td colspan="2">>2～4</td><td colspan="2">>4～7</td><td colspan="2">>7～12</td></tr>
<tr><td>A</td><td>B</td><td>A</td><td>B</td><td>A</td><td>B</td><td>A</td><td>B</td></tr>
<tr><td>≤120</td><td>±0.4</td><td rowspan="2">±0.8</td><td>±0.5</td><td rowspan="2">±1.0</td><td>±0.8</td><td rowspan="2">±1.5</td><td>±1.2</td><td rowspan="2">±2.0</td></tr>
<tr><td>>120～315</td><td>±0.6</td><td>±0.7</td><td>±1.0</td><td>±1.5</td></tr>
<tr><td>>315～500</td><td>±0.8</td><td rowspan="2">±1.2</td><td>±1.0</td><td rowspan="2">±1.5</td><td>±1.2</td><td rowspan="2">±2.0</td><td>±1.7</td><td rowspan="2">±2.5</td></tr>
<tr><td>>500～1000</td><td>±1.0</td><td>±1.2</td><td>±1.5</td><td>±2.0</td></tr>
<tr><td>>1000～2000</td><td>±1.2</td><td rowspan="2">±1.8</td><td>±1.5</td><td rowspan="2">±2.0</td><td>±1.7</td><td rowspan="2">±2.5</td><td>±2.2</td><td rowspan="2">±3.0</td></tr>
<tr><td>>2000～3150</td><td>±1.5</td><td>±1.7</td><td>±2.0</td><td>±2.5</td></tr>
</table>

注：剪切宽度的精度等级分为 A 级和 B 级。

如果条料宽度就是工件的尺寸，其所能达到的尺寸精度就是下料精度，可按表 2-15 确定。

表 2-15　斜刃剪板机下料精度　　单位：mm

| 板厚 $t$ | 宽度 | | | | |
|---|---|---|---|---|---|
| | <50 | 50～100 | 100～150 | 150～220 | 220～300 |
| <1 | +0.2<br>−0.3 | +0.2<br>−0.4 | +0.3<br>−0.5 | +0.3<br>−0.6 | +0.4<br>−0.6 |
| 1～2 | +0.2<br>−0.4 | +0.3<br>−0.5 | +0.3<br>−0.6 | +0.4<br>−0.6 | +0.4<br>−0.7 |

续表

| 板厚 $t$ | 宽度 | | | | |
|---|---|---|---|---|---|
| | <50 | 50～100 | 100～150 | 150～220 | 220～300 |
| 2～3 | +0.3<br>−0.6 | +0.4<br>−0.6 | +0.4<br>−0.7 | +0.5<br>−0.7 | +0.5<br>−0.8 |
| 3～5 | +0.4<br>−0.7 | +0.5<br>−0.7 | +0.5<br>−0.8 | +0.6<br>−0.8 | +0.6<br>−0.9 |

采用斜刃剪板机从板材上剪下来的剪切件的直线度、垂直度的公差可按表 2-16、表 2-17 查得。剪切毛刺高度允许值按表 2-18 查得。

**表 2-16　剪切直线度的公差**　　单位：mm

| 剪切宽度＼精度等级＼材料厚度 | ≤2 | | >2～4 | | >4～7 | | >7～12 | |
|---|---|---|---|---|---|---|---|---|
| | A | B | A | B | A | B | A | B |
| ≤120 | 0.2 | 0.3 | 0.2 | 0.3 | 0.4 | 0.5 | 0.5 | 0.8 |
| >120～315 | 0.3 | 0.5 | 0.3 | 0.5 | 0.8 | 1.0 | 1.0 | 1.6 |
| >315～500 | 0.4 | 0.8 | 0.5 | 0.8 | 1.0 | 1.2 | 1.2 | 2.0 |
| >500～1000 | 0.5 | 0.9 | 0.6 | 1.0 | 1.5 | 1.8 | 1.8 | 2.5 |
| >1000～2000 | 0.6 | 1.0 | 0.8 | 1.6 | 2.0 | 2.4 | 2.4 | 3.0 |
| >2000～3150 | 0.9 | 1.6 | 1.0 | 2.0 | 2.4 | 2.8 | 3.0 | 3.6 |

注：1. 剪切直线度的精度等级分为 A 级和 B 级。
2. 本表适用于剪切宽度为板厚 25 倍以上及宽度为 30mm 以上的金属剪切件。

**表 2-17　剪切垂直度的公差**　　单位：mm

| 剪切宽度＼精度等级＼材料厚度 | ≤2 | | >2～4 | | >4～7 | | >7～12 | |
|---|---|---|---|---|---|---|---|---|
| | A | B | A | B | A | B | A | B |
| ≤120 | 0.3 | 0.4 | 0.5 | 0.7 | 0.7 | 1.0 | 1.2 | 1.4 |
| >120～315 | 0.5 | 1.0 | 1.0 | 1.2 | 1.5 | 1.8 | 2.0 | 2.2 |
| >315～500 | 0.8 | 1.4 | 1.4 | 1.6 | 1.8 | 2.0 | 2.2 | 2.4 |
| >500～1000 | 1.2 | 1.8 | 1.8 | 2.0 | 2.2 | 2.4 | 2.6 | 3.0 |
| >1000～2000 | 2.0 | 2.6 | 3.0 | 4.0 | 4.0 | 5.5 | — | — |

注：剪切垂直度的精度等级分为 A 级和 B 级。

**表 2-18　剪切毛刺高度允许值**　　单位：mm

| 精度等级＼材料厚度 | ≤0.3 | 0.3～0.5 | 0.5～1.0 | 1.0～1.5 | 1.5～2.5 | 2.5～4.0 | 4.0～6.0 | 6.0～8.0 | 8.0～12.0 |
|---|---|---|---|---|---|---|---|---|---|
| E | ≤0.03 | ≤0.04 | ≤0.05 | ≤0.06 | ≤0.08 | ≤0.10 | ≤0.12 | ≤0.14 | ≤0.16 |
| F | ≤0.05 | ≤0.06 | ≤0.08 | ≤0.12 | ≤0.16 | ≤0.20 | ≤0.25 | ≤0.30 | ≤0.35 |
| G | ≤0.07 | ≤0.08 | ≤0.12 | ≤0.18 | ≤0.32 | ≤0.35 | ≤0.40 | ≤0.60 | ≤0.70 |

注：剪切毛刺高度的精度等级分为 E、F、G 三级。

采用滚剪剪切条料的最小宽度偏差见表 2-19。

表 2-19 滚剪剪切条料的最小宽度偏差 单位：mm

| 条料宽度 | 板料厚度 | | |
|---|---|---|---|
| | ≤0.5 | 0.5～1 | 1～2 |
| ≤20 | −0.05 | −0.08 | −0.10 |
| 20～30 | −0.08 | −0.10 | −0.15 |
| 30～50 | −0.10 | −0.15 | −0.20 |

## 2.8 下料加工的质量缺陷及对策

剪切下料尽管比较单一，操作也比较简便，但若操作不当，还是容易产生质量缺陷的，常见的有以下几类问题。

**（1）剪切坯料毛刺大**

剪切属分离工序，它与冲裁加工一样有着相同的变形过程和应力应变状态。剪切间隙是影响剪板条料质量和精度的最重要的工艺参数，如图 2-13（a）所示。

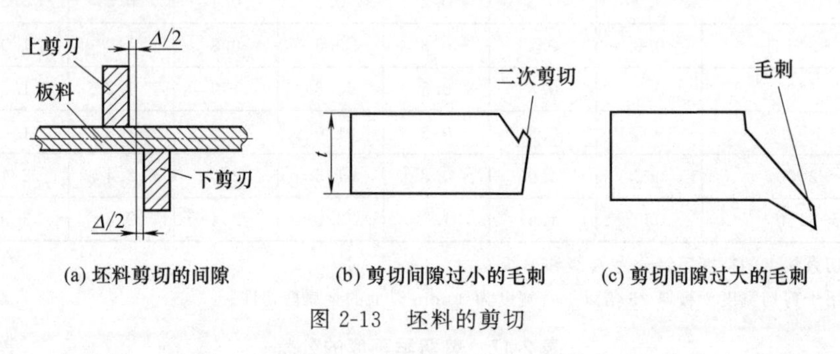


图 2-13 坯料的剪切

剪板机上、下刀片间隙过小，剪切的上、下裂纹重合，断面形成二次撕裂，如图 2-13（b）所示，且上、下刀片磨损加剧；间隙过大，断面倾斜，毛刺增大，如图 2-13（c）所示。合理的间隙 $\Delta$ 一般为（4%～10%）$t$（$t$ 为板料厚度），剪切下料时，应根据剪切板料的厚度，调整上下刀片，且当剪切低碳钢等强度较低材料时取较小间隙，当剪切高碳钢等强度较高材料时取较大间隙，以满足合理的剪切间隙，切忌使用一种间隙剪切各种厚度的板料。一般，在正式剪切下料前，均需调整好剪切间隙，并利用同品号、同厚度的边角废料进行试剪，只有在试剪合格后才可正式进行剪板。

除此之外，上、下剪刃不锋利（磨钝或产生崩刃等），也是产生较大毛刺的原因。此时，应将上、下剪刃刃磨锋利。

**（2）剪切坯料尺寸超差**

利用剪板机可以方便地将板料剪成条料。图 2-14 是剪板机剪切示意图。工作时，将挡料块（一般的剪板机均为后挡料块）调到挡料位置，板料由挡料块定位后，压料块将料压紧，由上剪刃冲下将板料剪断，剪断后的板料以倾斜的姿态落下。

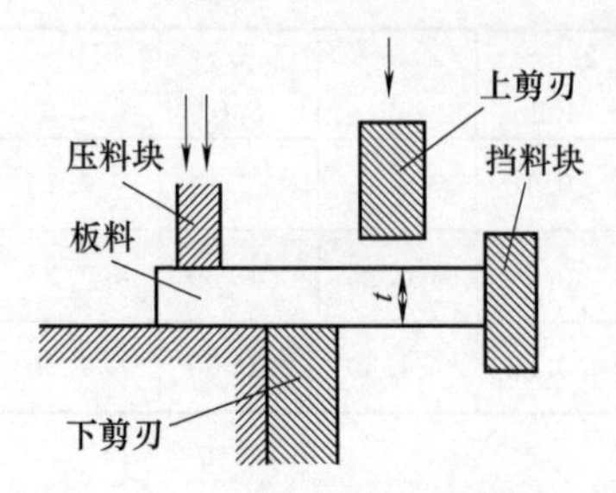


图 2-14 剪板机剪切示意图

剪切的坯料尺寸超差，主要原因有：挡料装置未能调整准确，有时，在剪切大尺寸坯料时，若挡料块无法定位，则应在测量完待剪切板宽后，还应对待剪切坯料进行对角线的测量，以确定正确的定位。

此外，在剪切小块料时，由于剪板机的压料块无法对其压紧，使剪切下料时块料移动，也易造成坯料的尺寸超差，解决的对策是在待剪小块料的上表面附加一块压紧垫板（利用生产中一块较大尺寸的废料便可），使剪板机的压料块通过压紧垫板而将小块料压紧，既能保证小块料的尺寸，又防止压料不当而发生意外事故。

（3）剪切坯料变形严重

斜剪时由于剪刃倾角 $\varphi$ 的存在，有使剪下部分材料向下弯的现象，而且随着 $\varphi$ 角增大，弯曲现象变得严重。如图 2-8 所示，前角 $\gamma$ 则使剪下的材料向外弯曲，如图 2-15 所示，而且 $\gamma$ 愈大，这种弯曲愈严重。因此，$\varphi$ 角和 $\gamma$ 角的存在，使被剪下的材料有一定程度的畸变。材料愈厚，条料宽度愈小，这种畸变愈严重。

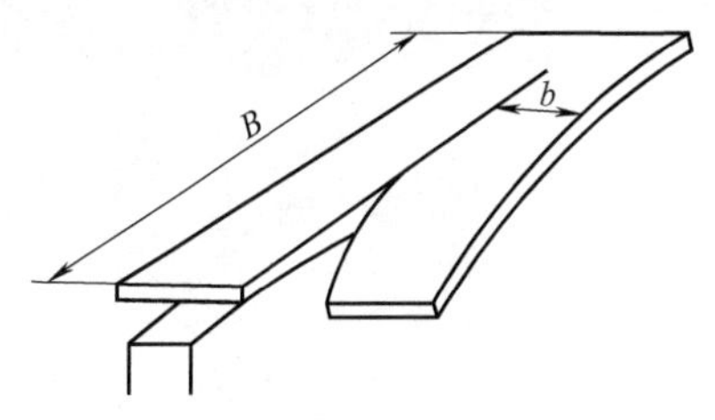

图 2-15　斜剪条料时产生的月弯形

剪切条料的精度和表面质量与许多因素有关，其中主要的是刃口类型、剪切方法、条料宽度、厚度以及刃口状况等。但一般剪切后的坯料直线度及垂直度能达到表 2-16、表 2-17 的要求。

剪切坯料严重变形的原因主要有：刃口磨钝、剪切间隙过大等。解决的对策分别是：修磨剪刃锋利、调整剪切间隙。

对确因剪切的条料料厚而宽度小造成的坯料变形，可采取在平刃剪板机上加工，或利用后续钳工工序校平、利用校平机校平的方法补救。

此外，在裁剪长板料时，若未能安放辅助支架也易造成坯料的变形。

（4）卷料的表面划伤

卷料的下料一般在卷料开料生产线上完成，但若操作不当，易使卷料表面产生划伤。产生原因主要是：废料未能及时排除，使其对分料表面造成划伤。

如图 2-16 所示是将宽度为 $B$ 的卷料分料制成宽度为 $B_1$ 和 $B_2$ 的小卷料后形成的废料示意图。由于卷料开剪时，滚刀转速很高，因滚剪的刀片有一定厚度，排料也不可能正好没有余料，因此，分料形成的废料在所难免。若未能及时将废料排除，则易使废料划伤分好的料的表面，影响卷料的表观质量。解决的对策是：在卷料开料线上设有地坑，对废料进行贮存。

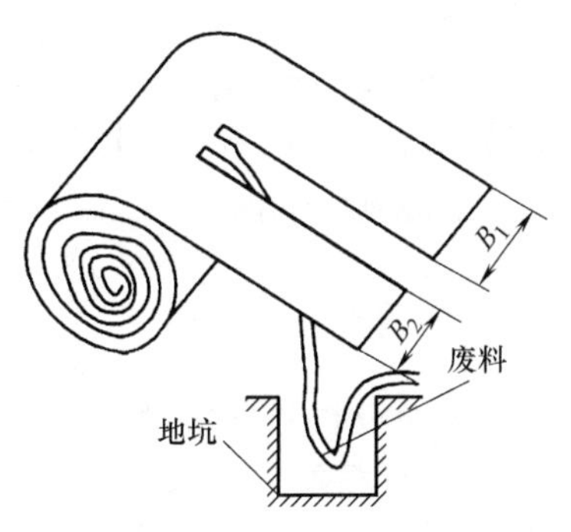

图 2-16　卷料分料形成的废料

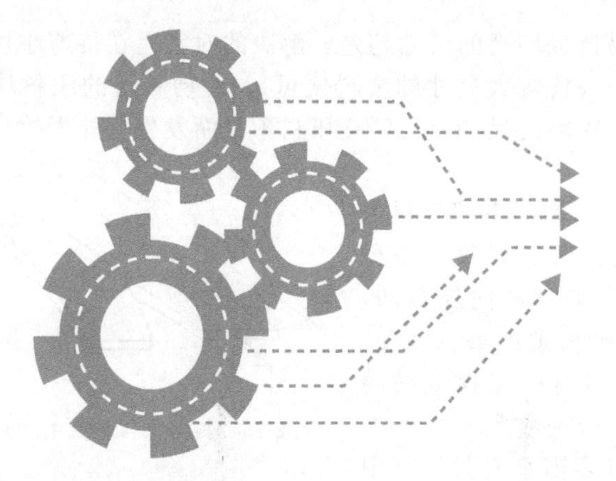

# 第3章 冲裁加工工艺及质量管理

## 3.1 冲裁加工分析

冲裁加工是利用模具使板料产生分离的加工，通常冲压生产中的冲裁指普通冲裁，即由凸、凹模刃口之间产生剪裂缝的形式来实现板料分离，而俗称的冲裁加工则是分离类工序（冲孔、落料、切口、切断、切边、剖切等工序）加工的统称。经过冲裁得到的制件，既可作为零件直接使用也可作为其他的冲裁、弯曲、拉深、成形等工序的毛坯。

### 3.1.1 冲裁加工过程

图 3-1 是普通冲裁过程示意图。凸模 1 与凹模 2 具有与工件轮廓一致的刃口。凸、凹模之间存在一定的间隙，当外力（如压力机滑块运动）将凸模推下时，便将放在凸、凹模之间的板料冲裁成需要的工件。

冲裁过程是在瞬间完成的，在模具刃口尖锐，凸、凹模间间隙正常时，这个过程大致可分为三个阶段，图 3-2 为板料冲裁变形全过程。

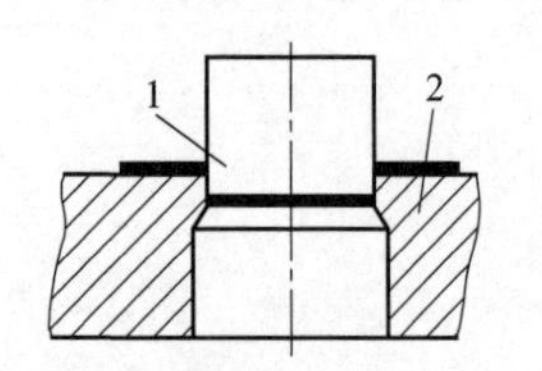


图 3-1　普通冲裁过程示意图

1—凸模；2—凹模

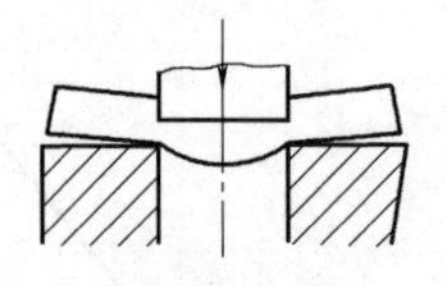

(a) 弹性变形阶段

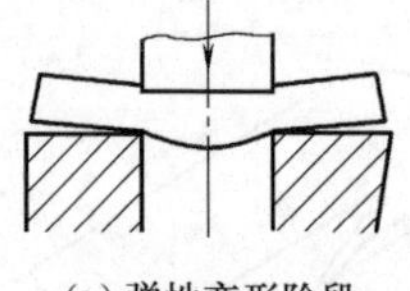

(b) 塑性变形阶段

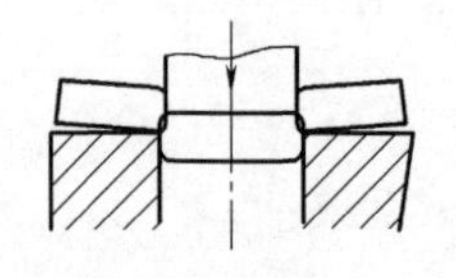

(c) 断裂分离阶段

图 3-2　板料冲裁变形全过程

① 弹性变形阶段　当凸模开始接触板料并下压时，在凸、凹模压力作用下，板料表面受到压缩产生弹性变形，板料略有压入凹模洞口现象。由于凸、凹模间间隙的存在，在冲裁力作用下产生弯曲力矩，使板料同时受到弯曲和拉伸作用，凸模下的材料略有弯曲，凹模上的材料则向上翘。间隙越大，弯曲和上翘现象越明显，而材料的弯曲和上翘又使凸、凹模端面与材料表面接触面越来越移向刃口的附近，此时，凸、凹模刃口周围材料应力集中现象严重。位于刃口端面处的材料出现压痕，而位于刃口侧面处的材料则形成圆角。由于开始压力不大，材料的内应力还未达到屈服点，仍在弹性范围内，若撤去压力，板料可恢复原状。

② 塑性变形阶段　凸模继续下压，材料内应力达到屈服点，板料在其与凸、凹模刃口接触处产生塑性剪切变形，凸模切入板料，板料下部被挤入凹模洞内。板料剪切面边缘的圆角由于弯曲和拉伸作用加大而形成明显塌角，剪切面出现明显的滑移变形，形成一段光亮且

与板面垂直的剪切断面。凸模继续下压，光亮剪切带加宽，而冲裁间隙造成的弯矩使材料产生弯曲应力，弯曲应力达到材料抗弯强度时便发生弯曲塑性变形，使冲裁件平面边缘上出现“穹弯”现象。随着塑性剪切变形的发展，分离变形应力随之增加，终至凸、凹模刃口侧面材料内应力超过抗剪强度，便出现微裂纹。由于微裂纹产生的位置是在离刃尖不远的侧面，也就留下了毛刺。

③ 断裂分离阶段　凸模继续下行，刃口侧面附近产生的微裂纹，不断扩大并向内延伸发展，至上、下两裂纹相遇重合，板料便完全分离，粗糙的断裂带同时也留在冲裁件断面上，以后凸模再下压，已分离的材料便从凹模型腔中推出，而已形成的毛刺同时被拉长留在冲裁件上。

### 3.1.2　冲裁断面的特征

在正常冲裁工作条件下，冲裁后的零件断面不很整齐，断面有明显的四个特征区：圆角带、光亮带、断裂带、毛刺，如图 3-3 所示。

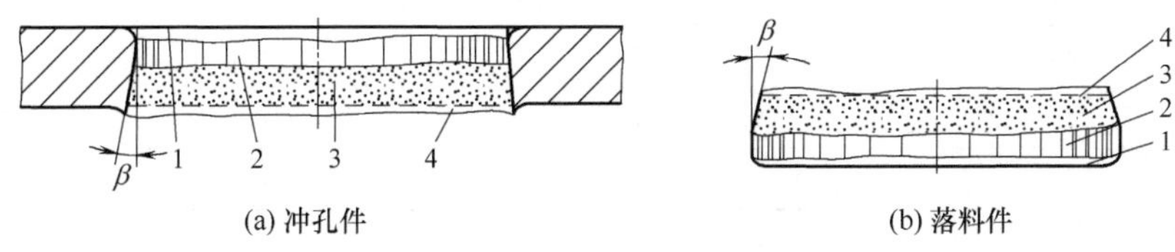


图 3-3　冲裁件剪切断面特征

1—圆角带；2—光亮带；3—断裂带；4—毛刺

① 圆角带（塌角）　产生于板料靠近凸模或凹模刃口又不与模面接触的材料表面，是由于受到弯曲、拉伸作用而形成的。冲裁间隙越大，材料塑性越好，塌角越严重。

② 光亮带　光亮带是冲裁断面质量最好的区域，既光亮平整又与板平面垂直，由于凸模切入板料，板料被挤入凹模而产生塑性剪切变形所形成的，是在塑性状态下实现的剪切变形，表面质量较好，冲裁间隙越小，材料塑性越好，光亮带越宽。

③ 断裂带　断裂带表面粗糙，并有 5°左右的斜度，是冲裁时形成的裂纹扩展而成的。由于凸、凹模间间隙的影响，除有切应力 $\tau$ 作用外，还有正向拉应力 $\sigma$ 作用。这种应力状态促使冲裁变形区的塑性下降，导致裂纹并形成粗糙表面。间隙越大，断裂带越宽且斜度大。

④ 毛刺　紧挨着断裂带边缘，由于裂纹产生的位置不是正对着刃口而是在靠近刃口的侧面上形成，并在冲裁件被推出凹模口时可能加重，而间隙过大或过小，会形成明显的拉断毛刺或挤出毛刺，因此，小毛刺不可避免。当刃口圆角（磨损）后，裂纹起点远离刃口，又会产生大毛刺。

## 3.2　冲裁加工的工艺性

采用冲裁加工工艺，能完成较复杂形状零件的加工。冲裁件的工艺性指冲裁零件在冲压加工中的难易程度。良好的冲裁工艺性是指在满足冲裁件使用要求的前提下，能以最简单、最经济的冲裁方式加工出来。因此，在编制冲压工艺规程和设计模具之前，应从工艺角度分析冲裁件设计得是否合理，是否符合冲裁的工艺要求。

为提高冲裁质量，简化模具制造，对所加工的冲裁件具体有以下方面的要求。冲裁件的工艺性主要包括冲裁件的结构、尺寸、精度、断面粗糙度、材料等几个方面：

① 一般来说，金属冲裁件内外形的经济精度为 IT12～IT14 级，一般要求落料件精度最好低于 IT10，冲孔件最好低于 IT9 级。

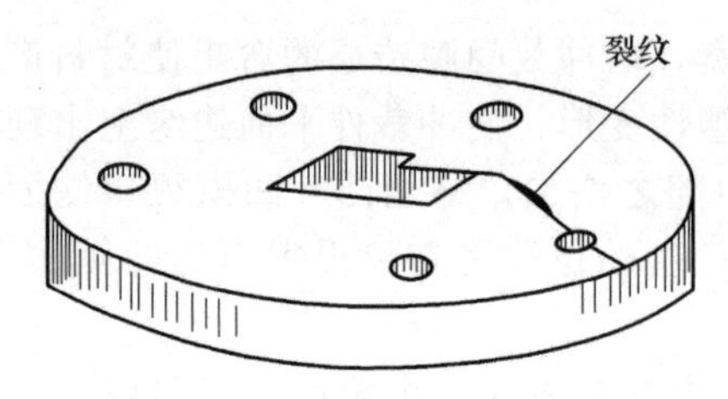

图 3-4　尖角引起的模具裂纹

② 一般适用于普通冲压的常用板材主要有：碳素结构钢板、优质碳素结构钢板、低合金结构钢板、电工硅钢板、不锈钢板等黑色金属以及纯铜板、黄铜板、铝板、钛合金板、镍铜合金板等有色金属和绝缘胶木板、纸板、纤维板、塑料板等非金属。

③ 冲裁件的内、外形转角处要尽量避免尖角，以便于模具加工，减少热处理开裂，减少冲裁时尖角处的崩刃和过快磨损。如图 3-4 所示。

冲裁件的最小圆角半径可参照表 3-1 选取。

**表 3-1　冲裁件的最小圆角半径**

| 冲件种类 | | 最小圆角半径($R$) | | | |
|---|---|---|---|---|---|
| | | 黄铜、铝 | 合金钢 | 软钢 | 备注 |
| 落料 | 交角≥90° | $0.18t$ | $0.35t$ | $0.25t$ | ≥0.25mm |
| | 交角<90° | $0.35t$ | $0.70t$ | $0.50t$ | ≥0.50mm |
| 冲孔 | 交角≥90° | $0.20t$ | $0.45t$ | $0.30t$ | ≥0.30mm |
| | 交角<90° | $0.40t$ | $0.90t$ | $0.60t$ | ≥0.60mm |

注：$t$ 为料厚，下文同。

④ 冲孔尺寸不宜过小，否则凸模强度不够。冲孔的最小尺寸取决于材料性能、凸模强度和模具结构等因素。一般说来，对低碳钢冲孔，许可的最小冲孔尺寸约等于料厚，其他材料的具体数值见表 3-2 及表 3-3。

**表 3-2　用自由凸模冲孔的最小尺寸**

| 材料 | 冲孔最小直径或最小边长 | |
|---|---|---|
| | 圆孔 | 矩形孔 |
| 硬钢 | $1.3t$ | $t$ |
| 软钢及黄铜 | $t$ | $0.7t$ |
| 铝 | $0.8t$ | $0.6t$ |
| 夹布胶木及夹纸胶木 | $0.4t$ | $0.35t$ |

**表 3-3　用带护套凸模冲孔的最小尺寸**

| 材料 | 冲孔最小直径或最小边长 | |
|---|---|---|
| | 圆孔 | 矩形孔 |
| 硬钢 | $0.5t$ | $0.4t$ |
| 软钢及黄铜 | $0.35t$ | $0.3t$ |
| 铝及锌 | $0.3t$ | $0.28t$ |

⑤ 冲裁件的凸出悬壁和凹槽不宜过长，否则凸模强度不够，会降低模具寿命和冲裁件质量。一般情况下，悬臂和凹槽的宽度 $b \geqslant 1.5t$（$t$ 为料厚，当料厚 $t<1$mm 时，按 1mm 计算）；当冲件材料为黄铜、铝、软钢时，$b \geqslant 1.2t$；当冲件材料为高碳钢时，$b \geqslant 2t$。悬臂和凹槽的长度 $l \leqslant 5b$，如图 3-5 所示。

⑥ 冲裁件的孔与孔之间和孔与边缘之间的距离不能过小，否则凹模强度不够，容易破裂，且工件边缘容易产生膨胀或歪扭变形。对圆孔，最小距离 $c\geqslant(1\sim1.5)t$；对矩形孔，最小距离 $c'\geqslant(1.5\sim2)t$，如图 3-5 所示。

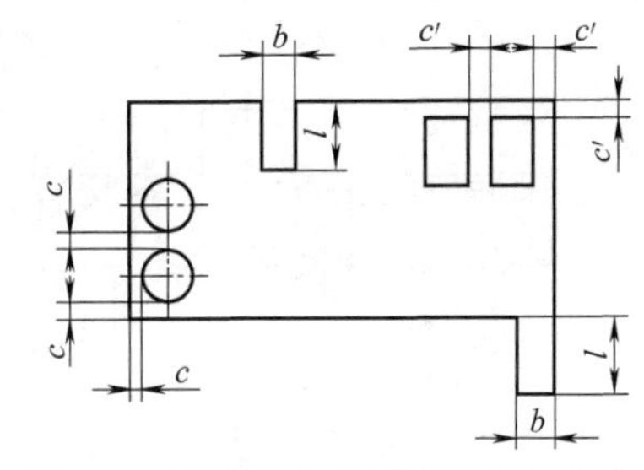


图 3-5　冲裁件上悬臂及凹槽的要求

⑦ 冲裁所用的材料，不仅要满足使用要求，还应满足冲压工艺要求和后续加工要求。即应有良好的抗破裂性、良好的贴模性和定形性；材料的表面应光洁、平整，无缺陷损伤；材料的厚度公差应符合相应国家标准。

⑧ 冲裁零件的断面粗糙度、形状及尺寸精度应符合后文（3.8 节表 3-14～表 3-20）的要求。

## 3.3　冲裁模的结构形式

冲裁模的结构形式较多，根据冲裁零件材料的不同，冲裁模还可分为金属冲裁模和非金属冲裁模两类。

### 3.3.1　金属冲裁模的结构

金属冲裁模根据其冲裁加工工序的不同，分冲孔模、落料模、切口模、剖切模等。根据其导向方式的不同，又可分为模架导向冲模、导板式冲模、导筒冲模和敞开式冲模等。

**（1）冲孔模**

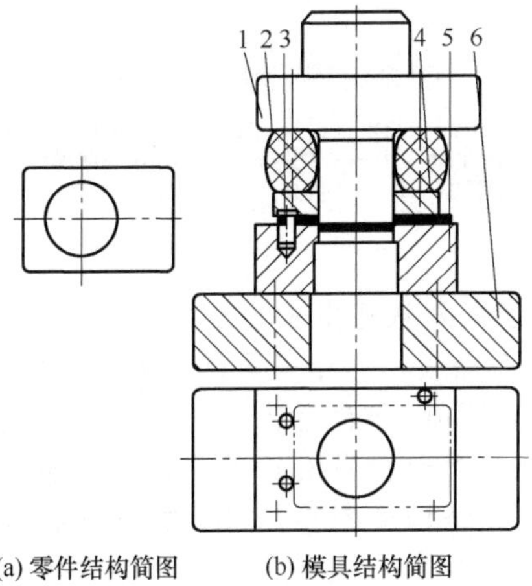

图 3-6 中，图（b）为加工图（a）所示零件孔用的冲孔模结构简图。

该模具为无导向的敞开式简单冲孔模，剪切好的坯料由安装在凹模 5 上的 3 个定位销定位，上模 1 与凹模 5 共同冲出圆孔，由压缩后的聚氨酯 2 提供动力给卸料板 4 将夹在上模 1 冲头上的零件推出。

此类模具结构简单，制造容易，成本低，但使用时模具间隙调整麻烦，冲件质量差，操作也不够安全，主要适用于精度要求不高，形状简单，批量小的冲裁件。

(a) 零件结构简图　　(b) 模具结构简图

图 3-6　冲孔零件及敞开式冲孔模

1—上模；2—聚氨酯；3—定位销；4—卸料板；5—凹模；6—下模板

**（2）落料模**

落料模是完成落料工序的单工序模。落料模要求凸、凹模间隙合理，条料在模具中的定位准确，落料件下落顺畅，落料件平整，剪切断面质量好。

图 3-7 所示为采用模架导向的落料模，均采用了后侧滑动导柱式模架。

图 3-7（a）采用了固定卸料板卸料。为防止上模座 3 与模柄 1 之间发生相对转动，在带有台阶的压入式模柄 1 上配有止转销钉。凸模 5 直接由凸模固定板 4 固定在上模座 3 上，固定卸料板 6 完成卸料工作。冲裁条料自右向左送进，条料的两侧面由导料板 7 控制送料的方向，定位销 10 确定了条料送进的准确位置。凹模 8 为整体式凹模，凹模直接固定在下模座 9 上，下模座 9 上开有漏料孔，落料件由漏料孔直接落在模具的下方。

与图 3-7（a）模具结构不同的是，图 3-7（b）采用了弹性卸料板卸料，并在凸模 6 与上模座 2 之间增加了凸模垫板 3，它可以使凸模所受到的冲裁力均匀分布于上模座。弹性卸料板采用弹簧作为弹性元件，在冲裁时，弹性卸料板 7 将条料压在凹模 10 平面上提高了冲裁

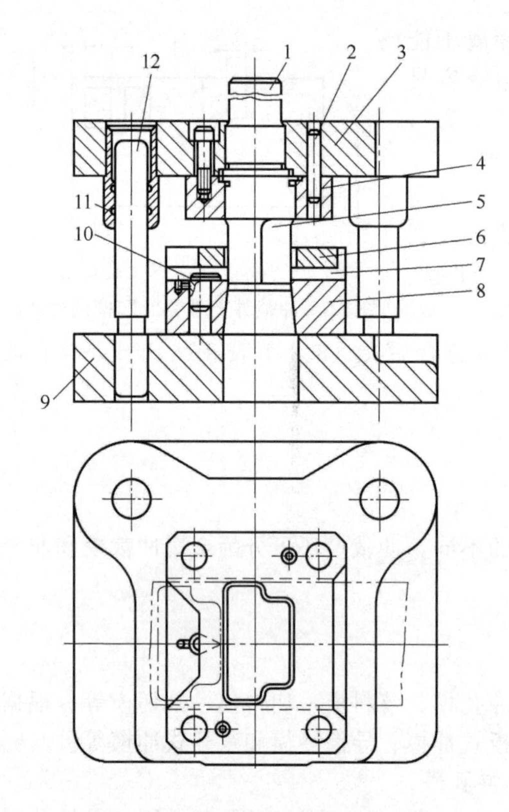


(a) 固定卸料板落料模

1—模柄；2—圆柱销；3—上模座；4—凸模固定板；5—凸模；6—固定卸料板；7—导料板；8—凹模；9—下模座；10—定位销；11—导套；12—导柱

(b) 弹性卸料板落料模

1—模柄；2—上模座；3—凸模垫板；4—导套；5—凸模固定板；6—凸模；7—弹性卸料板；8—导柱；9—定位销；10—凹模；11—下模座；12—导向螺钉；13—挡料销

图 3-7　模架导向的落料模

质量；冲裁后，凸模 6 后退。弹性卸料板 7 将冲裁完成的条料从凸模 6 上卸下。

模架导向的冲裁模，导柱导向精度较高，模具使用寿命长，适用于零件的大批量生产。图 3-7（a）类固定卸料板冲裁模结构主要用于料厚 $t>0.5$mm 零件的冲裁（冲孔、落料）；图 3-7（b）类弹性卸料板冲裁模则可用于料厚 $t<0.5$mm 零件的冲孔或落料，并较能保持零件有较好的平面度，但图 3-7（a）类固定卸料板冲裁模结构较图 3-7（b）类弹性卸料板冲裁模结构简单。

图 3-8（c）为加工图 3-8（a）所示圆形零件用的导板式落料模，图 3-8（b）为零件排样图。

此类模具较无导向模精度高，制造复杂，但使用较安全，安装容易。一般用于板料厚度 $t>0.5$mm 的形状简单、尺寸不大的单工序冲裁模，要求压力机行程要小，以保证工作时凸模始终不脱离导板。对形状复杂、尺寸较大的零件，不宜采用这种结构，最好采用有导柱导套型模架导向的模具结构。

导板式冲模工作时，通过上模 3 的工作部分与导板 1 成小间隙配合进行导向，冲裁厚度小于 0.8mm 的材料，采用 H6/h5 的配合，对冲裁厚度大于 3mm 的材料，则选用 H8/h7 级配合。导板同时兼起卸料作用，冲裁时，要保证凸模始终不脱离导板，以保证导板的导向精度，尤其对多凸模或小凸模，若离开导板再进入导板时，凸模的锐利刃边易被碰损，同时也容易啃坏导板上的导向孔，从而影响到凸模的寿命或使得凸模与导板之间的导向精度受到影响。

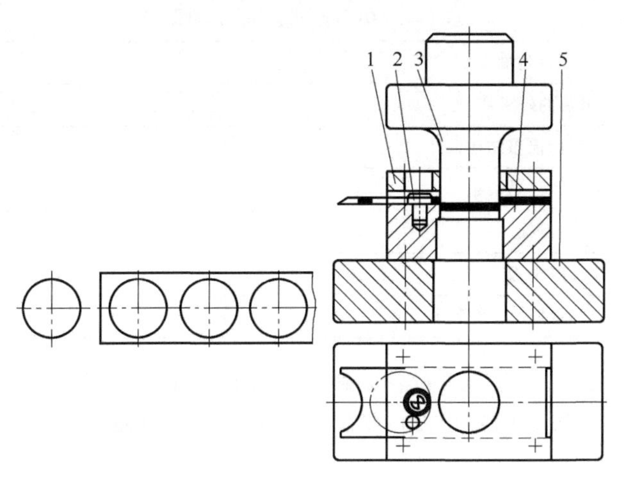


(a) 零件结构简图　(b) 排样简图　(c) 模具结构简图

图 3-8　落料零件及导板式落料模

1—导板；2—圆柱销；3—上模；4—凹模；5—下模板

### 3.3.2　非金属冲裁模的结构

根据非金属材料组织与力学性能的不同，非金属材料的冲裁方式有尖刃凸模冲裁和普通冲裁模冲裁两种。

（1）尖刃凸模冲裁

尖刃凸模冲裁主要用于冲裁如皮革、毛毡、纸板、纤维布、石棉布、橡胶以及各种热塑性塑料薄膜等纤维性及弹性材料。

尖刃凸模结构如图 3-9 所示。其中：图 3-9（a）为落料用外斜刃，图 3-9（b）为冲孔用内斜刃，图 3-9（c）为裁切硫化硬橡胶板时，在加热状态下，为保证裁切的边缘垂直而使用的凸模两面斜刃，图 3-9（d）为毛毡密封圈复合模结构。尖刃凸模斜角 $\alpha$ 的取值可参见表 3-4。

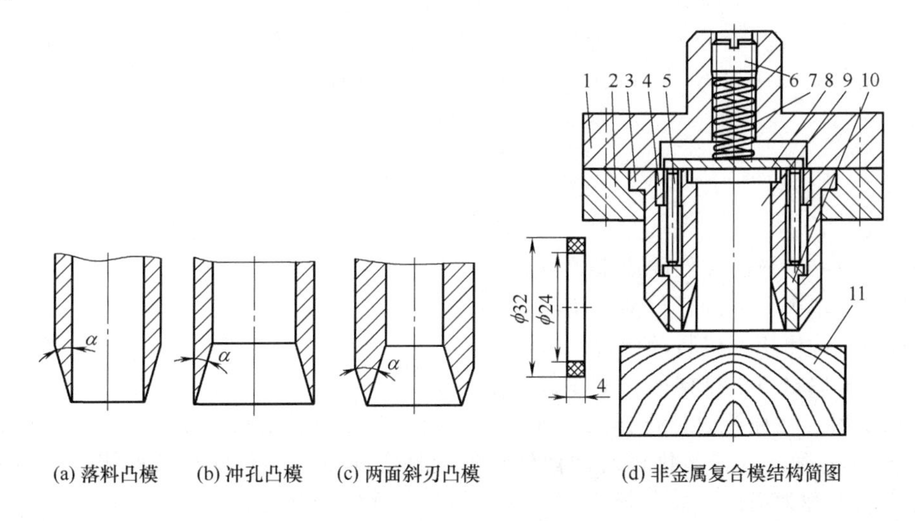


(a) 落料凸模　(b) 冲孔凸模　(c) 两面斜刃凸模　(d) 非金属复合模结构简图

图 3-9　尖刃凸模结构

1—上模；2—固定板；3—落料凹模；4—冲孔凸模；5—推杆；6—螺塞；7—弹簧；8—推板；9—卸料杆；10—推件器；11—硬木垫

表 3-4 尖刃凸模斜角 $\alpha$ 的取值

| 材料名称 | $\alpha/(°)$ |
| --- | --- |
| 烘热的硬橡胶 | 8～12 |
| 皮、毛毡、棉布纺织品 | 10～15 |
| 纸、纸板、马粪纸 | 15～20 |
| 石棉 | 20～25 |
| 纤维板 | 25～30 |
| 红纸板、纸胶板、布胶板 | 30～40 |

设计时，其尖刃的斜面方向应对着废料。冲裁时，在板料下面垫一块硬木、层板、聚氨酯橡胶板、有色金属板等，以防止刃口受损或崩裂，不必再使用凹模。可安装在小吨位压力机或直接用手工加工。

(2) 普通冲裁模冲裁

对于一些较硬的如云母、酚醛纸胶板、酚醛布胶板、环氧酚醛玻璃布胶板等非金属材料，则可采用普通结构的冲裁模进行加工。这些材料都具有一定的硬度与脆性，为减少断面裂纹、脱层等缺陷，应适当增大压边力与反顶力，减小模具间隙，搭边值也比一般金属材料大些。对于料厚大于 1.5mm 而形状又较复杂的各种纸胶板和布胶板零件，在冲裁前需将毛坯预热到一定温度后再进行冲裁。

## 3.4 冲裁加工工艺参数的确定

冲裁加工工艺参数的确定主要包括：排样、冲裁力的计算、冲裁模间隙的确定及凸模、凹模工作部分尺寸的计算等内容。

### 3.4.1 排样

冲裁件在条料上的布置方法称为排样。排样的基本原则为：有利于材料利用率的提高，同时使操作人员方便、安全，劳动强度低，使模具结构简单等。

按排样时有无废料可分为：有废料排样、少废料排样、无废料排样三种。排样时材料是否经济可采用材料利用率 $K$ 进行判断，$K$ 值可由下式计算：

$$K=\frac{M_{成}}{H}\times 100\%$$

$$H=\frac{M}{n}$$

式中 $M_{成}$——一个成品零件的质量，kg；

$H$——单个零件的材料消耗定额，kg；

$M$——冲压用原材料的质量，kg；

$n$——原材料上排样所得的零件数量，个。

冲压加工时，往往要设计排样图，此时，必须确定搭边、条料宽度、步距等数值。

① 搭边值的确定　冲裁排样时冲裁件与冲裁件之间以及冲裁件与条料侧边之间留下一定的工艺余量，称为搭边。设置搭边的目的，是为了补偿冲裁过程中，条料的裁剪误差、送料步距误差及补偿由于条料与导料板之间有间隙所造成的送料歪斜误差等；同时使冲裁过程中凸、凹模刃口能双边受力；使条料在连续送进时有一定的刚度，避免产生带缺角等工件废品以及提高模具寿命与工作断面质量。

搭边过大，浪费材料，过小不但起不到应有的作用，并且过小的搭边容易挤进凹模，增加刃口磨损，影响模具寿命。

搭边值通常由经验确定。表 3-5 为常用材料的搭边值。

**表 3-5　搭边 $a$ 和 $a_1$ 数值**（低碳钢）　　单位：mm

| 材料厚度 $t$ | 圆件及 $r>2t$ 的圆角 | | 矩形件边长 $L<50$ | | 矩形件边长 $L>50$ 或圆角 $r<2t$ | |
|---|---|---|---|---|---|---|
| | 工件间 $a$ | 侧面 $a_1$ | 工件间 $a$ | 侧面 $a_1$ | 工件间 $a$ | 侧面 $a_1$ |
| <0.25 | 1.8 | 2 | 2.2 | 2.5 | 2.8 | 3 |
| 0.25～0.5 | 1.2 | 1.5 | 1.8 | 2 | 2.2 | 2.5 |
| 0.5～0.8 | 1 | 1.2 | 1.5 | 1.8 | 1.8 | 2 |
| 0.8～1.2 | 0.8 | 1 | 1.2 | 1.5 | 1.5 | 1.8 |
| 1.2～1.5 | 1 | 1.2 | 1.5 | 1.8 | 1.8 | 2 |
| 1.6～2 | 1.2 | 1.5 | 1.8 | 2 | 2.0 | 2.2 |
| 2～2.5 | 1.5 | 1.8 | 2 | 2.2 | 2.0 | 2.5 |
| 2.5～3 | 1.8 | 2.2 | 2.2 | 2.5 | 2.5 | 2.8 |
| 3～3.6 | 2.2 | 2.5 | 2.5 | 2.8 | 2.8 | 3.2 |
| 3.5～4 | 2.5 | 2.8 | 2.8 | 3.2 | 3.2 | 3.5 |
| 4.5～5 | 3 | 3.5 | 3.5 | 4 | 4 | 4.5 |
| 5～12 | $0.6t$ | $0.7t$ | $0.7t$ | $0.8t$ | $0.8t$ | $0.9t$ |

注：对于其他材料，应将表中数值乘以下列系数：中碳钢 0.9；高碳钢 0.8；硬黄铜 1～1.1；硬铝 1～1.2；软黄铜、紫铜 1.2；铝 1.3～1.4；非金属（皮革、纸、纤维板等）1.5～2。

② 步距的确定　条料在模具上每次送进的距离称为送料步距 $A$，步距是决定挡料销位置的依据。

步距的计算与排样方式有关，送料步距的大小为条料上两个对应冲裁件的对应点之间的距离。如图 3-10 所示。

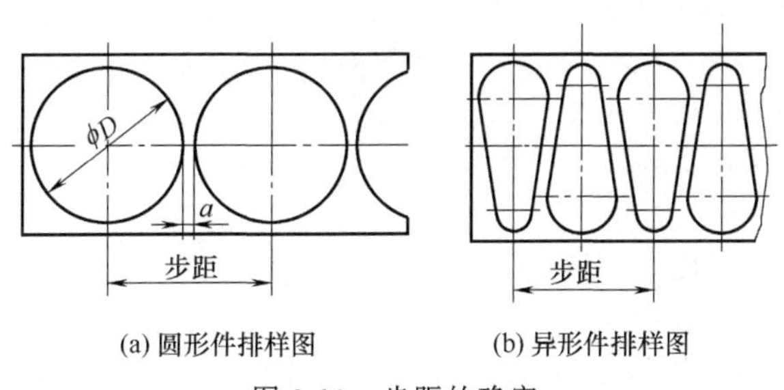


(a) 圆形件排样图　　(b) 异形件排样图

图 3-10　步距的确定

③ 条料宽度的确定　条料宽度的确定与模具是否采用侧压装置或侧刃有关。确定的原则是：最小条料宽度要保证冲裁时工件周边有足够的搭边值，最大条料宽度能在冲裁时顺利通过导料板。

a. 当导料板之间有侧压装置时，条料宽度 $B$ 为

$$B=(D+2a_1+\Delta)_{-\Delta}^{\ 0}$$

式中　$D$——冲裁件与送料方向垂直的最大尺寸；

$a_1$——冲裁件与条料侧边之间的搭边，见表 3-5；

$\Delta$——板料剪裁时的下偏差，见表 3-6。

表 3-6 剪板机剪料的下偏差 $\Delta$ 单位：mm

| 条料厚度 | 条料宽度 | | | |
|---|---|---|---|---|
| | ≤50 | >50～100 | >100～200 | >200～400 |
| ≤1 | 0.5 | 0.5 | 0.5 | 1 |
| >1～3 | 0.5 | 1 | 1 | 1 |
| >3～4 | 1 | 1 | 1 | 1.5 |
| >4～6 | 1 | 1 | 1.5 | 2 |

b. 当条料在无侧压装置的导料板之间送料时，条料宽度 $B$ 为

$$B=(D+2a_1+2\Delta+b_0)_{-\Delta}^{\ 0}$$

式中 $b_0$——条料与导料板之间的间隙，见表 3-7。

表 3-7 条料与导料板之间的间隙 $b_0$ 单位：mm

| 条料厚度 | 无侧压装置 | | | 有侧压装置 | |
|---|---|---|---|---|---|
| | 条料宽度 | | | | |
| | ≤100 | >100～200 | >200～300 | ≤100 | >100 |
| ≤1 | 0.5 | 0.5 | 1 | 5 | 8 |
| >1～5 | 0.8 | 1 | 1 | 5 | 8 |

c. 当有侧刃时，条料的宽度 $B$ 为

$$B=(D+2a_1+n\times c)_{-\Delta}^{\ 0}$$

式中 $n$——侧刃数；

$C$——侧刃冲切的料边宽度，mm。

### 3.4.2 冲裁力的计算

冲裁力是选用合适压力机的主要依据，也是设计模具和校核模具强度所必需的数据，对普通平刃口的冲裁，其冲裁力的计算公式为

$$F=kLt\tau$$

式中 $F$——冲裁力，N；

$L$——冲裁件周长，mm；

$t$——板料厚度，mm；

$\tau$——材料的抗剪强度，MPa；

$k$——安全系数，一般取 1.3。

在一般情况下，材料的抗拉强度 $\sigma_b\approx1.3\tau$，为计算方便，可用下式计算冲裁力：

$$F=Lt\sigma_b$$

在冲裁加工中，除了冲裁力外，还有卸料力、推件力和顶件力，将冲裁后紧箍在凸模上的料拆卸下来的力称为卸料力，以 $F_{卸}$ 表示；将卡在凹模中的料推出或顶出的力称为推件力与顶件力，以 $F_{推}$ 与 $F_{顶}$ 表示，其大小由下列经验公式确定：

卸料力 $F_{卸}$： $F_{卸}=K_{卸}F$

推件力 $F_{推}$： $F_{推}=nK_{推}F$

顶件力 $F_{顶}$： $F_{顶}=K_{顶}F$

式中 $F_{卸}$——卸料力，N；

$F_{推}$——推件力，N；

$F_{顶}$——顶件力，N；

$K_{卸}$，$K_{推}$，$K_{顶}$——卸料系数、推件系数、顶件系数，其值见表 3-8；

$F$——冲裁力，N；

$n$——卡在凹模孔内的工件数，$n=h/t$（$h$ 为凹模刃口孔的直壁高度，$t$ 为工件材料厚度）。

**表 3-8　卸料力、推件力及顶件力的系数**

| 料厚/mm | | $K_{卸}$ | $K_{推}$ | $K_{顶}$ |
|---|---|---|---|---|
| 纯铜、黄铜 | | 0.02～0.06 | 0.03～0.09 | |
| 铝、铝合金 | | 0.025～0.08 | 0.03～0.07 | |
| 钢 | ≤0.1 | 0.06～0.075 | 0.1 | 0.14 |
| | >0.1～0.5 | 0.045～0.055 | 0.065 | 0.08 |
| | >0.5～2.5 | 0.04～0.05 | 0.050 | 0.06 |
| | >2.5～6.5 | 0.03～0.04 | 0.040 | 0.05 |
| | >6.5 | 0.02～0.03 | 0.025 | 0.03 |

冲裁时所需总冲压力为冲裁力、卸料力、推件力和顶件力之和，这些力在选择压力机时是否都要考虑进去，应根据不同的模具结构分别对待。

采用刚性卸料装置和下出料方式的冲裁模的总压力 $F_{总}$ 为

$$F_{总}=F_{冲}+F_{推}$$

采用弹性卸料装置和下出料方式的冲裁模的总压力 $F_{总}$ 为

$$F_{总}=F_{冲}+F_{推}+F_{卸}$$

采用弹性卸料装置和上出料方式的冲裁模的总压力 $F_{总}$ 为

$$F_{总}=F_{冲}+F_{卸}+F_{顶}$$

根据冲裁模的总压力选择压力机时，一般应满足：压力机的公称压力 $F\geqslant 1.2F_{总}$。

### 3.4.3 冲裁模间隙的确定

冲裁间隙是指冲裁凸模和凹模之间工作部分的尺寸之差，即 $Z=D_{凹}-D_{凸}$。

冲裁间隙对冲裁过程有着很大的影响，它的大小直接影响冲裁件的质量，同时对模具寿命也有较大的影响。冲裁间隙是保证合理冲裁最主要的工艺参数。在实际生产中，合理间隙的数值是由实验方法来确定的。由于没有一个绝对合理的间隙数值，加之各个行业对冲裁件的具体要求也不一致，因此各行各业甚至各个企业都有自身的冲裁间隙表。若制件质量要求不太高，但要求模具寿命较长，可参照表 3-9 选用较大的间隙，若制件质量要求较高，可参照表 3-10 选用较小的间隙。

**表 3-9　冲裁模初始双面间隙 $Z$（汽车拖拉机行业用）**　　单位：mm

| 板料厚度 | 08 钢、10 钢、35 钢、09Mn、Q235 | | Q345 | | 40 钢、50 钢 | | 65Mn | |
|---|---|---|---|---|---|---|---|---|
| | $Z_{min}$ | $Z_{max}$ | $Z_{min}$ | $Z_{max}$ | $Z_{min}$ | $Z_{max}$ | $Z_{min}$ | $Z_{max}$ |
| 0.5 | 0.04 | 0.06 | 0.04 | 0.06 | 0.04 | 0.06 | 0.04 | 0.06 |
| 0.6 | 0.048 | 0.072 | 0.048 | 0.072 | 0.048 | 0.072 | 0.048 | 0.072 |

续表

| 板料厚度 | 08钢、10钢、35钢、09Mn、Q235 | | Q345 | | 40钢、50钢 | | 65Mn | |
|---|---|---|---|---|---|---|---|---|
| | $Z_{min}$ | $Z_{max}$ | $Z_{min}$ | $Z_{max}$ | $Z_{min}$ | $Z_{max}$ | $Z_{min}$ | $Z_{max}$ |
| 0.7 | 0.064 | 0.092 | 0.064 | 0.092 | 0.064 | 0.092 | 0.064 | 0.092 |
| 0.8 | 0.072 | 0.104 | 0.072 | 0.104 | 0.072 | 0.104 | 0.064 | 0.092 |
| 0.9 | 0.09 | 0.126 | 0.09 | 0.126 | 0.09 | 0.126 | 0.09 | 0.126 |
| 1 | 0.1 | 0.14 | 0.1 | 0.14 | 0.1 | 0.14 | 0.09 | 0.126 |
| 1.2 | 0.126 | 0.18 | 0.132 | 0.18 | 0.132 | 0.18 | | |
| 1.5 | 0.132 | 0.24 | 0.17 | 0.24 | 0.17 | 0.23 | | |
| 1.75 | 0.22 | 0.32 | 0.22 | 0.32 | 0.22 | 0.32 | | |
| 2 | 0.246 | 0.36 | 0.26 | 0.38 | 0.26 | 0.38 | | |
| 2.1 | 0.26 | 0.38 | 0.28 | 0.4 | 0.28 | 0.4 | | |
| 2.5 | 0.36 | 0.5 | 0.38 | 0.54 | 0.38 | 0.54 | | |
| 2.75 | 0.4 | 0.56 | 0.42 | 0.6 | 0.42 | 0.6 | | |
| 3 | 0.46 | 0.64 | 0.48 | 0.66 | 0.48 | 0.66 | | |
| 3.5 | 0.54 | 0.74 | 0.58 | 0.78 | 0.58 | 0.78 | | |
| 4 | 0.64 | 0.88 | 0.68 | 0.92 | 0.68 | 0.92 | | |
| 4.5 | 0.72 | 1 | 0.68 | 0.96 | 0.78 | 1.04 | | |
| 5.5 | 0.94 | 1.28 | 0.78 | 1.1 | 0.98 | 1.32 | | |
| 6 | 1.08 | 1.4 | 0.84 | 1.2 | 1.14 | 1.5 | | |
| 6.5 | | | 0.94 | 1.3 | | | | |
| 8 | | | 1.2 | 1.68 | | | | |

注：冲裁皮革、石墨和纸板时，间隙取08钢的25%。

表3-10 冲裁模初始双面间隙 $Z$（电器、仪表行业） 单位：mm

| 板料厚度 | 软铝 | | 纯铜、黄铜、软钢 $w(C)=0.08\%\sim0.2\%$ | | 硬铝、中等硬钢 $w(C)=0.3\%\sim0.4\%$ | | 硬钢 $w(C)=0.5\%\sim0.6\%$ | |
|---|---|---|---|---|---|---|---|---|
| | $Z_{min}$ | $Z_{max}$ | $Z_{min}$ | $Z_{max}$ | $Z_{min}$ | $Z_{max}$ | $Z_{min}$ | $Z_{max}$ |
| 0.2 | 0.008 | 0.012 | 0.01 | 0.014 | 0.012 | 0.016 | 0.014 | 0.018 |
| 0.3 | 0.012 | 0.018 | 0.015 | 0.021 | 0.018 | 0.024 | 0.021 | 0.027 |
| 0.4 | 0.016 | 0.024 | 0.02 | 0.028 | 0.024 | 0.032 | 0.028 | 0.036 |
| 0.5 | 0.02 | 0.03 | 0.025 | 0.035 | 0.03 | 0.04 | 0.035 | 0.045 |
| 0.6 | 0.024 | 0.036 | 0.03 | 0.042 | 0.036 | 0.048 | 0.042 | 0.054 |
| 0.7 | 0.028 | 0.042 | 0.035 | 0.049 | 0.042 | 0.056 | 0.049 | 0.063 |
| 0.8 | 0.032 | 0.048 | 0.04 | 0.056 | 0.048 | 0.064 | 0.056 | 0.072 |
| 0.9 | 0.036 | 0.054 | 0.045 | 0.063 | 0.054 | 0.072 | 0.063 | 0.081 |
| 1 | 0.04 | 0.06 | 0.05 | 0.07 | 0.06 | 0.08 | 0.07 | 0.09 |
| 1.2 | 0.06 | 0.084 | 0.072 | 0.096 | 0.084 | 0.108 | 0.096 | 0.12 |
| 1.5 | 0.075 | 0.105 | 0.09 | 0.12 | 0.105 | 0.135 | 0.12 | 0.15 |
| 1.8 | 0.09 | 0.126 | 0.108 | 0.144 | 0.126 | 0.162 | 0.144 | 0.18 |

续表

| 板料厚度 | 软铝 | | 纯铜、黄铜、软钢<br>$w(C)=0.08\%\sim0.2\%$ | | 硬铝、中等硬钢<br>$w(C)=0.3\%\sim0.4\%$ | | 硬钢<br>$w(C)=0.5\%\sim0.6\%$ | |
|---|---|---|---|---|---|---|---|---|
| | $Z_{min}$ | $Z_{max}$ | $Z_{min}$ | $Z_{max}$ | $Z_{min}$ | $Z_{max}$ | $Z_{min}$ | $Z_{max}$ |
| 2 | 0.1 | 0.14 | 0.12 | 0.16 | 0.14 | 0.18 | 0.16 | 0.2 |
| 2.2 | 0.132 | 0.176 | 0.154 | 0.198 | 0.176 | 0.22 | 0.198 | 0.242 |
| 2.5 | 0.15 | 0.2 | 0.175 | 0.225 | 0.2 | 0.25 | 0.225 | 0.275 |
| 2.8 | 0.168 | 0.224 | 0.196 | 0.252 | 0.224 | 0.28 | 0.252 | 0.308 |
| 3 | 0.18 | 0.24 | 0.21 | 0.27 | 0.24 | 0.3 | 0.27 | 0.33 |
| 3.5 | 0.245 | 0.315 | 0.28 | 0.35 | 0.315 | 0.385 | 0.35 | 0.42 |
| 4 | 0.28 | 0.36 | 0.32 | 0.4 | 0.36 | 0.44 | 0.4 | 0.48 |
| 4.5 | 0.315 | 0.405 | 0.36 | 0.45 | 0.405 | 0.495 | 0.45 | 0.54 |
| 5 | 0.35 | 0.45 | 0.4 | 0.5 | 0.45 | 0.55 | 0.5 | 0.6 |
| 6 | 0.48 | 0.6 | 0.54 | 0.66 | 0.6 | 0.72 | 0.66 | 0.78 |
| 7 | 0.56 | 0.7 | 0.63 | 0.77 | 0.7 | 0.84 | 0.77 | 0.91 |
| 8 | 0.72 | 0.88 | 0.8 | 0.96 | 0.88 | 1.04 | 0.96 | 1.12 |
| 9 | 0.81 | 0.99 | 0.9 | 1.08 | 0.99 | 1.17 | 1.08 | 1.26 |
| 10 | 0.9 | 1.1 | 1 | 1.2 | 1.1 | 1.3 | 1.2 | 1.4 |

注：表中所列的 $Z_{min}$ 与 $Z_{max}$ 是指新制造模具时初始间隙的变动范围，并非磨损极限。

冲裁间隙的合理数值应在设计凸模和凹模工作部分时给予保证，同时在模具装配时必须保证间隙沿封闭轮廓线分布均匀，这样才能保证取得满意的效果。

合理间隙值有一个相当大的变动范围，约为（5%～25%）$t$，取较小的间隙有利于提高冲件的质量，取较大的间隙则有利于提高模具的寿命。因此，在保证冲件质量的前提下，应采用较大的间隙。

### 3.4.4 凸模、凹模工作部分尺寸的计算

凸、凹模工作部分尺寸直接影响冲压件的尺寸精度，且模具的合理间隙值也靠凸、凹模刃口尺寸及其公差保证。因此，正确确定凸模、凹模刃口尺寸和公差是冲裁加工中的一项重要工作。

**（1）计算的原则**

在确定凸、凹模工作部分尺寸及其制造公差时，必须考虑到冲裁变形规律、冲裁件公差等级、模具磨损和制造的特点。为此，可确定冲裁凸、凹模尺寸计算的基本原则：

① 冲孔时凸、凹模尺寸计算原则。冲孔时，孔的直径决定了凸模的尺寸，间隙由增加凹模的尺寸取得。

② 落料时凸、凹模尺寸计算原则。落料时，落料件外形尺寸决定了凹模的尺寸，间隙由减小凸模的尺寸取得。

③ 凸模和凹模应考虑磨损规律。凹模磨损后会增大落料件的尺寸，凸模磨损后会减小冲孔件的尺寸。为提高模具寿命，在制造新模具时应把凹模尺寸做得趋向于落料件的最小极限尺寸，把凸模尺寸做得趋向于冲孔件的最大极限尺寸。

**（2）模具间隙的保证方法**

制造模具时常用以下两种方法来保证合理间隙：

一种是分别加工法。分别规定凸模和凹模的尺寸和公差，分别进行制造。用凸模和凹模

的尺寸及制造公差来保证间隙要求。该种加工方法加工的凸模和凹模具有互换性，制造周期短，便于成批制造。

另一种是单配加工法。用凸模和凹模相互单配的方法来保证合理间隙。加工后，凸模和凹模必须对号入座，不能互换。通常，落料件选择凹模为基准模，冲孔件选择凸模为基准模。在作为基准模的零件图上标注尺寸和公差，相配的非基准模的零件图上标注与基准模相同的基本尺寸，但不注公差。然后在技术条件上注明按基准模的实际尺寸配作，保证间隙值在 $Z_{min}$～$Z_{max}$ 之内。这种方法多用于冲裁件的形状复杂、间隙较小的模具。

**（3）凸模和凹模分别加工时的工作尺寸计算**

根据模具所完成加工工序的不同，凸模和凹模分别加工时的工作尺寸计算公式如下。

① 冲孔模

$$d_{凸}=(d_{min}+x\Delta)_{-\delta_{凸}}^{\ 0}$$

$$d_{凹}=d+Z_{min}=(d_{min}+x\Delta+Z_{min})_{\ 0}^{+\delta_{凹}}$$

② 落料模

$$D_{凹}=(D_{max}-x\Delta)_{\ 0}^{+\delta_{凹}}$$

$$D_{凸}=D_{凹}-Z_{min}=(D_{max}-x\Delta-Z_{min})_{-\delta_{凸}}^{\ 0}$$

式中　$d_{凸}$，$d_{凹}$——冲孔凸模和凹模的基本尺寸；

$D_{凹}$，$D_{凸}$——落料凹模和凸模的基本尺寸；

$d_{min}$——冲孔件的最小极限尺寸；

$\delta_{凸}$，$\delta_{凹}$——凸模和凹模的制造偏差，凸模偏差取负向，凹模偏差取正向，一般可按零件公差 $\Delta$ 的 1/4～1/3 来选取，对于简单的圆形或方形等形状，由于制造简单，精度容易保证，制造公差可按 IT6～IT8 级选取；

$Z_{min}$，$Z_{max}$——冲裁模初始双面间隙的最小、最大值，按表 3-9、表 3-10 来选取；

$\Delta$——冲裁件的公差；

$x$——磨损系数，其值应在 0.5～1 之间，与冲裁件精度有关，可直接按冲裁件公差值查表 3-11 或按冲裁件的公差等级选取，当工件公差为 IT10 以上时，取 $x=1$，当工件公差为 IT11～IT13 时，取 $x=0.75$，当工件公差为 IT14 以下时，取 $x=0.5$。

**表 3-11　磨损系数**

| 材料厚度/mm | 工件公差 $\Delta$ | | | | |
|---|---|---|---|---|---|
| 1 | ≤0.16 | 0.17～0.35 | ≥0.36 | <0.16 | ≥0.16 |
| 1～2 | ≤0.2 | 0.21～0.41 | ≥0.42 | <0.2 | ≥0.2 |
| 2～4 | ≤0.24 | 0.25～0.49 | ≥0.5 | <0.24 | ≥0.24 |
| 4 | ≤0.3 | 0.31～0.59 | ≥0.6 | <0.3 | ≥0.3 |
| 磨损系数 | 非圆形 $x$ 值 | | | 圆形 $x$ 值 | |
| | 1 | 0.75 | 0.5 | 0.75 | 0.5 |

**（4）凸模和凹模单配加工的步骤**

单配加工法常用于复杂形状及薄料的冲裁件，其凸、凹模基本尺寸的确定原则是保证模具工作零件在尺寸合格范围内有最大的磨损量。

单配加工凸模和凹模制造尺寸的步骤为：

① 首先选定基准模。

② 判定基准模中各尺寸磨损后是尺寸增大、减小还是不变。

③ 根据判定情况，增大尺寸按冲裁件上该尺寸的最大极限尺寸减 $x\Delta$ 计算，凸、凹模制造偏差取正向，大小按该尺寸公差 $\Delta$ 的 1/4～1/3 选取；减小尺寸按冲裁件上该尺寸的最小极限尺寸加 $x\Delta$ 计算，凸、凹模制造偏差取负向，大小按该尺寸公差 $\Delta$ 的 1/4～1/3 来选取；不变尺寸按冲裁件上该尺寸的中间尺寸计算，凸、凹模制造偏差取正负对称分布，大小按该尺寸公差 $\Delta$ 的 1/8 选取。

④ 基准模外的尺寸按基准模实际尺寸配制，保证间隙要求。

## 3.5 冲裁加工的操作要点

冲压加工的操作是一种频繁的简单劳动，操作者极易疲劳，因此，必须集中精力，严格按冲压操作规程进行，严防发生误操作。

### 3.5.1 冲压操作规程

冲压操作规程是冲压加工过程中，操作人员必须遵守的通用守则，具体操作主要有以下要求。

（1）工作前的要求

① 按规定穿戴好劳动保护用品，如扎紧袖口、戴好手套，女操作员还应将长发全部塞入工作帽。

② 仔细查看交接班记录。

③ 收拾工作地点，及时清理工作台面上与工作无关的一切物品，坐着操作的工人，要按自己的高度调整好座椅，并检查座椅是否良好。

④ 检查活动式照明装置，应以照射模具为主调整好。

⑤ 设备上的一切防护罩要牢固放妥，并校正。

⑥ 如果使用光电保护装置或感应式安全装置，除了根据使用说明书的要求安装、调整、检查外，还要重点检查下列项目：每道光束的遮光检查或破坏感应幕的检查，此项检查在每次启动主电动机后都要进行，回程期间，遮光时或破坏感应幕时不停机功能的检查，遮光或破坏感应幕停机后的自保功能检查，安全距离的检查，此项检查在每次更换模具后都要进行，且要按需要调整好。

如果采用其他保护装置，应按保护装置的操作规程进行检查。

⑦ 如果发现设备或安全装置不正常时，立即报告安全员，不可擅自修理，待设备或安全装置修复后才可进行工作。

⑧ 检查设备的运行是否正常。在接通主电动机时，不允许任何人靠近冲模，以防止设备发生偶然冲击。在使用单次行程操作时，设备应在一次冲压后离合器即分离，而滑块必须停在上死点位置。如果设备有连冲现象，则在未经调整前不可工作。

⑨ 一般情况下，不允许使用连续行程操作，特殊情况下，要遵守工艺卡的规定，才允许使用。

⑩ 向车间领取有关所制零件的工艺卡。

⑪ 在适当的位置设有成品箱和下脚料箱，应便于操作。

⑫ 使用手工工具操作时，要检查手工工具是否完好。准备好工作时需要的工具和夹具。

（2）工作时的要求

① 集中精力，认真操作。操作过程中，不得与旁人聊天，不得做与工作无关的事情，以防分散注意力引发安全事故。

② 发生下列情况时，要停止工作并报告：听到设备有不正常的敲击声；在单次行程操作时，发生连冲现象；坯料卡死在冲模上，或发现废品，照明熄灭，安全装置不正常等。

③ 不能放一个以上的坯料在冲模上，否则会使设备或模具损坏，并有发生人身事故的可能。

④ 坯料放在冲模中后，才可把脚放在脚踏开关上。

⑤ 每冲完一个冲压件后，手或脚必须离开按钮或脚踏开关，以防误动作。

⑥ 两个人以上操作时，所有操作者应同时按下启动按钮，才能启动滑块。

⑦ 按照工艺卡的要求，随时用适当的用具加油到导轨、冲模或坯料上。

⑧ 保持工作场地整洁，操作者站立的部位要采取严格的防滑措施。

⑨ 在下列情况下，要停机并把脚踏开关移至空挡或锁住：暂时离开、发现有不正常现象、由于停电而电动机停止运转。

⑩ 设备运转时，不可进行清洁、擦拭。

**(3) 工作完成后的要求**

① 关闭主电动机，直到设备完全停止运转。

② 带有安全支柱的设备，应待设备完全停止运转后，将安全支柱支在滑块与工作台之间，防止滑块下滑。

③ 清理工作场地，收集所有坯料、冲压件。

④ 擦净设备和模具，并在模具上涂防锈油。

⑤ 填写交接班记录，交接班记录中必须将当天设备出现的问题，容易引发的安全事故填写清楚，严重情形应报知值班车间主任及时处理。

⑥ 将脚踏开关移至空挡或锁住，并放在规定位置。

### 3.5.2 冲裁操作安全要点

冲床是一种压力机械，比较容易出现人身伤害事故，冲压操作人员在按操作规程进行操作，以下要点必须特别提出以引起足够重视。

① 冲压操作中，应清理工作台上一切不必要的物品，防止开关振落击伤设备，或撞击开关引起设备突然启动。毛坯、成品及必需的工具要放在合适位置。操作者座位要稳固、牢靠。

② 送、取料时必须使用合适的专用工具（工具应尽量采用软质、有弹性的材料制作，严禁采用脆性材料制作），严禁用手直接伸进危险区域取料，禁止头、手伸进上、下模中。

③ 如果模具卡住坯料，要关闭电源，把滑块停在安全位置，经确认安全可靠后方可去排除。

④ 每冲完一个工件时，手或脚必须离开按钮和脚踏开关，以防止误操作，安全防护装置在工作中要自始至终地使用。

⑤ 安装模具时，必须使滑块处于下死点，封闭高度必须正确，经确认安全可靠，方能安装。

⑥ 在拆卸模具过程中，应切断电源，松开滑块上的压紧螺母后，一定要注意防止螺母突然松脱，滑块落下压坏冲模或发生意外事故。

⑦ 多人操作同一台机床时，应由专人统一指挥，听准信号，并作出答复再动作。

⑧ 坯料放置于适当的位置，坯料码垛高度要适当，其最高高度不得超过下模平面的高度，以防坯料下滑。

### 3.5.3 冲裁模的安装方法

冲裁加工的操作中，正确地安装好冲裁模是保证冲裁加工件质量和安全正常生产的前提，也是冲压操作人员必须掌握的重点。

冲模在压力机上总的安装原则是：首先将上模固定在压力机滑块上，再根据上模位置调整固定下模。在模具安装过程中，必须进行压力机相应的调整。

冲裁模的安装分无导向冲裁模和有导向冲裁模两种，其安装方法如下。

**（1）无导向冲裁模的安装**

无导向冲裁模的安装比较复杂，其操作要点如下：

① 模具安装前，先应做好压力机和模具的检查工作，主要检查内容有：a. 所选用压力机的公称压力必须大于模具工艺力的1.2～1.3倍；b. 冲模各安装孔（槽）位置必须与压力机各安装孔（槽）相适应；c. 压力机工作台面的漏料孔尺寸应大于制品（或能使制品通过）及废料尺寸，若直接落于工作台面，要留有人工清除的空间；d. 压力机的工作台和滑块下平面的大小应与安装的冲模相适应，并要留有一定的余地，一般情况下，冲床的工作台面应大于冲模模板尺寸50～70mm以上；e. 冲模打料杆的长度与直径应与压力机的打料机构相适应。此外，还应熟悉所要冲制零件形状、尺寸精度和技术要求，掌握所冲零件的相关工艺文件和本工序的加工内容；熟悉本冲裁模的种类、结构及动作原理、使用特点等；最后还应对模具和压力机台面进行清洁及压力机工作状态的检查。

② 检查冲模的安装条件。冲模的闭合高度必须要与压力机的装模高度相符。冲模在安装前，其闭合高度必须要先经过测定，模具的闭合高度 $H_0$ 的数值应满足：

$$H_{min}+10(mm)\leqslant H_0\leqslant H_{max}-5(mm)$$

式中　$H_0$——模具的闭合高度，mm；

$H_{max}$——压力机最大闭合高度，mm；

$H_{min}$——压力机最小闭合高度，mm。

如果模具闭合高度太小，不符合上述要求，可在压力机台面上加一个磨平的垫板，使之满足上述要求才能进行装模，如图3-11所示。

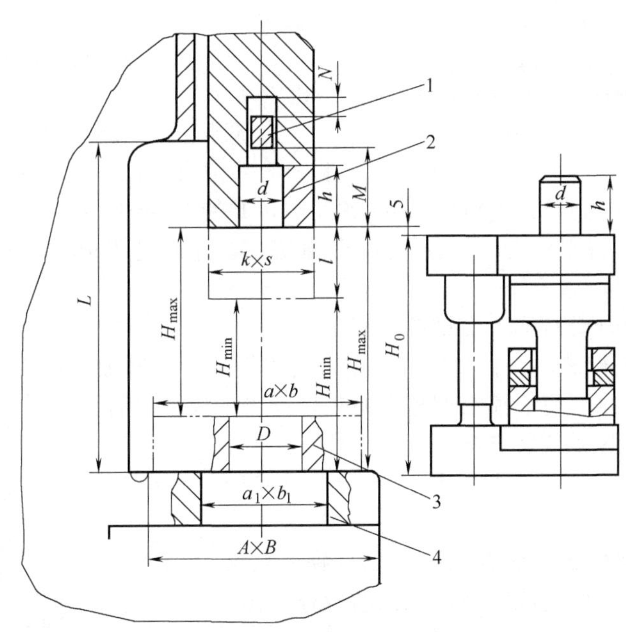


图3-11　压力机和模具安装的尺寸关系

1—顶件横梁；2—模柄夹持块；3—垫板；4—工作台

图3-11中尺寸所表示的意义分别如下：

$N$——打料横杆的行程；
$M$——打料横杆到滑块下表面之间的距离；
$h$——模柄孔深或模柄的高度；
$d$——模柄孔或模柄的直径；
$k \times s$——滑块底面尺寸；
$L$——台面到滑块导轨的距离；
$l$——装模高度调节量（封闭高度调节量）；
$a \times b$——垫板尺寸；
$D$——垫板孔径；
$a_1 \times b_1$——工作台孔尺寸；
$A \times B$——工作台尺寸。

当多套冲模联合安装在同一台压力机上实现多工位冲压时，其各套冲模的闭合高度应相同。

③ 将冲模放在压力机的中心处，见图 3-12，其上、下模用垫块 3 垫起。

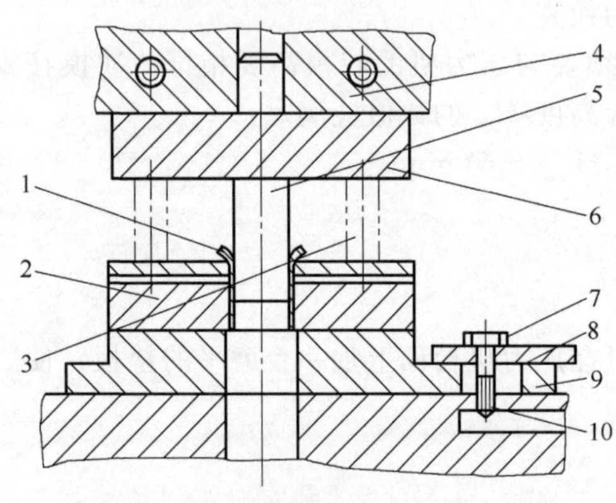

图 3-12　无导向冲裁模的安装与调整

1—硬纸板；2—凹模；3—垫块；4—压力机滑块；5—凸模；6—上模板；7—螺母；8—压板；9—垫铁；10—T 形螺栓

④ 将压力机滑块 4 上的螺母松开，用手或撬杠转动压力机飞轮，使压力机滑块下降到同上模板 6 接触，并使冲模的模柄进入滑块的模柄孔中。

假如按上述要求将滑块 4 调到最下位置还不能与上模板接触，则需要调整压力机连杆上的螺杆，使滑块与上模板接触。如果连杆调整到下极点，仍不能使滑块与上模板接触，则需要在下模底部垫以垫块将下模垫起，直到接触为止。

⑤ 滑块的高度调整好后，将模柄紧固在压力机滑块上。

⑥ 调整凸、凹模的间隙，即在凹模的刃口上，垫以相当于凸、凹模单面间隙值厚的硬纸片（或铜片）1，并用透光法调整凸、凹模的间隙，并使之均匀。

⑦ 间隙调好后，将螺栓 10 插入压力机台面槽内，并通过压板 8、垫铁 9 和螺母 7 将下模紧固在压力机上。

注意：紧固螺栓时要对称、交错地进行。

⑧ 开动压力机进行试冲，在试冲过程中，若需调整冲模间隙，可稍松开螺母 7，用手锤根据冲模间隙分布情况，使下模沿调整方向轻轻锤击下模板，直到合适为止。

**（2）有导向冲裁模的安装方法**

有导向的冲裁模，由于导柱、导套导向，故安装与调整要比无导向的冲裁模方便和容易，其安装要点如下：

① 按无导向冲裁模的安装要求分别做好模具安装前的技术准备、模具和压力机台面的清洁及压力机的检查工作。

② 将闭合状态下的模具放在压力机台面上。

③ 把上模和下模分开，用木块或垫铁将上模垫起。

④ 将压力机滑块下降到下极点，并调整到能使其与模具上模板上平面接触。如图 3-13 所示。

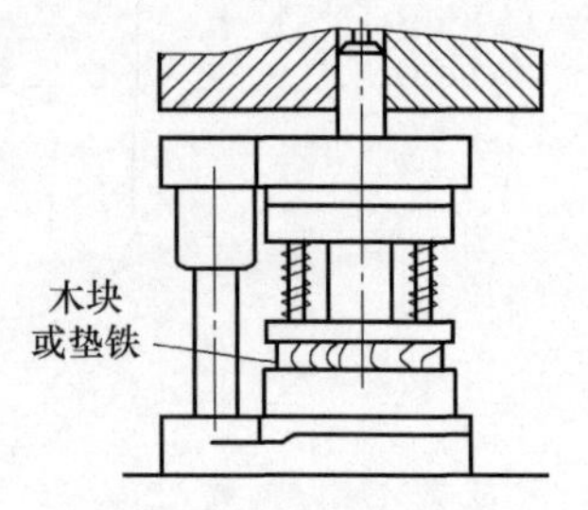

图 3-13　模具的安装

⑤ 分别把上模、下模固紧在压力机滑块和压力台面上，螺钉紧固时要对称、交错地进行。调整滑块位置使其在上死点时，凸模不至于逸出导板之外或导套下降距离不得超过导柱长度的 1/3 为止。

⑥ 紧固牢固后，进行试冲，试冲合格转入正式生产。

## 3.6 冲裁加工的注意事项

冲模安装是冲压操作的重要内容，它的安装质量直接关系到所加工零件的安全正确生产，其安装的正确性直接危及模具安全、设备安全以及冲压工的人身安全。

在冲裁加工中，为保证冲压加工的工作安全、冲压件的质量和冲模的使用寿命，冲压操作人员在冲裁模的安装、调整和使用过程中，还应注意以下事项。

### （1）正确使用模柄衬套

一般说来，滑块的模柄孔有圆形及方形两种。如图 3-14 所示。

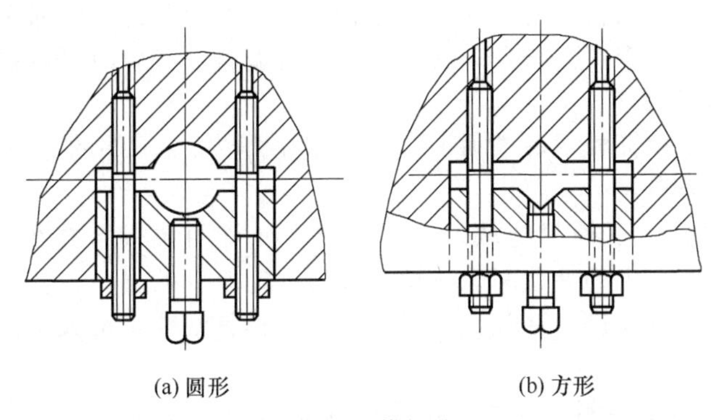


图 3-14　模柄孔

通常，待安装的冲模模柄直径与压力机滑块上的模柄孔是相符的，若当模柄外形尺寸小于模柄孔尺寸时，禁止用随意能够得到的铁块、铁片等杂物作为衬垫，必须采用如图 3-15 所示的专用开口衬套或对开衬套将模具模柄包裹后一同进入压力机滑块上的模柄孔中，其中图 3-15（a）、图 3-15（b）用于圆形模柄孔，图 3-15（c）用于方形模柄孔。

### （2）正确调整冲裁模

在冲裁加工中，正确地调整好冲裁模是生产合格冲压件的先决条件，也是保证模具正常使用寿命的重要条件之一，具体来说，主要有以下调整要点：

① 正确调整凸、凹模配合深度　冲裁模的上、下模要有良好的配合，即应保证上、下模的工作零件凸、凹模相互咬合深度要适中，不能太深与太浅，应以能冲下合适的零件为准。一般冲裁模保证凸模进入凹模的深度约为 0.5～1mm，采用硬质合金时不应超过 0.5mm；凸、凹模的配合深度是依靠调节压力机连杆长度来实现的。

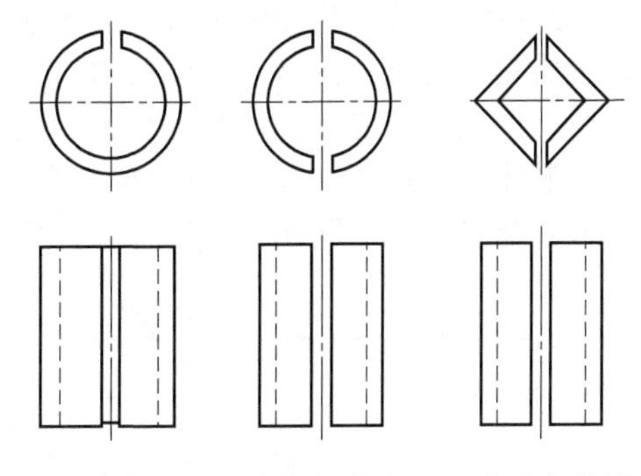


图 3-15　常用衬套形式

② 正确调整凸、凹模的间隙　冲裁模必须保证相吻合的凸、凹模周边有均匀的间隙。间隙不适当或不均匀，将直接影响冲裁件的质量。

有导向零件的冲裁模，其安装调整比较方便，只要保证导向件运动顺利就可以了，因为导向件（如导柱和导套）的配合是比较精密的，可以保证上、下模的配合间隙均匀。

对于无导向的冲裁模，可在凹模刃口周围衬以紫铜箔或硬纸板进行调整。铜箔或纸板厚度相当于凸、凹模之间的单面间隙。当冲裁件毛坯厚度超过 1.5mm 时，因模具间隙较大，可用上述衬垫的方法调整。对较薄毛坯的冲模可由冲压工观测凸、凹模吻合后周边缝隙大小的方法来调整模具。对于直边刃口的冲裁模，还可用透光及塞尺测试间隙大小的方法来调整，直到上、下模的凸、凹模互相对中，且间隙均匀后，用螺钉将冲模紧固在压力机上进行试冲，试冲后检查试冲的零件，看是否有明显的毛刺及断面粗糙，若不合适应松开下模，再按前述方法继续调整，直到间隙合适。

为便于今后生产中无导向冲裁模间隙的调整，可采取在第一次调整好间隙后，将厚度等于凸、凹模单面间隙的铜片或硬纸片与凸模共同压入模具型腔的方法来减轻冲裁模的调整工作量。

③ 定位装置的调整　检查冲裁模的定位零件如定位销、定位块、定位板，是否符合定位要求，定位是否可靠。假如位置不合适，在调整时应进行修整，必要时要进行更换。

④ 卸料系统的调整　卸料系统的调整主要包括卸料板或顶件器是否工作灵活；卸料弹簧及橡胶弹性是否足够；卸料器的运动行程是否足够；漏料孔是否畅通无阻；打料杆、推料杆是否能顺利推出制品与废料。若发现故障，应进行调整，必要时可以更换。

**（3）正确使用冲裁模**

正确使用冲裁模是保证模具正常使用寿命及生产合格冲压件的必备条件之一，具体来说，主要有以下使用要点：

① 不允许叠料冲裁　下模只能放一个工件，不允许两块板料叠在一起进行重叠冲裁，这是因为对于冲裁模，一定的冲裁间隙适用于冲压一定厚度的材料，若两块板料叠在一起或工件表面含有其他金属杂物进行冲裁，相当于改变了模具间隙，增大了冲裁力，极易导致模具过早损坏。

② 不允许半个制件的落料　这种情况有时在条料最后几步的手工送料，或在送料定位不正确或条料宽度不够时出现，一旦发生这种“半落”现象，由于半个制件的落料使凸模产生的侧向力，易导致凸模折断。

③ 不允许磨钝的刃口继续冲裁　这是因为冲裁时，凸模与凹模刃口对坯料施加冲裁力，反过来，坯料对凸模与凹模刃口产生侧压力和摩擦力，间隙减小，侧压力和摩擦力随之增大，加快凸模和凹模刃口的磨损。磨损后的凸模刃口尺寸越磨越小，凹模刃口尺寸越磨越大，最终可能导致冲裁间隙偏大引起的制件尺寸超差，毛刺增大；另一方面，间隙变大后，坯料弯曲相应增大，使凸模与凹模刃口端面上的压应力分布不均匀，容易产生崩刃或塑性变形，使刃口进一步变钝，冲裁力增大，制件断面不平整，因此，磨钝的刃口需要重新刃磨。

一般冲裁模按表 3-12 所列数据生产后，应及时对冲模零件进行修磨，否则，冲模零件后期将会越来越大，既无法保证冲裁件质量，又会降低模具的正常使用寿命。

**表 3-12　冲裁模的平均耐用度**　　件/每刃磨一次

| 工件材料 | 模具材料 | 工件材料厚度 | |
|---|---|---|---|
| | | 3～6mm | ＜3mm |
| 35、45（硬钢） | T10A | 4000～6000 | 6000～8000 |
| | Cr12MoV | 8000～10000 | 10000～12000 |
| 20、16Mn（中硬钢） | T10A | 8000～12000 | 12000～16000 |
| | Cr12MoV | 18000～22000 | 22000～26000 |
| 08、10（软钢） | T10A | 12000～18000 | 18000～22000 |
| | Cr12MoV | 22000～24000 | 24000～30000 |

④ 有机玻璃等脆性材料不宜在常温下冲裁　对于厚度大于1mm的脆性材料或层压非金属材料，如有机玻璃、硬橡胶板、酚醛树脂层压板等，不能在常温下冲裁，因为这样冲裁时容易引起材料崩裂和分层，而采用加热冲裁能得到质量良好的冲裁件。

对于1mm厚的有机玻璃，毛坯加热温度为60～80℃，加热时间取1.5min，在模具加热温度为90～110℃下冲裁。表3-13是非金属材料冲裁时毛坯、凹模及卸料板的加热温度。

**表3-13　非金属材料冲裁时毛坯、凹模及卸料板的加热温度**

| 材料名称 | 材料厚度/mm | 加热温度/℃ | | | | | |
|---|---|---|---|---|---|---|---|
| | | 毛坯加热温度 | | 凹模加热温度 | | 卸料板加热温度 | |
| | | 圆形与简单形工件 | 复杂形工件 | 圆形与简单形工件 | 复杂形工件 | 圆形与简单形工件 | 复杂形工件 |
| 夹纸胶板 | >1～1.5 | — | — | 60～80 | 90～100 | 70～90 | 90～100 |
| | >1.5～2 | 80～90 | 90～120 | 100～120 | 100～105 | 70～100 | 95～100 |
| | ≤3 | 90～100 | 100～130 | 110～120 | 105～115 | 100 | 110～115 |
| 夹布胶板 | 1.5～3 | — | 70～90 | 50～70 | 80～90 | 50～60 | 80～90 |
| 玻璃纤维板 | >1.5～3 | 60～70 | 70～90 | 80～90 | 80～90 | — | 80～90 |

## 3.7　冲裁作业常见问题分析

在冲裁加工过程中，免不了遇到这样或那样的问题，倘若重视不够或分析处理不当，就有可能造成大的零件加工缺陷，有时，甚至发生意外事故。因此，操作者除了要精心操作外，还应仔细观察，时刻注意到冲裁加工及压力机工作等整个冲裁过程的状态，从众多的影响因素中找出具体的原因，并采取正确的处理措施。常见问题主要如下。

**（1）废料或制品随凸模回升**

在冲裁一些较软或厚度较薄的材料，且工件形状较为复杂或带有窄长切口的冲模时，常会发现在冲压时，其废料或工件在凹模孔内有回升现象。由于这种废料及工件的回升，很容易使凸、凹模的刃口被啃坏或发生意外事故，因此，应及早发现并及时处理解决。

在冲裁模设计中，废料或工件一般是要求从凹模的漏料孔中排出模具外的，现其随凸模上升，显然，是因凹模对其的约束力太小或是受到凸模上升时一定力的牵引造成的，基于上述考虑，该现象的产生原因可从以下方面进行分析、检查：

① 检查凸、凹模的间隙　若间隙过大，则由于凹模无法对废料或工件形成有效的约束，在凸模的带动下就很容易随之上升，间隙过大是影响废料及工件回升的主要因素之一。若间隙过大则采取的措施显然应是减小间隙。

② 检查凹模刃口　凹模刃口尺寸过长或成倒锥形，易使废料及工件在冲压时回升，如图3-16（a）、图3-16（b）所示的凹模刃口，其$h$值不应太大，也不能成$\alpha$角的倒锥。若在测量时有上述现象并且凸、凹模的间隙偏大，则废料及工件极易随凸模回升，应修整成图

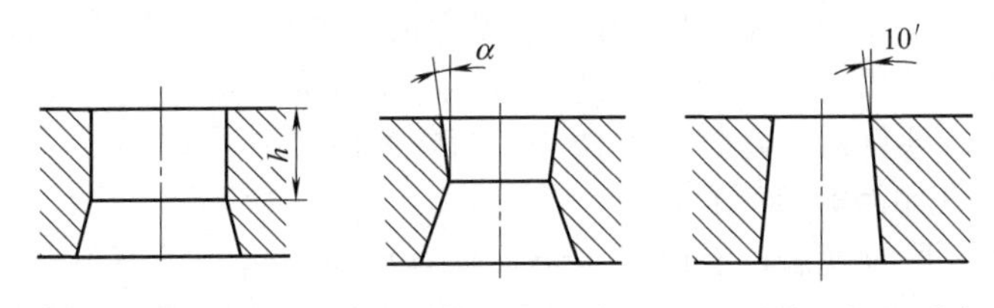

(a) 改进前的刃口形式一　(b) 改进前的刃口形式二　(c) 改进后的刃口形式

图3-16　凹模刃口形式

3-16（c）所示的形状，使凹模刃口修整成10′左右锥度的刃口形式，并尽量减小 $h$ 值，即可消除废料及工件的回升。

③ 检查润滑油　应检查润滑油是否用得太多或润滑油黏度太大，若润滑油太多或太黏，易使废料及工件黏附在凸模上而被提起。

**（2）废料与工件排出困难**

废料或工件若难以从模具漏料孔中排出，则易造成模具漏料孔堵塞，甚至出现凹模胀裂，因此，应及早发现并及时处理解决。

与废料或工件随凸模回升相反，废料与工件排出困难显然是受到的阻力较大造成的，该现象的产生原因可从以下几方面进行分析、检查。

① 检查凹模孔或下模板漏料孔　应检查凹模孔或下模板漏料孔，若孔径较小，则废料或工件难以漏下。

解决措施：加大漏料孔孔径，如图3-17（a）所示。

② 检查顶料机构　观察顶料机构是否工作正常，顶料杆有无弯曲，顶料板工作时是否因偏斜而卡紧，顶料板与凸模配合是否过紧而不能自由运动，卸料弹簧或橡胶的弹力是否不足。

解决措施：调整顶料机构，修整顶料板、顶杆等零件，更换卸料弹簧或橡胶等。

③ 检查凹模刃口形状　应检查凹模刃口形状是否有图3-16（b）所示的凹模倒锥。

解决措施：修整凹模成图3-16（c）所示形状。

④ 检查紧固螺钉和圆柱销是否松动　由于长期受冲裁振动的影响，凹模与下模座间紧固螺钉和圆柱销易产生松动致使漏料孔错位，使制品漏不下、废料出不来，如图3-17（b）所示。

解决措施：重新装配调整模具，使下模板漏料孔与凹模孔的相互位置对正，不得倾斜。

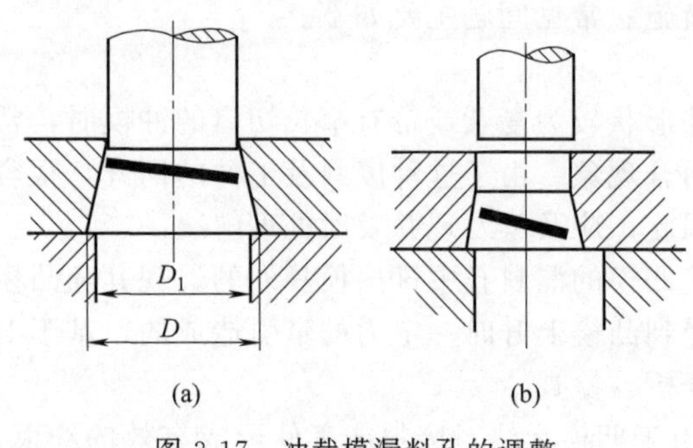

图3-17　冲裁模漏料孔的调整

⑤ 检查卸料板与凸模间的间隙　由于长期使用而被磨损，卸料板与凸模间的间隙过大，在冲压时，凸模很容易把制品零件带入间隙中而使条料或制品卡住不易脱出模外。

解决措施：更换卸料板，重新调整间隙。

**（3）送料不畅通或料被卡死**

在冲裁模的操作过程中，有时出现送料不畅通或料被卡死的问题，遇到这种情况，应从以下几个方面进行检查。

① 检查凸模与卸料板之间的间隙　若凸模与卸料板之间的间隙过大，则易使搭边翻扭而导致送料不畅。

解决措施：更换卸料板，减小凸模与卸料板之间的间隙。

② 检查两导料尺之间的尺寸　应检查两导料尺之间的尺寸是否过小或有斜度。

解决措施：根据情况锉修或重装导料尺。

③ 检查导料板和侧刃的工作面　用侧刃定距的冲裁模，应检查导料板的工作面和侧刃是否不平行，使条料卡死；侧刃与侧刃挡块是否不密合而形成了毛刺，使条料卡死。

解决措施：重装导料板，修整侧刃挡块，消除间隙。

**（4）制品只有压印而剪切不下**

冲裁模在工作一段时间后，有时在板料上只有压印而剪切不下制品来，遇到这种情况，首先应想到凸、凹模工作刃口及其与凸、凹模等工作零件相关联的零件是否出现问题，此时，可从以下几个方面进行检查：

① 检查凸模与凹模刃口　应检查凸模与凹模刃口是否变钝或者凸模进入凹模的深度是否太浅。

② 检查凸模与固定板配合　应检查凸模与固定板配合是否松动，是否由于凸模在受力时拔出而造成上述问题。

排除可以从以下方面进行：用平面磨床平磨凸模与凹模刃口平面，使刃口变得锋利；检查凸模与固定板之间的配合，若发现凸模松动，应立即将凸模固紧，并检查固定板与模板之间的垫板是否损坏。当发现垫板淬火硬度不够而由凸模端部压凹时，应更换硬度较高的垫板，调整压力机的闭模高度，使凸模进入凹模的深度要适中。

（5）冲裁零件外形及尺寸发生变化

在冲裁操作过程中，出现冲裁零件的外形及尺寸超出图样规定的尺寸与公差的问题，其产生的因素较多，可从以下几个方面进行检查：

① 检查凸模和凹模的尺寸　应检查凸模和凹模的尺寸是否发生了变化，凹模刃口是否损坏，凸模是否损坏了某个部位。

② 检查送料是否到位　应检查操作时，送料是否送到规定的位置或定位销、挡料块等是否发生故障。

③ 检查是否安装压料板　在剪切模及冲孔模中，若未安装压料板或条料不平整，冲裁件在冲裁时受力引起弹性跳起，会造成制品尺寸发生变化。

可以从以下几方面进行排除：仔细检查凸模与凹模的刃口工作尺寸、形状是否符合图纸的要求，若发现变形，应进行修配或更换凸模或凹模，在修配时，假如零件的外形尺寸较小，这时可将凹模拆下，进行退火处理后修整凹模尺寸，凸模更换新的备件。若零件的外形尺寸较大，可以将凸模退火处理后，重新修整，对凹模进行修补或更换新的；检查定位装置，若磨损过于严重时，应及时更换；检查压料装置，如压料板、压料弹簧或橡胶破损，弹力减小，应予以更换。

（6）内孔与外缘的尺寸位置发生变化

在冲裁模工作中，出现内孔与外缘的相对尺寸发生变化的问题，可从以下几个方面进行检查：

① 检查冲裁模工作零件的位置　应检查落料与冲孔的凸模和凹模孔的相对位置是否发生了变化或凸模歪斜。

② 检查导正销的位置　采用导正销定位的模具，其导正销的位置是否偏斜或在采用两个导正销定位时，条料在冲制过程中受力，而使两个导正销发生扭曲，致使条料定位不准确。

排除可以从以下方面进行：检查落料与冲孔的凹模孔和落料凸模与冲孔凹模相对位置是否发生变化，若有变化应进行修复或更换；检查侧刃、凸、凹模尺寸，若磨损有变大或变小的情况，应进行更换；根据原模具设计要求调整导正销的高度与垂直度，使之符合原设计要求；检查定位销的损坏程度或位置，必要时可进行更换与调整。

## 3.8 冲裁件的质量要求

冲裁加工制成的冲裁件，总的质量要求是：能满足零件图样的形状、尺寸要求，此外，冲切表面应光洁，无裂纹、撕裂和过高的毛刺等缺陷。

（1）零件的形状要求

冲裁后的制品零件，其外形及内孔必须符合零件图样要求，冲切面应光洁，内外缘不能有缺边、少肉、撕裂等加工缺陷。冲裁件的表面粗糙度数值一般在 $Ra12.5\mu m$ 以下，具体数值可参考表 3-14。冲裁件的断面光亮带宽度与被冲材料的厚度、材料性能及模具间隙和刃口锋利程度有关，具体数值可参考表 3-15。

**表 3-14　冲裁件剪切面的近似表面粗糙度**

| 材料厚度 $t$/mm | ≤1 | ＞1～2 | ＞2～3 | ＞3～4 | ＞4～5 |
|---|---|---|---|---|---|
| 表面粗糙度 $Ra$/μm | 3.2 | 6.3 | 12.5 | 25 | 50 |

**表 3-15　冲裁件剪切面光亮带占料厚的百分数**

| 材料 | 占料厚的百分比/% | | 材料 | 占料厚的百分比/% | |
|---|---|---|---|---|---|
| | 退火 | 硬化 | | 退火 | 硬化 |
| 含碳 0.1%钢板 | 50 | 38 | 硅钢 | 30 | — |
| 含碳 0.2%钢板 | 40 | 28 | 青铜板 | 25 | 17 |
| 含碳 0.3%钢板 | 33 | 22 | 黄铜 | 50 | 20 |
| 含碳 0.4%钢板 | 27 | 17 | 纯铜 | 55 | 30 |
| 含碳 0.6%钢板 | 20 | 9 | 杜拉铝 | 50 | 30 |
| 含碳 0.8%钢板 | 15 | 5 | 铝 | 50 | 30 |
| 含碳 1.0%钢板 | 10 | 2 | | | |

注：含碳百分数为质量分数。

### (2) 零件的表面质量要求

冲裁后的零件表面必须平直，严防有扭曲、扭转等现象，同时不能有明显的毛刺和塌角。冲裁件剪裂断面允许的毛刺高度可参考表 3-16。

**表 3-16　任意冲裁件允许的毛刺高度**　　单位：μm

| 冲件材料厚度 $t$/mm | 材料抗拉强度 $\sigma_b$ | | | | | | | | | | | |
|---|---|---|---|---|---|---|---|---|---|---|---|---|
| | ＜250 | | | 250～400 | | | 400～630 | | | ＞630 和硅钢 | | |
| | Ⅰ | Ⅱ | Ⅲ | Ⅰ | Ⅱ | Ⅲ | Ⅰ | Ⅱ | Ⅲ | Ⅰ | Ⅱ | Ⅲ |
| ≤0.35 | 100 | 70 | 50 | 70 | 50 | 40 | 50 | 40 | 30 | 30 | 20 | 20 |
| 0.4～0.6 | 150 | 110 | 80 | 100 | 70 | 50 | 70 | 50 | 40 | 40 | 30 | 20 |
| 0.65～0.95 | 230 | 170 | 120 | 170 | 130 | 90 | 100 | 70 | 50 | 50 | 40 | 30 |
| 1～1.5 | 340 | 250 | 170 | 240 | 180 | 120 | 150 | 110 | 70 | 80 | 60 | 40 |
| 1.6～2.4 | 500 | 370 | 250 | 350 | 260 | 180 | 220 | 160 | 110 | 120 | 90 | 60 |
| 2.5～3.8 | 720 | 540 | 360 | 500 | 370 | 250 | 400 | 300 | 200 | 180 | 130 | 90 |
| 4～6 | 1200 | 900 | 600 | 730 | 540 | 360 | 450 | 330 | 220 | 260 | 190 | 130 |
| 6.5～10 | 1900 | 1420 | 950 | 1000 | 750 | 500 | 650 | 480 | 320 | 350 | 260 | 170 |

注：Ⅰ类—正常毛刺；Ⅱ类—用于较高要求的冲件；Ⅲ类—用于特高要求的冲件。

一般情况下，若毛刺高度超过表 3-16 所列数值，表明毛刺已大，必须对模具进行刃磨或维修。

### (3) 零件的尺寸精度要求

零件冲裁后，其尺寸精度必须符合图样规定。冲裁加工件的尺寸精度与冲模的制造精度有关。冲模的精度愈高，冲裁件的精度也愈高。表 3-17 为当冲模具有合理间隙与锋利刃口时，其制造精度与冲裁件精度的关系。在冲裁件设计时，从经济上考虑，一般认为冲裁件的经济精度为 IT12～IT14 级，落料件精度最好低于 IT10，冲孔件最好低于 IT9 级，否则，冲裁后必须增加整修工序或采用精密冲裁。

表 3-17　冲模制造精度与冲裁件精度的关系

| 冲模制造精度 | 材料厚度 $t$/mm | | | | | | | | | | | |
|---|---|---|---|---|---|---|---|---|---|---|---|---|
| | 0.5 | 0.8 | 1 | 1.6 | 2 | 3 | 4 | 5 | 6 | 8 | 10 | 12 |
| IT6～IT7 | IT8 | IT8 | IT9 | IT10 | IT10 | — | — | — | — | — | — | — |
| IT7～IT8 | — | IT9 | IT10 | IT10 | IT12 | IT12 | IT12 | — | — | — | — | — |
| IT9 | — | — | — | IT12 | IT12 | IT12 | IT12 | IT12 | IT14 | IT14 | IT14 | IT14 |

表 3-18～表 3-20 所提供的冲裁件尺寸精度，是指在合理间隙情况下对铝、铜、软钢等常用材料冲裁加工的数据。表中普通冲裁精度、较高冲裁精度分别指采用 IT7～IT8 级、IT6～IT7 级制造精度的冲裁模加工获得的冲裁件。

表 3-18　冲裁件外径尺寸的公差　　单位：mm

| 材料厚度 | 工作外径尺寸 | | | | | | | |
|---|---|---|---|---|---|---|---|---|
| | 普通冲裁精度加工件 | | | | 较高冲裁精度加工件 | | | |
| | <10 | 10～50 | 50～150 | 150～300 | <10 | 10～50 | 50～150 | 150～300 |
| 0.2～0.5 | 0.08 | 0.10 | 0.14 | 0.20 | 0.025 | 0.03 | 0.05 | 0.08 |
| 0.5～1.0 | 0.12 | 0.16 | 0.22 | 0.30 | 0.03 | 0.04 | 0.06 | 0.10 |
| 1.0～2.0 | 0.18 | 0.22 | 0.30 | 0.50 | 0.04 | 0.06 | 0.08 | 0.12 |
| 2.0～4.0 | 0.24 | 0.28 | 0.40 | 0.70 | 0.06 | 0.08 | 0.10 | 0.15 |
| 4.0～6.0 | 0.30 | 0.35 | 0.50 | 1.00 | 0.10 | 0.12 | 0.15 | 0.20 |

表 3-19　冲裁件内径尺寸的公差　　单位：mm

| 材料厚度 | 工作内径尺寸 | | | | | |
|---|---|---|---|---|---|---|
| | 普通冲裁精度加工件 | | | 较高冲裁精度加工件 | | |
| | <10 | 10～50 | 50～150 | <10 | 10～50 | 50～150 |
| 0.2～1 | 0.05 | 0.08 | 0.12 | 0.02 | 0.04 | 0.08 |
| 1～2 | 0.06 | 0.10 | 0.16 | 0.03 | 0.06 | 0.10 |
| 2～4 | 0.08 | 0.12 | 0.20 | 0.04 | 0.08 | 0.12 |
| 4～6 | 0.10 | 0.15 | 0.25 | 0.06 | 0.10 | 0.15 |

表 3-20　孔间距离的公差　　单位：mm

| 材料厚度 | 普通冲裁精度加工件 | | | 较高冲裁精度加工件 | | |
|---|---|---|---|---|---|---|
| | 中心距离 | | | | | |
| | <50 以下 | 50～150 | 150～300 | <50 | 50～150 | 150～300 |
| 1 以下 | ±0.1 | ±0.15 | ±0.2 | ±0.03 | ±0.05 | ±0.08 |
| 1～2 | ±0.12 | ±0.2 | ±0.3 | ±0.04 | ±0.06 | ±0.10 |
| 2～4 | ±0.15 | ±0.25 | ±0.35 | ±0.06 | ±0.08 | ±0.12 |
| 4～6 | ±0.2 | ±0.3 | ±0.4 | ±0.08 | ±0.10 | ±0.15 |

注：适用于本表数值所指的孔应同时冲出。

## 3.9　冲裁件质量的影响因素及控制

冲裁件的质量包括尺寸精度和外观质量两部分。在冲裁时，由于各种因素的综合作用，对于冲裁件来说，总有某些系统性的和偶然性的误差影响，致使冲裁件的实际尺寸与理想尺寸之间存在一定的偏差。冲裁件的形状和外观质量也总是与正确的几何形状有一定的差异。从冲裁加工过程各影响因素中分析找出其主要因素，以便对其进行有效控制，无疑有助于冲裁加工质量的提高。

### 3.9.1 冲裁件质量的影响因素

从全面质量管理（TQM）的角度，围绕“人、机、料、法、环、测”六大影响因素进行分析，若忽略“人、环、测”的影响（由于该三要素，并非仅影响到冲裁件的加工，其对其他的冲压工序都有共同的影响，其影响及控制将在后续章节分析），可分别绘出影响冲裁件尺寸精度和外观质量的因果图如图 3-18、图 3-19 所示。

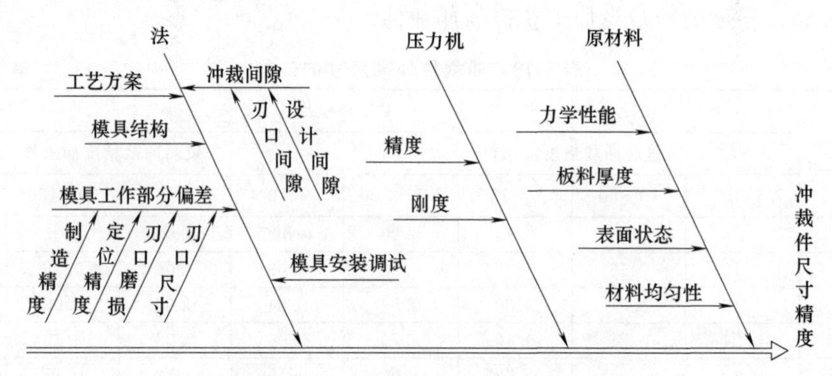


图 3-18 影响冲裁件尺寸精度因果图

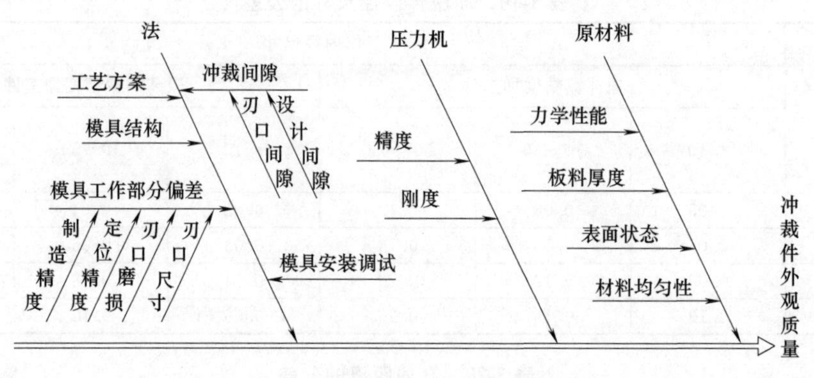


图 3-19 影响冲裁件外观质量因果图

从图中可以看出：影响冲裁件质量的因素很多，而在诸多的因素中，模具工作部分尺寸偏差的影响最为显著和直观，其直接影响冲裁件的尺寸、形状等的质量；而冲裁间隙允许变化范围、间隙的均匀程度则更是直接决定了冲裁件的尺寸、形状和切口断面质量的变化。

冲裁间隙系凸、凹模刃口间缝隙的距离。理论分析及实践证明：冲裁间隙的取值与冲裁件的尺寸精度、冲切口的断面光洁、冲切件的穹弯程度、冲切面的毛刺大小有直接的影响，这是因为，不同的冲裁间隙，由凸模刃口和凹模刃口边缘产生的两条裂缝将以不同的方式、不同的受力状态实现对冲件的分离，从而直接影响冲裁件的质量、模具寿命以及冲裁力、卸料力等力能的消耗。

此外，在冲裁过程中，不同的冲裁件材料，其力学性能是不相同的，从而使不同的冲裁件在与板料毛坯分离后获得弹性变形量也是不相同的，对于较软的材料，其弹性变形量就小，冲裁后的弹性回跳也比较小，因而冲件的尺寸精度就比较高，而较硬的材料，情况则正好相反。

### 3.9.2 冲裁件质量的控制

对冲裁件质量进行控制应是对影响冲裁件质量的各关键要素有针对性地采取有效措施。

**(1)模具工作部分尺寸偏差的控制**

模具工作部分的制造精度及刃口磨损所造成的模具工作部分尺寸偏差，以及其导致的冲裁件所引起的误差都属于系统性误差，其大小可限制在模具工作部分的制造公差及刃口磨损公差范围内。

对模具工作部分尺寸偏差的控制可以采取以下措施：适当增减冲裁间隙、适当提高模具的制造精度、对刃口实施热处理、及时刃磨修理以保持刃口的锋利、改善冲裁作用时的受力状态等。

对于要求具有高的尺寸精度、高的切口断面质量或要求切口断面与表面相垂直（断裂面倾角接近于90°）的冲裁件，为达到冲压加工质量要求，不能完全依靠提高模具的制造精度，控制模具工作部分的尺寸偏差来得以解决。这是因为：对普通冲裁来说，即使是模具工作部分的加工精度较高，但由于受冲裁本身变形过程的影响，所制得冲裁件的尺寸精度和切口断面的表面质量也并不高。一般只能达到IT10～IT11级的尺寸精度，切口断面的表面粗糙度 $Ra$ 仅为6.3～12.5μm。如果提高模具的制造精度，虽可使冲裁件切口的表面质量和尺寸精度有所提高，但是，模具的制造成本却相应地要有所增加。如IT7级精度的模具要比IT8级精度模具的造价提高2～2.5倍；而IT6级精度模具的造价则要提高4倍以上。

从根本上说，提高模具的制造精度，也并未改善冲裁过程中的受力状态与变形性质，因而也就不能彻底且有效地提高冲裁件的精度。最有效的解决方案是：采用整修、光洁冲裁、精密冲裁等加工工艺来满足冲裁件的尺寸精度和切口断面质量。

**(2)冲裁模冲裁间隙的控制**

冲裁间隙是冲裁模设计的重要参数，在落料加工时，凹模尺寸为工件要求尺寸，间隙值由减小凸模尺寸获得；冲孔时，凸模尺寸为工件要求尺寸，间隙值由增大凹模尺寸获得。

冲裁间隙应根据实际情况和需要合理选用，选用合适的冲裁间隙直接有利于冲裁件质量的保证。

① 冲裁间隙选用依据　选用冲裁间隙的主要依据是在保证冲裁件尺寸精度和满足剪切面质量要求的前提下，考虑模具寿命、模具结构、冲裁件尺寸和形状、生产条件等因素及其所占的权重。但对下列情况应酌情增减冲裁间隙值：

a. 在同样条件下，冲孔间隙比落料间隙大些。

b. 冲小孔（一般为孔径 $d$ 小于料厚 $t$）时，凸模易折断，间隙应取大些，但这时要采取有效措施，防止废料回升。

c. 硬质合金冲裁模应比钢模的间隙大30%左右。

d. 冲硅钢片模，当硅钢片随硅含量增加时，其间隙应相应取大些。

e. 采用弹性压料装置时，间隙应取大些。

f. 高速冲压时，模具容易发热，间隙应增大。当每分钟行程次数超过200次时，间隙应增大10%左右。

g. 电火花穿孔加工凹模型孔时，其间隙应比磨削加工取小些。

h. 加热冲裁时，间隙应减小。

i. 凹模为斜壁刃口时，应比直壁刃口间隙小。

j. 对需攻螺纹的孔，间隙应取小些。

② 冲裁间隙分类　冲裁间隙（GB/T 16743—2010）根据冲裁件尺寸精度、剪切面质

量、模具寿命和力能消耗等主要因素，将金属材料冲裁间隙分成三种类型，即Ⅰ类（小间隙）、Ⅱ类（中等间隙）、Ⅲ类（大间隙），列于表 3-21 中。按金属材料的种类、供应状态、抗剪强度，给出相应于表 3-21 的三类间隙，列于表 3-22 中。

**表 3-21　金属材料冲裁间隙分类**

| 分类依据 | | | Ⅰ类 | Ⅱ类 | Ⅲ类 |
|---|---|---|---|---|---|
| 冲裁件断面质量 | 剪切面特征 | | 毛刺一般<br>α小<br>光亮带大<br>塌角小 | 毛刺小<br>α中等<br>光亮带中等<br>塌角中等 | 毛刺一般<br>α大<br>光亮带小<br>塌角大 |
| | (图：α、h、F、B、R、t) | 塌角高度 $R$ | $(4\sim7)\%t$ | $(6\sim8)\%t$ | $(8\sim10)\%t$ |
| | | 光亮带高度 $B$ | $(35\sim55)\%t$ | $(25\sim40)\%t$ | $(15\sim25)\%t$ |
| | | 断裂带高度 $F$ | 小 | 中 | 大 |
| | | 毛刺高度 $h$ | 一般 | 小 | 一般 |
| | | 断裂角 $\alpha$ | 4°～7° | >7°～8° | >8°～11° |
| 冲裁件精度 | 平面度 | (图：f) | 稍小 | 小 | 较大 |
| | 尺寸精度 | 落料件 | 接近凹模尺寸 | 稍小于凹模尺寸 | 小于凹模尺寸 |
| | | 冲孔件 | 接近凸模尺寸 | 稍大于凸模尺寸 | 大于凸模尺寸 |
| 模具寿命 | | | 较低 | 较长 | 最长 |
| 力能消耗 | 冲裁力 | | 较大 | 小 | 最小 |
| | 卸、推料力 | | 较大 | 最小 | 小 |
| | 冲裁功 | | 较大 | 小 | 稍小 |
| 适用场合 | | | 冲件断面质量、尺寸精度要求高时，采用小间隙。冲模寿命较短 | 冲件断面质量、尺寸精度要求一般时，采用中等间隙。因残余应力小，能减少破裂现象，适用于继续塑性变形的工件 | 冲件断面质量、尺寸精度要求不高时，应优先采用大间隙，以利于提高冲模寿命 |

**表 3-22　金属材料冲裁间隙值**　　单位：%

| 材料 | 抗剪强度 $\tau$/MPa | 初始单边间隙/$t$（$t$ 为料厚） | | |
|---|---|---|---|---|
| | | Ⅰ类 | Ⅱ类 | Ⅲ类 |
| 低碳钢<br>08F、10F、10、20、Q235A | ≥210～400 | 3.0～7.0 | >7.0～10.0 | >10.0～12.5 |
| 中碳钢 45<br>不锈钢 1Cr18Ni9Ti、4Cr13<br>膨胀合金（可伐合金）4J29 | ≥420～560 | 3.5～8.0 | >8.0～11.0 | >11.0～15.0 |
| 高碳钢<br>T8A、T10A、65Mn | ≥590～930 | 8.0～12.0 | >12.0～15.0 | >15.0～18.0 |
| 纯铝 1060、1050A、1035、1200<br>铝合金（软态）5A21<br>黄铜（软态）H62<br>纯铜（软态）T1、T2、T3 | ≥65～255 | 2.0～4.0 | 4.5～6.0 | 6.5～9.0 |

续表

| 材料 | 抗剪强度 τ/MPa | 初始单边间隙/t(t 为料厚) | | |
|---|---|---|---|---|
| | | Ⅰ类 | Ⅱ类 | Ⅲ类 |
| 黄铜(硬态)H62<br>铅黄铜 HPb59-1<br>纯铜(硬态)T1、T2、T3 | ≥290～420 | 3.0～5.0 | 5.5～8.0 | 8.5～11.0 |
| 铝合金(硬态)2A12<br>锡磷青铜 QSn4-4-2.5<br>铝青铜 QA17<br>铍青铜 QBe2 | ≥225～550 | 3.5～6.0 | 7.0～10.0 | 11.0～13.0 |
| 镁合金 MB1、MB8 | ≥120～180 | 1.5～2.5 | | |
| 电工硅钢 D21、D31、D41 | 190 | 2.5～5.0 | >5.0～9.0 | |

注：本表所列间隙值适用于厚度为 10mm 以下的金属材料，考虑到料厚对间隙的影响，将料厚分成≤1.0mm；>1.0～2.5mm；>2.5～4.5mm；>4.5～7.0mm；>7.0～10.0mm 五挡，当料厚≤1.0mm 时，各类间隙取下限值，并以此为基数，随料厚的增加，再逐挡递增。

③ 冲裁间隙选用方法　选用金属材料冲裁间隙时，应针对冲裁件技术要求、使用特点和特定的生产条件等因素，首先按表 3-21 确定拟采用的间隙类别，然后按表 3-22 相应选取该类间隙的比值，经计算便可得到间隙数值。

其他金属材料的冲裁间隙值可参照表 3-22 中抗剪强度相近的材料选取。汽车、农机和一般机械可按表 3-22 选用较大的间隙；电子、仪器、仪表精密机械等对冲裁件尺寸精度较高的行业也可选用较小的间隙。

**(3)冲裁材料的控制**

从有利于保证冲裁件质量的角度出发，总是希望选用塑性好的材料，但事实上，为保证产品的使用性能，往往难以单方面满足冲压工艺性的要求，对冲裁材料的控制往往也不在材料种类的选用上，而在于控制材料的品质。其中，材料的表面质量、力学性能、厚度偏差等通过加强检测是可以进行适当预防和控制的，但材料性能的均匀性等因素导致冲裁件所引起的误差，为偶然性误差，它是没有规律性的，其值事先也不能预测，难以进行预防和控制。

资料显示说明：在冲裁过程中，表现为尺寸分散现象的偶然性误差的值并不大。对于小型零件来说，其值还不到±0.01mm。这对于大多数的冲裁件来说，都还保持在允许的尺寸公差范围内。

**(4)压力机的控制**

压力机的精度、刚度对冲裁件的质量、模具的使用寿命有较大的影响，为确保冲裁质量，所选用的压力机应保证其机身具有足够的刚度、机身导轨的精度要高、滑块运动要平稳，对压力机质量的控制可通过加强设备的检查、合理使用、维护保养等措施保证，此外，通过在模具设计上选用精密导向模架、浮动模柄等结构，也可部分减轻压力机精度不够而造成对冲裁加工质量的影响。

## 3.10　冲裁件质量的检测

冲裁件的质量检查内容主要包括外观检查和尺寸精度的检查两大部分。其中：外观质量主要以零件断面的光亮带大小、毛刺的高低及零件直线度及外观形状等为主。而尺寸检查主要以零件的线性尺寸和形状位置尺寸精度为主。

冲裁件的质量检查方式仍是采用“三检制”，即自检、互检、专检；检查方式主要有：

首检、巡检、末检和抽检。

（1）外观质量检查

外观质量检查主要检查零件的形状、表面质量、断面质量。检查方法主要是目测为主，必要时辅以量具、量仪检查。

① 形状的检查　冲裁件冲压后，必须符合图样所要求的形状，检查方式主要是目测，冲裁件的边缘不能有残缺、少边等缺陷，形状应完整。

② 表面质量检查　表面应无明显的划痕、挠曲及扭弯等现象。

③ 断面质量检查　主要检查冲裁断面光亮带的宽度和毛刺高度。非金属材料的冲裁件表面质量主要检查冲件边缘是否有分层和崩裂现象。冲裁件的毛刺高度是体现断面质量的重要参数，也是确定模具是否进行维修刃磨的重要项目，冲裁件的毛刺高度应符合表 3-16 的规定。

毛刺高度的测量方法主要有图 3-20 所示的几种。

a. 用千分尺或千分表来测量毛刺高度［图 3-20（a）和（b）］时，先测得含有毛刺的冲裁件厚度 $t_1$ 和板材厚度 $t_0$。将此二者的厚度相减，即可得出毛刺的高度 $h=t_1-t_0$。此时，由于毛刺本身极为脆弱，稍加受力就会被碰破，使之难以得到精确的测量结果。但此法比较简便，对精度不高、要求不严的冲裁件经常采用。

b. 用表面粗糙度计测量局部毛刺的高度［图 3-20（c）］。此法需对多点进行测量，其测量值比较精确，但测量方法复杂、麻烦。

c. 采用工具显微镜实测法［图 3-20（d）］，一面观察毛刺、一面用附设的测微器进行测定。这时可看到实际的毛刺图像和反射的图像，因而把所测得尺寸的一半作为毛刺高度 $h=a/2$。这种方法适用于小件的测量。

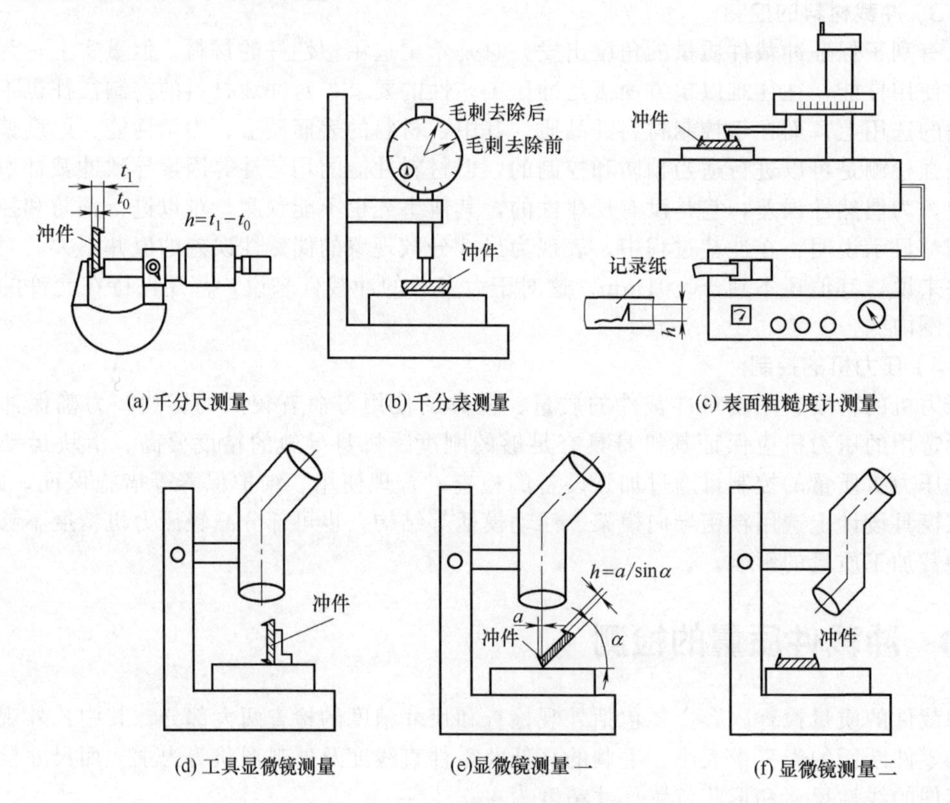


图 3-20　毛刺高度的测量方法

d. 如果将工件或显微镜物镜倾斜一角度［图 3-20（e）、（f）］，读出毛刺顶点部分和底部的位置，并以三角函数作一换算，则可获得相当高的精度。此时的显微镜有多种支承方法，适宜于大小不同的冲裁件，因而测量相当方便。

**（2）尺寸精度检查**

在测量冲裁件尺寸时，冲孔件应测量其最小一端截面尺寸 $d$，而落料件外形应测量截面最大的一端 $D$，如图 3-21 所示。在检查后，其大小端之差应在初始间隙最大范围之内，并允许在落料凹模一面和冲孔凸模一面有自然圆角。

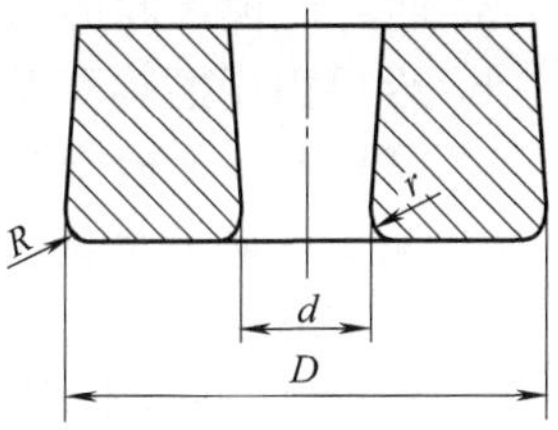

图 3-21　冲裁件尺寸的测量

对产品图样上已标明的尺寸和形状位置公差，按图样要求进行检测，其中：未注的各线性尺寸、圆角半径或角度公差要求按 GB/T 15055—2007《冲压件未注公差尺寸极限偏差》要求执行，分别参见表 1-3（未注公差冲裁件线性尺寸的极限偏差）、表 1-5（未注公差冲裁圆角半径线性尺寸的极限偏差）、表 1-7（未注公差冲裁角度尺寸的极限偏差）；未注的直线度、平面度、平行度、垂直度和倾斜度、圆度、同轴度、对称度、圆跳动等冲压件形位公差数值可按 GB/T 1184—1996 中的规定选取，分别参见表 1-9（直线度、平面度未注公差数值）～表 1-12（同轴度、对称度、圆跳动未注公差数值）。

冲裁件的倒角尺寸和倒角高度尺寸在图样上一般不提出允差要求，在检查时可按表 3-23 进行检查。

**表 3-23　冲裁件的倒角尺寸允差**　　单位：mm

| 类型 | 图示 | 允许偏差值 | | | | | | | |
|---|---|---|---|---|---|---|---|---|---|
| 非配合零件 | 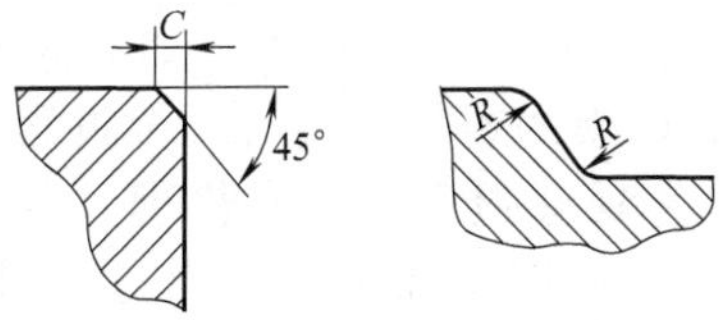 | 非配合半径及倒角 | | | | | | | |
| | | $R$ 或 $C$ | 0.3 | 0.5 | 1～3 | 4～5 | 6～8 | 10～16 | 20～30 |
| | | $\Delta R$ 或 $\Delta C$ | ±0.2 | ±0.3 | ±0.5 | ±1 | ±2 | ±4 | ±5 |
| 配合零件 | 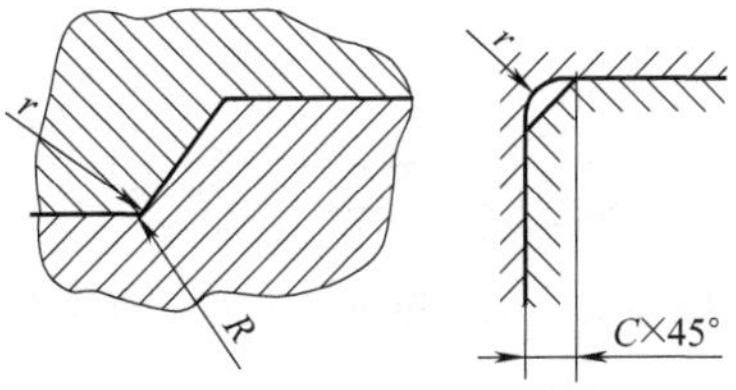 | 配合半径及倒角 | | | | | | | |
| | | $R$、$r$、$C$ | 0.4～1 | 1.5～3 | 4～6 | 8～12 | | | |
| | | $\Delta R$、$\Delta r$、$\Delta C$ | −0.2 | −0.5 | −1 | −2 | | | |

冲裁件要求有清角的，在图样上有注明的按要求检查，未注明的，在检查时允许有不大于 0.3～0.5mm 的小圆角。

## 3.11　冲裁加工的质量缺陷及对策

冲裁产生的缺陷主要有：毛刺大，制件表面挠曲，凸、凹模刃口磨损过快等，这些现象有些是相互关联或互为因果的，产生的原因是多方面的，既可能是冲裁材料方面，也可能是冲裁模调试或模具方面，还可能是由于操作者的操作疏忽等造成的，因此，解决方案也是多方面的，必须在仔细分析缺陷产生原因的基础上采取措施解决。

**（1）冲裁断面毛刺大**

在冲裁加工中，冲裁件的断面产生不同程度的毛刺是不可避免的，但若毛刺太大而影响制件的使用，这是不允许的。

① 毛刺大的主要原因

a. 凸、凹模之间的间隙不当。冲裁间隙过大、过小或不均匀，均可产生毛刺。

b. 刃口由于磨损和其他原因而变钝。

c. 模具上、下模安装不牢固，冲模因受振动而发生移动，而使冲裁间隙变化。

② 减少毛刺的措施

a. 在实际生产中，可根据毛刺形状，针对性地采取以下措施：

ⅰ. 若在冲件上形成倒锥形毛刺，如图 3-22 所示，则表明凸、凹模间隙太小，此时应修整凸模或凹模，使之间隙适当加大。

ⅱ. 若在冲件上产生较厚的拉断毛刺，并在切断面上有大的锥度，断面较粗糙，则表明间隙过大，如图 3-23 所示。此时，应更换新的凸、凹模，使之间隙变小，保证其在合理的间隙范围内。

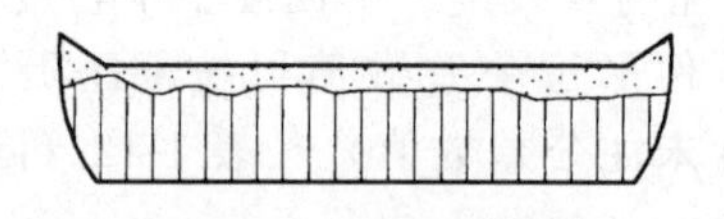
图 3-22 倒锥形毛刺

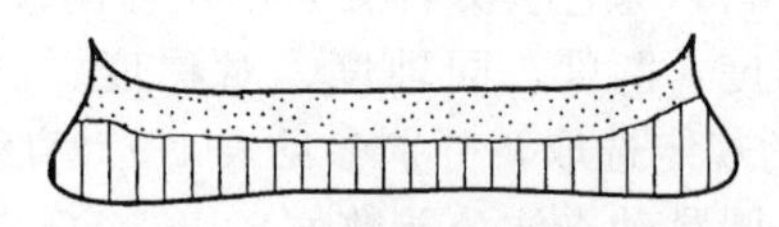
图 3-23 较厚的拉断毛刺

ⅲ. 若在冲件一侧有较大的带斜度毛刺或毛刺分布不均匀，如图 3-24 所示，则表明间隙分布不均匀。此时，应首先检查凸、凹模的同心度，若同心度超差，则应重新调整、安装，保证其间隙均匀；其次，检查凸、凹模的垂直度，用角尺检查凸模与凹模固定板之间的垂直度，若垂直度超差，应重新调整、安装，保证其间隙均匀。

ⅳ. 若在冲件上带有中等厚度的毛刺，而且冲件变得弯曲且圆角较大，如图 3-25 所示，则表明凸、凹模工作刃口磨损变钝，应进行刃磨。凸、凹模的磨损变钝有一个过程，因此，在模具使用中应经常检查凸、凹模刃口的锋利程度，发现磨损后，及时修理。若发现凸、凹模刃口磨损变钝，此时，究竟要刃磨凸模还是凹模，还应对冲裁件断面进行进一步的分析。

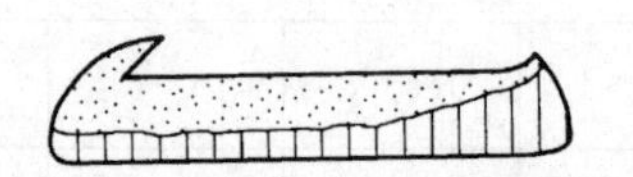
图 3-24 带斜度或不均匀毛刺

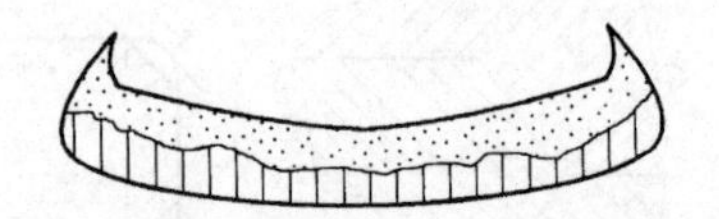
图 3-25 中等厚度且表面弯曲的毛刺

若是冲孔件孔边毛刺大，冲孔废料圆角带的圆角增大，形成大的塌角情形，这时是凹模刃口变钝了，凹模刃口带有圆角，于是在冲孔废料上凹模圆角处产生较大的拉伸变形，形成大圆角（塌角），此时需重磨凹模刃口使之锋利。

若是落料件上产生较大的毛刺，而板料余料圆角处产生大圆角，这时是凸模刃口变钝，凸模有圆角，于是在板料（凸模一侧）上产生大圆角的拉伸变形，形成大圆角（即较大塌角），此时需重磨凸模刃口使之锋利。

若是落料件、板料余料或冲孔件、冲孔废料上都产生大的毛刺和塌角，这时是冲裁凸模和凹模刃口都变钝了，需重磨凸、凹模刃口，使之锋利。

b. 经常检查上模与下模的安装是否牢固，防止在冲压加工过程中松动。图 3-26 为保证上、下模安装牢固，防止紧固螺母松动的几种方法。

工件上的毛刺可以通过后处理的方法去除，最常用的方法就是利用滚光处理，对较大冲裁件的毛刺则可采用钳工锉削法去除。

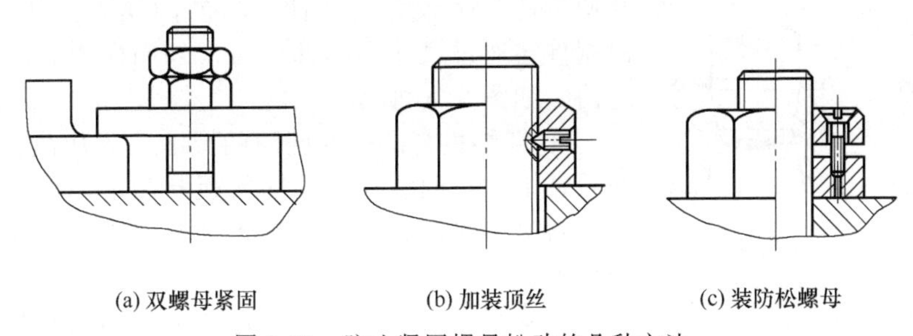


图 3-26 防止紧固螺母松动的几种方法

（2）冲裁断面粗糙

冲裁加工的断面由圆角带、光亮带、断裂带和毛刺四部分组成，若断面粗糙，会影响制件的使用和精度，因此，在冲压时应给予充分注意和重视。冲裁断面粗糙的类型主要以下几种。

① 断裂面不直 冲裁时，若冲裁断面有明显斜角、粗糙、裂纹和凹坑、圆角处的圆角增大并出现较高的拉断毛刺，如图3-27所示，则是由于凸、凹模间隙过大，刃口处裂纹不重合而强行撕裂或由于使用的板料塑性较差造成的。这时，必须要更换凸模或凹模，调整其间隙在合理范围内，或采用塑性较好的板料。

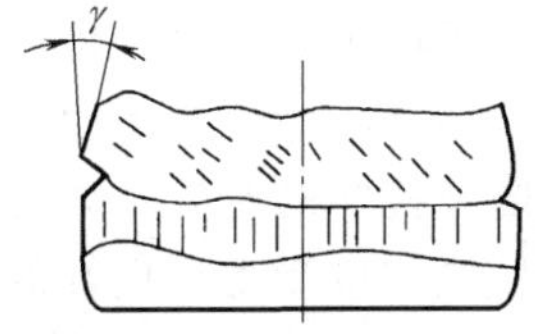


图 3-27 断裂面不直

② 断面有裂口 冲裁时，若冲裁断面带有裂口和较大毛刺双层光亮断面，在工件上部形成齿状毛刺，如图3-28所示，则是由于凸、凹模间隙过小，刃口处裂纹不重合而造成的。可用研修或成形磨削修磨凸模或凹模，以放大间隙，减少裂口与毛刺的产生。

③ 断面圆角过大 冲裁时，若冲件断面圆角过大，如图3-29所示，则是由于凸、凹模之间间隙过大且刃口长期使用磨损变钝引起的。解决方案为：重新更换凸模并与凹模匹配间隙，使其在最小合理间隙值范围内，同时对凹模刃口进行刃磨，使其变得锋利，再继续使用。

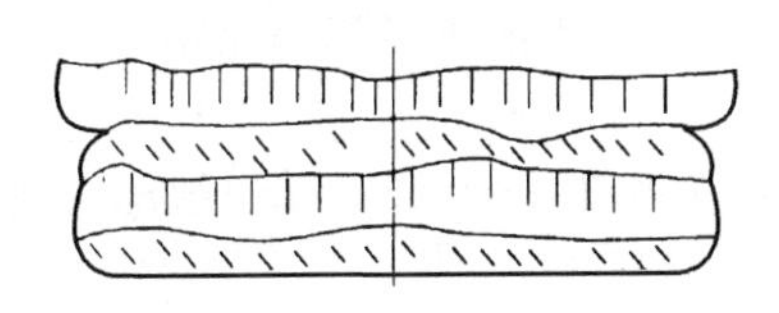

图 3-28 断面有裂口

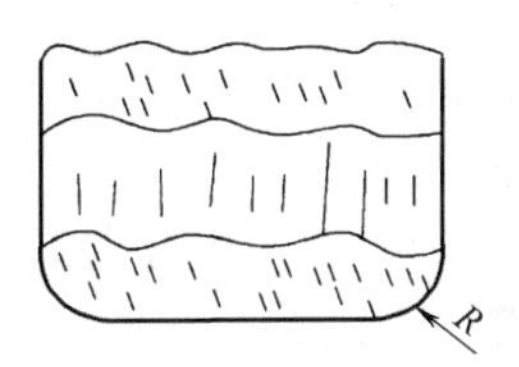


图 3-29 断面圆角过大

（3）冲件挠曲

冲裁时，若冲件不平整，形成凹形圆弧面，则表明冲件产生了挠曲变形。这是由于板料冲裁是一个复杂的受力过程，板料在与凸模、凹模刚接触的瞬间首先要拉深、弯曲，然后剪断、撕裂。整个冲裁过程，板料除了受垂直方向的冲裁力外，还会受到拉、弯、挤压力的作用，这些力使冲件表面不平产生挠曲。影响工件挠曲的因素有很多方面，简要总结如下。

① 凸、凹模间间隙的影响 当凸、凹模间间隙过大时，则在冲裁过程中，制件的拉深、弯曲力变大，易产生挠曲。改善的办法：可在冲裁时用凸模和压料板（或顶出器）将制件紧紧地压住，或用凹模面和退料板将搭边部位紧紧压住，以及保持锋利的刃口，都能收到良好的效果；当间隙过小时，材料冲裁时受到的挤压力变大，使工件产生较大的挠曲。

② 凸、凹模形状的影响 当凸、凹模刃口不锋利时，则制件的拉深、弯曲力变大，也

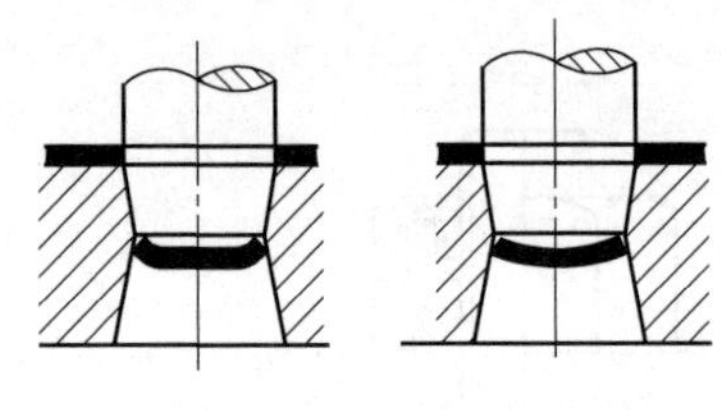

图 3-30 凹模反锥引起的挠曲

会使工件产生较大的挠曲。另外凹模刃口部位的反锥面，使制件在通过尺寸小的部位时，外周向中心压缩引起工件挠曲，如图 3-30 所示。

③ 卸料板与凸模间间隙的影响 当冲裁模使用较长时间后，由于长期磨损，使卸料板与凸模间的间隙加大，致使卸料时易使制品或废料带入卸料孔中，而使制品发生翘曲变形。

排除可以从以下方面进行：重新调整卸料板与凸模间的间隙使之配合适当，一般应修整为 H7/h6 的配合形式。在冲裁厚度为 0.3mm 以下的有色金属工件如铝板或硬纸板时，可采用橡胶板作为卸料板，假如用钢板作卸料板，则易使工件拉入间隙中，进而造成表面弯曲变形，影响产品质量。

④ 工件形状的影响 当工件形状复杂时，工件周围的剪切力就会不均匀，因此产生了由周围向中心的力，使工件出现挠曲。在冲制接近板厚的细长孔时，制件的挠曲集中在两端，使其不能成为平面。解决这类挠曲的办法，首先是考虑冲裁力合理、均匀分布，这样可以防止挠曲的产生；另外增大压料力，用较强的弹簧、橡胶等，通过压料板、顶料器等将板料压紧，也能得到良好的效果。

⑤ 材料内部应力的影响 作为工件原料的板料或卷料，在轧制、卷绕时所产生的内部应力，使其本身就存在一定的挠曲，而在冲压成工件时，应力转移到材料的表面，从而增加了工件的挠曲情况。要消除这类挠曲，应在冲裁前消除这种材料的内应力，可以通过矫平或热处理退火等方法来进行。当然，也可采用在冲裁加工后进行校平或热处理退火等方法。

⑥ 油、空气的影响 在冲裁过程中，在凸模、凹模与工件之间，或工件与工件之间，如果有油、空气不能及时排出而压迫工件时，工件也会产生挠曲。特别是对薄料、软材料更为明显。因此，在冲裁过程中如需加润滑油，应尽可能均匀地涂油，或者在模具结构中开设油、气排出孔。此外，制件和冲模之间有杂物也易使工件产生挠曲。因此，应注意模具以及板料的工作表面应及时清除脏物。

**（4）凸、凹模刃口磨损过快**

在冲裁过程中，凸、凹模刃口的磨损是不可避免的，但若达不到表 3-12 所列的每次刃磨次数，并在制品边缘产生毛刺，则为刃口磨损过快，其产生原因及需要采取的措施主要有以下几方面。

① 凸、凹模工作部分润滑不良 若存在凸、凹模工作部分润滑不良的缺陷，则其改进措施主要是：定时给凸、凹模工作刃口进行润滑。

② 凸、凹模间隙不合理 若存在凸、凹模间隙过大或过小，不均匀的缺陷，则其改进措施主要是：更换凸、凹模工作零件，并调整间隙合理。

③ 凸、凹模选材不当或热处理不合理 若存在凸、凹模选材不当或热处理不合理的缺陷，则其改进措施主要是：改进设计，更改材料，重新热处理。

④ 材料质量差 所冲材料性能超过所规定范围或表面锈斑、杂质、表面不平、厚薄不均，改进措施主要是：使用合格材料。

⑤ 压力机精度较差 若存在压力机精度较差的缺陷，则其改进措施主要是：采用精度较高的压力机。

⑥ 模具安装不当或紧固冲模螺钉松动 若存在模具安装不当或紧固冲模螺钉松动的缺陷，则其改进措施主要是：正确安装模具并对紧固件采取放松措施。

**（5）尺寸精度超差**

冲裁时，冲件的尺寸精度超差产生的原因及解决措施主要有：

① 模具刃口尺寸制造误差　存在模具刃口尺寸制造误差的缺陷。

解决措施：修理模具刃口尺寸合格。

② 冲裁过程中的回弹　上道工序的制件形状与下道工序模具工作部分的支承面形状不一致，使制件在冲裁过程中发生变形，冲裁完毕后产生弹性回复，因而影响尺寸精度。

解决措施：更改下道工序模具工作部分的支承面形状，使之与上道工序的制件形状一致。

③ 定位不合理　由于操作时定位不好，或者定位机构设计得不好，冲裁过程中毛坯发生了窜动，或者是剪切件的缺陷（如棱形、缺边等）而引起定位不准，均能引起尺寸超差。

解决措施：重新设计并更换定位机构；控制剪切件的加工质量，保证定位的准确性。

**（6）凸、凹模刃口相碰**

冲裁过程中，凸、凹模刃口相碰，俗称啃模。啃模是不允许的，易导致冲模致命缺陷的发生。一般说来，在正常情况下，凸、凹模刃口必须保持一定的间隙，发生刃口相碰的主要原因及解决措施有：

① 模具间隙过大　用无导向冲裁模冲裁薄料，且冲床滑块与导轨的间隙大于凸、凹模的间隙或模具的导向件磨损造成配合间隙过大。

解决措施：采用导向模，这对薄板冲裁尤为重要；检修压力机，保证冲床滑块与导轨的垂直度及间隙；更换新的导柱、导套使之间隙合适。

② 模具装配不良　凸模、凹模装偏或不同心，凸模、导柱等零件安装不垂直于安装面；上、下模板不平行；卸料板的孔位不正确或歪斜，使冲孔凸模产生位移。

解决措施：重装凸模或凹模，使之同心或重磨安装面或重新装配凸模及导柱，使之垂直于安装面；以下模板为基准，修磨上模板的上平面；修整或更换卸料板。

③ 发生重复冲或叠冲　冲裁时，发生重复冲，或两件以上板料叠冲。重复冲就是冲一次后冲裁件未被取走又接着冲一次，这样往往使冲裁件的冲裁边有一条窄条被裁下并挤入模具间隙，造成凸模挤偏移位，因而导致啃模。多件叠冲也可能造成凸模被挤偏而发生啃模或凹模被挤裂。

解决措施：冲裁作业时，一定要避免重复冲或叠冲现象，应注意将残留在模具上的废料或冲裁件清除。

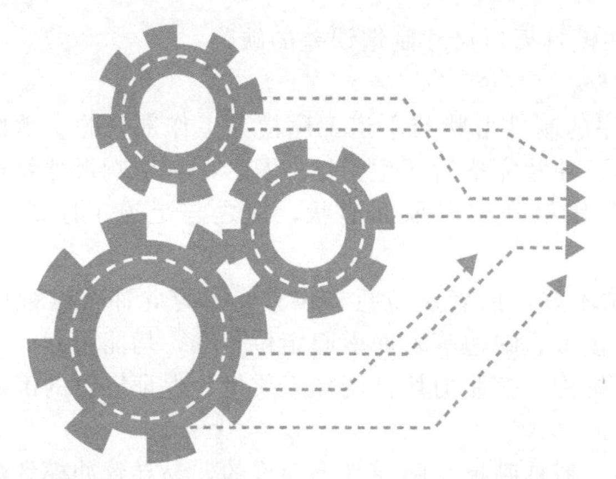

# 第4章 精冲加工工艺及质量管理

## 4.1 精冲加工分析

精冲是精密冲裁的简称，是在冲裁全过程以塑性剪切变形的方式完成板料分离的工序。尽管精冲从形式上来看与普通冲裁一样同属分离工序，但实际上精冲过程中，材料自始至终是塑性变形过程。

从各自冲裁加工机理来看，普通冲裁是通过选取的合理间隙，使材料在凸、凹模刃口处的裂纹重合，可称之为“控制撕裂”；而精密冲裁则是通过对精冲设备的力学参数、模具的几何尺寸、材料的性能和球化处理以及工艺润滑剂等工艺参数的合理运用或控制，保证材料在精冲过程中始终是塑性变形而不产生撕裂，可称之为“抑制撕裂”。

从各自加工的冲件质量来看，普通冲裁剪切面具有2/3的撕裂带，质量差、精度低不能满足一部分冲裁件（特别是剪切面需要作为工作表面零件）的技术要求，在这种情况下，普通冲裁只能作为备坯工序，工件还需要进行后续的机械加工完成，而精冲件可获得IT6～IT9的尺寸精度，断面的表面粗糙度 $Ra$ 为1.6～0.2μm，可满足剪切面直接作为零件工作表面的需要。

### 4.1.1 精冲加工过程

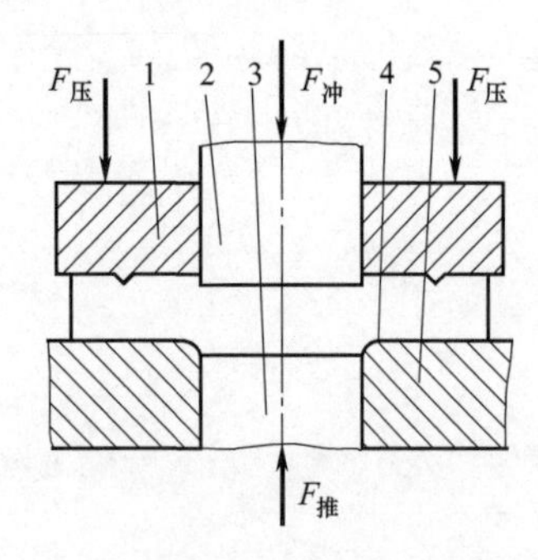


图4-1　精冲模工作部分的组成

1—齿圈压板；2—凸模；3—顶出器；4—材料；5—凹模

图4-1为精冲模工作部分的组成简图，与普通冲裁模相比较，除凸、凹模间隙极小，凹模刃口带圆角外，精冲模在模具结构上比普通冲裁模多一个齿圈压板和一个顶出器，整个工作部分由凸模、凹模、齿圈压板、顶出器四部分组成。

精冲工作过程如图4-2所示。

① 模具开启，材料送入并定位［图4-2（a)］。

② 滑块快速上升运动，模具闭合［图4-2（b)］。

③ 随着冲裁力的施加，滑块冲裁过程开始，在三个力同时作用下，将零件整个料厚冲入凹模内，而内形废料冲入凸凹模内［图4-2（c)］。

④ 冲裁过程结束，滑块快速回程到终点［图4-2（d)］。

⑤ 模具开启［图4-2（e)］。

⑥ 退料力（$F_{RA}$）从导板上脱下废料，并从冲裁凸模内顶出内形废料［图4-2（f)］。

⑦ 顶件力（$F_{GA}$）作用在顶件器上，并在模具内从凹模中顶出精冲零件。材料又开始送料［图4-2（g)］。

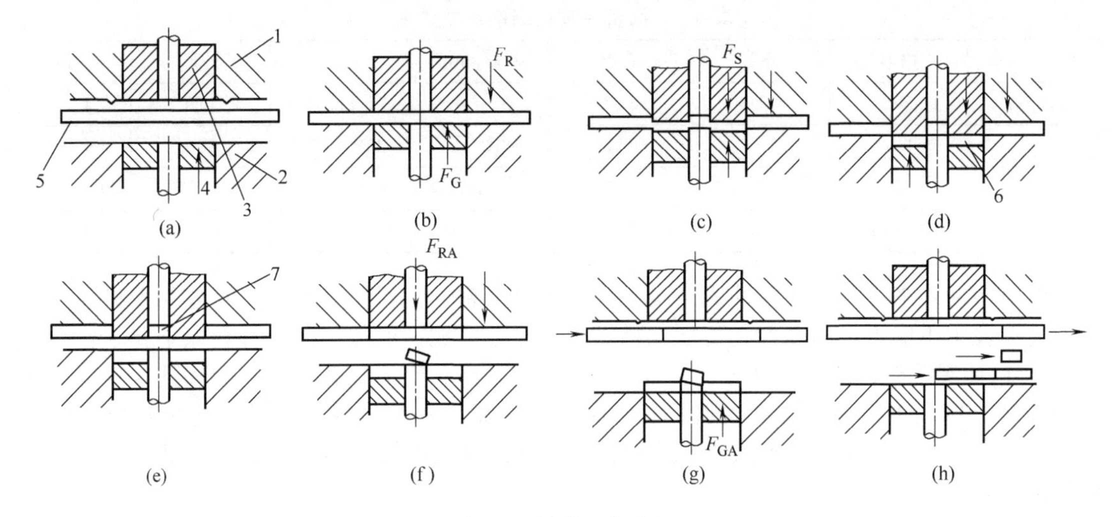


图 4-2 精冲工作过程

1—导板；2—凹模；3—凸凹模；4—顶件器（顶出器）；5—精冲材料；6—精冲零件；7—内形废料；
$F_G$—反压力；$F_{GA}$—顶件力；$F_R$—齿圈力；$F_{RA}$—退料力；$F_S$—冲裁力

⑧ 零件和废料被清理或吹除［图 4-2（h）］。

### 4.1.2 抑制撕裂的措施

精冲时，为了抑制冲裁过程中材料产生撕裂，保证塑性变形过程的进行，可采取以下措施：

① 冲裁前，V 形压边圈压住材料，防止剪切变形区以外的材料在剪切过程中随凸模流动。

② 利用压边圈和顶出器的夹持作用，再结合凸、凹模之间的小间隙（约为被冲材料厚度的 0.5%～1%），使材料在冲裁过程中始终保持与冲裁方向垂直，将材料紧紧地压住，防止因零件的翘曲形成拉应力而导致脆性断裂，从而构成塑性剪切的条件。

③ 必要时可将冲孔凸模和落料凹模刃口倒成圆角，以减少刃口处的应力集中，增大变形区的三向压应力张量，提高材料塑性，避免或减缓裂纹的产生。

④ 利用压边力和反压力提高变形区材料的球形压应力张量即静水压，以提高材料的塑性。

⑤ 材料预先进行球化退火，或采用专门适用于精冲的特种材料。

⑥ 采用适用于不同材料的工艺润滑剂。

## 4.2 精冲加工的工艺性

精冲是精密冲裁的简称，是在冲裁全过程以塑性剪切变形的方式完成板料分离的工序。由于精密冲裁时，材料在齿圈压板、凸模、凹模、顶出器的共同作用下，变形材料处于三向压应力状态，通过间隙极小的凸、凹模刃口间的相互作用而完成变形冲裁，因此精冲可获得 IT6～IT9 的尺寸精度，断面的表面粗糙度 $Ra$ 为 1.6～0.2μm。表 4-1 为正常情况下，精密冲裁抗拉强度极限至 600MPa 的钢材可达到的尺寸精度。

实现精冲的材料必须具有一定的塑性，塑性越好，越适于精冲，主要钢种、铜和铜合金、铝和铝合金精密冲裁的适宜性参见后文（4.6 节表 4-7～表 4-9）。

表 4-1　精密冲裁达到的尺寸精度

| 料厚/mm | 内形 | 外形 | 孔距 | 料厚/mm | 内形 | 外形 | 孔距 |
|---|---|---|---|---|---|---|---|
| 0.5～1 | IT6～IT7 | IT7 | IT7 | 5～6.3 | IT8 | IT9 | IT8 |
| 1～3 | IT7 | IT7 | IT7 | 6.3～8 | IT8～IT9 | IT9 | IT8 |
| 3～4 | IT7 | IT8 | IT7 | 8～12.5 | IT9～IT10 | IT9～IT10 | IT8～IT9 |
| 4～5 | IT7～IT8 | IT8 | IT8 | 12.5～16 | IT10～IT11 | IT10～IT11 | IT9 |

对精密冲裁来讲，由于精冲模结构牢固、配合紧密，使得模具冲裁过程较为平稳。因而在普通冲裁中不能生产的零件，可能在精密冲裁模上完成。但加工件应符合以下要求：

① 精冲圆孔允许的最小孔径 $d$、窄槽宽度 $b$、窄槽长度 $L$、孔与孔之间和孔与边缘之间的距离 $W$、圆角半径 $R$ 主要由冲孔凸模所能承受的最大压应力决定，其值与材料厚度及材料性质有关。其中：图 4-3 所示的精冲圆孔及窄槽，其允许的最小孔径 $d$、窄槽宽度 $b$ 可分别从图 4-4、图 4-5 中查出。

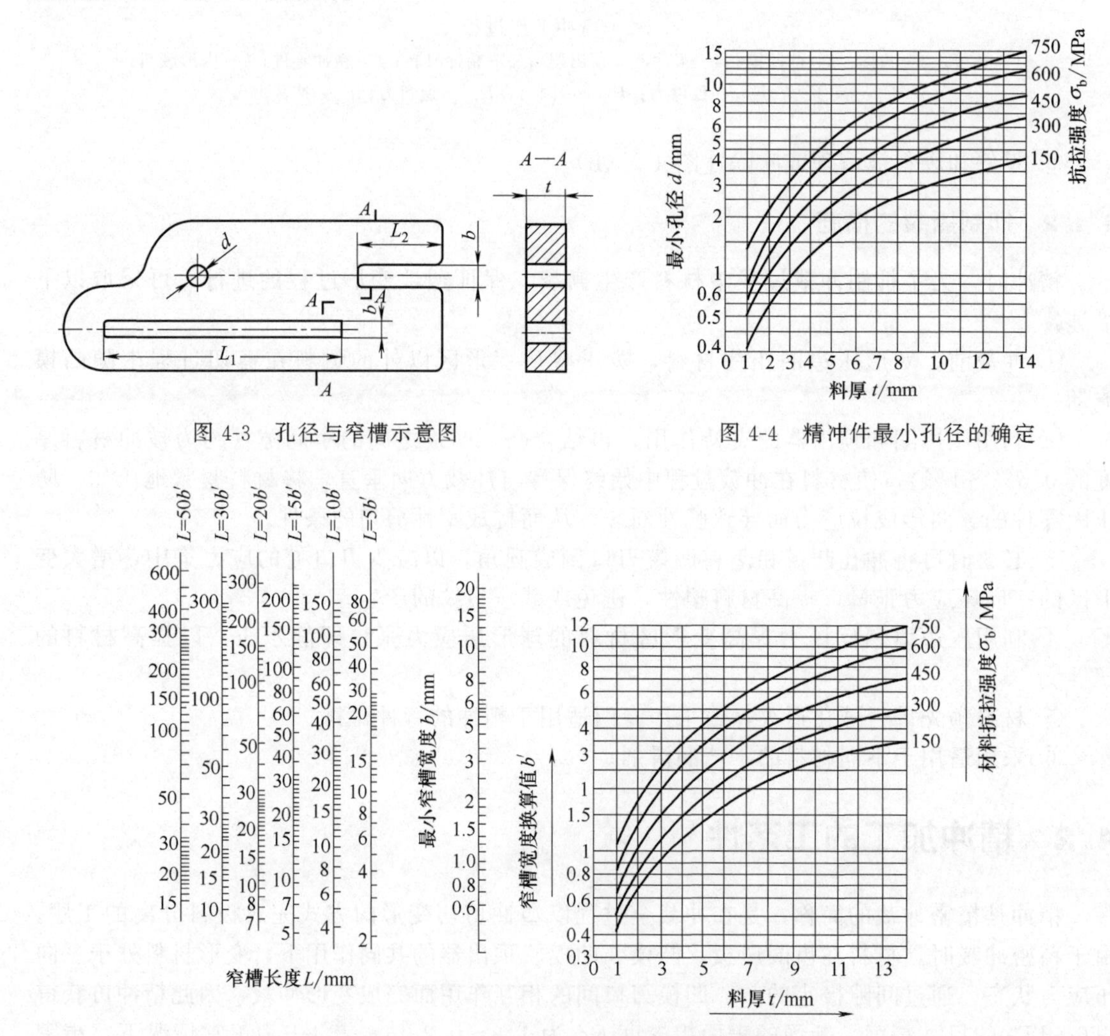


图 4-3　孔径与窄槽示意图

图 4-4　精冲件最小孔径的确定

图 4-5　精冲件最小窄槽宽度的确定

② 对精冲工件上的孔、槽和内外轮廓之间的距离，可根据图 4-6 所示区分为不同的壁厚 $W_1$、$W_2$、$W_3$、$W_4$。最小壁厚 $W_2$ 直接按图 4-6 确定，而 $W_1$ 处的最小壁厚按 $0.85W_2$

确定。$W_3$ 和 $W_4$ 的最小壁厚参照图 4-5 中的最小槽宽求出。

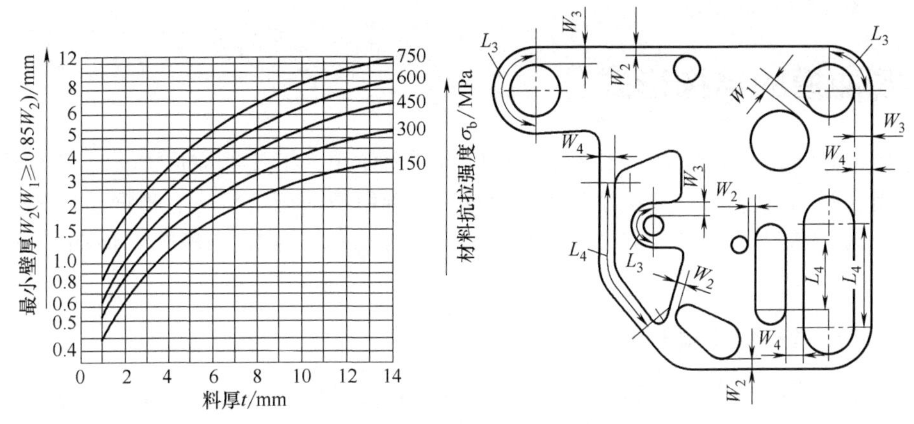


图 4-6　精冲件最小壁厚的确定

③ 精冲时的允许工件最小圆角半径与工件的尖角角度、材料厚度及其力学性能等因素有关。图 4-7 为抗拉强度低于 450MPa 的材料各参数间的关系曲线。当材料的抗拉强度超过此值时，数据应按比例增加。工件轮廓上凹进部分的圆角半径相当于凸起部分所需圆角半径的 2/3。

④ 精冲齿轮时，凸模齿形部分承受着较大的压应力与弯曲应力。为避免齿形根部断裂，必须限制其最小模数 $m$ 和节圆齿宽 $b$，其数值按图 4-8 查得。

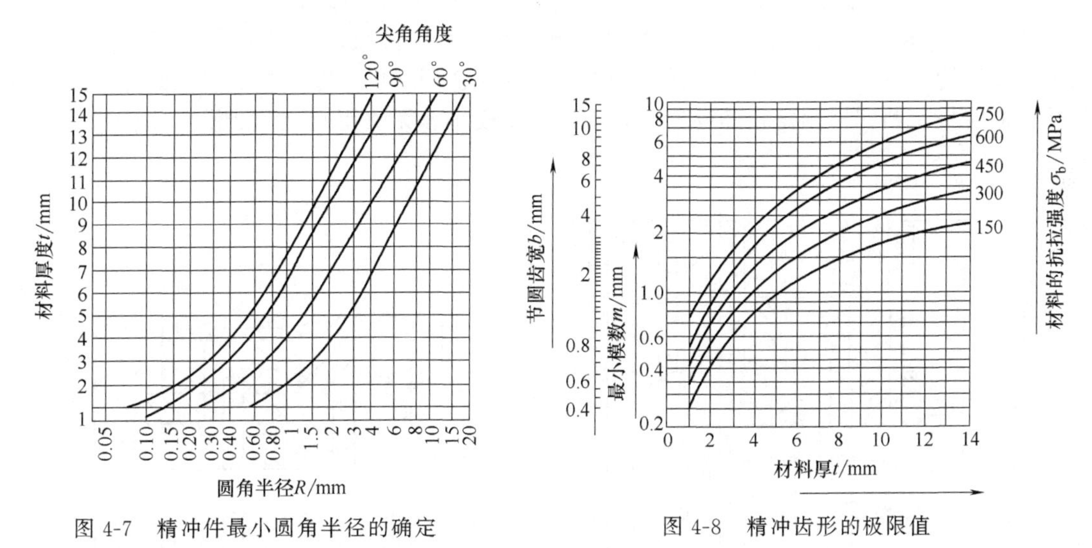


图 4-7　精冲件最小圆角半径的确定

图 4-8　精冲齿形的极限值

⑤ 当精冲图 4-9 所示窄悬臂和小凸起时，其最小数值按图 4-5 中的最小窄槽宽度 $b$ 的 1.3～1.4 倍确定。

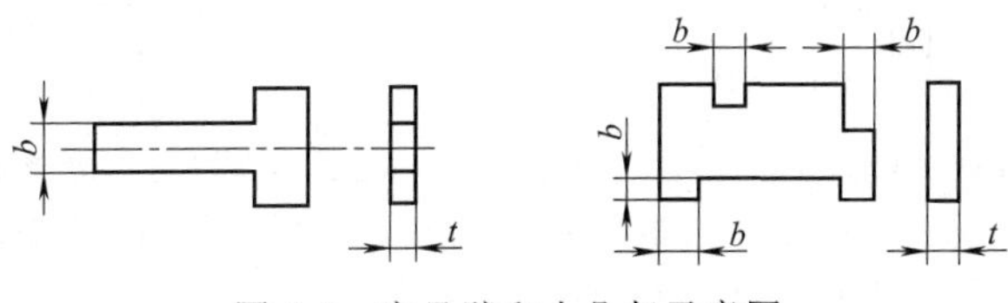

图 4-9　窄悬臂和小凸起示意图

⑥ 精冲件剪切面的粗糙度、表面完好率应符合后文（4.9 节表 4-11～表 4-13）的要求；

精冲件的最小圆角处的最大塌角、剪切面的垂直度公差及剪切面的平面度应符合后文（4.9节图 4-19～图 4-21）的要求。

## 4.3 精冲模的结构形式

精冲加工必须置于冲裁力、压边力、反压力三向作用力下才能完成，且这三力要求独立可调，能相互匹配地工作，三力的提供一般必须在专用精冲压力机上。根据凸模和模座的相对关系可分为：活动凸模式，即凸模相对模座是活动的；固定凸模式，即凸模固定在模座上。

### 4.3.1 活动凸模式精冲模的结构

凸模式精冲模的结构特点是：凸模靠模座和压边圈的内孔导向，凹模和压边圈分别固定上、下模座上，凸模通过压边圈和凹模保持相对的位置，因此要求凸模和压边圈之间的间隙比凸模和凹模之间的间隙更小。只有使凸模有较长的导向行程和正确定位才能保证对中。如果凸模轮廓的最大尺寸超过了凸模的高度，准确对中就不易保证，因此活动凸模式模具主要适于中、小尺寸的零件。

图 4-10 为活动凸模式精冲模的典型结构。落料凹模 6 及冲孔凸模 13 固定在上模上，齿圈压板 4 固定在下模上。凸凹模 2 可以在模架中上下移动，它是由在精冲压力机下工作台面中的凸模座 18 驱动的。精冲时，由上模的下压产生压边力，由上柱塞将压力传递给压力垫 12 而产生反压力，由凸模座 18 带动凸凹模 2 向上运动时产生冲裁力。

图 4-11 为另一种活动凸模式精冲模的典型结构。其工作原理与图 4-10 相同，但由于采用了座圈结构，有利于凹模和压边圈的加工和装配，适用于更小零件的加工。此外，还采用了凸模固定板将凸凹模固定在凸模座上，因为凸凹模小，无法用螺钉和凸模座连接。

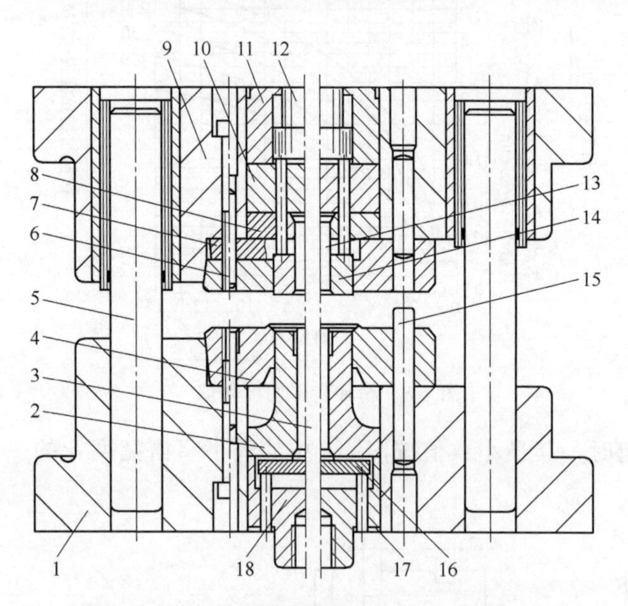


图 4-10 活动凸模式精冲模的典型结构（一）

1—下模座；2—凸凹模；3,17—顶杆；4—齿圈压板；5—导柱；6—落料凹模；7,10—垫板；8—冲孔凸模固定板；9—上模座；11—上垫板；12—压力垫；13—冲孔凸模；14—反压板；15—闭锁销；16—桥板；18—凸模座

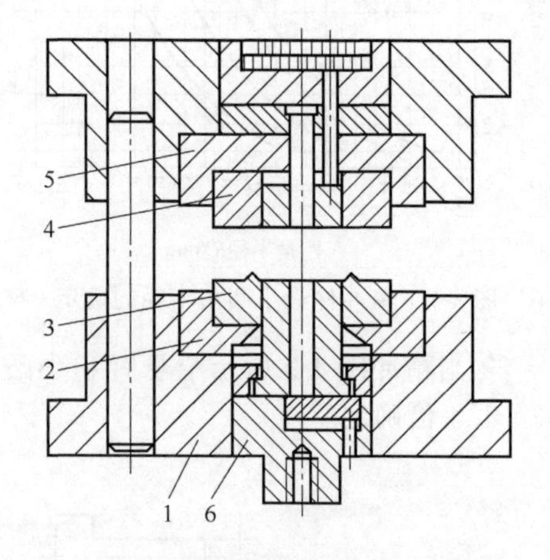


图 4-11 活动凸模式精冲模的典型结构（二）

1—凸模固定板；2，5—座圈；3—压边圈；4—凹模；6—凸模座

### 4.3.2 固定凸模式精冲模的结构

固定凸模式精冲模的结构特点是：凸模固定在模座上，压边圈通过传力杆和模座、凸模保持相对运动，固定凸模式精冲模适于：

① 大型或窄长的零件；

② 不对称的复杂零件；

③ 内孔较多的零件；

④ 冲压力较大的厚零件；

⑤ 需要级进模精冲的零件等。

图 4-12 为固定凸模式精冲模的典型结构。落料凹模 4 及冲孔凸模 3、17 固定在下模上，凸凹模 12 固定在上模上。模具的齿圈压板 5 的压边力由压力机的上柱塞通过上传力杆 10 传递，反压板 15 的反压力则由机床的下柱塞通过顶块与下传力杆 16 传递。上、下柱塞一般采

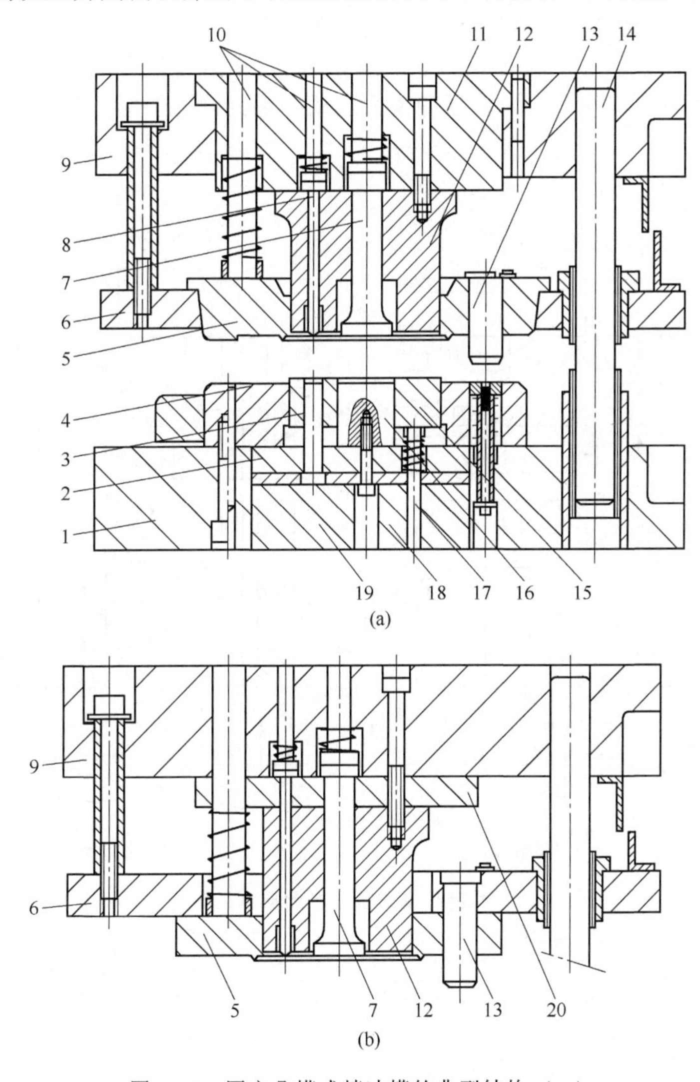


图 4-12 固定凸模式精冲模的典型结构（一）

1—下模座；2—冲孔凸模固定板；3，17—冲孔凸模；4—落料凹模；5—齿圈压板；6—压边圈座；7，8—顶杆；9—上模座；10—上传力杆；11—上垫板；12—凸凹模；13—闭锁销；14—导柱；15—反压板；16—下传力杆；18—隔板；19—下垫板；20—垫板

用液压传动。

整套模具采用闭锁销确定上、下模工作零件的位置，从而容易保证间隙均匀。

图 4-13 为另一种典型的固定凸模式精冲模结构。模具工作时，在传力杆 4 及顶杆 21 的作用下，压力垫 22 向下移动，在模座的下面出现很大的空洞，而全部冲裁力都作用在空洞的上方，使凸凹模产生弯曲，这是十分不利的。在大冲裁力的不断作用下，凸凹模的下部会有因弯曲而产生拉裂的危险。为了避免产生这种情况，在冲裁力较大时，需要采用专用结合环，如图 4-13（b）所示，以改善下模座的支撑条件，避免出现大空洞而使凸凹模产生弯曲。

不论采用活动凸模式精冲模还是固定凸模式精冲模，要求其模具结构形式与压力机具有相应的工作台结构匹配。活动凸模式模具要求压力机的工作台，中心部位固定，四周由环形液压缸、柱塞构成的浮动液压工作台。固定凸模式模具要求压力机的工作台中部有柱塞液压缸。

采用专用精冲模加工，一般在生产中，较多的是进行冲裁。随着精冲工艺的发展，精冲与普冲工艺（如弯曲、翻边）和其他成形工艺（如挤压、压扁、半冲孔等）相结合而成为复合工艺，精冲模具也由单工序模向多工序的连续模、连续复合模方向发展。

精冲模精冲间隙小，冲裁力比普通冲模大，故在模具设计中应选用导向精度高、刚性好的滚珠钢板模架。

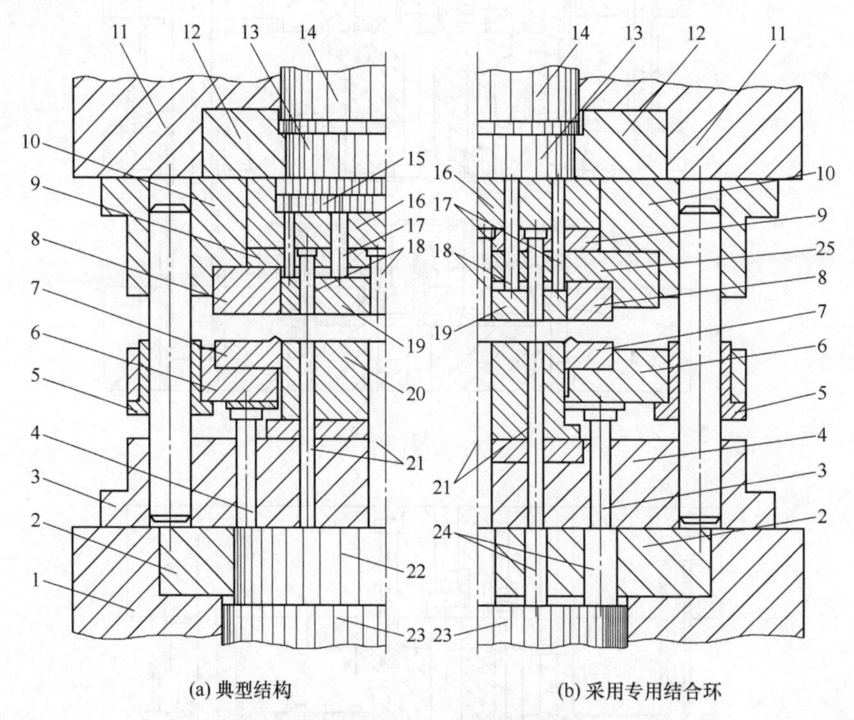


图 4-13　固定凸模式精冲模的典型结构（二）

1—压力机工作台；2—结合环；3，10—模座；4，17，24—传力杆；5—导套；6，25—座圈；7—压边圈；8—凹模；9—冲孔凸模固定板；11—上工作台；12—接合环；13，15，22—压力垫；14—反压力柱塞；16—上垫板；18—冲孔凸模；19—反压板；20—凸凹模；21—顶杆；23—压边力柱塞

## 4.4　精冲加工工艺参数的确定

精冲加工工艺参数的确定主要包括：排样、精冲力的计算、精冲模间隙的确定、精冲模

结构参数的确定等内容。

### 4.4.1 排样

精冲的排样基本上与普通冲裁排样相同，但要注意工件上形状复杂或带有齿形的部分，以及要求精密的剪切面，应放在靠材料送进的这一端，以便冲裁时有最充分的搭边，如图4-14所示。

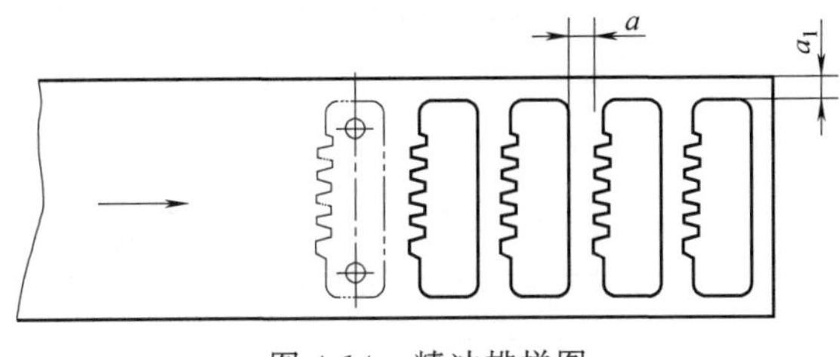


图 4-14　精冲排样图

因为精冲时齿圈压板要压紧材料，故精冲的搭边值比普通冲裁时要大些，具体按表 4-2 选取。

表 4-2　精冲搭边数值　　单位：mm

| 材料厚度 | | 0.5 | 1.0 | 1.25 | 1.5 | 2.0 | 2.5 | 3.0 | 3.5 | 4.0 | 5 | 6 | 8 | 10 | 12.5 | 15 |
|---|---|---|---|---|---|---|---|---|---|---|---|---|---|---|---|---|
| 搭边 | $a$ | 1.5 | 2 | 2 | 2.5 | 3 | 4 | 4.5 | 5 | 5.5 | 6 | 7 | 8 | 9 | 10 | 12.5 |
| | $a_1$ | 2 | 3 | 3.5 | 4 | 4.5 | 5 | 5.5 | 6 | 6.5 | 7 | 8 | 10 | 12 | 15 | 18 |

### 4.4.2 精冲力的计算

精冲力包括冲裁力 $F_{冲}$、齿圈压板力 $F_{压}$ 和推板反力 $F_{推}$ 三部分。

① 冲裁力　精冲冲裁力的计算方法与普通冲裁一样，其计算公式为

$$F_{冲}=1.3Lt\tau\approx Lt\sigma_b(\mathrm{N})$$

式中　$L$——内、外冲裁周边长度的总和，mm；

$t$——料厚，mm；

$\tau$——材料的抗剪强度，MPa；

$\sigma_b$——材料的抗拉强度，MPa。

② 齿圈压板力　该力的作用主要是在冲压过程中对板料剪切周围施加静压力，防止金属流动，形成塑剪变形，其次是冲裁完毕起卸料的作用。其计算公式为

$$F_{压}=(0.3\sim0.5)F_{冲}(\mathrm{N})$$

③ 推板反压力　推板反压力对精冲件的弯度、切割面的锥度、塌角等都有一定的影响，从对精冲件的质量来看，推板反压力越大越好。但是反压力过大，对凸模寿命又有影响。其计算公式为

$$F_{推}=(0.1\sim0.15)F_{冲}(\mathrm{N})$$

$F_{压}$、$F_{推}$ 的取值均需经试冲后确定，在满足精冲要求的条件下应选用最小值。

④ 精冲总冲压力　精冲总冲压力的计算为

$$F_{总}=F_{冲}+F_{压}+F_{推}$$

### 4.4.3 精冲模间隙的确定

合理的间隙值是保证精冲件剪切断面质量和模具寿命的重要因素。间隙值的大小与材料

性质、材料厚度、工件形状等因素有关。对塑性好的材料，间隙值取大一些，低塑性材料的间隙值取小一些。具体数值见表 4-3。

**表 4-3　凸模和凹模的双面间隙与材料厚度 $t$ 之比**　　单位：%

| 材料厚度 $t$/mm | 外形 | 内形 | | |
|---|---|---|---|---|
| | | $d<t$ | $d=t\sim5t$ | $d>5t$ |
| 0.5 | 1 | 2.5 | 2 | 1 |
| 1 | | 2.5 | 2 | 1 |
| 2 | | 2.5 | 1 | 0.5 |
| 3 | | 2 | 1 | 0.5 |
| 4 | | 1.7 | 0.75 | 0.5 |
| 6 | | 1.7 | 0.5 | 0.5 |
| 10 | | 1.5 | 0.5 | 0.5 |
| 15 | | 1 | 0.5 | 0.5 |

### 4.4.4　精冲模结构参数的确定

精冲模的结构参数的确定主要由凸、凹模刃口尺寸的确定，齿圈的设置及刃口圆角的确定等构成。

**（1）凸、凹模刃口尺寸的确定**

精冲模刃口尺寸设计与普通冲裁模刃口尺寸设计基本相同，仍是落料件以凹模为基准，冲孔件以凸模为基准。不同的是精冲后工件外形和内孔均有微量收缩，一般外形要比凹模小至少 0.01mm，内孔也比冲孔凸模略小些。另外，还要考虑到使用中的磨损，故精冲模刃口尺寸按下面公式计算：

① 落料　$D_{凹}=(D_{min}+0.25\Delta)^{+0.25\Delta}_{0}$

凸模按凹模实际尺寸配制，保证双面间隙值 $Z$。

② 冲孔　$d_{凸}=(d_{max}-0.25\Delta)^{0}_{-0.25\Delta}$

凹模按凸模实际尺寸配制，保证双面间隙值 $Z$。

③ 中心距　$C_{凹}=(C_{min}+0.5\Delta)\pm\Delta/3$

式中　$D_{凹}$，$d_{凸}$——凹模、凸模尺寸，mm；

$C_{凹}$——凹模孔中心距尺寸，mm；

$D_{min}$——冲孔件的最小极限尺寸，mm；

$d_{max}$——冲孔件的最大极限尺寸，mm；

$C_{min}$——工件孔中心距最小极限尺寸，mm；

$\Delta$——工件公差。

**（2）齿圈的确定**

齿圈是齿形压边圈上的“V”形凸起圈，它围绕在工件的剪切周边，并离开模具刃口一定距离。齿圈是精冲模（包含简易精冲模）的重要组成部分。

① 齿圈的设置　齿圈的分布应根据工件形状和加工的可能性进行设置。通常，对于形状简单的精冲件，齿圈可做成与工件外形相同形状，而形状复杂的精冲件，齿圈可做成与工件外形近似。

冲小孔时一般不需要齿圈。冲直径大于料厚 10 倍的大孔时，可在顶杆上考虑加齿圈（用于固定凸模式模具）。当材料厚度小于 3.5mm 时，需在齿圈压板上设置单面齿圈；当材料厚度大于 3.5mm 时，需在齿圈压板和凹模上都加工齿圈，即双面齿圈。为保证材料在齿圈嵌入后具有足够的强度，上、下齿圈可微微错开。

② 齿圈的齿形参数　齿圈的齿形参数见表 4-4 和表 4-5。

**表 4-4　单面齿圈尺寸**（压板）　　单位：mm

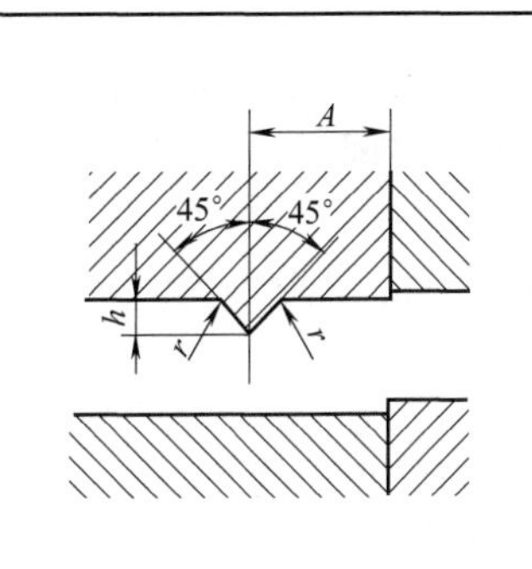


| 材料厚度 $t$ | $A$ | $h$ | $r$ |
| --- | --- | --- | --- |
| 1～1.7 | 1 | 0.3 | 0.2 |
| 1.8～2.2 | 1.4 | 0.4 | 0.2 |
| 2.3～2.7 | 1.8 | 0.5 | 0.1 |
| 2.8～3.2 | 2.1 | 0.6 | 0.1 |
| 3.3～3.7 | 2.5 | 0.7 | 0.2 |
| 3.8～4.5 | 2.8 | 0.8 | 0.2 |

**表 4-5　双面齿圈尺寸**（压板和凹模）　　单位：mm

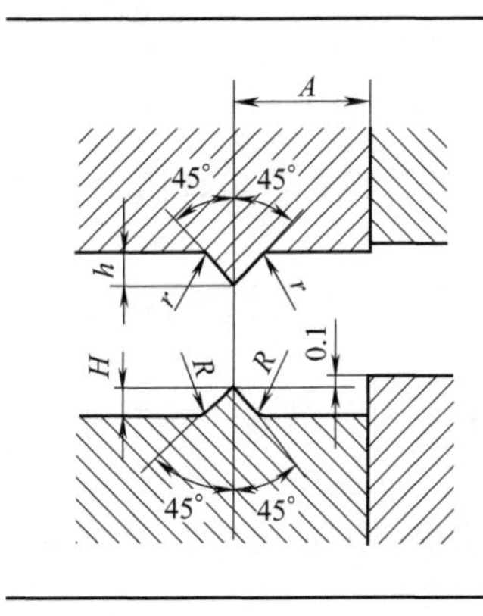


| 材料厚度 $t$ | $A$ | $H$ | $R$ | $h$ | $r$ |
| --- | --- | --- | --- | --- | --- |
| 4.5～5.5 | 2.5 | 0.8 | 0.8 | 0.5 | 0.2 |
| 5.6～7 | 3 | 1 | 1 | 0.7 | 0.2 |
| 7.1～9 | 3.5 | 1.2 | 1.2 | 0.8 | 0.2 |
| 9.1～11 | 4.5 | 1.5 | 1.5 | 1 | 0.5 |
| 11.1～13 | 5.5 | 1.8 | 2 | 1.2 | 0.5 |
| 13.1～15 | 7 | 2.2 | 3 | 1.6 | 0.5 |

**（3）刃口圆角的确定**

为了改善金属的流动性，提高工件的冲切断面质量，应在凹模刃口处倒很小的圆角，但当凹模刃口太小时，有时也会出现二次剪切和细纹。因此，一般凹模刃口取 0.05～0.1mm 的圆角，效果较好。对于冲孔凸模，一般在冲裁薄料时采用清角，冲裁厚料时，采用的圆角为 0.05mm 左右。在实际生产试制时，还要对刃口圆角进行适当修整。

## 4.5　精冲加工的操作要点

精冲加工的操作是一种频繁的简单劳动，操作者极易疲劳，因此，必须集中精力，严格按冲压操作规程、冲压操作安全要点进行。精冲模一般在专用压力机上使用，精冲加工的操作可按下述步骤进行。

**（1）安装前的准备工作**

① 接通压力机总电源及液压泵电动机电源。

② 检查滑块是否在下死点位置。

③ 把连接上、下模板的接合环（或压板螺钉）装进上、下工作台上。

**（2）模具的安装**

① 将一块试冲板料放在凸模与凹模之间，以防在安装不合适时凸、凹模相碰撞。

② 将模具放在压力机工作台上，使它符合材料送进方向，并用拉杆把凸模固定在滑

块上。

③ 测量模板上表面和上工作台之间的距离，如该距离小于滑块的行程，应将上工作台提升，直到合适为止。

④ 用调整模具的辅助滑块驱动电动机把滑块上升到上死点。

⑤ 降下工作台，把材料夹在模具中。

⑥ 把上、下板分别固定在上、下工作台上。

⑦ 将滑块再降到下死点位置，并把试冲的材料放置在凸模、凹模之间。

（3）调试冲模

① 用（低速调节）电动机使压力机转动一个行程，以检查上工作台是否调整合适。注意不能调得太低，以免冲裁时易损坏模具。

② 接通主驱动电动机电源。

③ 调整齿圈压力和推板反向压力，使其调整到最小，即齿圈能全部压边为止。

④ 下降上工作台，使其距离比材料厚度小 0.1mm。

⑤ 开动主驱动电源使压力机转动一个行程使凸、凹模接触板料进行冲压。

⑥ 检查凸模进入材料深度，并继续调整上工作台，直到冲下工件为止，注意调整时，凸模决不能冲进凹模孔。

（4）检查

冲模调试完成后，可转入冲件的试冲，并再次对试冲件及模具进行检查，检查内容主要有以下几方面：

① 检查所冲下的工件剪切面，若剪切面被撕裂或不光洁，应适当加大齿圈压板压力和反向推件器压力。加大这些压力时，稍微将上工作台降低即可。

② 调整模具的安全机构、送料长度及定位和排除工件及废料机构，使其送、排料通畅，定位合理。

③ 开动压力机，即可投入生产。在冲压时，其冲裁速度不要太高，并能进行相应调节。

## 4.6 精冲加工的注意事项

在精冲加工中，为保证加工的工作安全、冲压件的质量和冲模的使用寿命，冲压操作人员在精冲模的安装、调整和精冲加工过程中，还应注意以下事项。

（1）注重精冲加工时板料的润滑

精冲工艺润滑，是实现精冲的重要条件之一。这是因为，精冲时，金属材料在高压下塑性剪切变形，零件与模具之间发生强烈摩擦并产生局部高温，同时金属材料与模具间发生“冷焊”附着磨损和氧化磨损。使用润滑剂，可以形成一层耐压耐温的坚韧润滑薄膜，附着在金属表面上，将零件和模具隔开，以减少金属与模具间的摩擦，散发热量，从而保证制品零件的质量、模具的寿命等。因此，精冲模上设计有专门的润滑系统。

在精冲加工中，冲裁速度要慢，一般应为 5～15mm/s 为宜，同时应注意润滑。润滑最好选用精冲润滑剂，若生产批量较小，也可采用肥皂水加全损耗系统用油，润滑可在被冲板料上、下面进行。为了能使润滑剂流入凸、凹模刃口侧面及模具活动部分，在带齿压板内孔口部以及顶板内外形口部都带倒角，这样涂在冲压材料表面的润滑剂受压后就能沿倒角流入模具。在润滑前对钢质材料进行磷化处理，可达到良好的润滑效果。磷化处理的配方及方法是：

氧化锌（ZnO） 15g/L

磷酸（$H_3PO_4$） 8g/L

硝酸（$HNO_3$）　18g/L

处理温度：　65～75℃

处理时间：　10～15min

皂化处理的方法是：在每升水中加100～200g硬脂酸钠，处理时，将板料放入溶液中加热60～70℃，时间为30～35min即可。

（2）正确选好精冲加工的润滑剂

精冲润滑剂的选择取决于精冲材料性能、厚度、精冲难度和质量以及模具寿命等因素，要求润滑剂具有较好的润滑性（能有较大的减摩作用）、较强的黏附性（能牢固保持在摩擦表面上）、较好的稳定性（抗化学反应和热作用）、较低的腐蚀性（对精冲件和模具无腐蚀作用）、环保（对人体无伤害和对环境无污染）及经济性（价廉、易于清除）。

精冲工艺润滑剂主要由基础油和各种添加剂组成。基础油是溶剂并起液体润滑作用。添加剂一般由极压剂、油性剂和抗磨剂等组成，在精冲过程中起边界润滑作用。如北京机电研究所研制的FⅠ、FⅡ、FⅢ三种不同的精冲润滑剂，便是分别以50号、20号及10号机油作为基础油，再加上各种添加剂而制成的，具有较好的精冲润滑性能，并在电器、照相机、汽车及仪器仪表等工业中应用，效果显著。表4-6是其技术参数。

表4-6　F系列精冲润滑剂的技术参数

| 种类 | 化学成分/% | | | | | | 物理力学性能 | | | | | 使用范围 |
|---|---|---|---|---|---|---|---|---|---|---|---|---|
| | 氯化石蜡 | S+P添加剂 | B-N | 乙醇胺 | 含氯量 | 余量 | 运动黏度/cSt(50℃) | 闪点/℃ | 凝固点/℃ | 摩擦系数$\mu$ | 油膜强度/N | |
| FⅠ | 10～15 | 5～10 | — | — | 28.4 | 50号机油 | 74.66 | 151 | −10 | 0.057 | 2000 | 板厚<4mm |
| FⅡ | 40～45 | 5～10 | 0.11 | — | 19.5 | 20号机油 | 53.19 | 137 | −12 | 0.042 | 1150 | 板厚>5mm |
| FⅢ | 30～40 | 5～10 | — | 35 | 15.8 | 10号机油 | 32.74 | 140 | −12 | 0.050 | 2000 | 板厚>8mm |

注：$1cSt=10^{-6}m^2/s$。

（3）不允许磨损的刃口继续冲裁

小间隙是精冲模的主要特征。间隙的大小及其沿刃口周边的均匀性，直接影响精冲零件剪切面质量。精冲间隙主要取决于材料厚度，也和冲裁轮廓及工件的材质有关。若刃口为均匀磨损，则精冲间隙变大，使变形区材料受到较大的拉伸作用，并产生拉应力，而拉应力正是诱导产生微裂纹及撕裂的原因，从而使剪切面形成撕裂。若刃口为不均匀磨损，则使精冲后的零件在间隙大的一边产生撕裂，在间隙小的一边产生波浪形凸瘤。因此，磨损的工作零件需要重新更换。

（4）正确选用和处理精冲材料

精冲材料是保证实现精冲的先决条件，它直接影响到零件的表面质量、尺寸精度和模具寿命。精冲材料一般应具有三个基本要素：一是塑性要好、二是变形抗力要低、三是组织结构要好。所以在设计零件选择材料时，一定要满足上述三要素，否则难以实现精冲加工。

实现精冲的材料必须具有一定的塑性，塑性越好，越适于精冲，在黑色金属中，含碳量小于0.35%，$\sigma_b=300\sim600MPa$的钢精冲效果最好，对含碳量高的高碳钢、合金钢，钢经过事先球化退火也适合于精冲。适宜于精冲的主要钢种见表4-7。

表 4-7　各种钢材精冲的适应性

| 材料 | 可精冲的最大厚度/mm | 精冲效果 | 材料 | 可精冲的最大厚度/mm | 精冲效果 |
|---|---|---|---|---|---|
| 10 | 15 | 很好 | 15CrMn | 5 | 很好 |
| 15 | 12 | 很好 | 15Cr | 5 | 好 |
| 20 | 10 | 很好 | 20CrMo | 4 | 好 |
| 25 | 10 | 很好 | 20CrMn | 4.5 | 好 |
| 30 | 10 | 很好 | 42Mn2V | 6 | 好 |
| 35 | 8 | 好 | GCr15 | 6 | 尚可 |
| 40 | 7 | 好 | 0Cr13 | 6 | 好 |
| 45 | 7 | 好 | 1Cr13 | 5 | 好 |
| 50 | 6 | 好 | 4Cr13 | 4 | 好 |
| 55 | 6 | 好 | Cr17 | 3 | 好 |
| 60 | 4 | 好 | 0Cr18Ni9 | 3 | 好 |
| 65 | 3 | 好 | 1Cr18Ni9 | 3 | 很好 |
| T8A | 3 | 好 | 1Cr18Ni9Ti | 3 | 好 |

注：很好——理想的精冲材料，剪切面粗糙度低，模具寿命长；好——适宜于精冲的材料，剪切面光洁度低，模具寿命正常；尚可——勉强用于精冲的材料，用于形状复杂的零件冲裁时，剪切面撕裂，模具寿命短。

铜和铜合金的精冲性能取决于化学成分和冷轧的程度。当黄铜中含锌量>38%时，如HPb59-1等，为α+β组织，β相使材料产生脆性，伸长率降低，塑性降低，不利于精冲，铅在黄铜中，虽对切削有利，但对精冲不利，含铅过多，使冲裁面产生撕裂。铜和铜合金的精冲适应性见表 4-8。

表 4-8　铜和铜合金的精冲适应性

| 材料 | 精冲效果 | 材料 | 精冲效果 |
|---|---|---|---|
| T2、T3、T4、TU1、 | 良好 | HNi65-5 | 中等 |
| H96、H90、H80、H70、H60 | 良好 | QSn4-3 | 中等 |
| H62 | 中等 | QBe2、QBE1.7 | 中等 |
| HSn70-1、HSn62-1 | 中等 | QAl7 | 困难 |

铝及其合金同样可以精冲，其化学成分和冷轧程度影响精冲性能。各种纯度的铝都很软，具有良好的塑性，容易实现精冲，但受冷轧产生的加工硬化的限制；铝锰合金为非时效硬化铝合金，在软态下具有良好的精冲性能，在半硬和硬态下，塑性降低，影响精冲质量；铝镁合金根据镁的不同含量，牌号为5A02、5A03、5A06这类合金在软态时伸长率值最低为15%，均可以精冲，在半硬和硬态时塑性降低。铝和铝合金的精冲适应性见表 4-9。

表 4-9　铝和铝合金的精冲适应性

| 材料 | 精冲效果 | 材料 | 精冲效果 |
|---|---|---|---|
| 1070A、1060、1050A、1035、1200、8A06 | 良好 | 5A02、5A03 | 中等 |
| 3A21 | 良好 | 2A11、2A12 | 困难 |

## 4.7　精冲作业常见问题分析

由于精冲需要在强力压料与反顶状态下进行，因此，工艺要求压边力和反压力大于卸料力和顶件力，以满足在变形区建立起三向不均匀压应力状态。也正因为如此，在精冲作业过程中，出现的一些精冲件加工缺陷，很可能是压边力、反压力的调整操作不当造成的，常见问题主要如下。

**（1）精密冲裁的压边力不能太小**

精冲时常采用V形齿圈压板进行强力压边。V形齿圈压板的作用是：

① 防止剪切区外的材料在剪切过程中随凸模流入。

② 夹紧材料，在精冲过程中使材料始终和冲裁方向垂直而不翘起。

③ 提供强大的压力，在变形区建立三向压应力状态，消除或阻止因拉应力引起的裂纹的产生，防止切断面产生撕裂。

若压边力太小，变形区材料的静水压应力低，不利于抑制裂纹，在剪切面产生撕裂，影响剪切面质量，精冲面易出现撕裂；若压边力太大，则产生过大的动力消耗，使模具结构复杂，降低模具的使用寿命。在实际精冲作业过程中，压边力应按工艺计算的数值进行调试，在保证工件质量的前提下尽量调小。

**（2）精密冲裁的反压力不能太小**

反压力是影响精冲件质量的重要因素。较大的反压力可以提高变形区材料的静水压应力，抑制拉裂纹，有助于提高精冲件的质量。但反压力过大会增加凸模的负载，降低凸模的使用寿命，而反压力太小则会造成工件尺寸精度超差、表面不平、中间拱起等缺陷。因此，在实际工艺过程中，反压力也应按工艺计算的数值进行调试，在保证工件质量的前提下尽量调到下限值。

**（3）精冲不宜在普通压力机上进行**

精冲模有凸出的齿形压边圈，材料在压边圈和凹模、反压板和凸模的压紧下实现冲裁，精冲工艺过程要求设备同时提供三向作用力（冲裁力、压边力和反顶力），且三力独立可调，相互匹配工作。因此，精冲模通常在专用的精冲压力机上使用。普通压力机一般不能同时提供这三个力及其运动，而且在压力机的刚性上和运动精度上较差，故不宜在普通压力机上进行精密冲裁。

**（4）简易精冲可在普通压力机上进行**

由于采用专用精冲模必须有专用精冲压力机，因此，是否采用精冲模加工，很大程度上取决于加工企业是否有精冲压力机，但精冲压力机价格昂贵，一定程度上限制了它的使用。

若受加工设备的限制，而冲裁零件的加工精度又较普通冲裁高，则可在模具结构上采用一些独立的施力装置，如加装机械或液压装置提供压边力和反压力，才能在通用压力机上实现精冲。

采取技术措施后的该类模具称为简易精冲模，简易精冲模具用聚氨酯橡胶（或碟形弹簧）作为精冲模的施压元件，提供压边力和反顶力，常用的简易精冲模结构如图4-15、图4-16所示。

简易精冲模具具有结构简单，可以在通用压力机上使用的优点，但由于施加的压力不易均衡，容易给模具以偏载。另外，精冲过程中，这些元件施加的压力和反顶力将随着冲裁的进行而不断增大，将恶化精冲模具的受力条件和刃口的工作状况，降低模具的使用寿命，无法适应大量生产的要求。

尽管简易精冲模冲裁的零件质量不如在精冲机上好，生产效率也不如精冲机高，且仅适用于料厚不大于4mm材料的冲裁，但由于使用灵活、不受专用精冲压力机的限制，在小批量生产中应用广泛。

对带凸出的齿形压边圈的简易精冲模，由于材料必须在该齿形压边圈、凹模和凸模等的共同作用下才能实现精冲，所以带V形齿圈强力压板精冲工艺，不能精冲料厚小于0.5mm

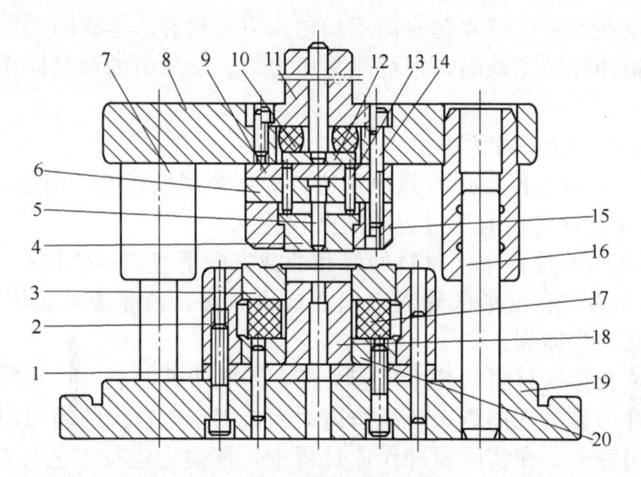


图 4-15 聚氨酯式精冲模

1，9—垫板；2—齿圈压板容框；3—齿圈压板；4—卸件器；5—冲孔凸模；
6，20—固定板；7—导套；8—上模座；10，17—橡胶体；11—模柄；12—推板；
13—推杆；14—螺钉；15—凹模；16—导柱；18—凸凹模；19—下模座

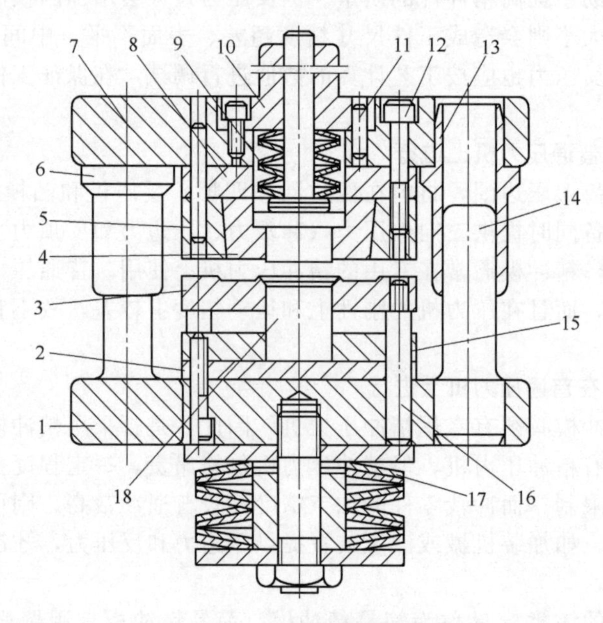


图 4-16 碟形弹簧式精冲模

1—下模板；2，8—垫板；3—齿圈压板；4—凹模；5—凹模框；6，13—导套；7—上模板；
9，17—碟形弹簧组；10—模柄；11—销钉；12—螺钉；14—导柱；15—固定板；16—顶杆；18—凸模

的冲裁件，这是因为最小 V 形齿高度为 0.3mm，小于 0.5mm 的原材料很易被该 V 形齿压料时卡断，因此，该工艺适合于料厚大于 1mm 的加工塑性良好的有色金属及其合金的薄板、中厚板及厚板，特别是纯铜、纯铝及大部分塑性好的铜合金、铝合金以及低碳（软）钢的精冲。

## 4.8 精冲件的质量要求

精冲加工制成的精冲件质量主要指剪切面上的光亮带质量、垂直度、毛刺、塌角、平直

度及尺寸精度等。

**(1) 零件的表面质量要求**

冲裁后的零件表面必须平直，严防有扭曲、扭转等现象，同时不能有明显的毛刺和塌角。

① 光亮带质量 普通冲裁件的剪切断面，一般由圆角带、光亮带、撕裂带和毛刺组成。其中有实用价值的光亮带，仅占材料厚度的1/3左右。光亮带的大小，随冲裁间隙大小和材料力学性能的不同而变化，精冲件的剪切断面，在正常情况下，其光亮带占料厚的90%以上，甚至达到100%，既无裂纹，又无撕裂，整个剪切面基本上都可作为零件的工作面。精冲件光亮带上的表面粗糙度主要取决于凸、凹模的刃口状况和材料的组织性能。一般表面粗糙度 $Ra$ 数值可达0.2～1.6μm。

② 垂直度 精冲件的剪切面垂直度较高，其斜度一般都比较小（约20′～40′），它与材料的力学性能、厚度、零件的几何形状、模具刚度及刃口状况、精冲压力大小等因素有关。垂直度可用角度偏差值来表示，也可用垂直度偏差（或称倾斜度偏差）值来表示。

③ 毛刺 精冲零件一般都带有较小的毛刺。当凸、凹模严重磨损后，也会产生较大的毛刺。由于落料凸模比冲孔凹模磨损快，所以，精冲件的外廓毛刺比内廓毛刺大。根据生产实际情况，应考虑及时修磨刃口。

精冲件上毛刺的大小，除与凸、凹模的刃口状况有关外，还与间隙大小、凸模进入凹模的深度、材料厚度及其力学性能等因素有关。

在实际生产中，对于精冲件上根部较薄的毛刺（易去毛刺），普遍采用滚筒清理和振动清理的方法，对于根部较厚的毛刺（不易去毛刺），需要采用砂带磨光机磨去毛刺，批量较小时，可采用钳工修锉去除。

④ 塌角 塌角是指精冲件内、外轮廓平面与剪切断面交界处的不规则塑性变形面，它是在凸模或凹模刃口刚开始压入材料时产生的。塌角与料厚、材质、零件形状、反压力及齿圈高度等有关。

⑤ 平直度 由于精冲件在内外压紧状态下与板料分离，故平直度比普通的冲裁件要高，一般无需校平工序即可使用。精冲件的平直度，主要取决于精冲件的几何形状及尺寸、压力大小、材料厚度及力学性能等。一般来说，厚料比薄料平直；低强度材料比高强度材料平直；推板反压力大比反压力小时平直。

**(2) 精冲加工的尺寸精度要求**

零件冲裁后，其尺寸精度必须符合图样规定。表4-1为正常情况下，精密冲裁抗拉强度极限至600MPa的钢材可达到的尺寸精度。

实际生产中，齿圈压板精冲能达到的工艺水平见表4-10。

**表4-10 齿圈压板精冲的工艺水平**

| 序号 | 项目 | 工艺水平 |
|---|---|---|
| 1 | 剪切断面表面粗糙度 | 剪切面全部是光亮带，粗糙度 $Ra$=0.4～1.5μm |
| 2 | 表面平面度 | 一般较平整，不需再经校平即可使用。每100mm长度为0.02～0.125mm，随料厚增大而接近下限值 |
| 3 | 剪切断面垂直度 | 可达到89.5°或更高，随料厚和间隙增大而变差 |
| 4 | 尺寸精度 | 可达IT6～IT9，冲孔比落料高一级，料厚在12mm以上的冲孔精度稍低 |
| 5 | 毛刺 | 精冲件外形在贴近凸模一侧有一定高度的毛刺，孔的毛刺比外形小 |
| 6 | 塌角 | 一般直线剪切轮廓的塌角为料厚的10%，复杂形状剪切轮廓(如齿形等)的塌角可达料厚的20%～30% |

续表

| 序号 | 项目 | 工艺水平 |
| --- | --- | --- |
| 7 | 精冲孔距公差 | 一般可达±(0.01～±0.05)mm，料厚增大，公差绝对值增大 |
| 8 | 可精冲的最小圆角半径 | 落料时外圆角 $R \geqslant (0.1 \sim 0.2)t$(mm)；冲孔时内圆角 $r \geqslant (0.05 \sim 0.1)t$(mm) |
| 9 | 可精冲最小孔径 | $d \geqslant (0.4 \sim 0.6)t$(mm) |
| 10 | 可精冲最小窄带、窄槽宽度 | $d \geqslant 0.6t$(mm)，甚至更小 |
| 11 | 可精冲最小齿形模数 | $m \geqslant 0.18$ |
| 12 | 可精冲工件最小壁厚 | $w \geqslant 0.4t$(mm) |
| 13 | 可精冲最大料厚 | 25mm |
| 14 | 精冲件的最大外廓尺寸 | 800mm |

## 4.9 精冲件质量的检测

精冲件的质量检测主要包括外观检查和尺寸精度的检查两大部分。质量检查方式仍是采用是“三检制”，即自检、互检、专检；检查方式主要有首检、巡检、末检和抽检。

(1) 外观质量检查

外观质量主要有剪切面质量、剪切面垂直度和平面度、塌角和毛刺等。

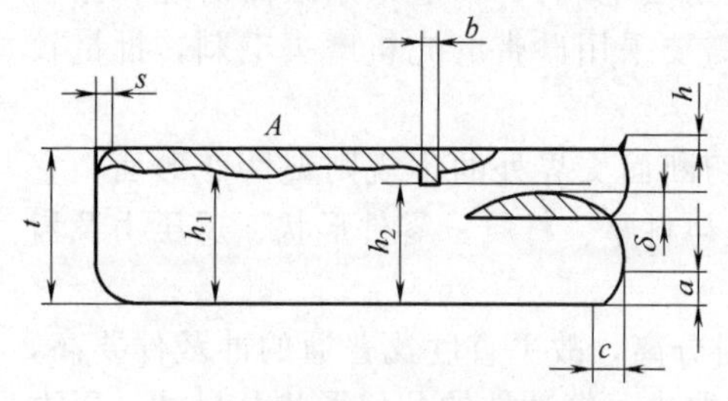


图 4-17 精冲剪切面的质量特征
$t$—材料厚度；$h_1$—剪切光亮带厚度；$h_2$—局部剪切光亮带厚度；$b$—允许的最大局部断裂宽度（但所有 $b$ 的总和不得大于轮廓面积的10%）；$\delta$—撕裂带的最大宽度（不得超过1.5%$t$）；$s$—表层剥落深度（不得超过1.5%$t$）；$h$—毛刺高度；$c$—塌角宽度（不得超过30%$t$）；$a$—塌角深度（不得超过20%$t$）；$A$—剪切终端表层剥落带

① 剪切面质量　精冲件剪切面的质量标准，包括剪切面粗糙度、表面完好率和撕裂等级三个方面。评价精冲剪切面的质量特征如图 4-17 所示。

a. 剪切面粗糙度。精冲件剪切面的粗糙度根据 GB/T 131—2006 用轮廓算术平均偏差 $Ra$ 值评定。光洁冲裁面共分为六级，介于粗糙度标准的中等和精密级之间，剪切面粗糙度的等级如表 4-11 所示。

一般精冲件剪切面粗糙度要求为 $Ra$ 2.5～0.63μm。剪切面粗糙度按图 4-18 所示沿剪切厚度的中心部位进行测量，测量方向选垂直于冲裁方向。

b. 表面完好率。精冲件的表面完好率用剪切面上光亮带占料厚 $t$ 的百分比表示，剪切光亮带厚度 $h_1$ 分为五个等级，局部剪切光亮带厚度 $h_2$ 分两个等级，见表 4-12。

**表 4-11　剪切面粗糙度等级**

| 代号 | N4 | N5 | N6 | N7 | — | N8 |
| --- | --- | --- | --- | --- | --- | --- |
| 粗糙度等级 | 1 | 2 | 3 | 4 | 5 | 6 |
| $Ra$/μm | 0.2 | 0.4 | 0.6(0.8) | 1.6 | 3.4 | 3.8(3.6) |

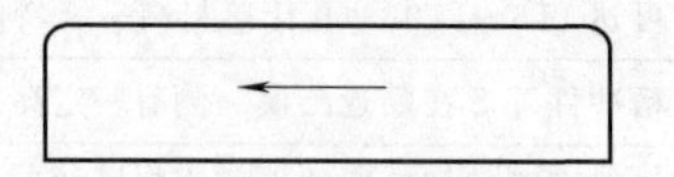

图 4-18　剪切面粗糙度测量方位

表 4-12 精冲件的表面完好率等级 单位：%

| 级别 | Ⅰ | Ⅱ | Ⅲ | Ⅳ | Ⅴ |
| --- | --- | --- | --- | --- | --- |
| $h_1/t$ | 100 | 100 | 90 | 75 | 50 |
| $h_2/t$ | 100 | 90 | 75 | — | — |

c. 撕裂等级。剪切面上撕裂的裂缝撕裂带的最大宽度 $\delta$ 大小共分为四级，见表 4-13。

表 4-13 精冲件允许的撕裂等级

| 撕裂级别 | 1 | 2 | 3 | 4 |
| --- | --- | --- | --- | --- |
| 数值/mm | 0.3 | 0.6 | 1 | 2 |

精冲性能最好或料厚较薄的零件，一般表面完好率可达Ⅰ级，精冲性能良好料厚较厚的零件，一般表面完好率可达Ⅱ级或Ⅲ级。

在实际生产中，一般采用标准样件作为评定精冲件表面完好率和允许撕裂的依据，标准样件由试冲的零件中选取。在以后批量生产中，以此作为比照，确定质量合格程度。

② 塌角和毛刺　塌角的大小取决于工件的几何形状，材料的强度和厚度。在给定材料厚度和材料种类的条件下，圆角半径 $R$ 和夹角 $\alpha$ 越小，塌角的宽度 $C$ 和深度 $a$ 越大。如果给定零件的圆角半径和尖角，则减小材料厚度和提高强度，会使塌角的深度和宽度减小。图 4-19 给出了最小允许圆角处最大塌角的标准值。

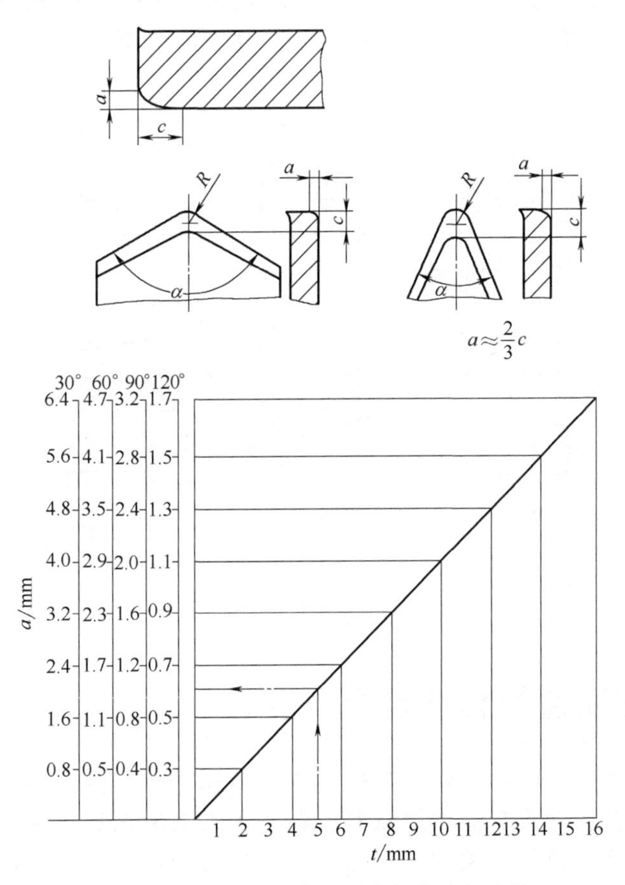


图 4-19 最小允许圆角处最大塌角的标准值

模具冲切元件的刃口锋利时，一般毛刺高度在 0.01～0.08mm 范围内，精冲件的毛刺高度随冲裁次数、冲切元件刃口磨损的增加而增大，最后达到十分之几毫米。

（2）尺寸精度检查

精冲件的尺寸精度取决于模具的制造精度，工件材料的种类、厚度及金相组织等以及精冲件的几何形状的复杂程度，压力机的精度、刚度等。

实际上，精冲件尺寸分布的极限偏差极小，表 4-1 实际为正常情况下，精密冲裁抗拉强度极限至 600MPa 的钢材可达到的尺寸经济精度。检验时，可按图样规定的要求检查验收。

剪切面的倒锥现象是精冲的特征之一，这是精冲过程中材料随模具刃口滚动又始终保持为一个整体而产生的。一般内形的垂直度比外形的高。精冲零件外形和内形剪切面的角度偏差值，一般当 $t \leqslant 6\text{mm}$ 时，$x \approx 0.01 \sim 0.02\text{mm}$；当 $t > 6\text{mm}$ 时，$x \approx 0.03 \sim 0.05\text{mm}$。剪切面的垂直度公差也可按图 4-20 查得。

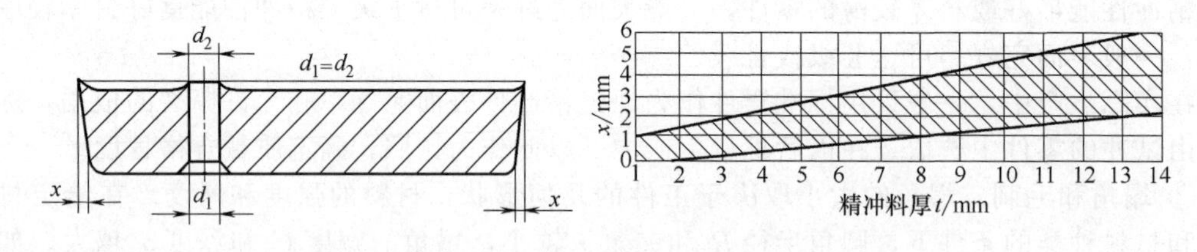


图 4-20　精冲剪切面垂直度公差

精冲过程，材料被压边圈和凹模、反压板和凸模强力夹持，本身就具有校平的作用，因此，精冲件具有较高的平面度。图 4-21 所示为在一般条件下精冲件每 100mm 距离上的平面度公差。

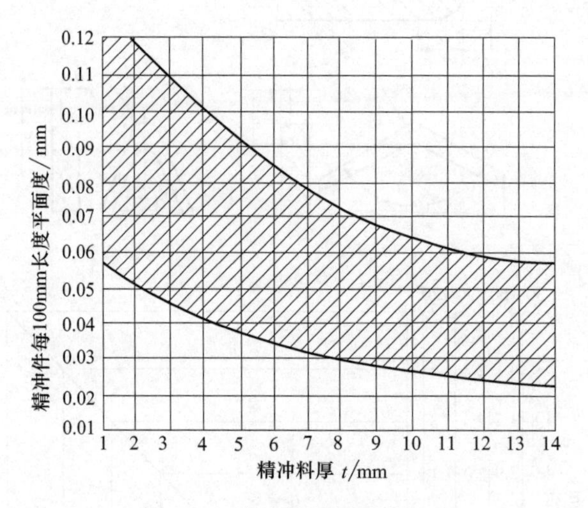


图 4-21　精冲件的平面度公差

## 4.10　精冲件质量的影响因素及控制

精冲件的质量同样包括尺寸精度和外观质量两部分。从精冲加工过程可知：进行精冲加工必须同时具备精冲模具、精冲材料、精冲工艺润滑剂和精冲设备四个条件，四者缺一不可，而其中精冲模具是关键，后三项都是通用的，只有精冲模具因工件而异，它直接影响到产品的质量和生产成本。因此，控制精冲模的工作质量无疑是精冲件加工质量的控制重点。

### 4.10.1 精冲件质量的影响因素

从全面质量管理（TQM）的角度，围绕“机、料、法”各影响因素进行分析（与普通冲裁件加工一样，因“人、环、测”三要素并非仅影响到精冲件的加工，对其他的冲压工序也有共同的影响，故不做特意分析），分析结果表明：

精冲件尺寸精度主要取决于以下因素：精冲工艺尺寸分布的极限偏差；模具的制造精度；刃口状态；压力机的精度和刚度；润滑剂的使用；工件的料厚、材质以及精冲件几何形状的复杂程度等。

精冲件外观质量（剪切面质量、塌角、毛刺等）主要取决于以下因素：冲切元件的表面粗糙度；刃口状态；压力机的精度和刚度；润滑剂的使用；材料的强度、金相组织和厚度；压边力及反压力的大小；压板的结构等。

### 4.10.2 精冲件质量的控制

对精冲件质量进行控制就是对影响精冲件质量的各关键要素有针对性地采取有效措施。

**（1）形状与尺寸精度的控制**

精冲模经装配、试冲验收后，一般都能达到设计所要求的形状和尺寸精度指标，但工作一段时间后，由于冲模受振动、磨损等因素的影响，其所冲出的零件，质量发生变化，形状与尺寸超差，有时还会出现废品，因此，控制的要点主要有：

① 经常检查凸、凹模尺寸。若经使用一段时间后，由于磨损方面的影响，凸、凹模工作刃口尺寸变化，则冲出的工件尺寸精度也会变化，甚至会超出所要求的公差范围，这时必须修正凸、凹模尺寸，使之达到初始状态的精度指标。

② 控制人为的操作因素的影响。精冲工艺润滑剂是实现精冲必不可少的四个条件之一，因此，在精冲加工中应注重工艺润滑剂的选用及润滑，操作中应注意坯料的定位准确性及可靠性。

③ 检查并保证精冲加工过程中，各冲压要素完好。在操作过程中要经常观察模具运行状态，如凸、凹模刃口间隙是否均匀、合理，导向是否工作正常，推、顶料机构及定位机构是否动作出现失灵和工作质量降低。

④ 精冲材料不仅是保证实现精冲的重要条件之一，而且是提高产品质量降低生产成本扩大精冲使用范围的重要因素，控制所使用的材料是否合适、有无经过球化退火的软化处理。

⑤ 检查并保证所采用的冲压设备符合工艺要求，精度可靠及运行可靠。

**（2）外观质量的控制**

一般说来，控制好精冲件的形状与尺寸精度，其外观质量同时也得到了控制，在相当多的影响因素中，两者是相互关联的。因此，精冲件形状与尺寸精度的控制要点同样适用于外观质量的控制。此外，还应注意以下两点：

① 设计并控制好精冲件的外形形状，冲裁轮廓尽量避免有显著外凸曲，转角、尖点或狭窄悬臂。

② 调整好齿圈压板的压边力及反压力，尽量取合理值的下差，以减小精冲件塌角或毛刺高度。

## 4.11 精冲加工的质量缺陷及对策

精冲加工产生的缺陷主要有：毛刺大、塌角大、剪切断面粗糙、表面挠曲等，产生的原因是多方面的，既可能是材料方面，也可能是精冲模调试方面，或是操作疏忽等，因此，解决方案也是多方面的，必须在仔细分析缺陷产生原因的基础上才可有针对性地提出，并随之采取措施解决。

**（1）制件产生毛刺**

一般精冲加工后，零件很少产生毛刺，而对产生毛刺的制件，则必须根据毛刺形状及其产生部位分析、找出原因，采取相应措施。

① 零件毛刺太多、太大　若零件产生毛刺太多、太大，如图 4-22 所示，则可从以下方面寻找原因进行解决：

a. 检查及调整凸、凹模间隙。若凸、凹模间隙过小，则零件在精冲后很容易产生过多的毛刺。

解决措施：增大凸、凹模的间隙，采用钳工修整、锉修的方法进行。落料件修凸模，冲孔件修凹模。

b. 检查凸模刃口。若凸模刃口变钝，凸、凹模间隙正常，也会出现较多毛刺。

解决措施：刃磨凸模，保证其锋利。

c. 检查凸模进入凹模的深度。精冲时，凸模进入凹模深度一般以 0.025～0.05mm 为宜，最大不超过凹模刃口圆角半径，假如凸模进入凹模深度超过此深度则很容易产生较大、较多的毛刺。凸模进入凹模的深度以能冲下零件为原则。

解决措施：调整模具的闭合高度，控制凸模进入凹模的深度。

② 零件靠凸模侧产生毛边　若零件在精冲后，在靠凸模一侧产生毛边，且剪切面呈锥形，如图 4-23 所示，则产生原因主要是因凸、凹模间隙过小。

解决措施：增加凸、凹模间隙值，使其合理。

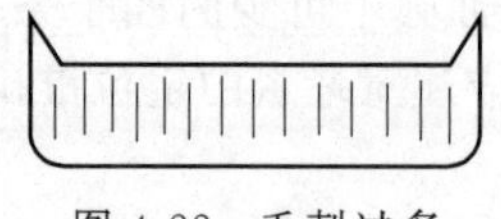

图 4-22　毛刺过多

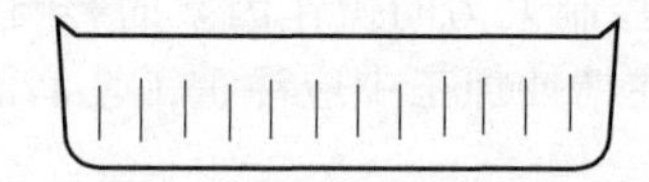

图 4-23　靠凸模侧有毛边且剪切面呈锥形

**（2）制件塌角太大**

精密冲裁的塌角比普通冲裁的小，若塌角较大，如图 4-24 所示，则产生原因及解决措施主要有：

① 检查凹模圆角半径　若凹模圆角半径过大，则易引起制品零件产生大的塌角。

解决措施：磨削凹模刃口平面，将凹模修整成较小的圆角半径。

② 检查反压力大小　若精冲时反压力太小，则易造成塌角过大。

解决措施：调整并加大反压力。

**（3）剪切面粗糙**

若制件剪切断面未达到图样规定的要求，如图 4-25 所示，则产生原因及解决措施主要有：

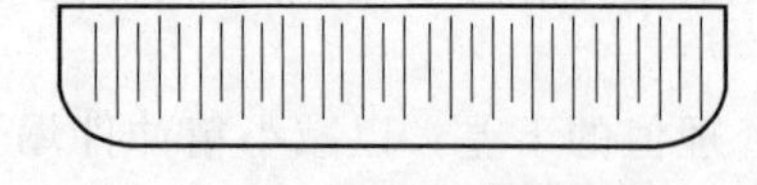

图 4-24　塌角过大

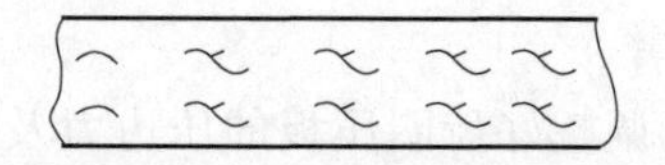

图 4-25　剪切面粗糙

① 检查凹模圆角半径　凹模的圆角半径不能太小，太小会刮伤剪切面，破坏其粗糙度。

解决措施：使用锉修的方法稍微修大凹模圆角半径，但凹模圆角半径也不能过大，过大易使断面出现波纹甚至断裂，应边试边修，直到粗糙等级达到要求为止。

② 检查是否合理地进行了润滑　精冲时，为提高剪切面质量，达到粗糙度所要求的等级，要合理地进行润滑，使用合适的润滑剂，以减少凸、凹模对剪切面的摩擦，以提高制品断面粗糙度等级。

③ 检查凹模孔工作表面的粗糙度　若凹模孔工作表面由于长期使用被磨损、表面粗糙，则冲出的工件断面相应也会粗糙，达不到粗糙等级要求。

解决措施：抛光凹模孔，并在冲切时加适当的润滑剂进行润滑。

④ 检查精冲材料　精冲材料塑性及质量好坏，对断面粗糙度影响很大。因此，在精冲前，要对材料进行球化退火，以增加塑性，适应精冲能力，必要时可对材料进行更换。

**（4）断面中间产生撕裂**

在精冲过程中，若制品在剪断面中间产生撕裂带，如图 4-26 所示，则产生原因及解决措施主要有：

① 检查 V 形齿圈的压料力大小　若 V 形齿圈的压料力太小，很容易使剪切断面产生撕裂。

解决措施：调整齿圈压板，使其压力加大。

② 检查凹模圆角半径是否均匀一致　若凹模圆角半径太小或不均匀，则很容易使剪切断面产生撕裂。

解决措施：适当锉修凹模圆角，使之加大，并保持刃口周边圆角半径的均匀性。

③ 检查齿圈压板 V 形齿圈尺寸　若 V 形齿圈高度太低，起的压料作用太小，难以使条料平稳或塑性增大，即会使冲压后条料失稳而导致剪切断面中间出现撕裂带。

解决措施：增大 V 形齿圈的齿形高度或采用上、下两组 V 形齿圈双面压齿。

④ 检查精冲材料是否适合精冲　若所冲材料不适合精冲，必要时可进行退火或更换更适合的材料。

⑤ 检查条料搭边及间距　精冲条料的搭边与间距不能太小，若太小应适当增加其宽度。

⑥ 检查被冲零件的工艺性　若被冲零件的转角半径太小，或有尖角、窄臂，应根据适用要求稍加修改，使之达到工艺性要求。

**（5）剪切面一侧破裂**

若制品零件一侧破裂，另一侧沿剪切周边有呈波纹状毛边，如图 4-27 所示，则产生原因及解决措施主要有：

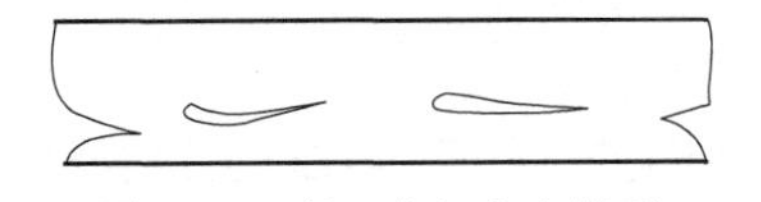

图 4-26　断面中间产生撕裂

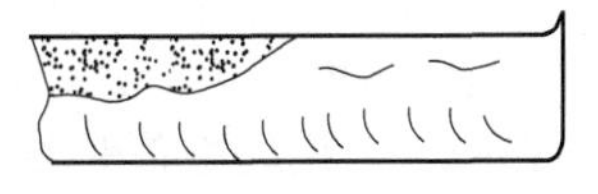

图 4-27　剪切面一侧破裂

① 检查凸、凹模间隙　应检查凸、凹模的间隙各向分布是否均匀一致，若间隙大小不均，很容易一侧出现波纹状毛边，一侧被拉裂。

解决措施：调整间隙，使之各向既合理又均匀。

② 检查凸模与压料齿圈的配合间隙　凸模与压料齿圈的配合应保证 H7/h6 的间隙要求，配合间隙不能太大，间隙太大或不均匀，均会产生一侧面被撕裂，一侧出毛边。

解决措施：修正压料齿圈缝隙，使之合适。

**（6）制件表层剥落**

零件在精冲过程中，若出现表层剥落，则必须根据剥落部位及其特性进行分析，找出原因，采取相应措施。

① 剪切终端表层剥落　若零件经精冲后，剪切终端表层剥落，如图 4-28 所示，则主要原因是凸模与凹模间隙太大，致使在冲裁过程中，材料的塑性较低，制品表面层容易剥落。

解决措施：重新更换及制造凸模或凹模，减小其间隙。

② 剪切面带波纹状且剪切终端表层剥落　若发现剪切面带波纹状，剪切终端表层剥落，如图 4-29 所示，则产生原因及解决措施主要有：

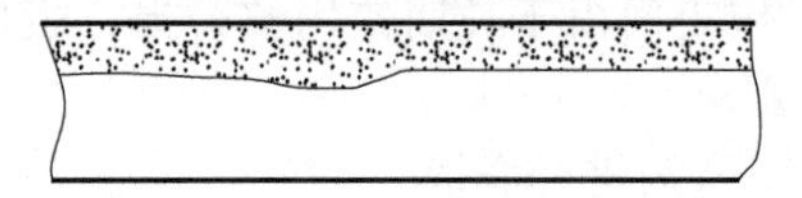
图 4-28　剪切终端表层剥落

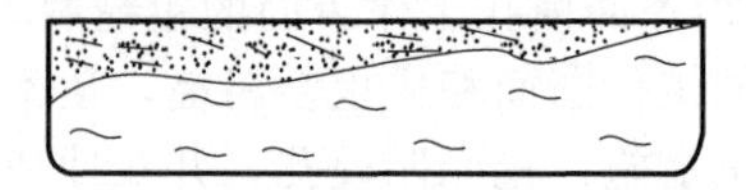
图 4-29　剪切面带波纹、终端表层剥落

a. 检查凹模圆角，若圆角半径太大，应重磨凹模刃口表面，修正圆角，使圆角半径减小。

b. 检查凸、凹模间隙，若间隙太大，也会出现剥落。

解决措施：重新制造更换凸模或凹模中的一件，使其间隙减小。

（7）剪切面产生锥形

一般精冲加工后，零件剪切面有很小的倒锥现象，而对产生较大锥形的制件，则必须根据锥形形状及其特性分析并找出原因，采取相应措施。

① 剪切面呈现不正常锥形　若制品零件在精冲后，其剪切面呈现不正常锥形，如图 4-30 所示，则产生原因及解决措施主要有：

a. 检查凹模圆角半径，若圆角半径太大，则很容易使制件断面产生锥度。

解决措施：将凹模刃口表面刃磨后，重新修整凹模圆角半径，使其圆角半径减小。

b. 检查凹模是否产生弹性变形，若凹模在精冲时产生弹性变形，则也会产生断面锥度。

解决措施：对凹模底部进行平面磨削，将变形消除，或者增加凹模套的预压力，在没有凹模预紧套的情况下，可设置紧固套，以减少由于凹模的弹性变形引起的断面锥度。

② 剪切面呈波纹状和锥形凸起　若制品零件在精冲后，经检查剪切面呈波纹状和锥形凸起，如图 4-31 所示，则产生原因及解决措施主要有：

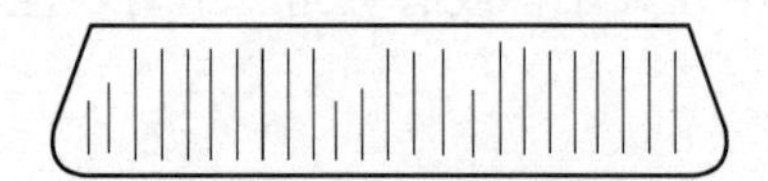
图 4-30　剪切面呈现不正常锥形

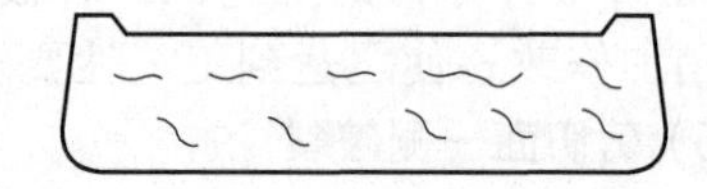
图 4-31　剪切面呈波纹状、锥形凸起

a. 检查凹模圆角半径，若圆角半径过大，则很容易使剪切面呈波纹状和锥形凸起。

解决措施：刃磨凹模刃口平面，采用较小的凹模圆角半径。

b. 检查凸、凹模间隙值是否过大。若间隙过大，应重新制作更换凸模，使凸模与凹模间隙减小。

（8）制件不平

制件精冲后，若表面不平，需根据制品不平的特性分析并找出原因，采取相应措施。

图 4-32　制品中间拱起

① 制品中间拱起　若出现制品在中间部位拱起，如图 4-32 所示，则产生原因及解决措施主要有：

a. 检查推板的反压力大小，若反压力太小，易使制品拱起。

解决措施：设法加大反压力。

b. 检查润滑状况，不能使凸模存润滑油太多，否则因油的压力会造成制品不平或拱起。若是该项原因，则在操作时，应适当减少润滑油的使用，或者在 V 形环上开设油槽，在冲压过程中将润滑多余的油贮存在油槽内。

② 制件在长度方向上弯曲　若制件在长度方向上产生弯曲变形，如图 4-33 所示，主要应在原材料上查找原因。一是要使原材料平直，必要时经校平再冲压。二是要检查一下材料

内部是否有残余应力，并经退火消除。

（9）**制件扭曲变形**

若制件产生扭曲变形，如图 4-34 所示，则产生原因及解决措施主要有：

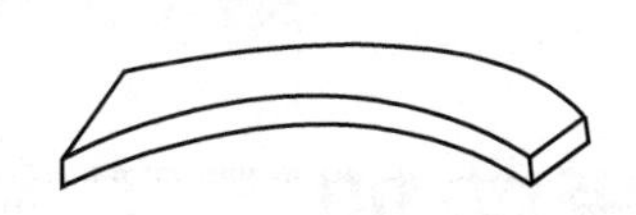

图 4-33 制件在长度方向上弯曲

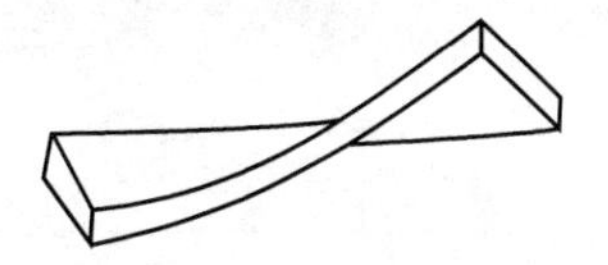

图 4-34 制件产生扭曲变形

① 检查材料内部质量状况 应检查材料内部是否有残余应力，并应用球化退火的方法，消除应力及软化，提高塑性。

② 检查模具的工作状况 主要包括：反压板的厚度、平行度以及各顶杆长度是否存在参差不齐，若存在，应更换或修理相应零件，或调整顶杆长度，保证其平稳顶件。

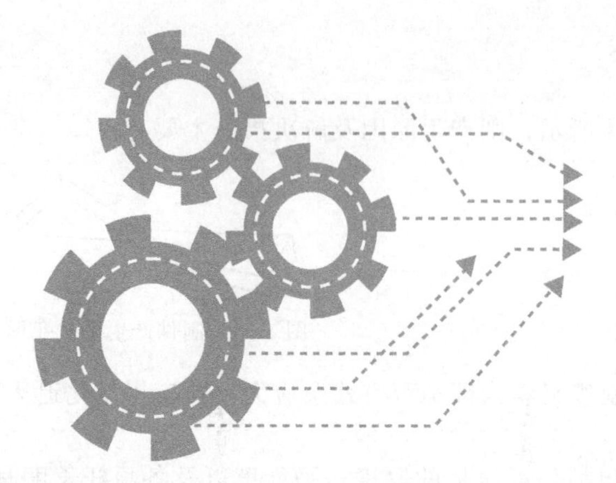

# 第5章 弯曲加工工艺及质量管理

## 5.1 弯曲加工分析

弯曲是将金属材料（板料、型材、管材等）沿弯曲线弯成一定角度和形状的冲压工序。根据成形所用模具及设备的不同，形成各种不同的弯曲方法，主要有：压弯、折弯、滚弯、拉弯等。尽管弯曲方法多样，但弯曲变形却具有共同的规律。

### 5.1.1 弯曲加工过程

图5-1是利用V形弯曲模压弯V形件的模具结构图，凸模1与凹模2分别与弯曲工件内、外形轮廓基本一致，当外力（如压力机滑块运动）将凸模推下时，便将放在凸、凹模之间的板料弯成需要的工件。

图5-2为零件的整个弯曲变形过程示意图，随着凸模的下压，板料的内弯曲半径 $R_0$ 逐渐减小（$R_0>R_1>R_2>\cdots>R_k$），弯曲力臂 $L_0$ 也逐渐减小（$L_0>L_1>L_2>\cdots>L_k$），当凸模与板料、凹模三者完全贴合，板料的内弯曲半径 $R_0$ 便与凸模的半径 $R_凸$ 一致，弯曲力臂也减小至 $L_k$，弯曲过程结束。

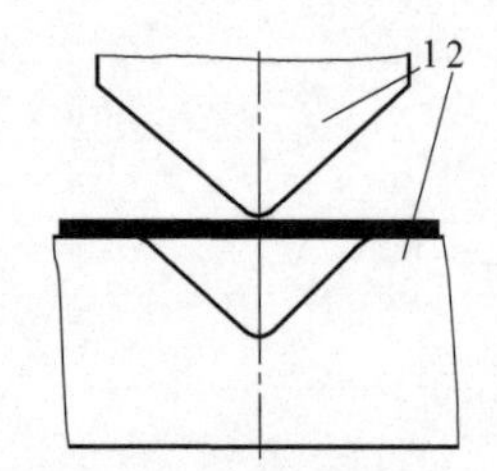


图5-1　弯曲模结构图

1—凸模；2—凹模

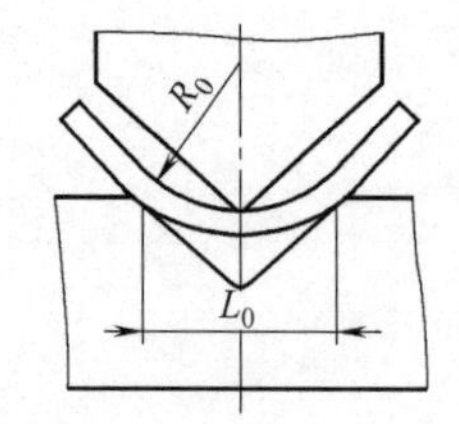


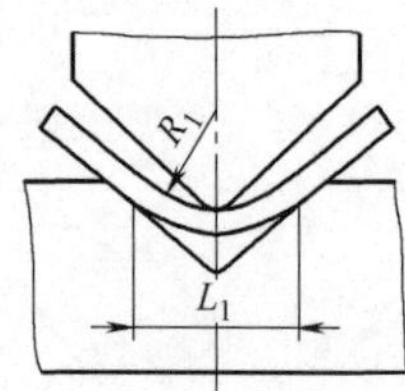


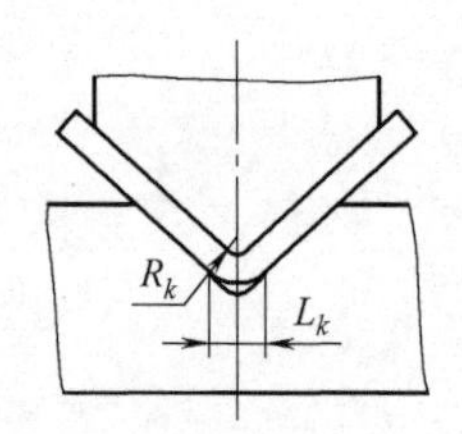


图5-2　弯曲变形过程示意图

弯曲有自由弯曲和校正弯曲之分，区别在于自由弯曲是在凸模、板料、凹模三者完全贴合时就不再往下压，而校正弯曲则是在自由弯曲的基础上凸模再往下压，使工件产生进一步的塑性变形，以减小弯曲件的回弹。

### 5.1.2 弯曲变形分析

为获得弯曲变形的特点，可采用弯曲前在板材侧面上设置正方形网格，观察弯曲前后网格变化的方法来进行分析。

① 弯曲前后网格的变化　图5-3（a）为弯曲前在板材侧面上设置正方形网格形状，图

5-3（b）为弯曲后网格的变化情况。

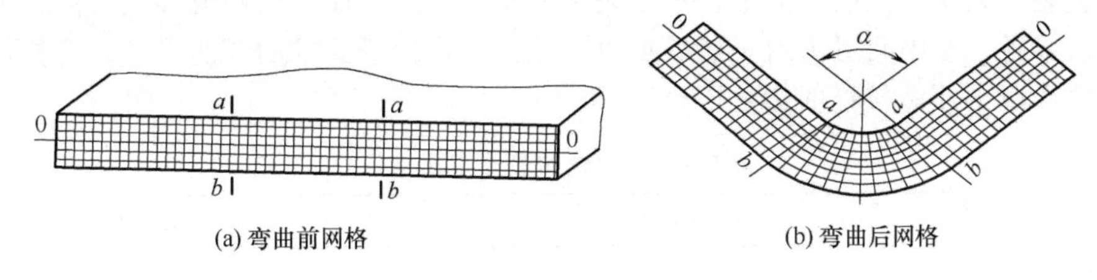


(a) 弯曲前网格　　(b) 弯曲后网格

图 5-3　弯曲前后网格的变化

观察弯曲后该坐标网格可以发现：

a. 圆角部分的正方形坐标网格由正方形变成了扇形，其他部位则没有变形或变形很小。

b. 变形区内，侧面网格由正方形变成了扇形，靠近凹模的外侧受切向拉伸，长度伸长，靠凸模的内侧受切向压缩，长度缩短，由内、外表面至板料中心，其缩短和伸长的程度逐渐变小。在缩短和伸长两者之间变形前后长度不变的那层金属称为中性层。

② 弯曲变形区断面的变化　弯曲变形区断面的变化如图 5-4 所示，观察弯曲后断面的变化可以发现：

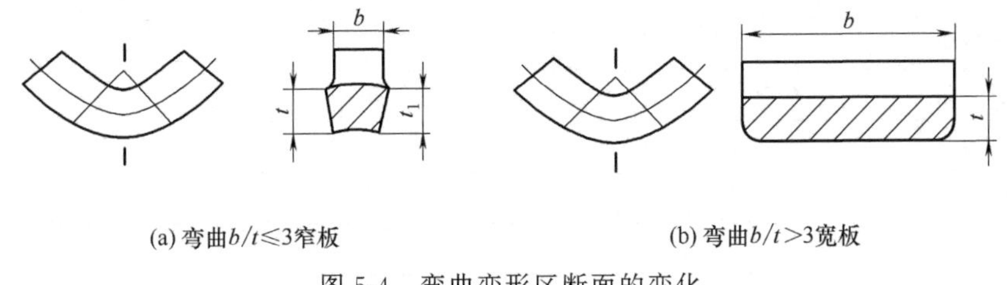


(a) 弯曲$b/t \leqslant 3$窄板　　(b) 弯曲$b/t>3$宽板

图 5-4　弯曲变形区断面的变化

a. 变形区内的板料横截面发生变形。对弯曲窄板（$b/t \leqslant 3$），内层材料受到切向压缩后向宽度方向流动，使宽度增大，外层材料受到切向拉伸后，材料的不足便由宽度和厚度方向来补充，致使宽度变窄。整个截面呈内宽外窄的扇形。对宽度较大的宽板（$b/t>3$），由于宽度方向材料多，阻力大，材料向宽度方向流动困难，横截面形状基本保持不变，仍为矩形。

b. 厚度减薄。板料弯曲时，内层受切向压缩而缩短，厚度应增加，但由于凸模紧压板料，厚度增加阻力很大，而外层受切向拉伸而伸长，厚度方向变薄不受约束，在整个厚度上增厚量小于变薄量，从而出现厚度变薄现象。

一般的弯曲件均属于宽板弯曲，因此弯曲前后板料宽度方向基本不变。如果弯曲件的弯曲半径为 $r$，弯曲板料厚度为 $t$，则相对弯曲半径 $r/t$ 较小的弯曲件，由于弯曲时变形区板料厚度有明显变薄现象，按照体积不变的原则，必然会使板料长度有所增加。

## 5.2 弯曲加工的工艺性

弯曲是成形类加工的重要组成工序之一，采用弯曲加工工艺，能将板料、型材、管材或棒料等弯成一定的角度、一定的曲率，形成一定形状的冲压零件。弯曲件的工艺性是指弯曲零件的形状、尺寸、精度、材料以及技术要求等是否符合弯曲加工的工艺要求。具有良好工艺性的弯曲件，能简化弯曲的工艺过程及模具结构，提高工件的质量。弯曲件的工艺性主要考虑以下内容。

① 弯曲件的最小弯曲半径。表 5-1～表 5-4 分别给出了板料、型材、管料及圆钢的最小

弯曲半径。各类材料弯曲件的最小弯曲半径不得小于表中所列的数据，否则会造成变形区外层材料的破裂。如果工件的弯曲半径小于表中所示数值，则应分两次或多次弯曲，即先弯成较大的圆角半径，经中间退火后，然后再以校正工序弯成所要求的弯曲半径，这样可以使变形区域扩大，减小外层材料的伸长率。

**表 5-1 弯曲件的最小弯曲半径**

| 材料 | 退火或正火 | | 冷作硬化 | |
|---|---|---|---|---|
| | 弯曲线位置 | | | |
| | 垂直碾压纹向 | 平行碾压纹向 | 垂直碾压纹向 | 平行碾压纹向 |
| 紫铜、锌 | $0.1t$ | $0.35t$ | $t$ | $2t$ |
| 黄铜、铝 | $0.1t$ | $0.3t$ | $0.5t$ | $t$ |
| 磷青铜 | — | — | $t$ | $3t$ |
| 08 钢、10 钢、Q215 钢 | $0.1t$ | $0.4t$ | $0.4t$ | $0.8t$ |
| 15～20 钢、Q235 钢 | $0.1t$ | $0.5t$ | $0.5t$ | $t$ |
| 25～30 钢、Q255 钢 | $0.2t$ | $0.6t$ | $0.6t$ | $1.2t$ |
| 35～40 钢、Q275 钢 | $0.3t$ | $0.8t$ | $0.8t$ | $1.5t$ |
| 45～50 钢、Q295 钢 | $0.5t$ | $t$ | $t$ | $1.7t$ |
| 55～60 钢、Q315 钢 | $0.7t$ | $1.3t$ | $1.3t$ | $2t$ |
| 65Mn 钢、T7 钢 | $t$ | $2t$ | $2t$ | $3t$ |
| 硬铝(软) | $t$ | $1.5t$ | $1.5t$ | $2.5t$ |
| 硬铝(硬) | $2t$ | $3t$ | $3t$ | $4t$ |
| 镁锰合金 MB1、MB8 | $2t$(加热至<br>300～400℃) | $3t$(加热至<br>300～400℃) | $7t$(冷作状态)<br>$5t$(冷作状态) | $9t$(冷作状态)<br>$8t$(冷作状态) |
| 钛合金 TA2、TA5 | $1.5t$(加热至<br>300～400℃) | $2t$(加热至<br>300～400℃) | $3t$(冷作状态)<br>$4t$(冷作状态) | $4t$(冷作状态)<br>$5t$(冷作状态) |

注：1. 当弯曲线与碾压纹路成一定角度时，视角度的大小，可采用居间的数值，如 45°时可取中间值。

2. 对在冲裁或剪裁后未经退火的窄毛坯作弯曲时，应作为硬化金属来选用。

3. 弯曲时，使冲裁毛刺于弯曲后转到弯角的内侧，即弯曲时应将坯料毛刺一面朝向凸模。

**表 5-2 型材的最小弯曲半径计算** 单位：mm

| 名称 | 简图 | 状态 | 最小弯曲半径 |
|---|---|---|---|
| 等边角钢外弯 | 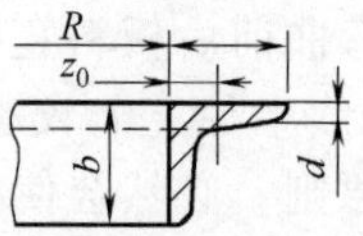 | 热 | $R_{min} \approx 7b - 8z_0$ |
| | | 冷 | $R_{min} = 25b - 26z_0$<br>粗估 $R_{min} \approx 17b$ |
| 等边角钢内弯 | 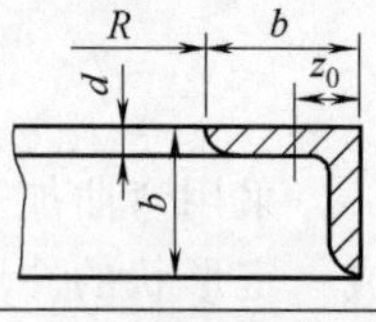 | 热 | $R_{min} \approx 6(b - z_0)$ |
| | | 冷 | $R_{min} = 24(b - z_0)$<br>粗估 $R_{min} \approx 17.5b$ |
| 不等边角钢小边外弯 | 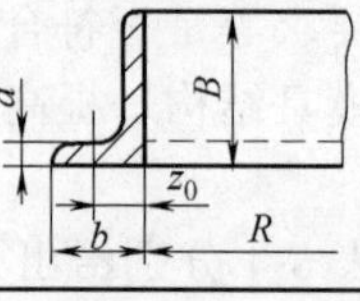 | 热 | $R_{min} \approx 7b - 8x_0$ |
| | | 冷 | $R_{min} = 25b - 26x_0$<br>粗估 $R_{min} \approx 11.7B$ |

续表

| 名称 | 简图 | 状态 | 最小弯曲半径 |
| --- | --- | --- | --- |
| 不等边角钢大边外弯 | 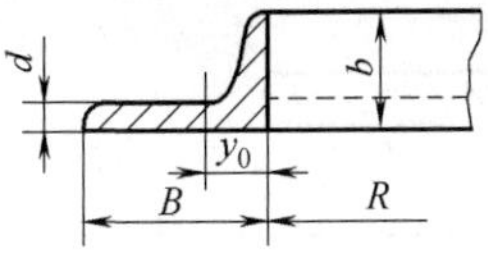  | 热 | $R_{min} \approx 7b-8y_0$ |
|  |  | 冷 | $R_{min}=25b-26y_0$<br>粗估 $R_{min} \approx 17.5B$ |
| 不等边角钢小边内弯 | 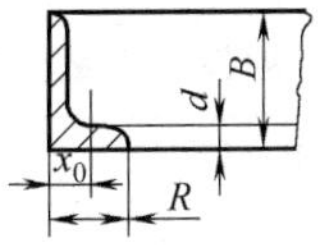  | 热 | $R_{min} \approx 6(b-x_0)$ |
|  |  | 冷 | $R_{min}=24(b-x_0)$<br>粗估 $R_{min} \approx 11.7B$ |
| 不等边角钢大边内弯 | 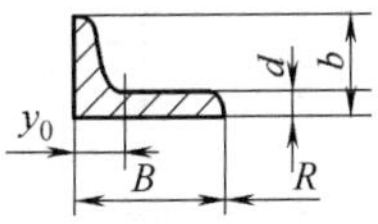  | 热 | $R_{min} \approx 6(B-y_0)$ |
|  |  | 冷 | $R_{min}=24(B-y_0)$<br>粗估 $R_{min} \approx 17.2B$ |
| 工字钢以 $y_0$-$y_0$ 轴弯曲 | 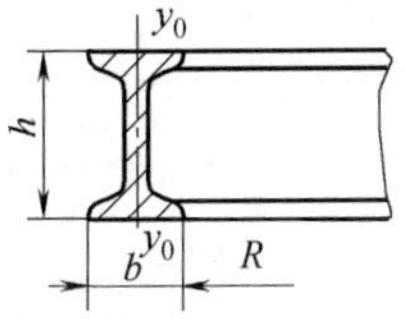  | 热 | $R_{min} \approx 3b$ |
|  |  | 冷 | $R_{min}=12b$ |
| 工字钢以 $x_0$-$x_0$ 轴弯曲 | 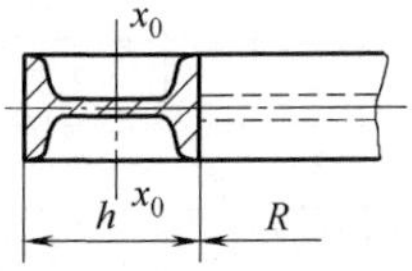  | 热 | $R_{min} \approx 3h$ |
|  |  | 冷 | $R_{min}=12h$ |
| 槽钢以 $x_0$-$x_0$ 轴弯曲（平弯） | 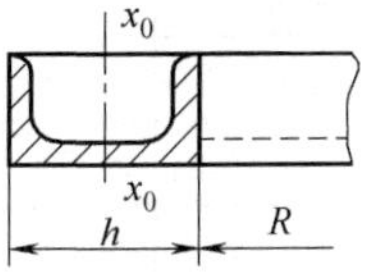  | 热 | $R_{min} \approx 3h$ |
|  |  | 冷 | $R_{min}=12h$ |
| 槽钢以 $y_0$-$y_0$ 轴外弯（立弯） | 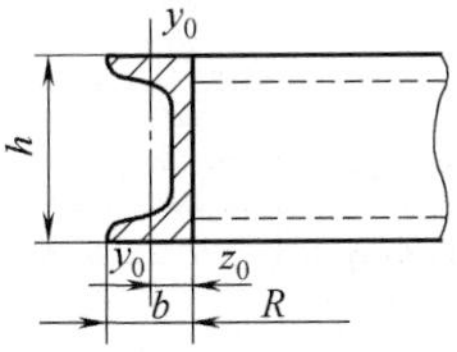  | 热 | $R_{min} \approx 7b-8z_0$ |
|  |  | 冷 | $R_{min}=25b-26z_0$<br>粗估 $R_{min} \approx 7.6h$（中等尺寸） |
| 槽钢以 $y_0$-$y_0$ 轴内弯（立弯） | 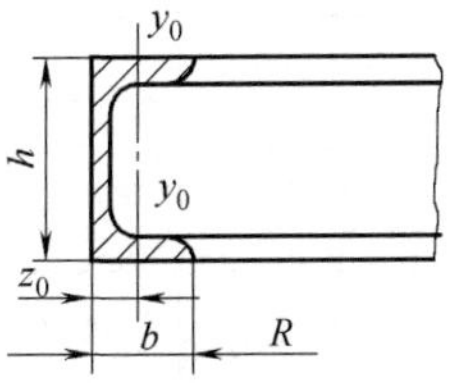  | 热 | $R_{min} \approx 6(b-z_0)$ |
|  |  | 冷 | $R_{min}=24(b-z_0)$<br>粗估 $R_{min} \approx 7.2h$（中等尺寸） |
| 扁钢弯曲 | 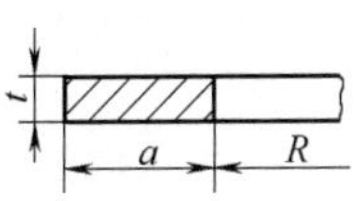  | 热 | $R_{min} \approx 3a$ |
|  |  | 冷 | $R_{min}=12a$ |

续表

| 名称 | 简图 | 状态 | 最小弯曲半径 |
|---|---|---|---|
| 方钢弯曲 | | 热 | $R_{min} \approx a$ |
| | | 冷 | $R_{min}=2.5a$ |

注：表中 $a$、$b$、$x_0$、$y_0$、$z_0$ 等尺寸可查阅相应型钢的国家标准。

**表 5-3　各种管材的最小弯曲半径数值**　　单位：mm

| 纯铜与黄铜管 | | | 铝材管 | | | 无缝钢管 | | |
|---|---|---|---|---|---|---|---|---|
| 管料外径 $D$ | 最小弯曲半径 $R_{min}$ | 管壁厚 $t$ | 管料外径 $D$ | 最小弯曲半径 $R_{min}$ | 管壁厚 $t$ | 管料外径 $D$ | 最小弯曲半径 $R_{min}$ | 管壁厚 $t$ |
| 5.0 | 10 | 1.0 | 6.0 | 10 | 1.0 | 6.0 | 15 | 1.0 |
| 6.0 | 10 | 1.0 | 8.0 | 15 | 1.0 | 8.0 | 15 | 1.0 |
| 7.0 | 15 | 1.0 | 10 | 15 | 1.0 | 10 | 20 | 1.5 |
| 8.0 | 15 | 1.0 | 12 | 20 | 1.0 | 12 | 25 | 1.5 |
| 10 | 15 | 1.0 | 14 | 20 | 1.0 | 14 | 30 | 1.5 |
| 12 | 20 | 1.0 | 16 | 30 | 1.5 | 16 | 30 | 1.5 |
| 14 | 20 | 1.0 | 20 | 30 | 1.5 | 18 | 40 | 1.5 |
| 15 | 30 | 1.0 | 25 | 50 | 1.5 | 18 | 28 | 3.0 |
| 16 | 30 | 1.5 | 30 | 60 | 1.5 | 20 | 40 | 1.5 |
| 18 | 30 | 1.5 | 40 | 80 | 1.5 | 22 | 50 | 3.0 |
| 20 | 30 | 1.5 | 50 | 100 | 2 | 25 | 50 | 3.0 |
| 24 | 40 | 1.5 | 60 | 125 | 2 | 32 | 60 | 3.0 |
| 25 | 40 | 1.5 | — | — | — | 38 | 80 | 3.0 |
| 28 | 50 | 1.5 | — | — | — | 44.5 | 100 | 3.0 |
| 35 | 60 | 1.5 | — | — | — | 57 | 110 | 3.5 |
| 45 | 80 | 1.5 | — | — | — | 76 | 180 | 4.0 |
| 55 | 100 | 2.0 | — | — | — | 89 | 220 | 4.0 |
| 不锈钢管 | | | 不锈无缝钢管 | | | 硬聚氯乙烯管 | | |
| 管料外径 $D$ | 最小弯曲半径 $R_{min}$ | 管壁厚 $t$ | 管料外径 $D$ | 最小弯曲半径 $R_{min}$ | 管壁厚 $t$ | 管料外径 $D$ | 最小弯曲半径 $R_{min}$ | 管壁厚 $t$ |
| 14 | 18 | 2.0 | 6.0 | 15 | 1.0 | 12.5 | 30 | 2.25 |
| 18 | 28 | 2.0 | 8.0 | 15 | 1.0 | 15 | 45 | 2.25 |
| 22 | 50 | 2.0 | 10 | 20 | 1.5 | 25 | 60 | 2.0 |
| 25 | 50 | 2.0 | 12 | 25 | 1.5 | 25 | 80 | 3.0 |
| 32 | 60 | 2.5 | 14 | 30 | 1.5 | 32 | 110 | 3.0 |
| 38 | 70 | 2.5 | 16 | 30 | 1.5 | 40 | 150 | 3.5 |
| 45 | 90 | 2.5 | 18 | 40 | 1.5 | 51 | 180 | 4.0 |
| 57 | 110 | 2.5 | 20 | 40 | 1.5 | 65 | 240 | 4.5 |
| 76 | 225 | 3.5 | 22 | 60 | 1.5 | 76 | 330 | 5.0 |

续表

| 不锈钢管 | | | 不锈无缝钢管 | | | 硬聚氯乙烯管 | | |
|---|---|---|---|---|---|---|---|---|
| 管料外径 $D$ | 最小弯曲半径 $R_{min}$ | 管壁厚 $t$ | 管料外径 $D$ | 最小弯曲半径 $R_{min}$ | 管壁厚 $t$ | 管料外径 $D$ | 最小弯曲半径 $R_{min}$ | 管壁厚 $t$ |
| 89 | 250 | 4.0 | 25 | 60 | 3.0 | 90 | 400 | 6.0 |
| 108 | 360 | 4.0 | 32 | 80 | 3.0 | 114 | 500 | 7.0 |
| 133 | 400 | 4.0 | 38 | 80 | 3.0 | 140 | 600 | 8.0 |
| 139 | 450 | 4.0 | 41 | 100 | 3.0 | 166 | 800 | 8.0 |

**表 5-4 圆钢最小弯曲半径 $R_{min}$ 的估算** 单位：mm

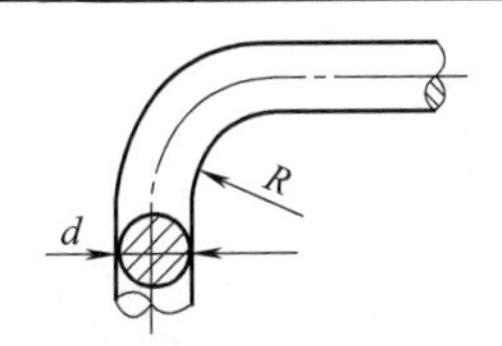


| 名称 | 状态 | 最小弯曲半径 | 名称 | 状态 | 最小弯曲半径 |
|---|---|---|---|---|---|
| 碳素钢 | 热 | $R_{min}=d$ | 不锈钢 | 热 | $R_{min}=d$ |
| | 冷 | $R_{min}=2.5d$ | | 冷 | $R_{min}=(2\sim2.5)d$ |

② 弯曲件孔边距 $s$。带孔的板料在弯曲时，如果孔位于弯曲变形区内，则孔的形状会发生畸变。因此，孔边到弯曲半径 $r$ 中心的距离 $s$［参见图 5-5（a）］要保证：当 $t<2$mm 时，$s\geqslant t$；当 $t\geqslant2$mm 时，$s\geqslant2t$。如不能满足上述条件，应弯曲后再冲孔，如结构允许，也可采取在弯曲线上冲工艺孔［参见图 5-5（b）］或冲凸缘形缺口、月牙槽等措施，以转移变形区，见图 5-5（c）、（d）。

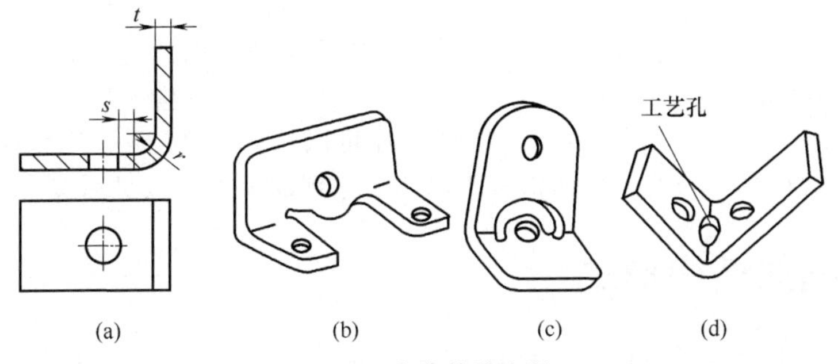


图 5-5 弯曲件孔边距

③ 弯曲件的直边高度 $h$。当弯 90°角时，为使弯曲时有足够的弯曲力臂，必须使弯曲边高度 $h>2t$，最好大于 $3t$［参见图 5-6（a）］；当弯曲侧面带有斜角的弯曲件时，侧边的最小高度 $h_{min}=(2\sim4)t$ 或 $h_{min}=1.5t+r$，见图 5-6（b）。

若弯曲件的直边高度不满足上述要求，可采用开槽后弯曲或增加直边高度，弯曲后再除去。

④ 弯曲件的形状。弯曲件的形状应尽量对称，弯曲半径应左右一致，以保证板料不会因摩擦阻力不均匀而产生滑动，造成工件偏移。

⑤ 其他工艺性要求。在局部弯曲某一段边缘时，为了避免角部畸形或由于应力集中而产生撕裂，可预先冲工艺孔或切槽，或将弯曲线移一段距离，见图 5-7。

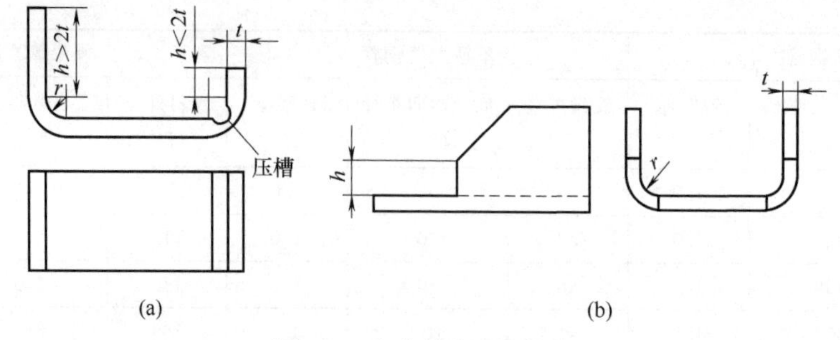


图 5-6　弯曲件的直边高度

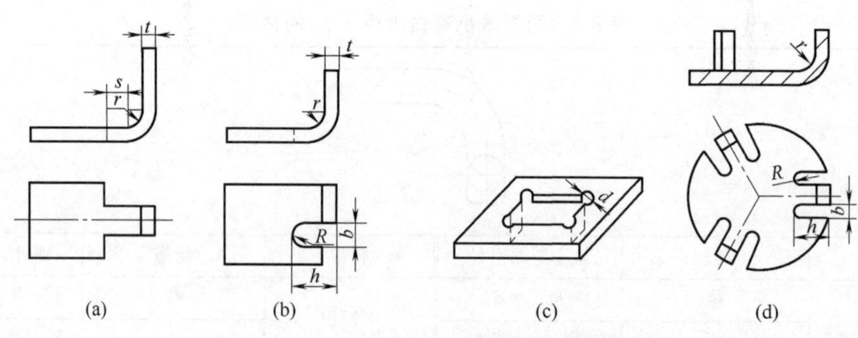


图 5-7　防止角部畸形或撕裂的措施

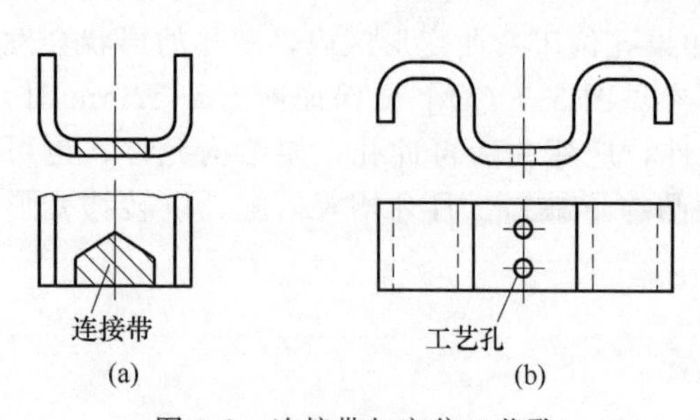


图 5-8　连接带与定位工艺孔

在弯曲区有缺口的冲压件，若弯曲前冲出缺口，则弯曲后底部将不平整，为此可在缺口处留连接带，弯曲后再冲出缺口，如图 5-8（a）所示。为使坯料在弯曲时准确定位，零件允许的条件下可以添加定位工艺孔，如图 5-8（b）所示。

⑥ 弯曲件的尺寸公差。一般弯曲件的尺寸公差等级最好在 IT13 级以下，角度公差最好大于 15′，否则应增加整形工序。一般，增加整形等工序可以达到 IT11 级。精度要求较高的弯曲件必须严格控制材料厚度公差。弯曲件各类尺寸能达到的公差等级见后文（表 5-11）。

## 5.3　弯曲模的结构形式

弯曲件的形状千变万化，按外形结构划分主要有：V、U、⎍形件；夹箍形圆筒件以及由上述单一结构要素组成的具有不同形状弯角、圆弧等的多向弯曲的半封闭或封闭件。一般说来，不同形状零件的弯曲成形需要由不同的模具结构对应完成。弯曲模具有的这种特性，使其命名及结构形式呈现出多样性。

习惯上，按弯曲模完成弯曲件的外形形状可命名：V 形件弯曲模、U 形件弯曲模、⎍形件弯曲模等；而根据模具是否使用压料装置及其工作特性，又可将弯曲模分为：敞开式、带压料装置式、摆块式、摆轴式等；根据弯曲模实现的自动化程度，可分为自动弯曲模、手动弯曲模；根据弯曲模完成的加工工步数目，又可分为单工序弯曲模、多工位弯曲级进模等。此处仅介绍单工序简单弯曲模。

**（1）敞开式弯曲模**

图 5-9 为 V、U 形件敞开式弯曲模结构，是最简单的模具结构形式。

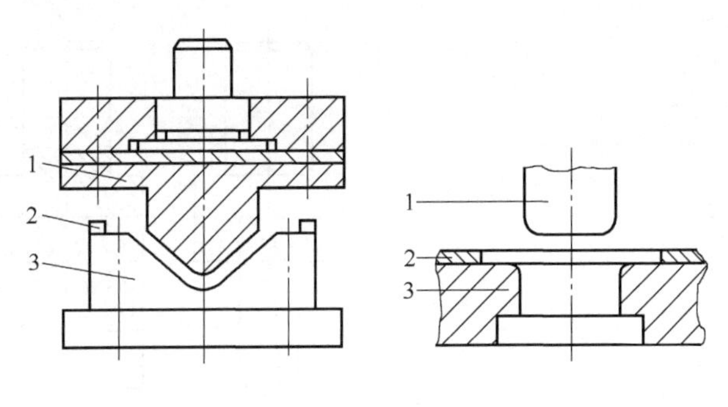


图 5-9　V、U 形件敞开式弯曲模结构

1—凸模；2—定位板；3—凹模

整套模具的上、下模均未采用压料装置，为敞开式，制造方便，通用性强，但采用这种模具弯曲时，板料容易滑动，弯曲件的边长不易控制，工件弯曲精度不高且 U 形件的底部不平整。

（2）带压料装置的弯曲模

为提高 V 形件的弯曲精度，防止板料滑动，可采用图 5-10 所示结构。其中：图 5-10（a）弹簧顶杆 3 是为了防止压弯时坯料偏移而采用的压料装置。图 5-10（b）设置了压料装置，并以定位销定位，克服弯曲的侧向力作用，通过设置止推块 6，使凸模接触坯料前先行与止推块 6 紧贴，防止毛坯及凸模偏移，保证弯曲件的质量。

同样，图 5-11 所示的 U 形件弯曲模，冲压时，毛坯被压在凸模 1 和压料板 3 之间逐渐下降，两端未被压住的材料沿凹模圆角滑动并弯曲，进入凸模和凹模的间隙，将零件弯成 U 形。由于弯曲过程中，板料始终处于凸模 1 和压料板 3 之间的压力作用下，因此能较好地控制 U 形件底部平整，较好地保证弯曲精度。

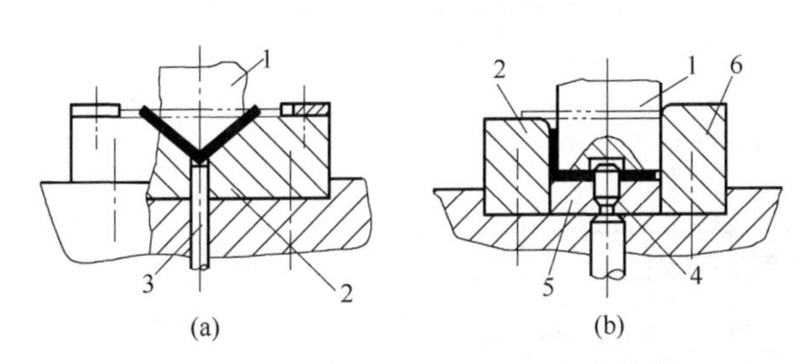


图 5-10　带压料装置及定位销的弯曲模

1—凸模；2—凹模；3—弹簧顶杆；
4—定位销；5—压料板；6—止推块

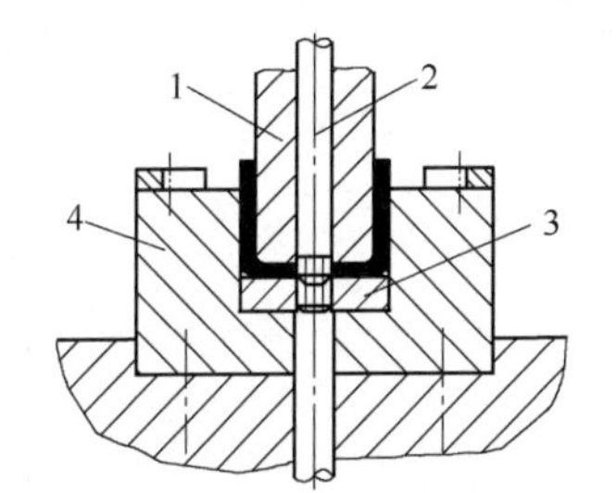


图 5-11　U 形件弯曲模

1—凸模；2—推杆；
3—压料板；4—凹模

（3）摆块式弯曲模

图 5-12（b）为一次性直接弯成图 5-12（a）所示夹箍类圆筒件的摆块式弯曲模结构。

模具工作时，毛坯件用活动凹模 12 上的定位槽定位。上模下行时，型芯 5 先将毛坯弯成 U 形，然后型芯 5 压活动凹模 12，使其向中心摆动，将工件弯曲成形。上模回升后，活动凹模 12 在弹簧 9 的作用下，被顶柱 10 顶起分开。工件留在型芯 5 上，由纵向取出。

（4）斜楔弯曲模

图 5-13 为用于弯曲角小于 90°的封闭和半封闭弯曲件的带斜楔弯曲模结构。

模具工作时，毛坯件首先在凸模 8 作用下被压成 U 形件。随着上模板 4 继续向下移动，弹簧 3 被压缩，装于上模板 4 上的两块斜楔 2 压向滚柱 1，使装有滚柱 1 的活动凹模块 5、6

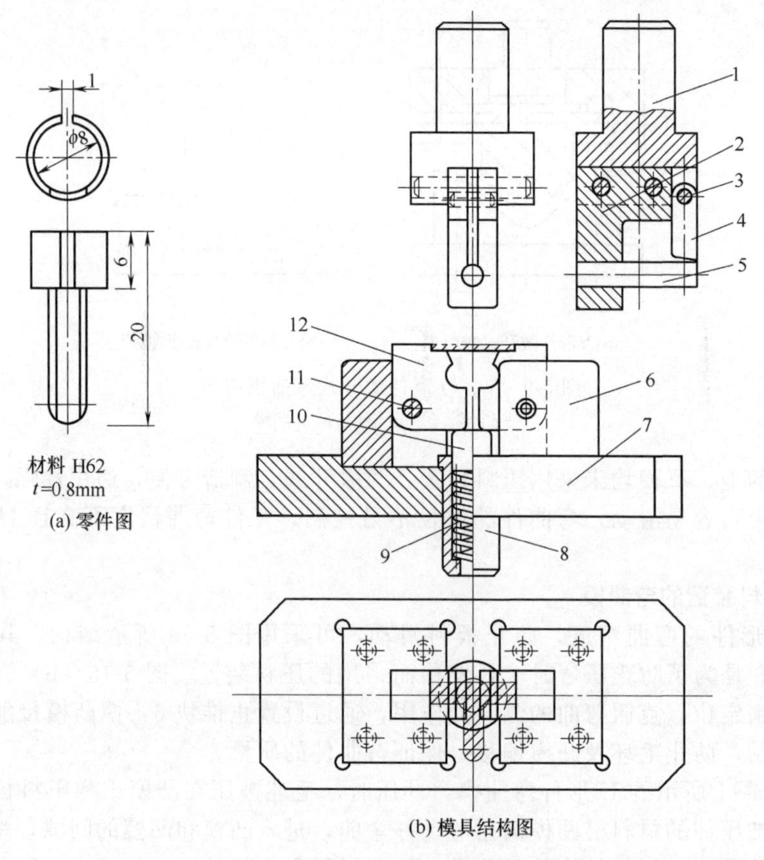


图 5-12 摆块式弯曲模

1—模柄；2—上模支架；3—圆销；4—活动支柱；5—型芯；6—座架；7—底座；8—弹簧套筒；9—弹簧；10—顶柱；11—芯轴；12—活动凹模

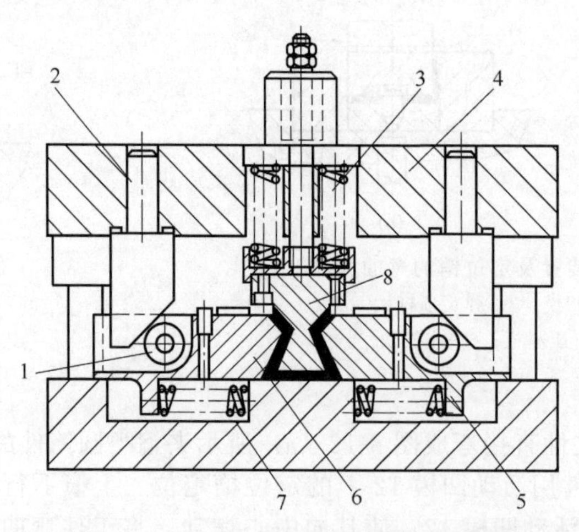


图 5-13 弯曲角小于 90°的带斜楔弯曲模

1—滚柱；2—斜楔；3，7—弹簧；4—上模板；5，6—凹模块；8—凸模

分别向中间移动，将 U 形件两侧边向里弯成小于 90°角度。当上模回程时，弹簧 7 使凹模块复位。由于模具结构是靠弹簧 3 的弹力将毛坯压成 U 形件的，受弹簧弹力的限制，只适用于弯曲薄料。

## 5.4 弯曲加工工艺参数的确定

弯曲加工工艺参数的确定主要包括：弯曲毛坯长度的计算、弯曲力的计算、弯曲模间隙的确定等内容。

### 5.4.1 毛坯长度的计算

在板料弯曲时，弯曲件毛坯展开尺寸准确与否，直接关系到所弯工件的尺寸精度。由于弯曲中性层在弯曲变形的前后长度不变，因此，弯曲部分中性层的长度就是弯曲部分毛坯的展开长度。这样，整个弯曲零件毛坯长度计算的关键就在于如何确定弯曲中性层曲率半径。生产中，一般用经验公式确定中性层的曲率半径 $\rho$：

$$\rho=r+xt$$

式中 $r$——板料弯曲内角；

$x$——与变形程度有关的中性层系数，按表 5-5 选取；

$t$——板料厚度。

**表 5-5 板料中性层系数 $x$ 的值**

| $r/t$ | 0.1 | 0.2 | 0.3 | 0.4 | 0.5 | 0.6 | 0.7 | 0.8 | 1 | 1.2 |
|---|---|---|---|---|---|---|---|---|---|---|
| $x$ | 0.21 | 0.22 | 0.23 | 0.24 | 0.25 | 0.26 | 0.28 | 0.3 | 0.32 | 0.33 |
| $r/t$ | 1.3 | 1.5 | 2 | 2.5 | 3 | 4 | 5 | 6 | 7 | ≥8 |
| $x$ | 0.34 | 0.36 | 0.38 | 0.39 | 0.4 | 0.42 | 0.44 | 0.46 | 0.48 | 0.5 |

中性层位置确定后，便可求出直线及圆弧部分长度之和，这便是弯曲零件展开料的长度。但由于弯曲变形受很多因素的影响，如材料性能、模具结构、弯曲方式等，所以对形状复杂、弯角较多及尺寸公差较小的弯曲件，应先用上述公式进行初步计算，确定试弯坯料，待试弯合格后再确定准确的毛坯长度。

表 5-5 所列数值对于棒材、管材弯曲展开的粗略计算同样适用。

生产中，弯曲角度为 90°时，常用扣除法来计算弯曲件展开长度，如图 5-14 所示，当板料厚度为 $t$，弯曲内角半径为 $r$，弯曲件毛坯展开长度 $L$ 为

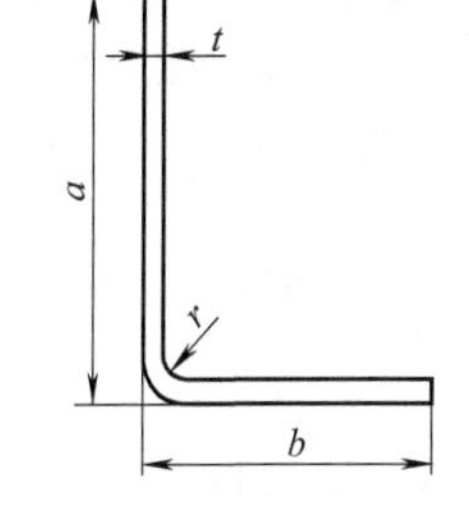

图 5-14 弯曲直角示意图

$$L=a+b-u$$

式中 $a$ ,$b$——折弯两直角边的长度；

$u$——两直角边之和与中性层长度之差，见表 5-6。

**表 5-6 弯曲 90°时展开长度扣除值 $u$** 单位：mm

| 料厚 $t$ | 弯曲半径 $r$ | | | | | | | | | | | |
|---|---|---|---|---|---|---|---|---|---|---|---|---|
| | 1 | 1.2 | 1.6 | 2 | 2.5 | 3 | 4 | 5 | 6 | 8 | 10 | 12 |
| | 平均值 $u$ | | | | | | | | | | | |
| 1 | 1.92 | 1.97 | 2.1 | 2.23 | 2.24 | 2.59 | 2.97 | 3.36 | 3.76 | 4.57 | 5.39 | 6.22 |
| 1.5 | 2.64 | — | 2.9 | 3.02 | 3.18 | 3.34 | 3.7 | 4.07 | 4.45 | 5.24 | 6.04 | 6.85 |
| 2 | 3.38 | — | — | 3.81 | 3.98 | 4.13 | 4.46 | 4.81 | 5.18 | 5.94 | 6.72 | 7.52 |
| 2.5 | 4.12 | — | — | 4.33 | 4.8 | 4.93 | 5.24 | 5.57 | 5.93 | 6.66 | 7.42 | 8.21 |
| 3 | 4.86 | — | — | 5.29 | 5.5 | 5.76 | 6.04 | 6.35 | 6.69 | 7.4 | 8.14 | 8.91 |

续表

| 料厚 $t$ | 弯曲半径 $r$ | | | | | | | | | | | |
|---|---|---|---|---|---|---|---|---|---|---|---|---|
| | 1 | 1.2 | 1.6 | 2 | 2.5 | 3 | 4 | 5 | 6 | 8 | 10 | 12 |
| | 平均值 $u$ | | | | | | | | | | | |
| 3.5 | 5.6 | — | — | 6.02 | 6.24 | 6.45 | 6.85 | 7.15 | 7.47 | 8.15 | 8.88 | 9.63 |
| 4 | 6.33 | — | — | 6.76 | 6.98 | 7.19 | 7.62 | 7.95 | 8.26 | 8.92 | 9.62 | 10.36 |
| 4.5 | 7.07 | — | — | 7.5 | 7.72 | 7.93 | 8.36 | 8.66 | 9.06 | 9.69 | 10.38 | 11.1 |
| 5 | 7.81 | — | — | 8.24 | 8.45 | 8.76 | 9.1 | 9.53 | 9.87 | 10.48 | 11.15 | 11.85 |
| 6 | 9.29 | — | — | — | 9.93 | 10.15 | — | — | — | — | — | — |
| 7 | — | — | — | — | — | — | — | — | 11.46 | 12.08 | 12.71 | 13.38 |
| 8 | — | — | — | — | — | — | — | — | 12.91 | 13.56 | 14.29 | 14.93 |
| 9 | — | — | — | — | — | 13.1 | 13.53 | 13.96 | 14.39 | 15.24 | 15.58 | 16.51 |

生产中，若对弯曲件长度的尺寸要求并不精确，则弯曲件毛坯展开长 $L$ 可按下式作近似计算：

当弯曲半径 $r \leqslant 1.5t$ 时，$L = a + b + 0.5t$；

当弯曲半径 $1.5t < r \leqslant 5t$ 时，$L = a + b$；

当弯曲半径 $5t < r \leqslant 10t$ 时，$L = a + b - 1.5t$；

当弯曲半径 $r > 10t$ 时，$L = a + b - 3.5t$。

### 5.4.2 弯曲力的计算

弯曲力是指工件完成预定弯曲时需要压力机所施加的压力，弯曲力是设计弯曲模和选择压力机吨位的重要依据。计算时，先分清弯曲类型，再分别运用经验公式。

① 自由弯曲时的弯曲力 $F_{自}$　根据所弯曲工件形状的不同，自由弯曲时的弯曲力 $F_{自}$ 分别按下式计算。

a. V 形件
$$F_{自} = \frac{0.6Kbt^2\sigma_b}{r+t}$$

b. U 形件
$$F_{自} = \frac{0.7Kbt^2\sigma_b}{r+t}$$

式中　$F_{自}$——冲压行程结束时的自由弯曲力，N；

$K$——安全系数，一般取 $K=1.3$；

$b$——弯曲件的宽度，mm；

$t$——弯曲材料的厚度，mm；

$r$——弯曲件的内弯曲半径，mm；

$\sigma_b$——材料的强度极限，MPa。

② 校正弯曲时的弯曲力 $F_{校}$　由于校正弯曲时的校正弯曲力比压弯力大得多，而且两个力先后作用，因此，只需计算校正力。V 形件和 U 形件的校正力均按下式计算：

$$F_{校} = AP$$

式中　$F_{校}$——校正弯曲时的弯曲力，N；

$A$——校正部分的垂直投影面积，$mm^2$；

$P$——单位面积上的校正力，MPa，按表 5-7 选取。

表 5-7　单位面积上的校正力 $P$　　单位：MPa

| 材料 | 料厚 $t$/mm | | 材料 | 料厚 $t$/mm | |
|---|---|---|---|---|---|
| | ≤3 | >3～10 | | ≤3 | >3～10 |
| 铝 | 30～40 | 50～60 | 25～35 钢 | 100～120 | 120～150 |
| 黄铜 | 60～80 | 80～100 | 钛合金 TA2 | 160～180 | 180～210 |
| 10～20 钢 | 80～100 | 100～120 | 钛合金 TA3 | 160～200 | 200～260 |

③ 顶件力和卸料力 $F_Q$　不论采用何种形式的弯曲，在压弯时均需顶件力和卸料力，顶件力和卸料力 $F_Q$ 可近似取自由弯曲力的 30%～80%，即

$$F_Q=(0.3\sim0.8)F_{自}$$

④ 压力机吨位 $F_{压}$　自由弯曲时，考虑到压弯过程中的顶件力和卸料力的影响，压力机吨位为

$$F_{压}\geqslant F_{自}+F_Q=(1.3\sim1.8)F_{自}$$

校正弯曲时，校正力比顶件力和卸料力大许多，$F_Q$ 的分量已无足轻重，因此压力机吨位为

$$F_{压}\geqslant F_{校}$$

### 5.4.3　弯曲模间隙的确定

凸模与凹模之间的间隙大小和圆角半径一样，对弯曲所需的压力及零件的质量影响很大。

弯曲 V 形工件时，凸、凹模间隙是靠调整压力机闭合高度来控制的，不需要在模具结构上确定间隙。

弯曲 U 形工件（生产中习惯称为双角弯曲），则必须选择适当的间隙，间隙的大小对于工件质量和弯曲力有很大的关系。若间隙过大，则回弹量大，降低零件的精度，间隙愈小，所需的弯曲力愈大，同时零件受压部分变薄愈甚，若间隙过小，则可能发生划伤或断裂，降低模具寿命，甚至造成模具损坏。

对于一般弯曲件的间隙可由表 5-8 查得，也可由下列近似计算公式直接求得。

有色金属（紫铜、黄铜）　$Z=(1\sim1.1)t$

钢　$Z=(1.05\sim1.15)t$

当工件精度要求较高时，其间隙值应适当减少，取 $Z=t$，生产中，当对材料厚度变薄要求不高时，为减少回弹等，也取负间隙，取 $Z=(0.85\sim0.95)t$。

表 5-8　弯曲模凹模和凸模的间隙　　单位：mm

| 材料厚度 $t$ | 材料 | | 材料厚度 $t$ | 材料 | |
|---|---|---|---|---|---|
| | 铝合金 | 钢 | | 铝合金 | 钢 |
| | 间隙 $Z$ | | | 间隙 $Z$ | |
| 0.5 | 0.52 | 0.55 | 2.5 | 2.62 | 2.58 |
| 0.8 | 0.84 | 0.86 | 3 | 3.15 | 3.07 |
| 1 | 1.05 | 1.07 | 4 | 4.2 | 4.1 |
| 1.2 | 1.26 | 1.27 | 5 | 5.25 | 5.75 |
| 1.5 | 1.57 | 1.58 | 6 | 6.3 | 6.7 |
| 2 | 2.1 | 2.08 | | | |

### 5.4.4 弯曲模工作部分尺寸的计算

弯曲模工作部分的设计主要是确定凸、凹模圆角半径，及凸、凹模的尺寸与制造公差等。

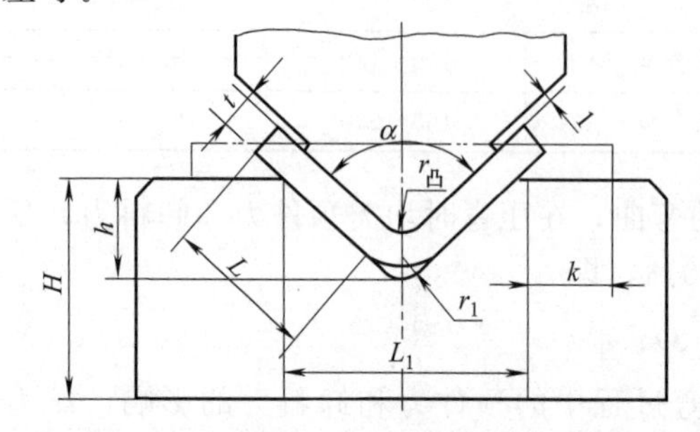

图 5-15 弯曲 V 形件模具结构示意图

凸模圆角半径一般取略小于弯曲件内圆角半径的数值，凹模进口圆角半径不能太小，否则会擦伤材料表面。凹模深度要适当，过小，则工件两端的自由部分太多，弯曲件回弹大，不平直，影响零件质量；过大，则多消耗模具钢材，且需较长的压力机行程。

① V 形件弯曲的模具结构 对 V 形件弯曲，其模具的结构见图 5-15，凹模厚度 $H$ 及槽深 $h$ 尺寸的确定见表 5-9。

表 5-9 弯曲 V 形件尺寸 $H$ 及 $h$ 的确定 单位：mm

| 材料厚度 | ＜1 | 1～2 | 2～3 | 3～4 | 4～5 | 5～6 | 6～7 | 7～8 |
|---|---|---|---|---|---|---|---|---|
| $h$ | 3.5 | 7 | 11 | 14.5 | 18 | 21.5 | 25 | 28.5 |
| $H$ | 20 | 30 | 40 | 45 | 55 | 65 | 70 | 80 |

注：1. 当弯曲角度为 85°～95°，$L_1=8t$ 时，$r_凸=r_1=t$。

2. 当 $K$（小端）≥$2t$ 时，$h$ 值按 $h=L_1/2-0.4t$ 公式计算。

② V 形与 U 形弯曲的圆角半径 $r_凹$、深度 $L_0$ 的确定 见图 5-16 及表 5-10。

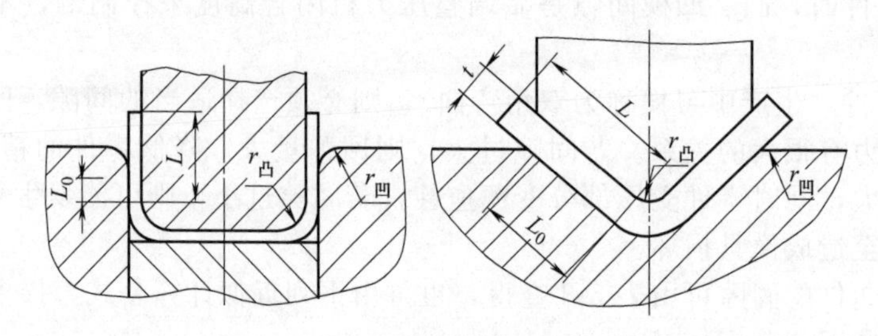

图 5-16 弯曲模结构尺寸

表 5-10 弯曲模的圆角半径 $r_凹$、深度 $L_0$ 单位：mm

| 弯边长度 $L$ | 材料厚度 $t$ | | | | | | | |
|---|---|---|---|---|---|---|---|---|
| | ≤0.5 | | 0.5～2 | | 2～4 | | 4～7 | |
| | $L_0$ | $r_凹$ | $L_0$ | $r_凹$ | $L_0$ | $r_凹$ | $L_0$ | $r_凹$ |
| 10 | 6 | 3 | 10 | 3 | 10 | 4 | | |
| 20 | 8 | 3 | 12 | 4 | 15 | 5 | 20 | 8 |
| 35 | 12 | 4 | 15 | 5 | 20 | 6 | 25 | 8 |
| 50 | 15 | 5 | 20 | 6 | 25 | 8 | 30 | 10 |
| 75 | 20 | 6 | 25 | 8 | 30 | 10 | 35 | 12 |
| 100 | 25 | 6 | 30 | 10 | 35 | 12 | 40 | 15 |
| 150 | 30 | 6 | 35 | 12 | 40 | 15 | 50 | 20 |
| 200 | 40 | 6 | 45 | 15 | 55 | 20 | 65 | 25 |

③ 弯曲凸模、凹模宽度尺寸计算　一般原则：当工件要保证外形尺寸时，则模具以凹模为基准（即凹模做成名义尺寸），间隙取在凸模上；若工件标注内形尺寸，则模具以凸模为基准（即凸模做成名义尺寸），间隙取在凹模上。

当工件要保证外形尺寸时，其凹模宽度尺寸 $L_{凹}$、凸模宽度尺寸 $L_{凸}$ 分别按以下公式计算：

$$L_{凹}=(L_{max}-0.75\Delta)^{+\delta_{凹}}_{0}$$

$$L_{凸}=(L_{凹}-2z)^{0}_{-\delta_{凸}}$$

当工件要保证内形尺寸时，其凸模宽度尺寸 $L_{凸}$、凹模宽度尺寸 $L_{凹}$ 分别按以下公式计算：

$$L_{凸}=(L_{min}+0.75\Delta)^{0}_{-\delta_{凸}}$$

$$L_{凹}=(L_{凸}+2z)^{+\delta_{凹}}_{0}$$

式中　$L_{max}$——弯曲件宽度的最大尺寸，mm；

$L_{min}$——弯曲件宽度的最小尺寸，mm；

$L_{凸}$——凸模宽度，mm；

$L_{凹}$——凹模宽度，mm；

$Z$——凸模与凹模单边的间隙，mm；

$\Delta$——弯曲件宽度的尺寸公差，mm；

$\delta_{凸}$，$\delta_{凹}$——凸模和凹模的制造偏差，mm，一般按 IT9 级选用。

## 5.5　弯曲加工的操作要点

与冲裁加工一样，弯曲加工也应严格按冲压操作规程进行，严防发生误操作。为完成好零件的弯曲加工，首先应做好弯曲模的安装及调整。

### 5.5.1　弯曲模的安装方法

弯曲模的安装分无导向弯曲模和有导向弯曲模安装两种，其安装方法与冲裁模基本相同，与冲裁模一样，弯曲模的安装除了应进行凸、凹模间隙的调整及卸料装置等方面的调试外，两种弯曲模还应同时完成弯曲上模在压力机上的上下位置的调整，一般可按下述方法进行：首先弯曲上模，应先在压力机滑块进行粗略调整后，再在上凸模下平面与下模卸料板之间垫一块比毛坯略厚的垫片（垫片一般为毛坯厚度的 1～1.2 倍）或采用样品，然后用调节连杆长度的方法，一次又一次地用手搬动（带刚性离合器的压力机）或点动（带摩擦离合器的压力机）飞轮，直到滑块能正常通过下止点而无阻滞或盘不动（即所谓“顶住”和“咬住”）的情形。这样搬动飞轮数周，才能最后固定下模进行试冲。试冲前，应先将放入模具内的垫片取出，试冲合格后，可将各紧固零件再拧紧一次并再次检查，才能正式投入生产。

### 5.5.2　弯曲模的调整要点

弯曲模的调整是弯曲加工的一项重要内容，其调整质量不但关系到弯曲加工件的产品质量，甚至涉及操作人员的人身安全以及模具、压力机的安全。因此，生产制造时要高度重视。

**（1）弯曲模上下位置的调整**

对于有导向的弯曲模，上、下模在压力机上的相对位置全由导向零件决定；对无导向装置的弯曲模，上、下模在压力机上的相对位置，一般用调节冲床连杆长度的方法进行调整。

在调整时，最好把事先制作好的样件放在模具的型腔内，然后调节压力机连杆，使上模随滑块调整到下极点时，既能压实样件又不发生硬性顶撞及咬死现象，然后将下模紧固。

（2）凸、凹模间隙的调整

上、下模在压力机上的相对位置粗略调整后，再在凸模下平面与下模卸料板之间垫一块比坯件略厚的垫片（垫片一般为毛坯厚度的1～1.2倍），继续调节连杆长度，一次又一次用手搬动飞轮，直到使滑块能正常地通过下死点而无阻滞的情况下为止。

上、下模的侧向间隙，可采用垫纸板或标准样件的方法来进行调整，以保证间隙的均匀性。间隙调整后，可将下模板固定、试冲。

（3）定位装置的调整

弯曲模定位零件的定位形状应与坯件相一致。在调整时，应充分保证其定位可靠性和稳定性。利用定位块及定位钉的弯曲模，假如试冲后，发现位置及定位不准确，应及时调整定位位置或更换定位零件。

（4）卸件、退件装置的调整

弯曲模的卸料系统应足够大，卸料用弹簧或橡胶应有足够的弹力；顶出器及卸料系统应调整到动作灵活状态，并能顺利地卸出制品零件，不应有卡死及发涩现象。卸料系统作用于制品的作用力要调整均衡，以保证制品卸料后表面平整，不至于产生变形和翘曲。

## 5.6 弯曲件加工顺序的安排

弯曲件需要经过几道工序才能弯曲成形，每道工序的工序内容及各道工序的先后顺序如何安排，是弯曲工艺设计的重要环节。安排弯曲件的工序时应根据零件的形状、尺寸、精度等级、生产批量以及材料的性能等因素进行考虑。工序安排合理，可以保证制件质量，提高生产效率，简化模具结构、提高模具寿命，降低制件生产成本，取得良好的经济技术效益。

（1）弯曲件工序安排原则

弯曲件工序安排需要综合考虑弯曲件的形状、尺寸、精度要求、生产批量、材料性能以及模具结构等各方面的因素。

① 对于形状简单的弯曲件，如V形件、U形件、Z形件等，可以一次弯曲成形。而对于形状复杂的弯曲件，一般要多次弯曲才能成形。

② 尺寸特别小的弯曲件，应尽可能用一副复杂弯曲模一次弯曲成形，以便于毛坯的定位和生产操作，保证弯曲件的尺寸精度，提高生产效率。

③ 大批量生产的中、小型弯曲件，应尽可能用一副多工位级进模完成冲裁、弯曲等所有冲压加工任务，以提高生产效率。

④ 在能够保证弯曲件弯曲成形的前提下，应尽量减少弯曲工序数量。

⑤ 每次弯曲成形的部位不宜过多，以防止弯曲件变薄、翘曲或拉伤，简化模具结构。

⑥ 多次弯曲时，弯曲工序顺序安排的原则为：先弯外角，后弯内角。

⑦ 对于非对称弯曲件，为避免弯曲时坯料偏移，应尽可能采用成对弯曲后再切成两件的工艺。

（2）多次弯曲注意事项

对于要两次或多次弯曲成形的制件，弯曲时应注意以下事项。

① 两次或多次弯曲成形的制件，其折弯的顺序一般是由外向内进行。即先弯曲两端部分的角，后弯中间部分的角，且前次弯曲必须考虑后次弯曲有可靠的定位，后次弯曲不影响前次弯曲已经成形的部分，参见图5-17。

② 当工序安排可能有几种不同方案时，必须经技术经济定性对比分析后方可确定最佳

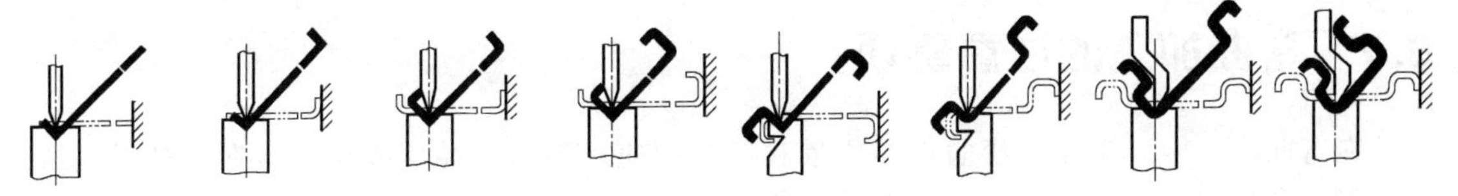

图 5-17 折弯的顺序

方案，尽量做到工序次数少，模具结构合理，操作安全方便等。根据实际情况，可酌情采用单工序模、复合模或级进弯曲模，也可采用聚氨酯橡胶模等。

**（3）典型弯曲件的弯曲工序安排**

图 5-18～图 5-21 为弯曲件多次弯曲成形的工序安排实例，类似弯曲件弯曲生产时可参照这些实例进行相关的工艺设计。

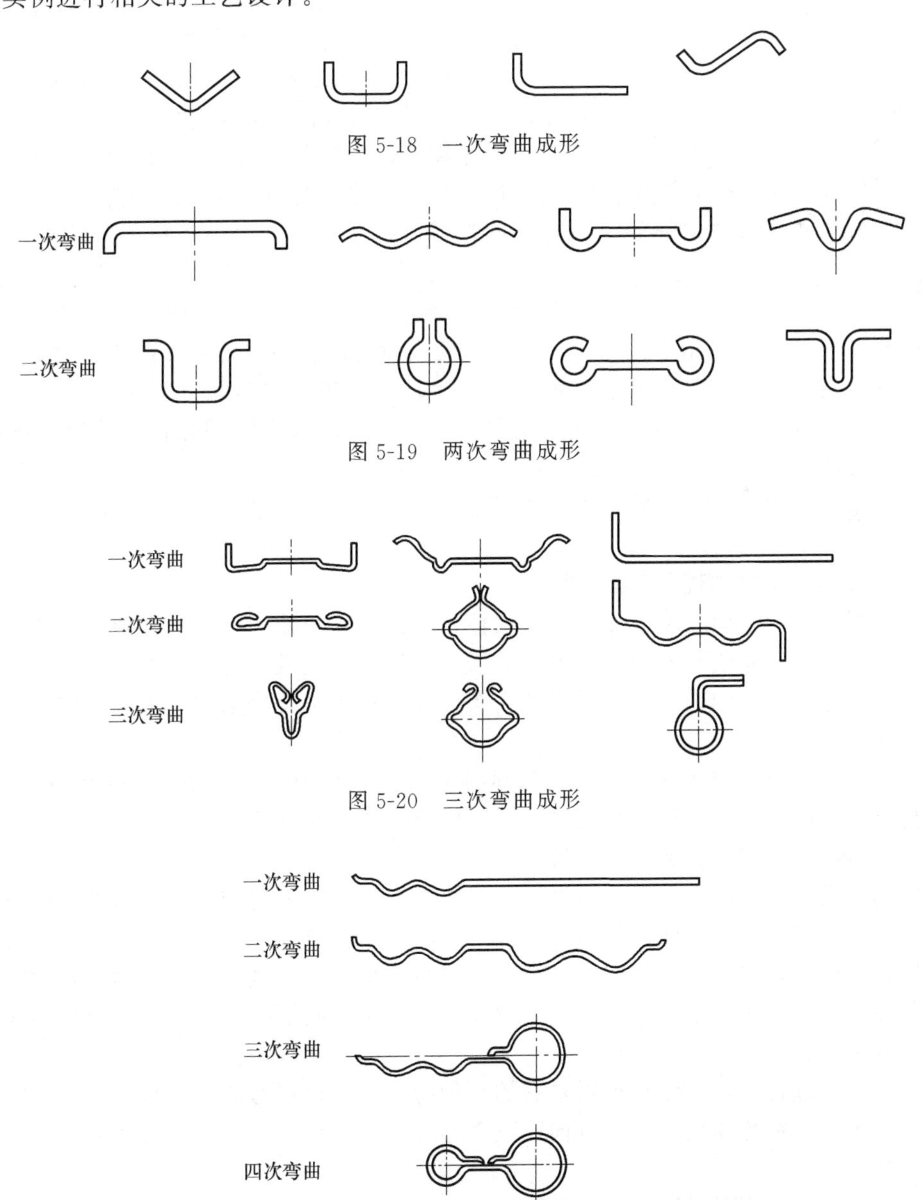


图 5-18 一次弯曲成形

图 5-19 两次弯曲成形

图 5-20 三次弯曲成形

图 5-21 四次弯曲成形

## 5.7 弯曲加工的注意事项

在弯曲加工中，为保证弯曲件的质量和模具的使用寿命，冲压操作人员在弯曲模的安装、调整和使用过程中，还应注意以下事项。

(1) 注意弯曲件的变形路径

在弯曲加工过程中，应注意操作人员的手不能进入危险区域，此外还应注意弯曲件的变形路径（特别是伸出模具以外的毛坯端部的特长件），既不能使之进入操作者的位置区域，也不能与模具、压力机等设备产生碰撞或干涉。

(2) 正确调整好弯曲模的间隙

弯曲模在装配及试冲安装到压力机上时，已经采用了控制间隙的方法来保证上、下模的相对位置，但在试冲后，弯曲件外侧若出现拉伤，并有挤薄和局部压挤现象，这表明凸、凹模间隙过小或不均匀，此时应对间隙进行调整。

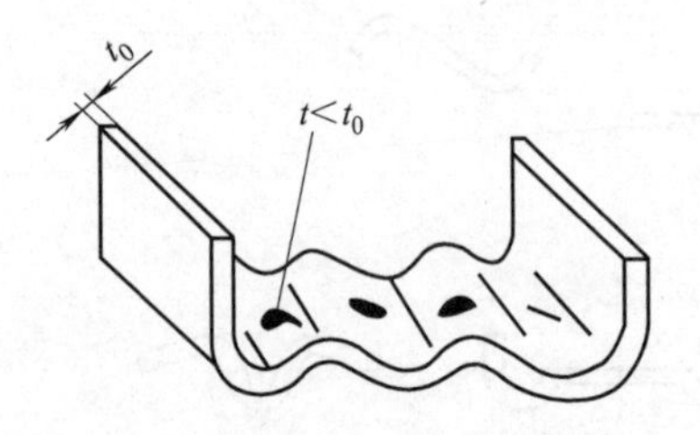

图 5-22 难以直接测量间隙的弯曲件

弯曲模间隙的均匀是保证弯曲件质量的关键，测量并调整其间隙是保证间隙均匀的前提，对直线段的弯曲间隙可直接用塞尺测量，根据测量结果对凸模或凹模进行适当调整，而对于难以直接测量的弯曲件，如图 5-22 所示，可用粗熔丝垫测间隙法测量。即在安装时，取数段直径为 4～6mm 的熔丝放置在下模表面需检测的位置，如图 5-22 中的粗线段。直壁部分可挂在模口上。不用开启电源，只用手动，将压力机滑块连同上模运动一个行程后，取出放置的熔丝，逐点测量其熔丝壁厚，即是凸、凹模实际间隙值。然后根据测量结果，逐段进行调整。

对于间隙过小的部位，可采用成形磨削或钳工锉修等方法进行修正。间隙过大时，只能更换零件。

(3) 弯曲作业时应清理干净模具型腔

为准确调整好弯曲模间隙，在弯曲模调整时，常使用间隙调整垫片等辅助用具，但在弯曲作业时，应注意将弯曲模型腔清理干净，如果忘记将间隙调整垫片等杂物从模具型腔中清理出去，则在冲压过程中，上模和下模就会在行程下止点位置处剧烈撞击，严重时可能损坏模具或冲床。

若生产现场有现成的弯曲件，建议将试件直接放在模具工作位置上进行模具的安装调整，调整时，应严格控制上模下行的位置，这样就可能避免事故的发生。

(4) 弯曲加工应注意板料轧制方向

冲压用的板料多为冷轧金属且呈纤维状组织，在横向、纵向和厚度方向都存在力学性能的异向性。在纵向（纤维方向）材料有较大的伸长率和抗拉强度，在横向（垂直纤维方向），材料延展性和抗拉强度均较差。因此，当弯曲线与纤维方向垂直时，材料具有较大的抗拉强度和延展性，外缘金属纤维不易破裂；当弯曲线与纤维方向平行时，则由于抗拉强度较差而外层纤维容易破裂。

在弯曲加工过程中，应注意板料具有的这种特性，当板料弯曲半径较小，且精度要求较高时，则应采用板料弯曲线与纤维方向垂直进行弯曲；当板料弯曲半径较大时，则主要考虑如何提高板材的利用率。

(5) 带毛刺、划痕的板面弯曲时应靠近凸模

弯曲件的毛坯，都由冲裁或剪裁获得，其切断面上一般有光亮带、撕裂带和毛刺存在。

若毛坯断面过于粗糙或有较大的毛刺，且带毛刺、划痕的板面放置在靠近凹模侧，那么在弯曲过程中，弯曲件的外层因受拉应力作用会出现应力集中现象，导致弯曲件从外侧面破裂。因此，在弯曲时应将毛坯上的毛刺除去，或把有毛刺的一边置于朝向凸模的弯曲内侧，毛刺受压，减少应力集中，这样可减少弯曲破裂的可能。

## 5.8 弯曲件的质量要求及检测

弯曲加工制成的弯曲件，总的质量要求是：能满足零件图样的形状、尺寸要求，弯曲零件表面应光洁、无明显划痕。此外，弯曲零件应无裂纹、扭转和翘曲等缺陷。

（1）零件的形状要求及检测

弯曲后的制品零件，应保持一定的弯曲角，避免回弹的影响。弯曲后的零件，其各部位形状和位置公差应符合图样要求，未注形位公差的具体检测按 GB/T 1184—1996 有关标准执行，参见表 1-9（直线度、平面度未注公差数值）～表 1-12（同轴度、对称度、圆跳动未注公差数值）所规定的数值。

（2）零件的表面质量要求及检测

弯曲件的表面质量要求与检测方法与冲裁件基本相同，一般也是采用目测观察的方法进行检查，主要检查内容是：弯曲零件的内、外弯曲圆角不允许有裂纹；外表面不允许有压痕、严重划痕；弯曲变形区域不应有严重的料厚变薄现象。同时，合格的弯曲件还不应有非要求的扭转和翘曲变形。

（3）零件的尺寸精度要求及检测

弯曲件加工的精度与很多因素有关，如弯曲件材料的力学性能和材料厚度、模具结构和模具精度、工序的多少和工序的先后顺序，以及弯曲件本身的形状尺寸等。因此，往往尺寸精度不高，一般弯曲件的尺寸经济公差等级最好在 IT13 级以下，增加整形等工序可以达到 IT11 级。精度要求较高的弯曲件必须严格控制材料厚度公差。表 5-11 为弯曲件各类尺寸能达到的公差等级。

表 5-11 弯曲件的公差等级　　单位：mm

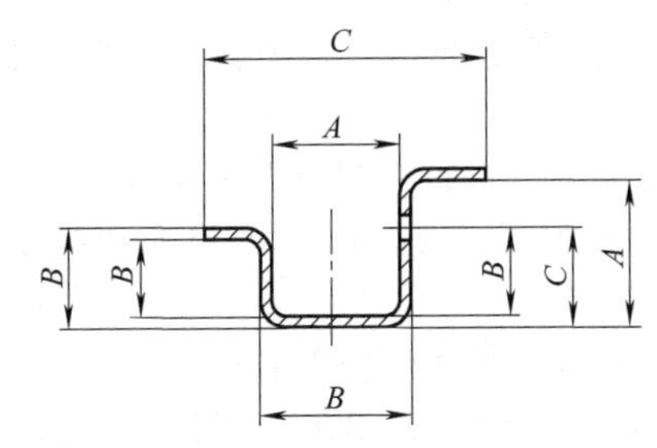


| 材料厚度 $t$/mm | $A$ | $B$ | $C$ | $A$ | $B$ | $C$ |
|---|---|---|---|---|---|---|
| | 经济级 | | | 精密级 | | |
| ≤1 | IT13 | IT15 | IT16 | IT11 | IT13 | IT13 |
| ＞1～4 | IT14 | IT16 | IT17 | IT12 | IT13～14 | IT13～14 |

一般弯曲件的角度公差见表 5-12，表中精密级角度公差须增加整形工序方能达到。

弯曲后的零件，其各部分尺寸精度应符合图样要求，未注线性尺寸的极限偏差具体检测按 GB/T 15055—2007《冲压件未注公差尺寸极限偏差》有关标准执行，具体参见表 1-4（未注公差成形件线性尺寸的极限偏差）所规定的数值；未注成形圆角半径线性尺寸的极限

表 5-12 一般弯曲件的角度公差

| 弯曲件短边尺寸/mm | >1～6 | >6～10 | >10～25 | >25～63 | >63～160 | >160～400 |
|---|---|---|---|---|---|---|
| 经济级 | ±1°30′～±3° | ±1°30′～±3° | ±50′～±2° | ±50′～±2° | ±25′～±1° | ±15′～±30′ |
| 精密级 | ±1° | ±1° | ±30′ | ±30′ | ±20′ | ±10′ |

偏差参见表 1-6（未注公差成形圆角半径线性尺寸的极限偏差）所规定的数值。

弯曲后的零件，其弯曲角应符合图样的要求。未注弯曲角度尺寸的极限偏差参见表 1-8（未注公差弯曲角度尺寸的极限偏差）所规定的数值。

各类标准中，具体公差等级按相应的企业标准规定选取。

弯曲件尺寸精度的检测工具，一般采用游标卡尺、高度尺、万能角度尺等检测量具，对于形状复杂或大尺寸冲压弯曲件可采用检验样板、样架等专用检具。

## 5.9 弯曲件质量的影响因素及控制

弯曲件的质量同样包括尺寸精度和外观质量两部分，其产生的质量问题主要有：弯曲回弹、裂纹、翘曲、扭曲、尺寸偏移、孔偏移等。其中，又以弯曲回弹问题最为常见，其直接影响到弯曲件的尺寸精度和外观质量。因此，预防、减小和控制弯曲加工的弯曲回弹无疑是弯曲件加工质量的控制重点。

### 5.9.1 弯曲件质量的影响因素

从全面质量管理（TQM）的角度，围绕“机、料、法”各影响因素进行分析（与冲裁件加工一样，因“人、环、测”三要素并非仅影响到弯曲件的加工，对其他的冲压工序也有共同的影响，故不做特意分析），分析结果表明：

弯曲回弹的主要影响因素有：

① 材料的力学性能及板料厚度。一般规律是：材料的屈服强度 $\sigma_b$ 越大，弹性模数 $E$ 越小，加工硬化现象越严重（加工硬化指数 $n$ 大），则弯曲后的回弹就越大。

② 相对弯曲半径 $r/t$。当相对弯曲半径 $r/t$ 较小时，弯曲毛坯内、外表面上切向变形的总应变值较大，虽然弹性应变的数值也在增加，但弹性应变在总应变当中所占的比例却在减小，因而弯曲回弹较小。

③ 弯曲角度。弯曲角度越大，弯曲回弹的角度也越大。

④ 弯曲力。施加的弯曲力增大，变形区的应力状态和应变状态都产生变化，塑性变形量增大，弯曲回弹减小。

⑤ 弯曲方式和模具结构。用无底凹模进行自由弯曲时，弯曲回弹最大，校正弯曲时，变形区的应力和应变状态都与自由弯曲差别很大，增加校正力可以减小弯曲回弹。

⑥ 弯曲件的几何形状。一般而言，弯曲件越复杂，限制弯曲的作用就越大。这时，使弯曲变形的性质发生了有利的变化。因此，只弯一个角（如 V 形件）的回弹值要比弯两个角（如 U 形件）的要大一些。

⑦ 模具间隙。间隙值越小，其弯曲回弹值也就越小。

⑧ 摩擦。毛坯和模具表面之间的摩擦，尤其是一次弯曲多个部位时，对弯曲回弹的影响较为显著，一般认为摩擦可增大变形区的拉应力，使零件的形状更接近于模具形状。

弯曲件产生弯曲裂纹的主要影响因素有：

① 弯曲材料的力学性能。一般规律是：材料的塑性指标越好，其产生裂纹的可能性就越小。

② 板料的方向性。一般说来，沿轧制方向的塑性指标大多高于垂直于轧制方向的塑性指标，因此，弯曲线与轧制方向相垂直时比平行方向时的弯曲裂纹产生可能性要小得多，也可弯制更小的弯曲圆角。

③ 弯曲件宽度。由于宽板弯曲是平面应变的应力状态，而窄板弯曲是平面应力状态，因此，弯曲毛坯越宽，其弯曲裂纹就越易产生，但当弯曲件的相对宽度大于 10 时，其影响变得很小。

④ 弯曲角度。当弯曲角较小时，由于不变形区也可能产生一定的切向伸长变形而使变形区的变形得到一定的减轻，使弯曲裂纹的产生得到一定的减轻，但当弯曲角大于 70°时，影响程度减小。

⑤ 板材厚度。一般说来，厚度较小的板材弯曲时产生弯曲裂纹比厚度较大的板料要小。

⑥ 板料的边缘状态和表面质量。当毛坯的侧面质量较差时（如切口表面粗糙或产生毛刺等），则容易造成应力集中和降低塑性变形的稳定性，使材料过早地遭受破坏而裂纹，这种现象在窄板弯曲时表现得最为突出；若在弯曲的外侧表面有划伤、裂纹等表面缺陷时，弯曲过程中会产生应力集中而过早地产生裂纹。

弯曲件产生翘曲、扭曲的主要影响因素有：弯曲材料的性能；弯曲变形程度；板料的宽度、厚度等。

此外，其他的质量问题与弯曲件的结构形状，材料的强度、金相组织和厚度，模具设计及制造的结构，操作人员的操作因素等有关。

### 5.9.2 弯曲件质量的控制

对弯曲件质量进行控制就是应针对影响弯曲件质量的各关键要素有针对性地采取有效措施。主要有：

**（1）选用合适的压力机**

弯曲时，由于压力机本身的精度不同、吨位大小不同、工作速度不同等，都会使弯曲件尺寸、外观质量发生变化。因此，应合理选用合适的压力机进行弯曲加工。

**（2）控制弯曲模的质量**

弯曲模是弯曲工件的工具，通常弯曲工件的形状和尺寸、表面质量均取决于模具的制造质量。模具制造精度越高，粗糙度越低，则弯曲件的形状尺寸精度及表面质量也将提高。

**（3）合理选用并控制好弯曲材料**

弯曲件所采用的材料不同，不仅会影响弯曲件的形状与精度也可能使弯曲件出现裂纹。这主要是由于不同材料的力学性能、塑性指标不同，其弯曲质量自然也不同，而即使用同一板料，由于成分分布不均、材料的厚度不均，所弯曲的工件，由于压力及回弹值不同，其形状和尺寸精度也将产生偏差。因此，应合理选用弯曲件的材质，并控制好其质量。

**（4）严格按弯曲加工的工艺操作**

模具的安装、调整以及生产操作的熟练程度都会对弯曲件质量产生一定的影响。例如，送料时的准确性，坯料定位的可靠性，润滑的正确性都会对弯曲件形状及精度、表面质量产生影响。因此，应严格按弯曲加工的工艺规程进行操作。

**（5）设计并控制弯曲件的形状**

为保证弯曲件的质量，应设计合理、实用的弯曲形状。弯曲件的直边高度太短、板料孔位于弯曲变形区内等较差的弯曲工艺性都会在弯曲过程中直接影响弯曲件的加工质量，产生较大的偏差或造成较大的表面缺陷。如图 5-23（a）所示，在弯曲高度小于最小弯曲高度 $2t$ 时，在最小弯曲高度以下的部分将出现张口，使弯曲线和两孔中心线不平行。此时，可在不影响使用的情况下，重新设计并控制弯曲件的形状，图 5-23（b）是将缺口部分直边加高的设计，图 5-23（c）是将最小弯曲高度部分去除的设计，还可采用在弯曲区域开槽、压槽的设计方式。

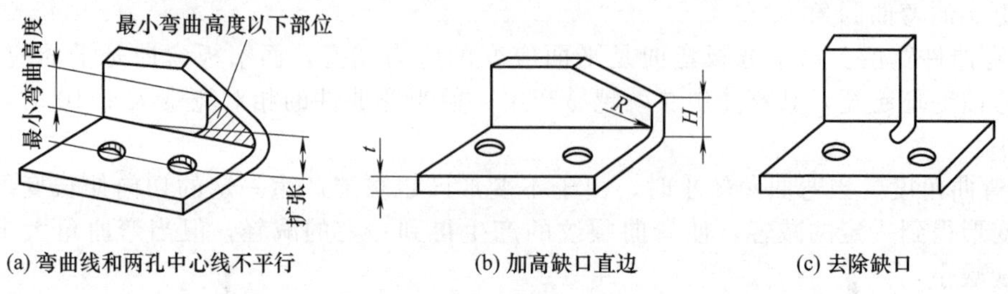


图 5-23　弯曲件形状的控制示例（一）

又如图 5-24（a），在带孔的板料弯曲时，若孔位于弯曲变形区内，即当 $t<2\text{mm}$ 时，$L\leqslant t$；当 $t\geqslant 2\text{mm}$ 时，$L\leqslant 2t$，则孔的形状会发生畸变。为防止孔的变形，在条件允许的情况下，可采取冲凸缘形缺口［图 5-24（b）］或月牙槽［图 5-24（c）］或在弯曲变形区设置工艺孔［图 5-24（d）］，以转移变形区的弯曲件形状设计。

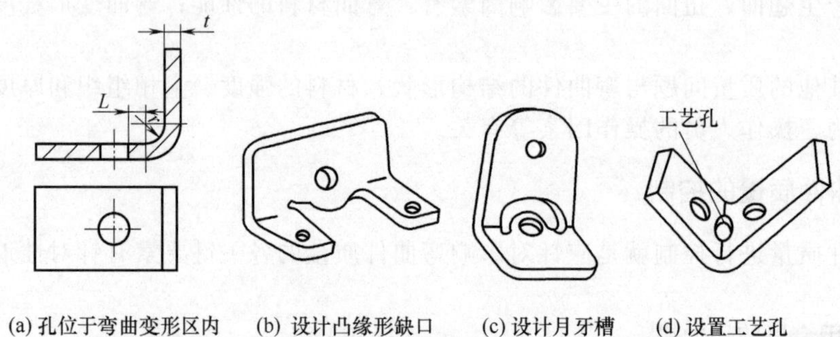


图 5-24　弯曲件形状的控制示例（二）

（6）制定合理、实用的加工工艺方案

对弯曲工艺性差的加工件，为保证其加工精度，制定合理、实用的加工工艺方案往往是保证弯曲件质量的关键。如图 5-24（a）所示工件，若零件外形形状不允许更改，则可采用先预留缺角部分材料，待弯曲加工完成后，再去除的加工工艺。

又如弯曲对两孔同轴度有一定要求的 U 形件，在弯曲时，有可能因毛坯展开长度不够或产生滑动，引起图 5-25（a）所示的孔中心线的错移；或弯曲后回弹，出现图 5-25（b）所示的孔中心线倾斜；或因弯曲平面不平，出现起伏使弯曲两孔轴中心线不在一条直线上，出现图 5-25（c）所示的轴心偏斜。

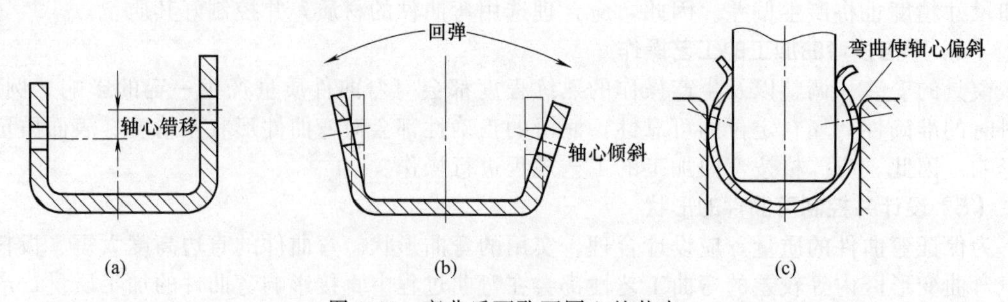


图 5-25　弯曲后两孔不同心的状态

对此类零件的加工，若孔的同轴度要求不太高，为减少加工工序，提高效率，可采用直接冲孔再弯曲的加工工艺，但加工工艺及模具结构必须采取以下措施：准确计算零件的展开尺寸，零件各定位尺寸必须经过试验决定；提高弯曲模的制造精度；弯曲模中要有防止坯料位置移动、弯曲件回弹及弯曲平面出现起伏的装置；若孔的同轴度要求较高，最好采用先弯曲后冲孔的加工工艺。

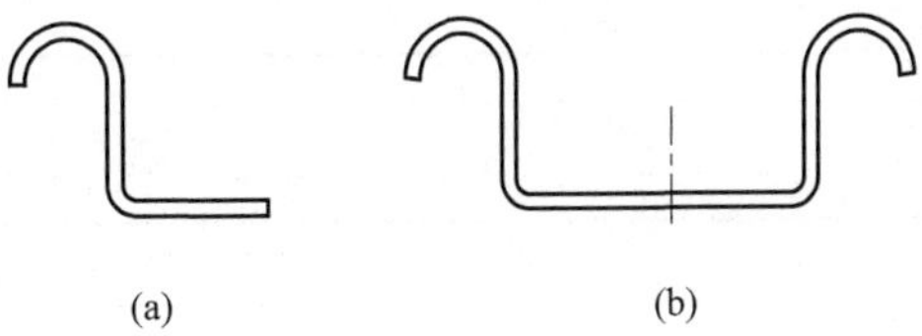

再比如图 5-26（a）所示的不对称弯曲件，由于弯曲过程中，板料因受力不均衡，易产生滑移，此时就可采用图 5-26（b）所示的两件配对组合后对称弯曲，最后切断的加工方案。

(a) (b)

图 5-26 不对称零件的成对弯曲

## 5.10 弯曲加工缺陷的预防和补救

弯曲是变形类工序中的一种，弯曲是在板料弯曲线附近区域发生的变形加工，由于其压弯并不完全是材料的塑性变形，弯曲部位还存在着弹性变形，所以工件在材料弯曲变形结束后，因弹性恢复，将使弯曲件的角度、弯曲半径与模具的形状尺寸不一致，即产生弯曲加工的回弹现象；另一方面，弯曲变形区域存在的内应力若超过材料强度极限，在弯曲过程中又将产生弯曲裂纹。

弯曲回弹和弯曲裂纹是弯曲加工最常见、最普遍的质量问题，由于弯曲加工的特性决定了弯曲回弹是不可能完全消除的，而弯曲回弹若处理不当，就易使弯曲件与图样的弯曲尺寸、形状不符，从而影响到弯曲件的质量，但其产生是有一定规律的，如若能针对性地采取措施就可减少回弹的影响，对生产中已出现的类似问题，也可采取同样的措施进行适当补救。

与弯曲回弹一样，弯曲加工过程中，弯曲变形区域产生内应力也是不可避免的，但通过对其产生因素进行分析和控制，则可防止弯曲裂纹的发生，生产中出现的同类问题，可采取同样措施进行适当补救。

### 5.10.1 弯曲回弹缺陷的预防和补救

为减少弯曲回弹对弯曲件的影响，首先应在了解影响弯曲回弹各种因素的前提下，确定弯曲回弹值的大小，从而有针对性地采取措施。

**（1）弯曲回弹值的确定**

材料的回弹数值受材料的力学性能、模具间隙、相对弯曲半径等因素的影响，由于影响因素多，而且各因素又相互影响，因此，计算回弹比较复杂，也不准确。生产中一般参考经验数表。

① 当 $r/t<5\sim8$ 时，弯曲半径的回弹值不大，因此只考虑角度的回弹。角度回弹的经验数值可根据加工零件的结构及使用模具的结构按表 5-13～表 5-16 查取。

表 5-13 90°单角自由弯曲的角度回弹值 $\Delta\alpha$

| 材料 | $r/t$ | 材料厚度 $t$/mm | | |
|---|---|---|---|---|
| | | <0.8 | 0.8～2 | >2 |
| 软钢 $\sigma_b=350$MPa<br>软黄铜 $\sigma_b\leqslant350$MPa<br>铝、锌 | <1 | 4° | 2° | 0° |
| | 1～5 | 5° | 3° | 1° |
| | >5 | 6° | 4° | 2° |
| 中硬钢 $\sigma_b=400\sim500$MPa<br>硬黄铜 $\sigma_b=350\sim400$MPa<br>硬青铜 | <1 | 5° | 2° | 0° |
| | 1～5 | 6° | 3° | 1° |
| | >5 | 8° | 5° | 3° |

续表

| 材料 | r/t | 材料厚度 t/mm | | |
| --- | --- | --- | --- | --- |
| | | <0.8 | 0.8~2 | >2 |
| 硬钢 $\sigma_b$>550MPa | <1 | 7° | 4° | 2° |
| | 1~5 | 9° | 5° | 3° |
| | >5 | 12° | 7° | 6° |
| 硬铝 2A12(LY12) | <2 | 2° | 3° | 4.5° |
| | 2~5 | 4° | | 8.5° |
| | >5 | 6.5° | | 14° |
| 超硬铝 7A04(LC4) | <2 | 2.5° | 5° | 8° |
| | 3~5 | 4° | 8° | 11.5° |
| | >5 | 7° | 12° | 19° |

表 5-14　90°单角校正弯曲时的角度回弹值 Δα

| 材料 | r/t | | |
| --- | --- | --- | --- |
| | ≤1 | >1~2 | >2~3 |
| Q235 | −1°~1.5° | 0°~2° | 1.5°~2.5° |
| 纯铜、铝、黄铜 | 0°~1.5° | 0°~3° | 2°~4° |

表 5-15　V 形校正弯曲时的回弹角

| 材料 | r/t | 弯曲角度 α | | | | | | |
| --- | --- | --- | --- | --- | --- | --- | --- | --- |
| | | 150° | 135° | 120° | 105° | 90° | 60° | 30° |
| | | 回弹角 Δα | | | | | | |
| 2A12(硬)(LY12Y) | 2 | 2° | 2°30′ | 3°30′ | 4° | 4°30 | 6° | 7°30′ |
| | 3 | 3° | 3°30′ | 4° | 5° | 6° | 7°30′ | 9° |
| | 4 | 3°30′ | 4°30′ | 5° | 6° | 7°30′ | 9° | 10°30′ |
| | 5 | 4°30′ | 5°30′ | 6°30′ | 7°30′ | 8°30′ | 10° | 11°30′ |
| | 6 | 5°30′ | 6°30′ | 7°30′ | 8°30′ | 9°30′ | 11°30′ | 13°30′ |
| 2A12(软)(LY12M) | 2 | 0°30′ | 1° | 1°30′ | 2° | 2° | 2°30′ | 3° |
| | 3 | 1° | 1°30′ | 2° | 2°30′ | 2°30′ | 3° | 4°30′ |
| | 4 | 1°30′ | 1°30′ | 2° | 2°30′ | 3° | 4°30′ | 5° |
| | 5 | 1°30′ | 2° | 2°30′ | 3° | 4° | 5° | 6° |
| | 6 | 2°30′ | 3° | 3°30′ | 4° | 4°30′ | 5°30′ | 6°30′ |
| 7A04(硬)(LC4Y) | 3 | 5° | 6° | 7° | 8° | 8°30′ | 9° | 11°30′ |
| | 4 | 6° | 7°30′ | 8° | 8°30′ | 9° | 12° | 14° |
| | 5 | 7° | 8° | 8°30′ | 10° | 11°30′ | 13°30′ | 16° |
| | 6 | 7°30′ | 8°30′ | 10° | 12° | 13°30′ | 15°30′ | 18° |
| 7A04(软)(LC4M) | 2 | 1° | 1°30′ | 1°30′ | 2° | 2°30′ | 3° | 3°30′ |
| | 3 | 1°30′ | 2° | 2°30′ | 2° | 3° | 3°30′ | 4° |
| | 4 | 2° | 2°30′ | 3° | 3° | 3°30′ | 4° | 4°30′ |

续表

| 材料 | r/t | 弯曲角度 α | | | | | | |
|---|---|---|---|---|---|---|---|---|
| | | 150° | 135° | 120° | 105° | 90° | 60° | 30° |
| | | 回弹角 Δα | | | | | | |
| 7A04(软)(LC4M) | 5 | 2°30′ | 3° | 3°30′ | 3°30′ | 4° | 5° | 6° |
| | 6 | 3° | 3°30′ | 4° | 4° | 5° | 6° | 7° |
| 20(退火) | 1 | 0°30′ | 1° | 1° | 1°30′ | 1°30′ | 2° | 2°30′ |
| | 2 | 0°30′ | 1° | 1°30′ | 2° | 2° | 3° | 3°30′ |
| | 3 | 1° | 1°30′ | 2° | 2° | 2°30′ | 3°30′ | 4° |
| | 4 | 1° | 1°30′ | 2° | 2°30′ | 3° | 4° | 5° |
| | 5 | 1°30′ | 2° | 2°30′ | 3° | 3°30′ | 4°30′ | 5°30′ |
| | 6 | 1°30′ | 2° | 2°30′ | 3° | 4° | 5° | 6° |
| 30CrSiA(退火) | 1 | 0°30′ | 1° | 1° | 1°30′ | 2° | 2°30′ | 3° |
| | 2 | 0°30′ | 1°30′ | 1°30′ | 2° | 2°30′ | 3°30′ | 4°30′ |
| | 3 | 1° | 1°30′ | 2° | 2°30′ | 3° | 4° | 5°30′ |
| | 4 | 1°30′ | 2° | 3° | 3°30′ | 4° | 5° | 6°30′ |
| | 5 | 2° | 2°30′ | 3° | 4° | 4°30′ | 5°30′ | 7° |
| | 6 | 2°30′ | 3° | 4° | 4°30′ | 5°30′ | 6°30′ | 8° |
| 1Cr17Ni8 1Cr18Ni9Ti | 0.5 | 0° | 0° | 0°30′ | 0°30′ | 1° | 1°30′ | 2° |
| | 1 | 0°30′ | 0°30′ | 1° | 1° | 1°30′ | 2° | 2°30′ |
| | 2 | 0°30′ | 1° | 1°30′ | 1°30′ | 2° | 2°30′ | 3° |
| | 3 | 1° | 1° | 2° | 2° | 2°30′ | 2°30′ | 4° |
| | 4 | 1° | 1°30′ | 2°30′ | 3° | 3°30′ | 4° | 4°30′ |
| | 5 | 1°30′ | 2° | 3° | 3°30′ | 4° | 4°30′ | 5°30′ |
| | 6 | 2° | 3° | 3°30′ | 4° | 4°30′ | 5°30′ | 6°30′ |

**表 5-16 U 形件弯曲时的角度回弹角值 Δα**

| 材料的牌号和状态 | r/t | 凸模和凹模的单边间隙 | | | | | | |
|---|---|---|---|---|---|---|---|---|
| | | 0.8t | 0.9t | t | 1.1t | 1.2t | 1.3t | 1.4t |
| | | 回弹角 Δα | | | | | | |
| 2A12(硬)(LY21Y) | 2 | −2° | 0° | 2.5° | 5° | 7.5° | 10° | 12° |
| | 3 | −1° | 1.5° | 4° | 6.5° | 9.5° | 12° | 14° |
| | 4 | 0° | 3° | 5.5° | 8.5° | 11.5° | 14° | 16.5° |
| | 5 | 1° | 4° | 7° | 10° | 12.5° | 15° | 18° |
| | 6 | 2° | 5° | 8° | 11° | 13.5° | 16.5° | 19.5° |
| 2A12(软)(LY21M) | 2 | −1.5° | 0° | 1.5° | 3° | 5° | 7° | 8.5° |
| | 3 | −1.5° | 0.5° | 2.5° | 4° | 6° | 8° | 9.5° |
| | 4 | −1° | 1° | 3° | 4.5° | 6.5° | 9° | 10.5° |
| | 5 | −1° | 1° | 3° | 5° | 7° | 9.5° | 11° |
| | 6 | −0.5° | 1.5° | 3.5° | 6° | 8° | 10° | 12° |

续表

| 材料的牌号和状态 | $r/t$ | 凸模和凹模的单边间隙 | | | | | | |
|---|---|---|---|---|---|---|---|---|
| | | $0.8t$ | $0.9t$ | $t$ | $1.1t$ | $1.2t$ | $1.3t$ | $1.4t$ |
| | | 回弹角 $\Delta\alpha$ | | | | | | |
| 7A04(硬)<br>(LC4Y) | 3 | 3° | 7° | 10° | 12.5° | 14° | 16° | 17° |
| | 4 | 4° | 8° | 11° | 13.5° | 15° | 17° | 18° |
| | 5 | 5° | 9° | 12° | 14° | 16° | 18° | 20° |
| | 6 | 6° | 10° | 13° | 15° | 17° | 20° | 23° |
| | 8 | 8° | 13.5° | 16° | 19° | 21° | 23° | 26° |
| 7A04(软)<br>(LC4M) | 2 | −3° | −2° | 0° | 3° | 5° | 6.5° | 8° |
| | 3 | −2° | −1.5° | 2° | 3.5° | 6.5° | 8° | 9° |
| | 4 | −1.5° | −1° | 2.5° | 4.5° | 7° | 8.5° | 10° |
| | 5 | −1° | −1° | 3° | 5.5° | 8° | 9° | 11° |
| | 6 | 0° | −0.5° | 3.5° | 6.5° | 8.5° | 10° | 12° |
| 20(退火) | 1 | −2.5° | −1° | 0.5° | 1.5° | 3° | 4° | 5° |
| | 2 | −2° | −0.5° | 1° | 2° | 3.5° | 5° | 6° |
| | 3 | −1.5° | 0° | 1.5° | 3° | 4.5° | 6° | 7.5° |
| | 4 | −1° | −0.5° | 2.5° | 4° | 5.5° | 7° | 9° |
| | 5 | −0.5° | 1.5° | 3° | 5° | 6.5° | 8° | 10° |
| | 6 | −0.5° | 2° | 4° | 6° | 7.5° | 9° | 11° |

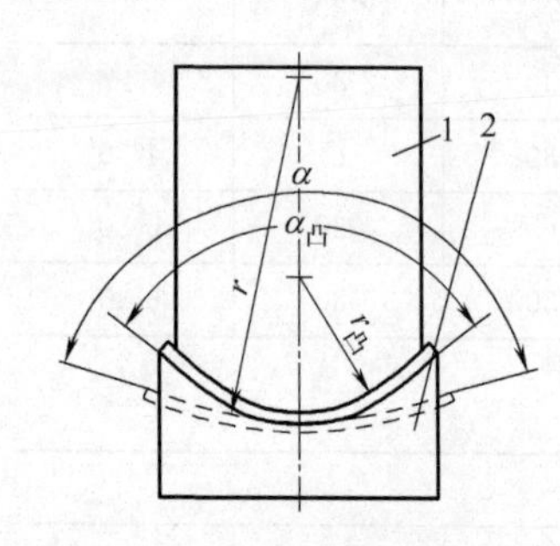

图 5-27　弯曲凸模计算简图
1—凸模；2—凹模

② 当 $r/t \geqslant 5 \sim 8$ 时，因相对弯曲半径较大，工件不仅角度有回弹，弯曲半径也有较大的回弹。一般先计算好凸模的弯曲角度及弯曲圆角半径，然后试验验证修正。角度及弯曲半径可利用下式进行近似计算，参见图 5-27 弯曲凸模计算简图。

$$r_{凸}=\frac{r}{1+3\dfrac{\sigma_s r}{Et}}=\frac{1}{\dfrac{1}{r}+3\dfrac{\sigma_s}{Et}}$$

$$\alpha_{凸}=\alpha-(180^\circ-\alpha)\left(\frac{r}{r_{凸}}-1\right)=180^\circ-\frac{r}{r_{凸}}(180^\circ-\alpha)$$

式中　$r$——工件的圆角半径，mm；
$r_{凸}$——凸模的圆角半径，mm；
$\alpha$——弯曲件的角度，(°)；
$\alpha_{凸}$——弯曲凸模角度，(°)；
$t$——毛坯的厚度，mm；
$E$——弯曲材料的弹性模量，MPa；
$\sigma_s$——弯曲材料的屈服点，MPa。

（2）减少弯曲回弹影响的措施

板料弯曲过程中，若弯曲回弹过大，将造成弯曲形状和尺寸的超差，影响弯曲件的加工质量，因此，应采取措施减少回弹的影响，这些措施主要有：

① 根据弯曲回弹的计算数值，或查表 5-9～表 5-12，在模具设计时设置反回弹，对零件弯曲角度及弯曲半径进行补偿。图 5-28 所示是将凸模做成斜度，凸模圆角半径预先做小些，并且使凸、凹模间隙等于最小料厚的模具结构，通过在凸模上设置回弹角 $\alpha$ 使弯曲件在出模后的弹复得到补偿。其中：图 5-28（a）将弯曲回弹角放在上模，而图 5-28（b）则将弯曲回弹角放在下模；图 5-28（c）则采用了带摆动块的凹模结构。

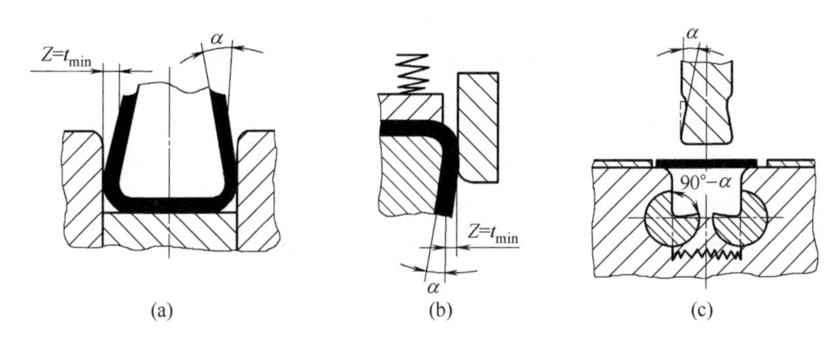


图 5-28 凸模做成斜度

对于弹性回弹较大的材料，可将凸模和顶件板做出补偿回弹的凸、凹面，使弯曲件底部发生弯曲，当弯曲件从凹模中取出后，由于曲面部分回弹伸直，而使两侧产生向里的变形，从而补偿了圆角部分向外的回弹，如图 5-29 所示。

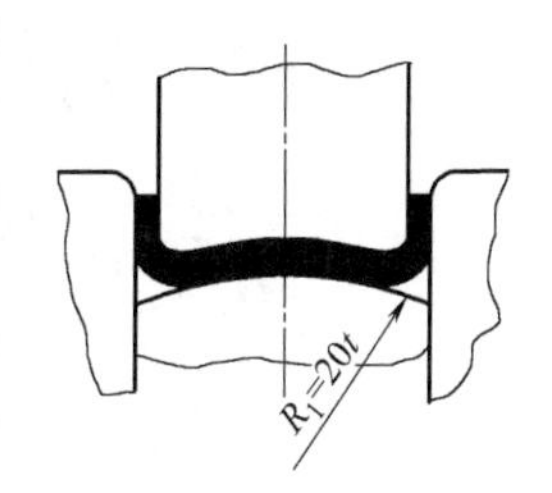


图 5-29 回弹补偿

由于弯曲回弹受多种因素的影响，在生产中，对 $r/t$ 值较大的弯曲件，要一次性准确地确定回弹量 $\alpha$ 是比较困难的，而在修磨凸模时，考虑到“放大”弯曲半径比“收小”弯曲半径容易，因此，希望压弯后零件的曲率半径比图纸要求略小些，试模后能比较容易修正，便于质量的控制。

② 选用弹性模数大、屈服强度小、力学性能较稳定的材料。

③ 弯曲前对弯曲材料进行退火，使冷作硬化的材料预先软化。

④ 设计合理的弯曲件结构。弯曲件的相对弯曲半径 $r/t$ 及弯曲截面惯性矩对弯曲件的弯曲回弹都有较大影响，因此，在设计弯曲件结构时，在不影响弯曲件使用的前提下，可以在弯曲变形区设置加强筋，如图 5-30（a）、（b）所示，采用 U 形边翼结构，如图 5-30（c）所示，通过增加弯曲件截面惯性矩，减少弯曲回弹。

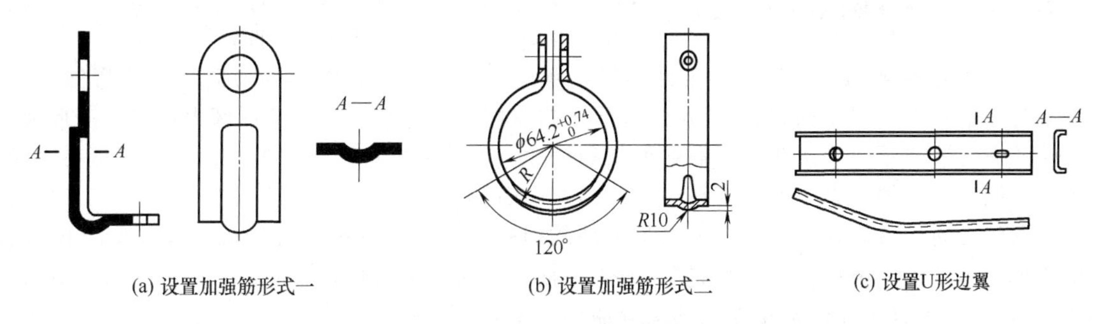


图 5-30 减少回弹的弯曲件结构

⑤ 增大凹模与弯曲件的接触面积，减少凸模与弯曲件的接触面积。图 5-31（a）为凸模宽度小于凹模槽口宽度时，弯曲件的弯曲角稍小于 90°；图 5-31（b）凸模宽度大于凹模的槽口宽度，弯曲件的弯曲角稍大于 90°；图 5-31（c）凸模宽度等于凹模的槽口宽度，弯曲件

的弯曲角基本等于 90°。

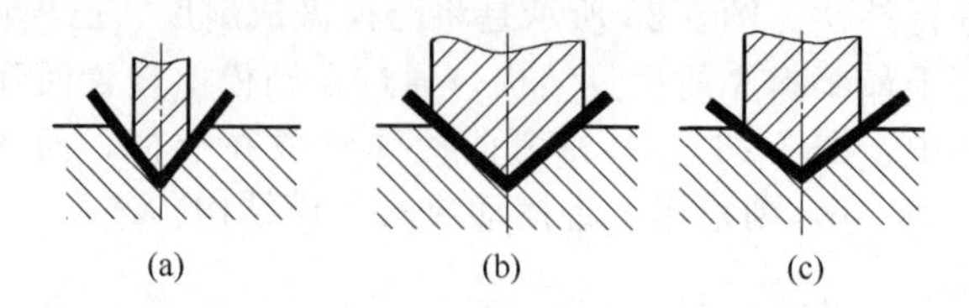


图 5-31　改善凸、凹模与弯曲件的接触面积

⑥ 采取校正弯曲代替自由弯曲或增加校正工序。图 5-32 是把弯曲凸模的角部做成局部突起的形状而对弯曲变形区进行校正的模具结构。其控制弯曲回弹原理是：在弯曲变形终了时，凸模力将集中作用在弯曲变形区，迫使内层金属受挤压，产生伸长变形，卸载后弯曲回弹将会减少。一般认为，当弯曲变形区金属的校正压缩量为板厚的 2%～5%时就可得到较好的效果。

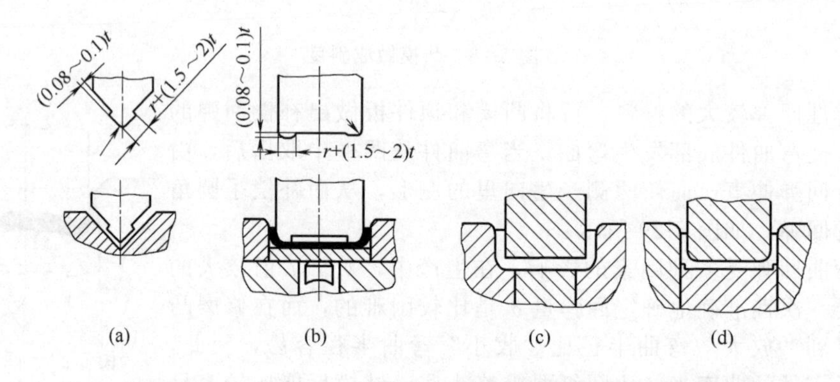


图 5-32　校正法的模具结构

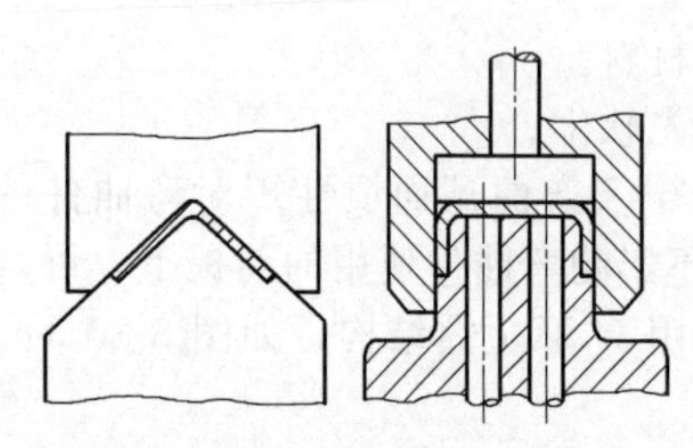

图 5-33　纵向加压校正法模具结构

图 5-33 为通过纵向加压校正法控制弯曲回弹的另一种模具结构。其控制弯曲回弹原理是：在弯曲过程结束时，用凸模上的突肩沿弯曲毛坯的纵向加压，使变形区内外层金属切向均受压缩，通过减小内外层毛坯切向应力的差别，来实现弯曲回弹的减小。

⑦ 选择好正确的弯曲加工工艺方法。选择好正确的弯曲加工工艺方法也是减少弯曲回弹、生产出合格弯曲件的重要措施，主要应注意以下弯曲件的加工。

a. 弯曲半径或弧度角很大的工件不宜用弯曲模加工。当弯曲件的弯曲半径或弯曲弧度角大时，不宜采用图 5-34（a）所示的普通弯曲模加工，这是因为其变形区大，弹性变形大，工件的回弹较严重，无法获得所需的形状和尺寸，可采用拉弯和滚弯的方法。拉弯是在毛坯弯曲的同时加以轴向力，使毛坯从内表面到外表面都处于拉应力的作用下，卸载时，它们回弹变形的方向一致，因此，可大大减少工件的回弹，提高工件的尺寸精确。图 5-34（b）为拉弯加工示意图。滚弯是将板料置于 2～4 个辊轮中间，随着辊轮的回转，使板坯弯曲成形。图 5-34（c）为置于 3 个辊轮中间的滚弯加工示意图。

b. 长带料的弯曲不宜用弯曲模加工。长带料的弯曲宜用滚压成形而不宜用弯曲模［图 5-35（a）］加工。这是因为长带料采用弯曲模加工，受加工设备、模具的影响，生产成本高，效率也不高。而滚压成形生产效率高，能制造出断面形状十分复杂的构件，且压辊的制造简单，成本低，寿命也较长。

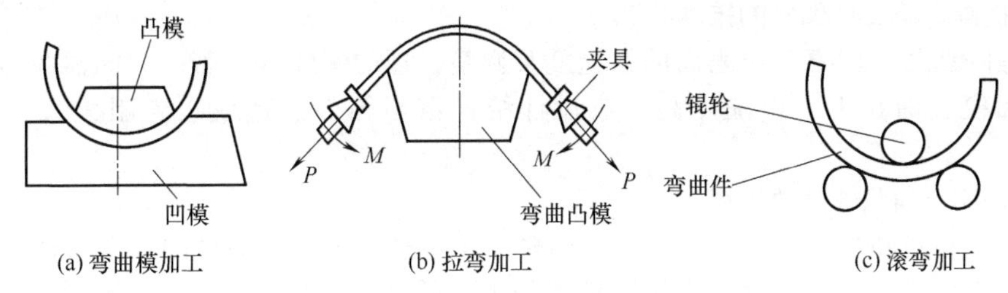

图 5-34　弯曲件的弯曲加工方法

图 5-35（b）为滚压成形示意图，其是将带料置于前后直排的数组成形辊轮中，随着辊轮的回转，带料向前送进的同时，顺次进行弯曲成形的加工方法。

⑧ 采用软凹模弯曲。用橡胶或聚氨酯软凹模代替金属凹模，如图 5-36 所示。用调节凸模压入凹模深度的方法控制弯曲回弹，使卸载后的弯曲件弹复小，可获得较高精度的零件。

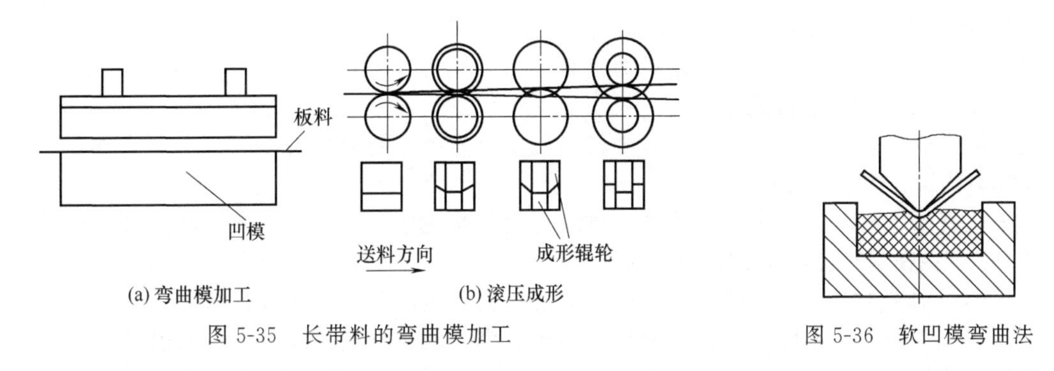

图 5-35　长带料的弯曲模加工

图 5-36　软凹模弯曲法

### 5.10.2　弯曲裂纹的预防和补救措施

根据弯曲裂纹的产生因素，在弯曲过程中，预防裂纹产生或对生产中产生的弯曲裂纹的补救措施主要有以下几点：

**（1）改善毛坯条件**

改善毛坯条件主要包括：选择塑性好的材料；在变形大的部位进行局部退火或对整个坯料进行热处理退火，改善毛坯性能；提高剪切（冲裁）毛坯断面质量等。材料塑性差，如材料的伸长率低，晶粒度大小不均，出现有害的魏氏组织，冷弯性能不符合技术标准规定，以及表面质量差（有划痕、锈蚀等缺陷）等，均可能导致塑性降低，都可能在弯曲时引起开裂。

**（2）控制弯曲线与板料轧制方向的夹角**

弯曲加工及零件排样时，弯曲线与板料轧制方向按以下工艺规定。单向 V 形弯曲时，弯曲线应垂直于轧制方向，双向弯曲时，弯曲线与轧制方向最好成 45°。

**（3）控制弯曲件的弯曲半径**

弯曲半径过小，在弯曲时外层金属变形程度易超过变形极限而破裂，因此，弯曲件的最小弯曲半径不得小于表 5-1 中所列的数据。

**（4）清除弯曲区外侧的毛刺**

毛坯剪切和冲裁断面质量差，如毛刺大，易造成该处应力集中，使应力值超过材料的强度极限而导致弯曲件破裂。在这种情况下，必须减小弯曲变形量或者清除该处的毛刺，或者选择有毛刺的一边放在弯曲区的内侧，因为弯曲区内侧受到的是压力，不易使弯曲部位的板料产生裂纹。

(5) 提高模具工作部分的技术状态

主要是降低凸、凹模工作表面的粗糙度及调整合理的间隙等。若凸、凹模圆角磨损或间隙过小，凹模表面拉毛（粗糙度高）或设计结构不当等因素造成进料阻力大，易把制件拉裂。

(6) 控制弯曲凸模圆角半径

当弯曲件相对圆角半径 $r/t$ 较小时，凸模圆角半径应等于弯曲件的圆角半径，此时有利于保证弯曲件的形状尺寸精度。凸模圆角半径小，可以减少弯曲回弹，但不可小于材料允许的最小弯曲半径 $r_{\min}$。如果凸模圆角半径过小，板料的外表面的拉伸变形将超过材料的最大许可变形而发生开裂。

(7) 改善润滑条件

合理润滑以及采用润滑性能好的润滑剂，从而减小弯曲过程中材料流动时的阻力，有利于改善弯曲受力，避免弯曲拉裂。

(8) 严格控制板料厚度

料厚尺寸严重超差易造成进料困难而开裂。

(9) 制定正确的工艺方案

选择恰当的工艺方案，使弯曲过程中材料流动阻力小，变形容易。

(10) 认真执行酸洗工艺

若未认真执行材料酸洗工艺，将产生过酸洗或氢脆现象，使材料塑性降低而引起开裂。

(11) 避免在钢的蓝脆区和热脆区热压

采用热弯加工工艺，选择热压温度时，应避免在蓝脆区和热脆区进行弯曲加工。这是因为：在加热过程的某些温度区间，金属往往由于过剩相的析出或相变等原因而出现脆性，使塑性降低，变形抗力增加。如碳钢加热到 200～400℃之间时，因为时效作用（夹杂物以沉淀的形式在晶界滑移面上析出）使塑性降低，变形抗力增加，这个温度范围称为蓝脆区，这时钢的性能变坏，易于脆断，断口呈蓝色。而在 800～950℃范围内，又会出现塑性降低现象，同样弯曲时出现断裂，该温度称为热脆区。

(12) 改善产品结构的工艺性

选用合理的圆角半径，在局部弯曲部位增加工艺切口、开槽等；尽可能避免在弯曲区外侧存在任何能引起应力集中的几何形状，如清角、槽口等，以避免根部断裂。如图 5-37（a）在小圆角半径弯曲件的弯角内侧开槽，保证弯曲小圆角半径不产生裂纹；图 5-37（b）所示弯曲件改进前易发生撕裂，改进后是将原容易撕裂处的清角移出弯曲区之外，推荐移出距离 $b \geqslant r$，保证弯曲时不产生裂纹。

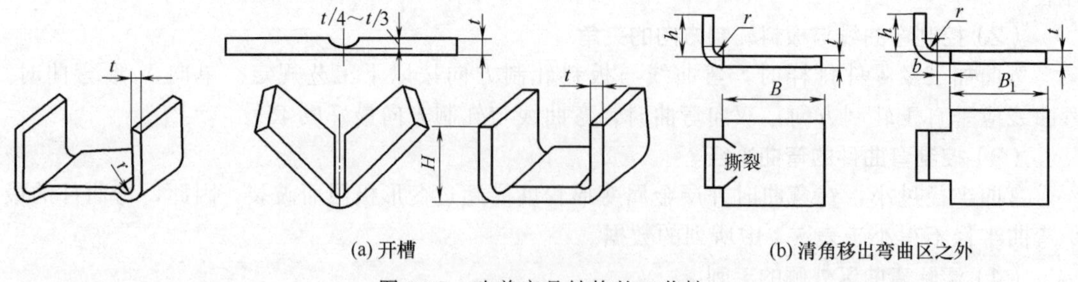


(a) 开槽　　(b) 清角移出弯曲区之外

图 5-37　改善产品结构的工艺性

对塑性较差的弯曲件，在弯曲时底部将不可避免地产生裂纹，如图 5-38（a）所示。此时，可以采用在弯曲部位加防裂切口的方法，这样可以有效地防止裂纹出现，如图 5-38（b）所示。

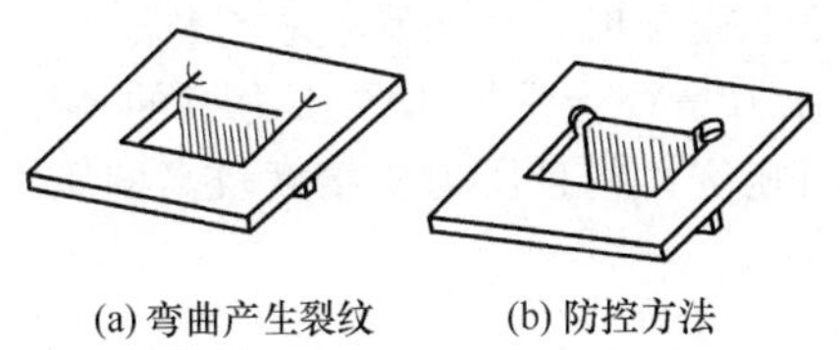

(a) 弯曲产生裂纹　　(b) 防控方法

图 5-38　弯曲底部裂纹及防裂切口

## 5.11　弯曲加工质量缺陷原因分析及对策

在弯曲加工过程中，由于弯曲材料、模具、压力机和操作等方面的影响，弯曲件往往产生这样或那样的问题，因此，在实际生产中，针对所发生的缺陷，必须对各方面的影响因素进行仔细分析，在找出具体产生原因的基础上才能有针对性地采取措施解决。以下通过几个实例进行分析说明。

**（1）弯曲尺寸不合格**

弯曲过程中，弯曲件尺寸不合格的质量问题，除了弯曲回弹的影响外，主要从以下几方面进行查找并相应的采取措施。

① 毛坯定位是否不可靠　模具结构中采用的压料装置和定位装置的可靠性，对弯曲件的形状与尺寸精度也会有较大的影响。一般采用气垫、橡胶或弹簧产生压紧力，在弯曲开始前就把板料压紧。为达到此目的，压料板或压料杆的顶出高度应做得比凹模平面稍高一些，一般高出一个板料厚度 $t$，如图 5-39 所示。

毛坯的定位形式主要有以外形为基准和以孔为基准两种。外形定位操作方便，但定位准确性较差。孔定位操作不大方便，使用范围较窄，但定位可靠，如图 5-40 所示。在特定的条件下，有时用外形初定位，大致使毛坯控制在一定的范围内，最后以孔作最后定位，吸收两者的优点，使之定位既准确又操作方便。

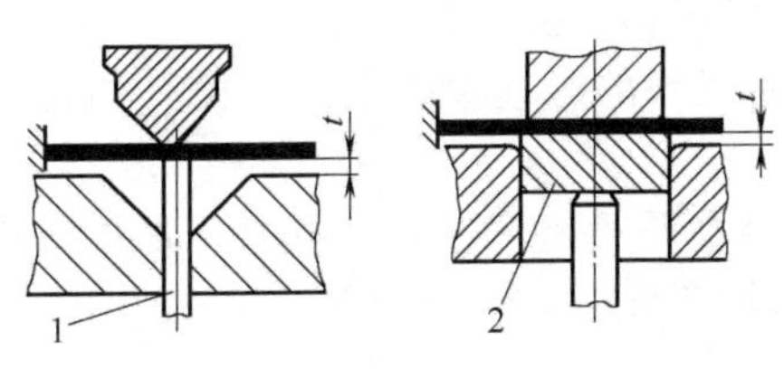


图 5-39　采用压料装置的弯曲要求

1—压料杆；2—压料板

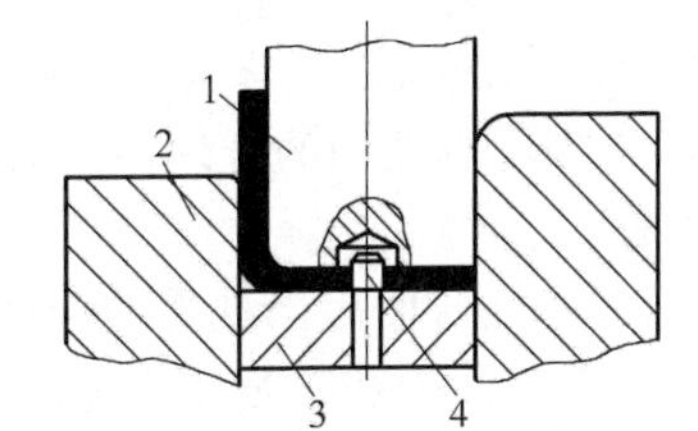


图 5-40　采用孔定位的弯曲

1—凸模；2—凹模；3—顶板；4—定位销

② 弯曲工艺顺序是否正确　当弯曲工件的工序较多，而工序前后安排顺序不对，也会对精度有很大影响。例如，对于有孔的弯曲件，当孔的形状和位置精度要求较高时，就应采用先弯曲后冲孔的加工工艺。

③ 所用弯曲材料的厚度是否厚薄不均　零件在弯曲过程中，若所使用的材料厚薄不均，则由于受挤压变形不均的影响，很容易使弯曲的材料移动，产生弯曲件的高度尺寸不稳定。

解决措施：将凹模修整成可换式镶块结构，通过调整弯曲模间隙的办法来解决，或更换材料，采用料厚均匀稳定的板料。

④ 模具两端的弯曲凹模圆角是否均匀一致　弯曲模在长期使用过程中，常会使凹模圆角半径发生变化，且左右凹模圆角半径不对称一致，从而在弯曲过程中，使弯曲件发生移动造成弯曲尺寸发生变化。

解决措施：修磨凹模圆角半径合格，且使其左右对称、大小一致。

⑤ 压力机的精度、气垫压力是否合乎要求　压力机的精度及气垫压力会直接影响到弯曲件的尺寸精度，一般应选用吨位大些且压力机精度较高的压力机，通常取加工力是压力机吨位的 70%～80%比较合适。

⑥ 检查并重新校核弯曲展开料是否正确　弯曲件展开料的正确性直接影响到弯曲件尺寸是否合格。

⑦ 检查定位零件是否磨损　定位零件尺寸的正确与否直接影响到弯曲件的尺寸是否合格。

⑧ 检查并调整弯曲模弯曲间隙均匀一致　弯曲模的间隙是否均匀一致，直接影响到弯曲件的尺寸精度，不均匀的间隙将使弯曲件在弯曲过程中产生移动，从而影响到弯曲件的弯曲尺寸。

**（2）弯曲形状不合格**

弯曲形状不合格是弯曲质量的重要缺陷之一，不同的不合格弯曲形状，其产生原因是不同的，应分门别类进行分析，采取针对性措施。

① 弯曲件弯曲后呈喇嘛口　其产生原因及解决措施主要有：

a. 检查模具间隙是否过大。一般来说，弯曲模的间隙经过试模、调整，其模具间隙是合理的，但随着模具的磨损，将导致弯曲间隙增大，而过大的模具间隙将直接增大零件的弯曲回弹，影响到弯曲件的弯曲形状。

解决措施：检查凸模及凹模的磨损情况，若凸模磨损严重且弯曲零件需保证内形尺寸，则应更换凸模工作块，并调整模具间隙合适，反之，应更换凹模。

b. 检查弯曲件的加工工艺性是否良好。一般弯曲件的直边高度 $H$ 不应小于 $2t$，如果小于 $2t$，将使弯曲后的弯曲件直边高度不直，并呈喇嘛口。

解决措施：若零件结构允许，可以在弯曲区内侧预先压槽，如图 5-41 所示，或者采用加高直边高度，弯曲后再切短的加工工艺方案。

c. 检查模具压料装置是否动作失灵。模具压料装置能增加零件弯曲的压应力，从而减少弯曲件的弯曲回弹，若压料装置失灵，则应更换或调整新的压料装置。

d. 检查模具结构的合理性。对照上节有关弯曲回弹的各项预防措施对模具结构进行分析、检查。

② 弯曲件弯曲后出现挠曲与扭曲　弯曲时的挠曲是指被弯曲件在垂直于加工方向产生的挠度，而扭曲则往往是在挠曲的基础上发生的扭转变形，如图 5-42 所示。

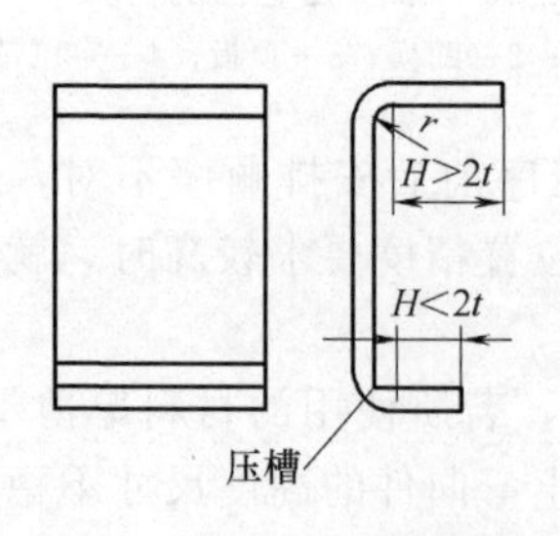


图 5-41　预先压槽后弯曲

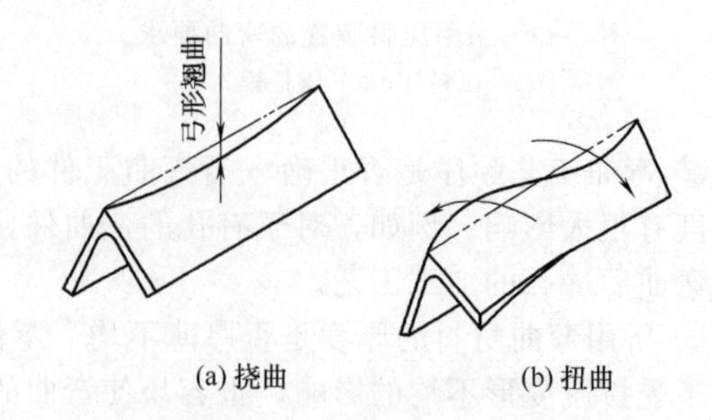


图 5-42　弯曲时的挠曲与扭曲

产生原因是：当板料弯曲时，在弯曲方向（长度方向）产生变形的同时，在垂直于弯曲的宽度方向上的材料也会发生移动。这是因为中性层外侧的材料由于受拉而变薄，这时宽度方向上的材料便滑移过来补充这一变化，所以中性层外侧的材料在宽度方向上会产生收缩。

与此相反，在弯曲过程中，中性层内侧的厚度加大，使得宽度方向产生伸长。这样的结果使弯曲件产生如图 5-42（a）所示的弓形挠曲。显然，如果宽度方向上材料的收缩与伸长不均匀，就会产生如图 5-42（b）所示的扭曲现象。

为了尽可能消除挠曲和扭曲现象，应注意从以下几方面采取措施。

a. 弯曲件材料的成分、组织、力学性能等应均匀。弯曲件材料的成分、组织、力学性能等如果不均匀，则在弯曲变形过程中由于材料内部的滑移情况不同，就容易产生挠曲和扭曲。

b. 板料纤维方向应与弯曲方向有合理夹角。通常应尽可能使弯曲方向垂直于板料纤维方向。但如果必须在两个方向上同时进行弯曲，则应采取斜排样，使弯曲方向与板材纤维方向成 45°夹角，如图 5-43 所示。

c. 弯曲板料的平整度。如果弯曲所用的板料不平整，则会产生严重的挠曲和扭曲现象。所以在此种情况下，应在弯曲加工前采用校平机或退火来改善板料的平整度。

d. 保证弯曲形状的合理性。图 5-44 所示的弯曲件，弯曲后内应力不均匀，会使切口部位向左右张开，结果使弯曲部位产生挠曲，如图 5-44（a）所示。为了防止这类情况发生，可如图 5-44（b）所示那样，在工件落料时切口暂不切开，弯曲后再切掉连接部位。

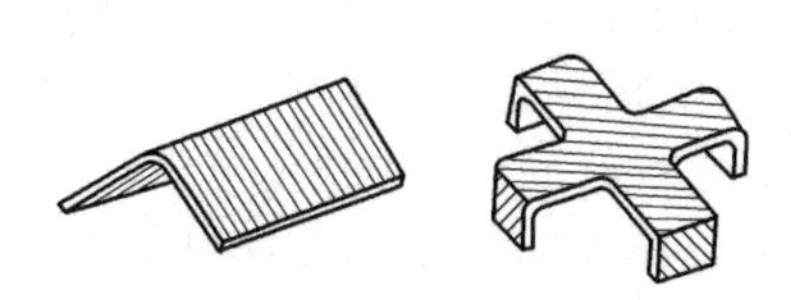

图 5-43　弯曲方向与纤维方向的合理夹角

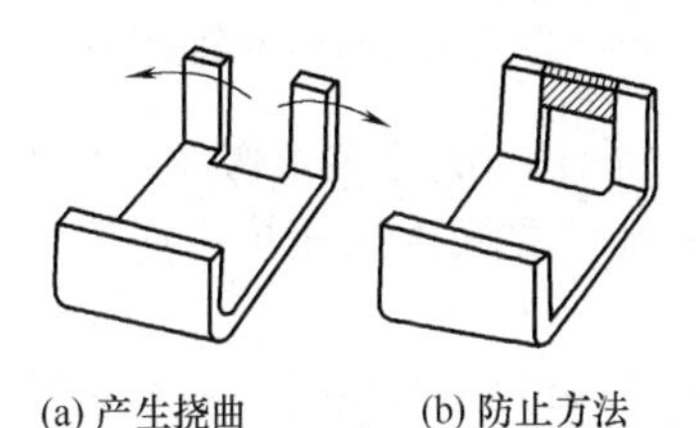


图 5-44　弯曲件形状的合理性

e. 模具要有较高的刚性。对于横向尺寸较大的弯曲件，在模具内弯曲时，由于模具的刚性不好，也会产生挠曲、扭曲。因此必须保证模具要有较高的刚性。

f. 如果工件要求的几何形状精度较高，则在弯曲后应采用校正的方法加以修正。

③ 弯曲件底面不平　制品在弯曲后，底面不平产生挠曲，如图 5-45（a）所示。从其弯曲成形及弯曲完成后的顶料过程来看，可以从以下几方面对其产生原因进行分析、检查。

a. 检查卸料杆的着力点分布是否不均匀或卸料时将卸料杆顶弯。

解决措施：增加卸料杆数量，使其均匀分布。

b. 检查弯曲成形时，压料力是否不足，造成弯曲底面不平。

解决措施：增加压料力；增加校正，使料在弯曲成形后再进行校正（镦死）；在冲模中增加顶出器装置，如图 5-45（b）所示，并使顶出器有足够的弹顶力。

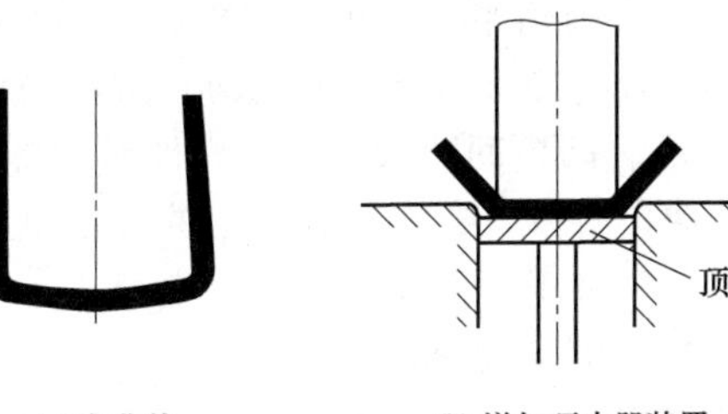


图 5-45　弯曲件底面不平采取的措施

④ 弯曲等高 U 形件时侧壁一头高一头低　弯曲模在交付使用时，一般都经过了严格的试模调整，其生产的零件应是合格的。之所以出现弯曲等高 U 形件时侧壁不等高的问题，主要是由于使用了一段时间，模具的状态出现了问题，可以从以下几方面对其产生原因进行分析、检查。

a. 检查弯曲模上的定位销、定位板是否松动、是否磨损严重。这是由于模具在长期使用后，由于振动和冲击，其冲模上的定位销和定位板会松动，歪扭变形，或由于经常受板料摩擦而磨损，定位不准确，致使凹模与毛坯的位置发生偏移。

解决措施：重新调整定位销和定位板的位置；若磨损严重，则需更换。

b. 检查弯曲凹模边缘的两处圆角半径是否大小不一致，若大小不一致，则在弯曲板料时两个不相同的圆角处受到的阻力不一样，圆角大的一面，由于压弯阻力小，材料滑动较快，压出的制件这一面就矮一些。

解决措施：修整圆角半径，尽量使其两处大小一致。

### （3）弯曲件厚度变薄

弯曲件厚度变薄的不同部位，其产生原因是不同的，应分门别类进行分析，采取针对性措施。

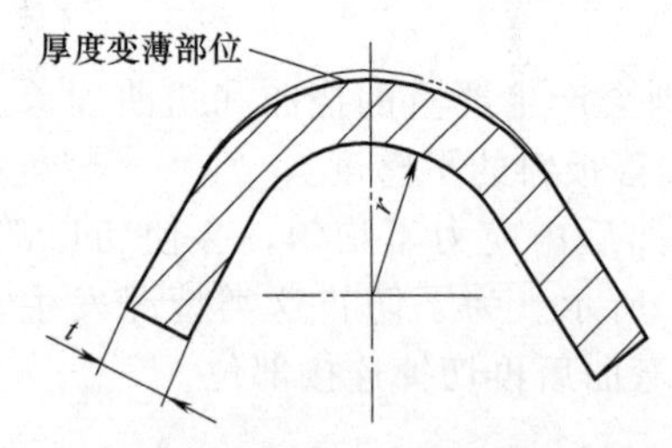

图 5-46　弯曲部位材料明显变薄

① 弯曲部位明显变薄　弯曲后，出现图 5-46 所示弯曲部位材料明显变薄的主要原因及措施主要有：

a. 弯曲半径相对板厚值太小。实践表明：弯曲部位厚度变薄是弯曲变形的性质来决定的，一般不能完全避免。但如弯曲内侧半径和板厚的比 $r/t$ 大于一定比值，其可以减少变薄。在直角弯曲中，当 $r/t>3$ 时，很少弯曲变薄。所以，在发生这种现象时，一般用加大弯曲半径的方法来消除。

b. 采用一次性多角弯曲，使弯曲部位变薄加大。如图 5-47 所示，尽管 $r/t$ 比较大，但被弯曲部位之间因互相拉压而变薄。因此，在必要时，为了减少变薄，尽量采用多工序的拉弯方法。

c. 采用尖角凸模时，凸模进入材料太深会使压弯部位厚度明显变小。这时，应严格控制尖角凸模进入凹模的深度。

② 弯曲件壁部变薄　弯曲后，出现图 5-48 所示弯曲件壁部变薄的主要原因及措施有：

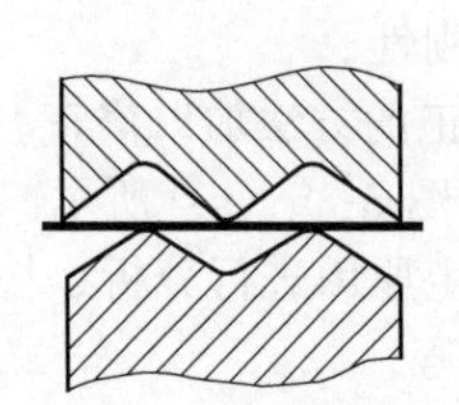
图 5-47　一次性多角弯曲

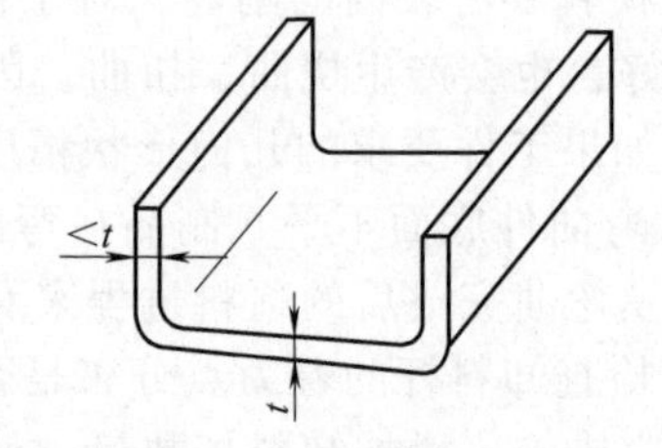

图 5-48　弯曲件壁部变薄

a. 凹模圆角半径太小。凹模圆角半径决定了板料能否光滑进入凹模，若凹模圆角过小，则在弯曲时会使板料受压而变薄。解决措施是修整增大凹模圆角半径。

b. 凸、凹模间隙太小。凸、凹模间隙太小使弯曲坯料在弯曲时受到严重挤压致使壁部材料变薄，所以，若在不影响弯曲件质量及尺寸精度情况下，可以适当加大间隙，以消除由于坯料受到挤压，而发生的材料变薄。

### （4）弯曲件端面不平

零件弯曲后，若出现图 5-49 所示的弯曲件端面鼓起，弯曲圆角带外表面两端翘曲，这主要是在弯曲时，零件材料外表面的材料在圆周方向受拉，而内表面的材料受压，使材料向两端面（自由端）挤，若凹模圆角小时，则使端面翘曲，两端鼓起。主要应对措施为：

a. 在零件弯曲最后阶段，应增加足够的校正压力，以使两端鼓起消除。

b. 修整凹模圆角半径，使凹模圆角半径与弯曲件外圆角尽量相适应。

c. 增加校正工序，使其校正后鼓起或翘曲消除。

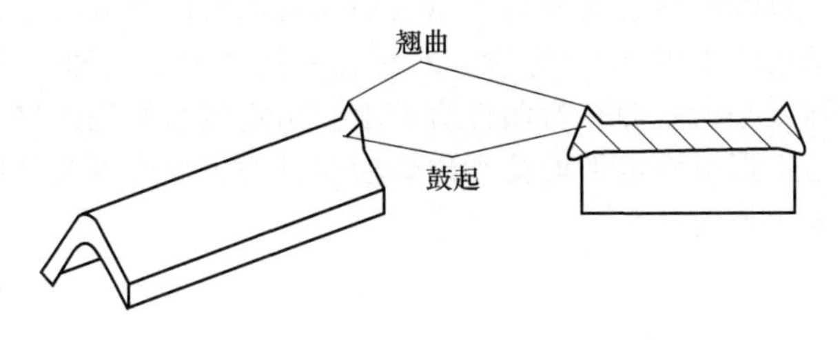


图 5-49　弯曲件端面鼓起（一）

在对厚板料进行小角度弯曲时，常常会发生图 5-50（a）所示的情况，即内侧材料在弯曲部位的两端宽度方向上出现明显的鼓起，使这个部位的宽度尺寸增大。这时，在弯曲时可将带毛刺的一面，作为弯曲内侧，毛刺部位相对垂直于板平面的方向呈凹陷形状。这样可起到减小鼓起的效果。若采用这种方法仍不能解决端面鼓起的质量缺陷，可在弯曲部的两端面在冲裁下料时，先做出圆弧切口，如图 5-50（b）所示，在弯曲时即可消除两端鼓凸缺陷。

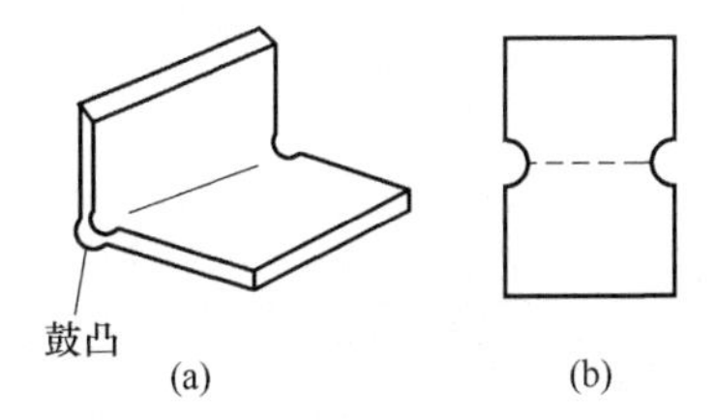


图 5-50　弯曲件端面鼓起（二）

（5）弯曲件表面出现压痕或擦伤

弯曲件在生产过程中，其外表面产生划痕、擦伤、裂痕等缺陷，可以从以下几方面对其产生原因进行分析、检查并采取措施。

a. 应注意材料的性质，对铜、铝等软性材料进行连续生产时，由于某些脱落的金属微粒附在模具工作部位的表面上，致使工件出现较大的擦伤，这时必须及时用压缩空气或油进行清理，以保证清洁、良好的工作条件。

b. 检查下料毛坯是否有冲裁毛刺，若有应清除干净。

c. 检查弯曲凸、凹模的表面质量，弯曲模的凸模和凹模应具有高的硬度、韧性和耐磨性，凸模和凹模的淬火硬度应达 60HRC 以上。淬火后，应对凸、凹模的工作表面进行高质量的抛光，若表面质量差，则在压弯时，材料的变形阻力增大，使制件的侧壁上在弯曲时会出现被擦伤、拉毛或较深的凹坑。

d. 检查弯曲凹模的圆角半径，弯曲凹模圆角半径的大小，对弯曲力和工件质量均有影响。凹模圆角半径决定了板料能否光滑地过渡进入凹模，若弯曲凹模圆角半径过小，则弯曲力大，弯曲应力也大，材料不易进入凹模，将在弯曲材料表面出现划痕，并加剧凹模磨损，降低凹模使用寿命，因此，凹模圆角半径一般不应小于 3mm。

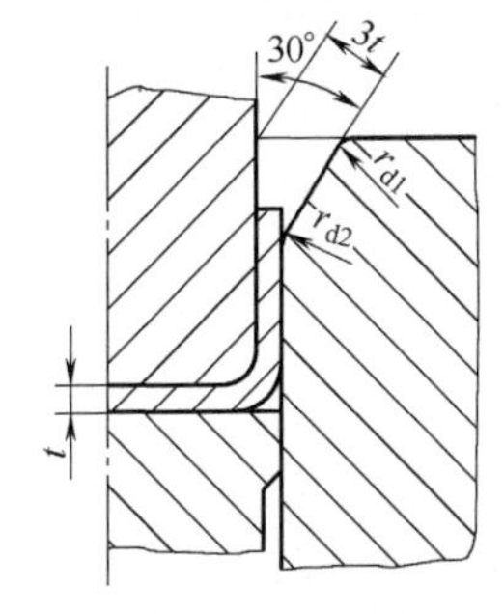


图 5-51　厚板弯曲时的弯曲凹模形状

e. 检查厚板弯曲时，弯曲凹模是否采用了圆角凹模。厚板料、硬板料弯曲时，弯曲凹模宜采用图 5-51 所示的斜角形式。凹模口倾斜大约 30°，并保证与凸模间隙为 $3t$，然后采用圆角与直平面圆滑过渡，其中：$r_{d1}=(2\sim4)t$，$r_{d2}=(0.5\sim2)t$。必要时，还可以将模具的过渡部分制成便于向凹模内滑入的抛物线等几何形状，从而使材料流动阻力小，流动平稳，增大与凹模接触面积，减少凹模压应力，同时使凹模圆角部位不易结瘤，不对工件形成拉伤，提高弯曲件成形质量及凹模寿命。

f. 检查凸、凹模间隙是否合理，若凸、凹模间隙过小，则易产生变薄擦伤，此时，应修整凸、凹模间隙使其合理。

g. 合理控制凸模进入凹模的深度，一般情况下，凸模进入凹模深度越大，越能减少弯曲回弹，但不能过大，过大的深度又容易产生表面伤痕，所以要调节至适中为宜。

h. 检查弯曲凸、凹模的间隙是否均匀，即有无一边太大或一边太小的情况。这是因为若间隙不均匀，则间隙太小的一面在弯曲件直壁上会出现浅而发亮的划痕，而在间隙大的一面，又会在压弯的直边上形成波浪形的荷叶边，使制件的表面质量受到影响。解决措施是调整模具的间隙，使之处于均匀状态。

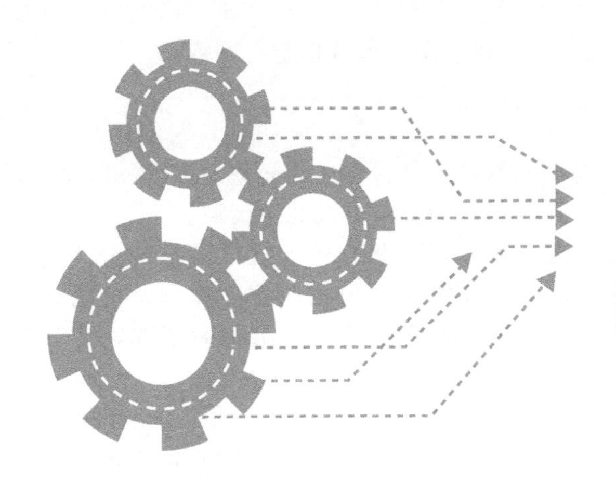

# 第6章 拉深加工工艺及质量管理

## 6.1 拉深加工分析

将平面板料在凸模压力作用下通过凹模形成一个开口空心零件的冲压工序称为拉深。拉深工序习惯上又曾称为拉延、压延、延伸、拉伸、引伸等。采用拉深冲压方法可得到筒形、阶梯形、锥形、方形、球形和多种不规则形状的薄壁零件。

### 6.1.1 拉深加工过程

图 6-1 为圆筒形拉深模结构图，置于凹模 3 上表面的坯料，在压料板 1 压边力及凸模 2 拉深力的作用下，被拉入凹模 3 最后形成圆筒形拉深件。

图 6-2 为直径为 $D$、厚度为 $t$ 的圆形平板毛坯置于凹模定位孔中拉深成圆筒形件的拉深工作过程示意图。

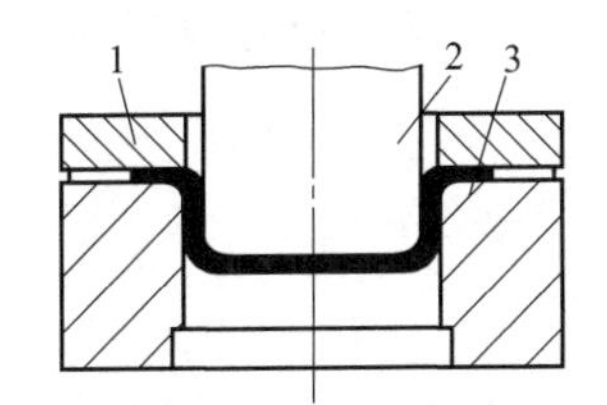


图 6-1 圆筒形拉深模结构图

1—压料板；2—凸模；3—凹模

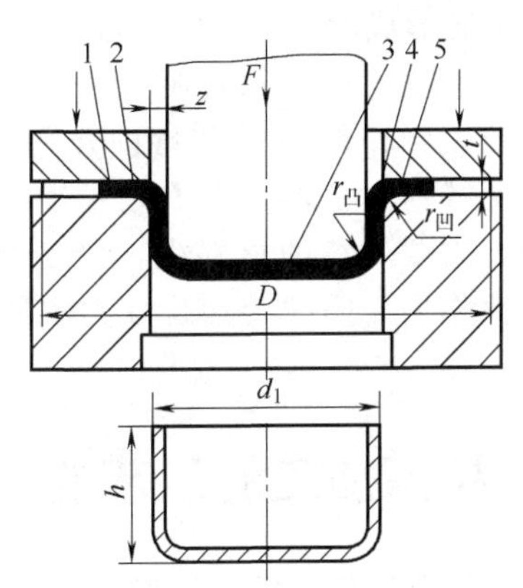


图 6-2 圆筒形件拉深工作过程

1—凸缘部分；2—凹模圆角部分；3—圆筒底部；4—凸模圆角部分；5—筒壁部分

凸模下行接触板料后向下施压，由于拉深力 $F$ 与凸、凹模间间隙 $Z$ 形成弯矩，使板料弯曲下凹，并在凸、凹模圆角导引下拉入凹模洞口，板料慢慢演变成筒底（凸模下的中心部分板料）、筒壁（拉入洞口内的圆环部分板料），凸缘（未被拉入洞口内的环形部分）三大部分。

随着凸模的继续下降，筒底基本不动，环形凸缘不断向洞口收缩并被拉入凹模洞口转变成筒壁，于是筒壁逐渐加高，凸缘逐渐缩小，最后凸缘全部拉入凹模洞口转变为筒壁，拉深过程结束。圆形板料变成了一个直径为 $d_1$、高度为 $h$ 的开口空心圆筒。

### 6.1.2 拉深变形分析

拉深过程就是环形凸缘逐渐收缩向凹模洞口流动转移成为筒壁的过程。拉深过程是一个比较复杂的塑性变形过程，毛坯各部位按其变形情况可分成几个区域。

① 圆筒底部（小变形区） 凸模底部下压接触到板料中心区的圆形部分为筒底，在拉深过程中，这一区域始终保持平面形状，受着四周均匀径向拉力作用，可以认为是不产生塑性变形或很小塑性变形区域，底部材料将凸模作用力传给圆筒壁部，使其产生轴向拉应力。

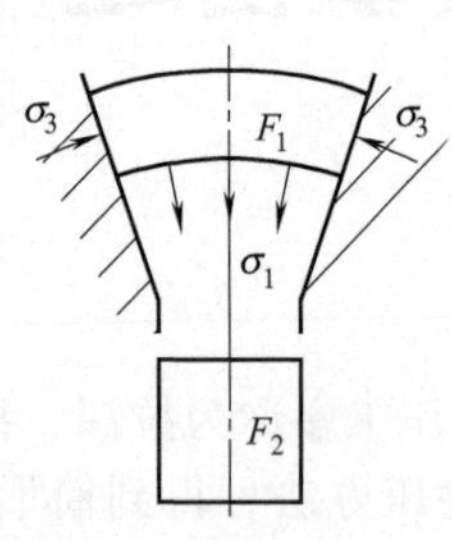


图 6-3 凸缘扇形小单元的变形

② 凸缘部分（大变形区） 凹模上面的环状区域即凸缘，是拉深时的主要变形区。拉深时，凸缘部分材料因拉深力的作用产生径向拉应力 $\sigma_1$，在向凹模洞口方向收缩流动时，材料相互挤压产生切向压应力 $\sigma_3$。其作用与将毛坯 $F_1$ 的一个扇形部分被拉着通过一个假想的楔形槽而成为 $F_2$ 的变形相似，见图 6-3。

当凸缘较大板料又较薄时，则拉深时凸缘部分会由于切向压应力的作用而失去稳定而拱起，形成所谓“起皱现象”，故常用压边圈对凸缘进行压边。

③ 筒壁（传力区） 这是已变形区，由凸缘部分材料经切向压缩径向拉伸收缩流动转移而成，基本上不再发生大的变形。在继续拉深时，起着将凸模的拉深力传递到凸缘上的作用，筒壁材料在传递拉深力的过程中自身承受单向拉应力作用，纵向稍有伸长，厚度稍有变薄。

④ 凹模圆角部分（过渡区） 凸缘与筒壁交合过渡部分，此处材料的变形较复杂，除有与凸缘部分相同的特点即受径向拉应力和切向压应力作用外，还由于承受凹模圆角的挤压和弯曲作用而形成的厚向压应力作用。

⑤ 凸模圆角部分（过渡区） 筒壁与筒底交合过渡部分，径向和切向承受拉应力作用，厚向受凸模圆角的挤压和弯曲作用而产生的压应力作用，拉深过程中，径向有所拉长，厚度有所减薄，变薄最严重处发生在凸模圆角与筒壁相接部位。拉深开始时，它处于凸、凹模间，需要转移的材料少，受变形的程度小，冷作硬化程度低，又不受凸模圆角处有益的摩擦作用，需要传递拉深力的面积又较小，因此，该处成了拉深时最易破裂的“危险断面”。

## 6.2 拉深加工的工艺性

拉深是利用拉深模将平板毛坯压成开口空心件的冲压工序。由于受拉深变形性能的影响，拉深件的工艺性好坏，直接影响到该零件能否用最经济、最简便的方法加工出来，甚至影响到该零件能否用拉深方法加工出来。对拉深件工艺性要求如下。

① 拉深件的形状应尽量简单、对称，以利于拉深成形。对某些半敞开及不对称的空心件，宜将两个或几个合并成对称的形状一起拉深，然后剖切开，以避免单个成形时受力不对称而使变形困难。

② 对于带凸缘的圆筒形拉深件，在用压边圈拉深时，最合适的凸缘在以下范围：

$$d+12t\leqslant d_{凸}\leqslant d+25t$$

式中 $d$——圆筒件直径，mm；

$t$——材料厚度，mm；

$d_{凸}$——凸缘直径，mm。

③ 拉深深度不宜过大（即 $H$ 不宜大于 $2d$）。当一次可拉成时，其高度最好为：

无凸缘圆筒件　$H \leqslant (0.5 \sim 0.7)d$

矩形件　$H \leqslant (0.3 \sim 0.8)B$　且 $r_{角} = (0.05 \sim 0.2)B$

式中　$B$——矩形件的短边宽度；

$r_{角}$——矩形件角部圆角半径。

④ 凸缘件一次拉成的条件为：零件的圆筒部分直径 $d$ 与毛坯 $D$ 的比值 $d/D \geqslant 0.4$。

⑤ 拉深圆角半径应合适。对于圆筒件，其底与壁部的圆角半径 $r_{凸}$ 应满足 $r_{凸} \geqslant t$，凸缘与壁之间的圆角半径 $r_{凹} \geqslant 2t$，从有利于变形的条件来看，最好取 $r_{凸} \approx (3 \sim 5)t$，$r_{凹} \approx (4 \sim 8)t$。若 $r_{凸}$（或 $r_{凹}$）$\geqslant (0.1 \sim 0.3)t$ 时，可增加整形；对于矩形件，其盒角部分的圆角半径 $r_{角} \geqslant 3t$，为了减少拉深次数，应尽量取 $r_{角} \geqslant 1/5H$（$H$ 为盒形件高）。

⑥ 拉深件的尺寸精度。拉深件的尺寸精度不宜要求过高，一般合适的精度在 IT11 级以下。

表 6-1、表 6-2 分别给出了圆筒拉深件及带凸缘拉深件高度的极限偏差。

**表 6-1　圆筒拉深件高度的极限偏差**　　单位：mm

| 材料厚度 | 拉深件高度的基本尺寸 $h$ | | | | | 附图 |
|---|---|---|---|---|---|---|
| | ≤18 | >18～30 | >30～50 | >50～80 | >80～120 | |
| ≤1 | ±0.5 | ±0.6 | ±0.7 | ±0.9 | ±1.1 | |
| >1～2 | ±0.6 | ±0.7 | ±0.8 | ±1.0 | ±1.3 | |
| >2～3 | ±0.7 | ±0.8 | ±0.9 | ±1.1 | ±1.5 | |
| >3～4 | ±0.8 | ±0.9 | ±1.0 | ±1.2 | ±1.8 | |
| >4～5 | — | — | ±1.2 | ±1.5 | ±2.0 | |
| >5～6 | — | — | — | ±1.8 | ±2.2 | |

注：本表为不切边情况下所达到的数值。

**表 6-2　带凸缘拉深件高度的极限偏差**　　单位：mm

| 材料厚度 | 拉深件高度的基本尺寸 $h$ | | | | | 附图 |
|---|---|---|---|---|---|---|
| | ≤18 | >18～30 | >30～50 | >50～80 | >80～120 | |
| ≤1 | ±0.3 | ±0.4 | ±0.5 | ±0.6 | ±0.7 | |
| >1～2 | ±0.4 | ±0.5 | ±0.6 | ±0.7 | ±0.8 | |
| >2～3 | ±0.5 | ±0.6 | ±0.7 | ±0.8 | ±0.9 | |
| >3～4 | ±0.6 | ±0.7 | ±0.8 | ±0.9 | ±1.0 | |
| >4～5 | — | — | ±0.9 | ±1.0 | ±1.1 | |
| >5～6 | — | — | — | ±1.1 | ±1.2 | |

注：本表为未经整形所达到的数值。

⑦ 拉深件的外观质量。拉深件的厚度变化为（不变薄拉深），上下壁厚约为 $(0.6 \sim 1.2)t$。矩形盒四角也要增厚；多次拉深的零件外壁上或凸缘表面上应允许存在在拉深过程中所产生的印痕。

⑧ 拉深件的未注尺寸公差及形位公差。拉深件对产品图样上未注的尺寸公差及形位公差分别按 GB/T 15055—2007、GB/T 1184—1996 中的规定选取，表 1-4 及表 1-5 分别给出了未注的成形件线性尺寸的极限偏差、未注公差成形圆角半径线性尺寸的极限偏差。

## 6.3 拉深模的结构形式

拉深加工可在一般的单动压力机上进行，也可在双动、三动压力机上进行。在单动压力机上工作的拉深模，可分为首次拉深及首次以后拉深用拉深模两种，按是否采用压边圈则可分为带压边和不带压边两种；按拉深模完成的加工工步数目，又可分为单工序拉深模、拉深复合模及多工位拉深级进模等。此处仅介绍单工序简单拉深模。

**（1）首次拉深模**

图 6-4 为不带压边圈的无凸缘圆筒件拉深模结构图。图中凹模 2 上平面的浅槽（尺寸为 $D$）为放置拉深毛坯用，其浅槽深度无特殊要求，便于毛坯安放即可。

图 6-5 为使用压边圈进行首次拉深的模具结构，压料板 4 安装在下模，压边力通过安装于下模的顶杆 5 传递，传递力可以是弹性缓冲器、弹簧也可以是压力机上的汽缸力等。落料好的坯料置于压料板 4 的定位圈中定位，凸模 3 及凹模 2、压料板 4 共同作用便可将坯料拉深出来。

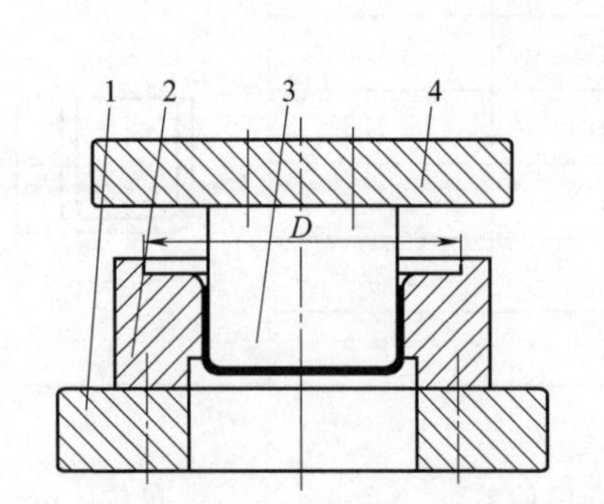


图 6-4　不带压边圈的拉深模结构简图

1—下模板；2—凹模；3—凸模；4—上模板

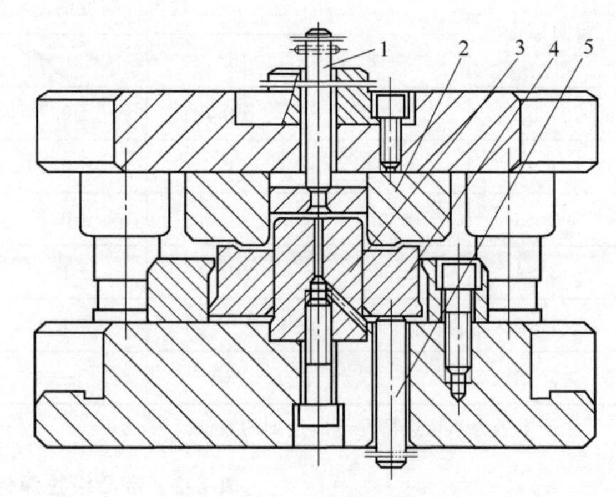


图 6-5　带压边圈的拉深模

1—推杆；2—凹模；3—凸模；4—压料板；5—顶杆

图 6-5 所示模具结构也可用于带凸缘拉深件的首次拉深后各次的拉深。拉深时，将前次拉深好的凸缘置于压料板 4 的定位圈中定位。

**（2）首次以后各次拉深模**

图 6-6 为用于筒形件带压边圈的首次以后各次拉深模结构图。

模具中的定位器 11 采用了套筒式结构，同时起压边及定位作用，压紧力由顶杆 13 传递的汽缸力提供，为防止料拉深时起皱，调整限位顶杆 3 的位置可调节压边力的大小，使压边力保持均衡同时又可防止将坯料夹得过紧。

图 6-7 为用于带凸缘拉深件的带压边圈的首次以后各次拉深模结构图。

该模具工作过程与图 6-6 所示模具基本类似，只是考虑到该拉深件带凸缘，为保证零件凸缘的平整性，在模具中增加了压平圈 11，使凸缘在零件完成成形后能得到校平。

**（3）双动压力机用拉深模**（图 6-8）

用双动压力机拉深时，外滑块压边（或冲裁兼压边），内滑块拉深。

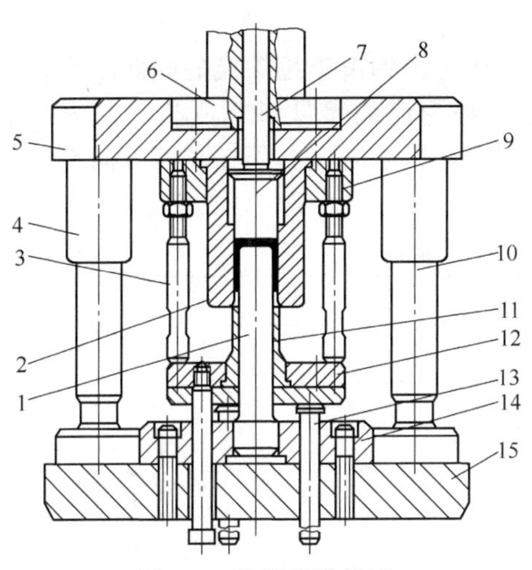


图 6-6　拉深模结构图

1—凸模；2—凹模；3—限位顶杆；4—导套；5—上模板；6—模柄；7—打棒；8—卸件器；9—固定板；10—导柱；11—定位器；12—定位器固定板；13—顶杆；14—凸模固定板；15—下模座

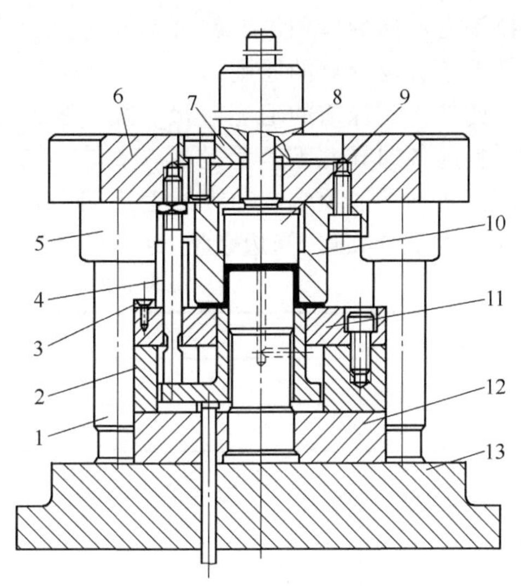


图 6-7　模具结构简图

1—导柱；2—空心垫板；3—定距套；4—顶杆；5—导套；6—上模座；7—模柄；8—打棒；9—卸件器；10—凹模；11—压平圈；12—凸模固定板；13—下模座

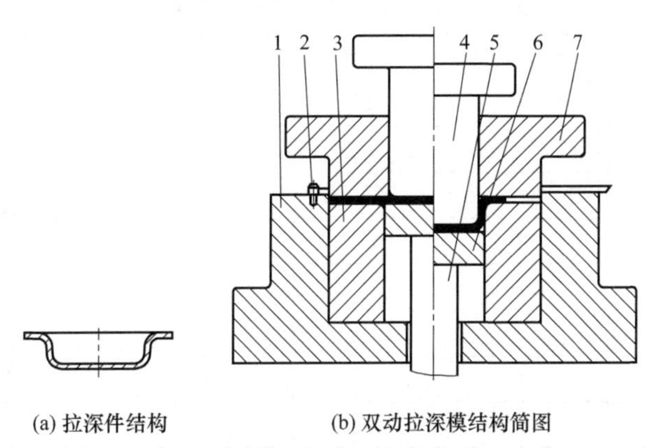


(a) 拉深件结构　　(b) 双动拉深模结构简图

图 6-8　拉深件及双动拉深模结构简图

1—下模座；2—定位销；3—拉深凹模；4—拉深凸模；5—顶杆；6—顶料块；7—压边圈

模具工作时，条料经定位销 2 定位，由压边圈 7 及下模座 1 共同作用实施落料后，拉深凸模 4 与拉深凹模 3、顶料块 6 共同将落料后的坯料拉深成形，最终由顶杆 5 带动顶料块 6 将拉深好的零件推出拉深凹模 3 的型腔。

## 6.4　拉深加工工艺参数的确定

拉深加工工艺参数的确定主要包括拉深件毛坯尺寸的确定、拉深次数的确定、拉深模间隙的确定等内容。

### 6.4.1　拉深件毛坯尺寸的确定

由于拉深件拉深前后的体积是不变的，而拉深件拉深前后的毛坯厚度变化很小，因此，由拉深变形前后体积不变就可推导为拉深前毛坯表面积和拉深后工件的表面积相等，这是拉深件毛坯直径计算的原则。

此外，拉深前的毛坯形状一般与零件形状相似，但考虑到由于拉深模的间隙不均匀、拉深材料的各向异性等因素的影响，在大多数情况下，拉深后的零件口部或凸缘周边并不整齐，需将不平的顶端或凸缘的毛边切去，所以在计算毛坯尺寸时就必须在高度方向上留有一定的修边余量 $\Delta h$。修边余量 $\Delta h$ 的取值见表 6-3～表 6-5。

**表 6-3　无凸缘筒形件的修边余量 $\Delta h$**　　单位：mm

| 零件总高度 $h$ | 零件相对高度 $h/d$ | | | | 附图 |
|---|---|---|---|---|---|
| | 0.5～0.8 | 0.8～1.6 | 1.6～2.5 | 2.5～4 | |
| 10 | 1 | 1.2 | 1.5 | 2 | 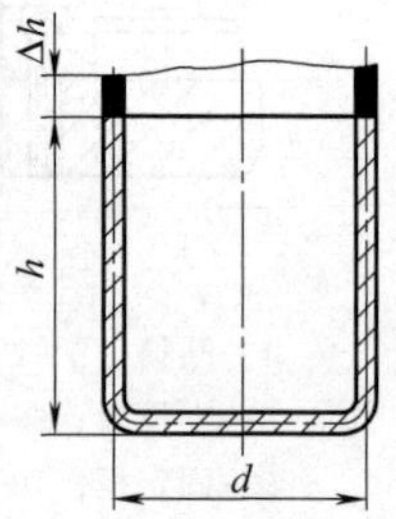 |
| 20 | 1.2 | 1.6 | 2 | 2.5 | |
| 50 | 2 | 2.5 | 3.3 | 4 | |
| 100 | 3 | 3.8 | 5 | 6 | |
| 150 | 4 | 5 | 6.5 | 8 | |
| 200 | 5 | 6.3 | 8 | 10 | |
| 250 | 6 | 7.5 | 9 | 11 | |
| 300 | 7 | 8.5 | 10 | 12 | |

**表 6-4　带凸缘圆筒件的修边余量 $\Delta h$**　　单位：mm

| 凸缘直径 $d_{凸}$ | 凸缘的相对直径 $d_{凸}/d$ | | | | 附图 |
|---|---|---|---|---|---|
| | <1.5 | 1.5～2 | 2～2.5 | 2.5～3 | |
| 25 | 1.6 | 1.4 | 1.5 | 1 | 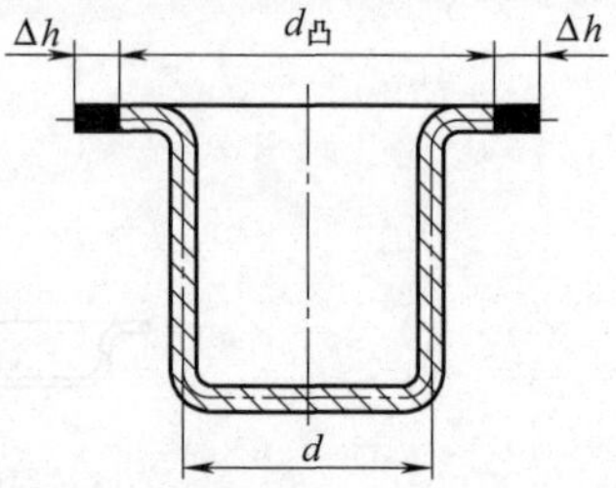 |
| 50 | 2.5 | 2 | 1.8 | 1.6 | |
| 100 | 3.5 | 3 | 2.5 | 2.2 | |
| 150 | 4.3 | 3.6 | 3 | 2.5 | |
| 200 | 5 | 4.2 | 3.5 | 2.7 | |
| 250 | 5.5 | 4.6 | 3.8 | 2.8 | |
| 300 | 6 | 5 | 4 | 3 | |

**表 6-5　无凸缘矩形件的修边余量 $\Delta h$**　　单位：mm

| 相对高度 $h/r_{角}$ | 修边余量 $\Delta h$ | 附图 |
|---|---|---|
| 2.5～6 | $(0.03\sim0.05)h$ | 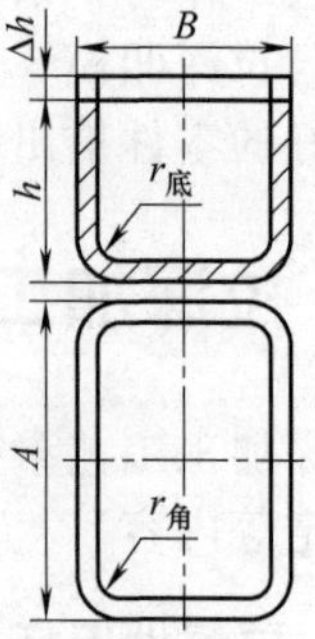 |
| 7～17 | $(0.04\sim0.06)h$ | |
| 18～44 | $(0.05\sim0.08)h$ | |
| 45～100 | $(0.08\sim0.1)h$ | |

有凸缘矩形件的修边余量可参考表 6-4 选取。使用时，表中 $d_{凸}$ 改为矩形件短边凸缘宽

度 $B_{凸}$，$d$ 改为矩形件短边宽度 $B$。

在确定修边余量后，便可根据上述原则，初步确定出坯料尺寸及形状。为方便起见，表6-6 列出了各曲面旋转体拉深件毛坯直径计算公式，求解坯料尺寸时可直接套用。

**表 6-6 常用旋转体的毛坯直径计算公式**

| 零件形状 | 毛坯直径 $D$ |
|---|---|
| 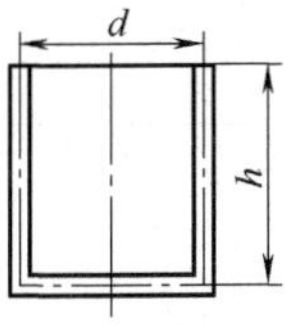 | $D=\sqrt{d^2+4dh}$ |
| 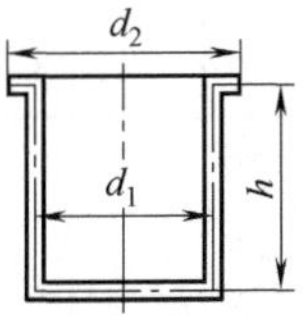 | $D=\sqrt{d_2^2+4d_1h}$ |
| 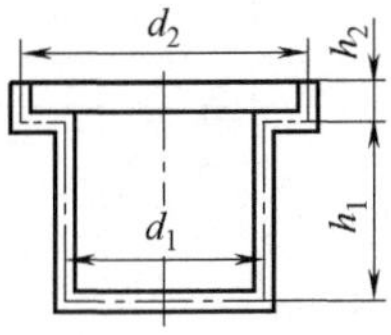 | $D=\sqrt{d_2^2+4(d_1h_1+d_2h_2)}$ |
| 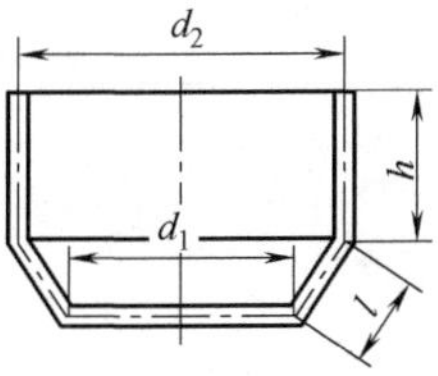 | $D=\sqrt{d_1^2+2l(d_1+d_2)+4d_2h}$ |
| 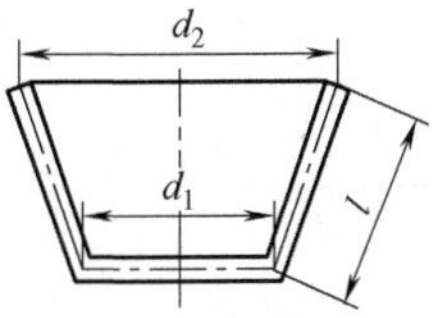 | $D=\sqrt{d_1^2+2l(d_1+d_2)}$ |
| 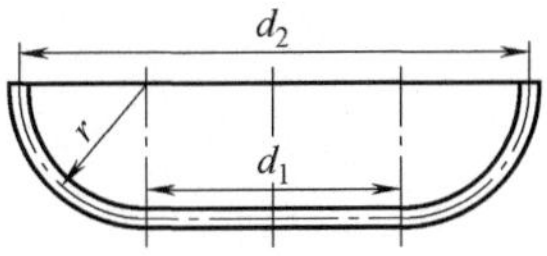 | $D=\sqrt{d_1^2+2r(\pi d_1+4r)}$ |
| 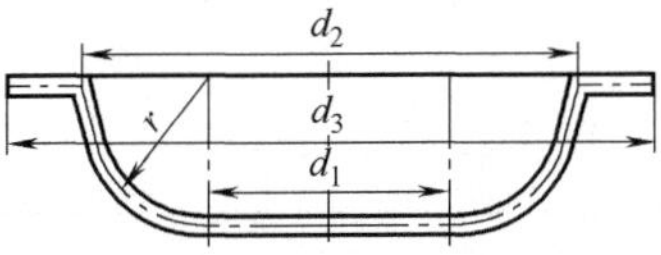 | $D=\sqrt{d_1^2+6.28rd_1+8r^2+d_3^2-d_2^2}$ |
| 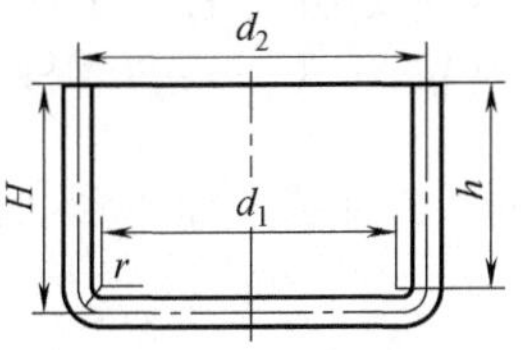 | $D=\sqrt{d_1^2+4d_2h+6.28rd_1+8r^2}$<br>$=\sqrt{d_2^2+4d_2H-1.72rd_2-0.56r^2}$ |

续表

| 零件形状 | 毛坯直径 $D$ |
| --- | --- |
| 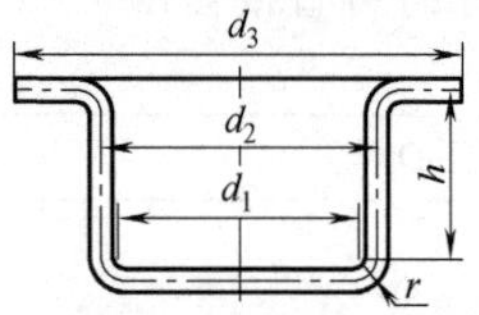 $d_3$、$d_2$、$d_1$、$h$、$r$ | $D=\sqrt{d_1^2+2\pi rd_1+8r^2+4d_2h+d_3^2-d_2^2}$ |
| 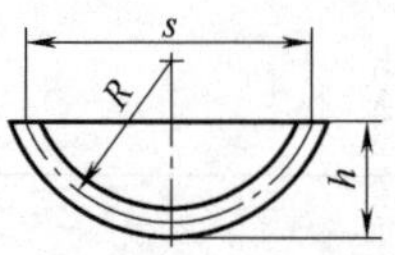 $s$、$R$、$h$ | $D=\sqrt{8Rh}$ 或 $D=\sqrt{s^2+4h^2}$ |
| 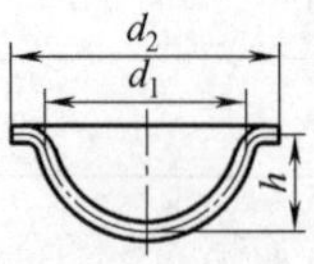 $d_2$、$d_1$、$h$ | $D=\sqrt{d_2^2+4h^2}$ |
| 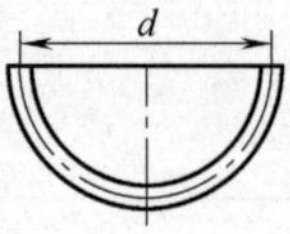 $d$ | $D=\sqrt{2d^2}=1.414d$ |
| 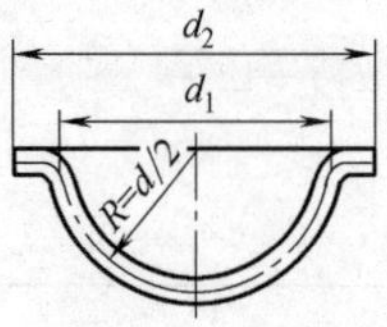 $d_2$、$d_1$、$R=d/2$ | $D=\sqrt{d_1^2+d_2^2}$ |
| 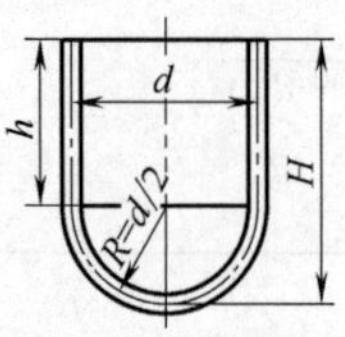 $d$、$h$、$H$、$R=d/2$ | $D=1.414\sqrt{d^2+2dh}$<br>或 $D=2\sqrt{dh}$ |
| 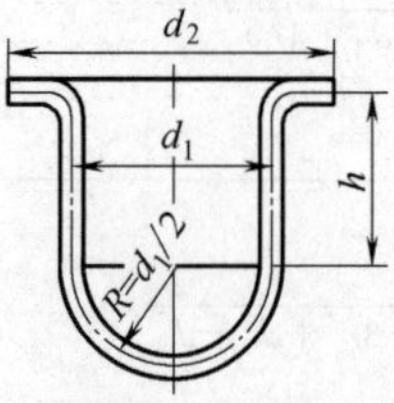 $d_2$、$d_1$、$h$、$R=d_1/2$ | $D=\sqrt{d_1^2+d_2^2+4d_1h}$ |

对由各种形状的旋转拉深件毛坯直径 $D$ 的求解，可先将拉深件划分为若干个简单的几何形状，分别求出各部分的面积 $A$ 并相加为 $\Sigma A$，由于毛坯面积为 $A_0=\pi D^2/4$，于是，$A_0=\frac{\pi D^2}{4}=\Sigma A$，故毛坯直径 $D$ 可按 $D=\sqrt{\frac{4}{\pi}\Sigma A}$ 进行计算。表 6-7 总结了简单形状的几何体表面积计算公式。

表 6-7　简单形状的几何体表面积计算公式

| 平面名称 | 简图 | 面积 $A$ |
| --- | --- | --- |
| 圆 | | $A=\frac{\pi d^2}{4}$ |
| 环 | | $A=\frac{\pi}{4}(d^2-d_1^2)$ |
| 圆筒壁 | | $A=\pi dh$ |
| 圆锥壁 | | $A=\frac{\pi}{4}d\sqrt{d^2+4h^2}$<br>$=\frac{\pi dl}{2}$ |
| 无顶圆锥壁 | | $A=\pi l\frac{d+d_1}{2}$<br>$l=\sqrt{h^2+\left(\frac{d-d_1}{2}\right)^2}$ |
| 半球面 | | $A=2\pi r^2=\frac{\pi d^2}{2}$ |
| 小半球面 | | $A=2\pi rh$<br>$A=\frac{\pi}{4}(S^2+4h^2)$ |

实际上，对于外形复杂的拉深件，由于变形复杂，要准确地计算出零件的毛坯形状是很困难的，故在生产中采用的方法是，先根据上述计算原则算出零件外形后，再经过试验修正，最后确定其外形形状。

### 6.4.2　拉深次数的确定

不同材料、不同外形的拉深件变形程度不同，要拉深出合格的零件，必须判定其变形程度，从而决定拉深次数。

① 无凸缘筒形件拉深次数的确定　拉深过程中的变形程度用拉深系数来衡量。每次拉深后圆筒直径与拉深前毛坯（或半成品）直径之比值，称为拉深系数。拉深系数越小，说明拉深前后直径差别越大，即变形程度越大。合理地选定拉深系数可以使拉深次数减少到最小限度，而又不进行或少进行工序中间退火。

拉深系数是拉深工艺中的一个重要工艺参数，在工艺计算中，只要知道每道工序的拉深系数，就可以计算出各道工序中工件的尺寸。

无凸缘筒形件的拉深次数可分别通过以下两种方式来确定。

a. 计算拉深件的相对拉深高度 $h/d$ 和材料的相对厚度 $t/D\times100$，直接查表 6-8 获得拉深次数。

b. 采用公式直接计算拉深次数 $n$：

$$n=1+\frac{\lg d_{n}-\lg(m_{1}D)}{\lg m_{n}}$$

式中 $n$——拉深次数；

$d_{n}$——工件直径，mm；

$D$——毛坯直径，mm；

$m_{1}$——第一次拉深系数，查表 6-9；

$m_{n}$——第一次拉深以后各次的平均拉深系数，查表 6-9。

计算所得的拉深次数经取较大整数值，即为所求拉深次数。

**表 6-8 无凸缘筒形件的最大相对拉深高度 $h/d$**

| 拉深次数 | 毛坯相对厚度 $t/D\times100$ | | | | | |
|---|---|---|---|---|---|---|
| | 2～1.5 | 1.5～1 | 1～0.6 | 0.6～0.3 | 0.3～0.15 | 0.15～0.08 |
| 1 | 0.94～0.77 | 0.84～0.65 | 0.7～0.57 | 0.62～0.5 | 0.52～0.45 | 0.46～0.38 |
| 2 | 1.88～1.54 | 1.6～1.32 | 1.36～1.1 | 1.13～0.94 | 0.96～0.83 | 0.9～0.7 |
| 3 | 3.5～2.7 | 2.8～2.2 | 2.3～1.8 | 1.9～1.5 | 1.6～1.3 | 1.3～1.1 |
| 4 | 5.6～4.3 | 4.3～3.5 | 3.6～2.9 | 2.9～2.4 | 2.4～2 | 2～1.5 |
| 5 | 8.9～6.6 | 6.6～5.1 | 5.2～4.1 | 4.1～3.3 | 3.3～2.7 | 2.7～2 |

注：大的 $h/d$ 比值适用于在第一道工序的大凹模圆角半径（由 $t/D\times100=2$～1.5 时的 $r_{凹}=8t$ 到 $t/D\times100=0.15$～0.08 时的 $r_{凹}=15t$），小的比值适用于小的凹模圆角半径 $r_{凹}=(4\sim8)\ t$。

**表 6-9 各种金属材料的拉深系数**

| 材料 | 第一次拉深系数 $m_1$ | 以后各次拉深的平均拉深系数 $m_n$ |
|---|---|---|
| 08 钢 | 0.52～0.54 | 0.68～0.72 |
| 铝和铝合金 8A06M、1035M、3A21M | 0.52～0.55 | 0.70～0.75 |
| 硬铝 2A12M、2A11M | 0.56～0.58 | 0.75～0.80 |
| 黄铜 H62 | 0.52～0.54 | 0.70～0.72 |
| 黄铜 H68 | 0.50～0.52 | 0.68～0.70 |
| 纯铜 T1、T2、T3 | 0.50～0.55 | 0.72～0.80 |
| 无氧铜 | 0.50～0.55 | 0.75～0.80 |
| 镍、镁镍、硅镍 | 0.48～0.53 | 0.70～0.75 |
| 康铜 BMn40-1.5 | 0.50～0.56 | 0.74～0.84 |
| 白铁皮 | 0.58～0.65 | 0.80～0.85 |
| 镍铬合金 Cr20Ni80 | 0.54～0.59 | 0.78～0.84 |
| 合金钢 30CrMnSiA | 0.62～0.70 | 0.80～0.84 |
| 膨胀合金 4J29 | 0.55～0.60 | 0.80～0.85 |
| 不锈钢 1Cr18Ni9Ti | 0.52～0.55 | 0.78～0.81 |

续表

| 材料 | 第一次拉深系数 $m_1$ | 以后各次拉深的平均拉深系数 $m_n$ |
|---|---|---|
| 不锈钢 1Cr13 | 0.52～0.56 | 0.75～0.78 |
| 钛合金 BT1 | 0.58～0.60 | 0.80～0.85 |
| 钛合金 BT4 | 0.60～0.70 | 0.80～0.85 |
| 钛合金 BT5 | 0.60～0.65 | 0.80～0.85 |
| 锌 | 0.65～0.70 | 0.85～0.90 |
| 酸洗钢板 | 0.54～0.58 | 0.75～0.78 |

② 带凸缘筒形件拉深次数的确定　带凸缘筒形件拉深过程中的变形程度也可用拉深系数来衡量，但由于拉深带宽凸缘圆筒件时，变形区的材料没有全部被拉入凹模，而剩下宽的凸缘，因此，不可应用无凸缘圆筒件的第一次拉深系数，只有当全部凸缘都转化为工件的圆筒壁时才能适用。表 6-10 为带凸缘的筒形件第一次拉深的最小拉深系数。

**表 6-10　带凸缘的筒形件（10 钢）第一次拉深的最小拉深系数**

| 凸缘的相对直径 $d_{凸}/d$ | 毛坯相对厚度 $t/D\times100$ | | | | |
|---|---|---|---|---|---|
| | 2～1.5 | 1.5～1 | 1～0.6 | 0.6～0.3 | 0.3～0.15 |
| <1.1 | 0.51 | 0.53 | 0.55 | 0.57 | 0.59 |
| 1.3 | 0.49 | 0.51 | 0.53 | 0.54 | 0.55 |
| 1.5 | 0.47 | 0.49 | 0.5 | 0.51 | 0.52 |
| 1.8 | 0.45 | 0.46 | 0.47 | 0.48 | 0.48 |
| 2.0 | 0.42 | 0.43 | 0.44 | 0.45 | 0.45 |
| 2.2 | 0.4 | 0.41 | 0.42 | 0.42 | 0.42 |
| 2.5 | 0.37 | 0.38 | 0.38 | 0.38 | 0.38 |
| 2.8 | 0.34 | 0.35 | 0.35 | 0.35 | 0.35 |
| 3.0 | 0.32 | 0.33 | 0.33 | 0.33 | 0.33 |

在确定带凸缘筒形件的拉深次数时，仅应用表 6-10 中的拉深系数是不能确切地表示出其变形程度的，在判定带凸缘件的拉深次数时，需应用相应于不同凸缘相对直径 $d_{凸}/d$ 的最大相对深度 $h/d$ 进行，其值见表 6-11。若可以一次成形，则计算到此结束；若不能一次成形，则需初步假定一个较小的凸缘相对直径 $d_{凸}/d$ 值，并根据其值从表 6-10 中初选首次拉深系数 $m_1$，初算出相应的拉深直径 $d_1$，然后算出该拉深直径 $d_1$ 的拉深高度 $h_1$，再验算选取的拉深系数及相对深度 $h/d$ 是否满足表 6-10、表 6-11 的相应要求。若满足，则可按表 6-12 选取后续的拉深系数；若不满足，需重新假定凸缘相对直径 $d_{凸}/d$ 值。重复上述判定步骤，至满足表 6-10、表 6-11 的相应要求后，再按表 6-12 选取后续的拉深系数，并计算后续相关的工序参数。

**表 6-11　带凸缘的筒形件第一次拉深的最大相对深度 $h/d$**

| 凸缘的相对直径 $d_{凸}/d$ | 毛坯相对厚度 $t/D\times100$ | | | | |
|---|---|---|---|---|---|
| | 2～1.5 | 1.5～1 | 1～0.6 | 0.6～0.3 | 0.3～0.15 |
| <1.1 | 0.90～0.75 | 0.82～0.65 | 0.70～0.57 | 0.62～0.5 | 0.52～0.45 |
| 1.3 | 0.80～0.65 | 0.72～0.56 | 0.60～0.50 | 0.53～0.45 | 0.47～0.40 |

续表

| 凸缘的相对直径 $d_{凸}/d$ | 毛坯相对厚度 $t/D\times100$ | | | | |
|---|---|---|---|---|---|
| | 2～1.5 | 1.5～1 | 1～0.6 | 0.6～0.3 | 0.3～0.15 |
| 1.5 | 0.70～0.58 | 0.63～0.50 | 0.53～0.45 | 0.48～0.40 | 0.42～0.35 |
| 1.8 | 0.58～0.48 | 0.53～0.42 | 0.44～0.37 | 0.39～0.34 | 0.35～0.29 |
| 2.0 | 0.51～0.42 | 0.46～0.36 | 0.38～0.32 | 0.34～0.29 | 0.30～0.25 |
| 2.2 | 0.45～0.35 | 0.40～0.31 | 0.33～0.27 | 0.29～0.25 | 0.26～0.22 |
| 2.5 | 0.35～0.28 | 0.32～0.25 | 0.27～0.22 | 0.23～0.20 | 0.21～0.17 |
| 2.8 | 0.27～0.22 | 0.24～0.19 | 0.21～0.17 | 0.18～0.15 | 0.16～0.13 |
| 3.0 | 0.22～0.18 | 0.20～0.16 | 0.17～0.14 | 0.15～0.12 | 0.13～0.10 |

注：1. 大数值适用于零件圆角半径较大的情况［由 $t/D\times100=2\sim1.5$ 时的 $r_{凸}$、$r_{凹}=(10\sim12)t$ 到 $t/D\times100=0.3\sim0.15$ 时的 $r_{凸}$、$r_{凹}=(20\sim25)\ t$］和随着凸缘直径的增加及相对拉深深度的减小，其数值也逐渐减小到 $r\leqslant0.5h$ 的情况；小数值适用于底部及凸缘小的圆角半径 $r_{凸}$、$r_{凹}=(4\sim8)\ t$。

2. 本表使用于钢 10，当塑性更大的材料取大值，塑性较小的材料取小值。

**表 6-12　带凸缘的筒形件以后各次的拉深系数**

| 压延系数 | 毛坯相对厚度 $t/D\times100$ | | | | |
|---|---|---|---|---|---|
| | 2～1.5 | 1.5～1 | 1～0.6 | 0.6～0.3 | 0.3～0.15 |
| $m_2$ | 0.73 | 0.75 | 0.76 | 0.78 | 0.8 |
| $m_3$ | 0.75 | 0.78 | 0.79 | 0.8 | 0.82 |
| $m_4$ | 0.78 | 0.8 | 0.82 | 0.83 | 0.84 |
| $m_5$ | 0.8 | 0.82 | 0.84 | 0.85 | 0.86 |

注：上述数值用于钢 10；在应用中间退火的情况下，可将拉深系数减小 5%～8%。

③ 矩形件拉深次数的确定　矩形件拉深次数的确定可以采用相对高度 $H/B$、相对圆角半径 $r_{角}/B$ 通过查表确定，也可采用经验估算法确定。表 6-13 列出了通过相对高度 $H_n/B$ 来判断拉深的次数。

**表 6-13　矩形件多次拉深所能达到的最大相对高度 $H_n/B$**

| 拉深工序的总数 | 毛坯相对厚度 $t/D\times100$ | | | |
|---|---|---|---|---|
| | 2～1.6 | <1.3～0.8 | <0.8～0.5 | <0.5～0.3 |
| 1 | 0.75 | 0.65 | 0.58 | 0.5 |
| 2 | 1.2 | 1 | 0.8 | 0.7 |
| 3 | 2 | 1.6 | 1.3 | 1.2 |
| 4 | 3.5 | 2.6 | 2.2 | 2 |
| 5 | 5 | 4 | 3.4 | 3 |
| 6 | 6 | 5 | 4.5 | 5 |

### 6.4.3 拉深力的计算

计算拉深力的目的在于选择设备和设计模具，计算拉深力的实用公式见表 6-14。

表 6-14　计算拉深力的实用公式

| 拉深形式 | 拉深工序 | 公式 |
| --- | --- | --- |
| 无凸缘的筒形件 | 第一道 | $F=\pi d_1 t\sigma_b k_1$ |
| | 第二道以及以后各道 | $F=\pi d_n t\sigma_b k_2$ |
| 带凸缘的筒形件 | 各工序 | $F=\pi d_1 t\sigma_b k_3$ |
| 横截面为矩形、方形、椭圆件等的拉深件 | 各工序 | $F=Lt\sigma_b k$ |

注：$F$——拉深力，N；$d_1$，$d_2$，…，$d_n$——筒形件的第 1 道、第 2 道……第 $n$ 道工序中性层直径，按中性线（$d_1=d-t$、$d_2=d_1-t$，…，$d_n=d_{n-1}-t$）计算，mm；$t$——材料厚度，mm；$\sigma_b$——强度极限，MPa；$k_1$，$k_2$，$k_3$——系数，见表 6-15、表 6-16；$k$——修正系数，取 0.5～0.8；$L$——横截面周边长度，mm。

表 6-15　筒形件拉深的系数 $k_1$、$k_2$

| $m_1$ | 0.55 | 0.57 | 0.60 | 0.62 | 0.65 | 0.67 | 0.70 | 0.72 | 0.75 | 0.77 | 0.80 |
| --- | --- | --- | --- | --- | --- | --- | --- | --- | --- | --- | --- |
| $k_1$ | 1.00 | 0.93 | 0.86 | 0.79 | 0.72 | 0.66 | 0.60 | 0.55 | 0.50 | 0.45 | 0.40 |
| $m_2$ | 0.70 | 0.72 | 0.75 | 0.77 | 0.80 | 0.85 | 0.90 | 0.95 | — | | |
| $k_2$ | 1.00 | 0.95 | 0.90 | 0.85 | 0.80 | 0.70 | 0.60 | 0.50 | — | | |

表 6-16　拉深带凸缘的筒形件的系数 $k_3$ 的数值（08～15 钢）

| $D_凸/d$ | 第一次拉深系数 $m_1=d_1/D$ | | | | | | | | | | |
| --- | --- | --- | --- | --- | --- | --- | --- | --- | --- | --- | --- |
| | 0.35 | 0.38 | 0.4 | 0.42 | 0.45 | 0.5 | 0.55 | 0.6 | 0.65 | 0.7 | 0.75 |
| 3 | 1 | 0.9 | 0.83 | 0.75 | 0.68 | 0.56 | 0.45 | 0.37 | 0.3 | 0.23 | 0.18 |
| 2.8 | 1.1 | 1 | 0.9 | 0.83 | 0.75 | 0.62 | 0.5 | 0.42 | 0.34 | 0.26 | 0.2 |
| 2.5 | — | 1.1 | 1 | 0.9 | 0.82 | 0.7 | 0.56 | 0.46 | 0.37 | 0.3 | 0.22 |
| 2.2 | — | — | 1.1 | 1 | 0.9 | 0.77 | 0.64 | 0.52 | 0.42 | 0.33 | 0.25 |
| 2 | — | — | — | 1.1 | 1 | 0.85 | 0.7 | 0.58 | 0.47 | 0.37 | 0.28 |
| 1.8 | — | — | — | — | 1.1 | 0.95 | 0.8 | 0.65 | 0.53 | 0.43 | 0.33 |
| 1.5 | — | — | — | — | — | 1.1 | 0.9 | 0.75 | 0.62 | 0.5 | 0.4 |
| 1.3 | — | — | — | — | — | — | 1 | 0.85 | 0.7 | 0.56 | 0.45 |

注：表中 $D_凸$ 表示带凸缘筒形件的凸缘直径，$d$ 为筒形件直径。上述系数也可以用于带凸缘的锥形及球形零件在无拉深筋模具上的拉深。在有拉深筋模具内拉深相同的零件时，系数需增大 10%～20%。

### 6.4.4　拉深模间隙的确定

拉深模的单面间隙 $Z$ 等于凹模孔径 $D_凹$ 与凸模直径 $D_凸$ 之差的一半，是影响拉深件质量的重要参数之一，间隙过小则摩擦力增加，使拉深件容易破裂，且易擦伤表面和降低模具寿命；间隙过大，拉深件又易起皱，且影响零件精度。拉深模间隙一般按以下两种情况考虑：

① 不用压边圈时，考虑起皱可能性，其单边间隙 $Z=(1\sim1.1)t_{max}$，其中 $t_{max}$ 为材料厚度的最大极限尺寸。

② 用压边圈时，间隙值按表 6-17 选取。

表 6-17　有压边圈拉深时单边间隙值 $Z$

| 拉深工序 | 拉深件精度等级 | |
| --- | --- | --- |
| | IT11、IT12 | IT13～IT16 |
| 第一次拉深 | $Z=t_{max}+a$ | $Z=t_{max}+(1.5\sim2)a$ |
| 中间拉深 | $Z=t_{max}+2a$ | $Z=t_{max}+(2.5\sim3)a$ |
| 最后拉深 | $Z=t$ | $Z=t+2a$ |

注：1. 较厚材料取括号中的小值，较薄材料（$t/D\times100=1\sim0.3$）取括号中的大值。

2. $Z$——凸凹模的单向间隙，mm；$t_{max}$——材料厚度最大极限尺寸，mm；$t$——材料公称厚度，mm；$a$——增大值，mm，见表 6-18。

表 6-18　增大值 $a$　　单位：mm

| 材料厚度 | 0.2 | 0.5 | 0.8 | 1 | 1.2 | 1.5 | 1.8 | 2 | 2.5 | 3 | 4 | 5 |
|---|---|---|---|---|---|---|---|---|---|---|---|---|
| 增大值 $a$ | 0.05 | 0.1 | 0.12 | 0.15 | 0.17 | 0.19 | 0.21 | 0.22 | 0.25 | 0.3 | 0.35 | 0.4 |

在拉深矩形件时，考虑到材料在角落部分会大大变厚，拉深模间隙在矩形件的角部应取比直边部分间隙大 $0.1t$ 的数值。

在有硬性压边圈的双动压力机上工作时，对一定厚度的材料规定最小的间隙，既不将毛料压死不动，又不允许发生皱纹，其增大值 $a$ 可按下式决定：$a\approx0.15t$，$t$ 为材料厚度。

生产中，对精度要求较高的拉深零件，也常采用负间隙，即拉深间隙取 $(0.9\sim0.95)t$。

### 6.4.5　凸、凹模工作部分尺寸的确定

拉深模工作部分尺寸确定的内容主要有：凸、凹模圆角半径及凸、凹模的尺寸与制造公差等，这些参数直接影响到拉深加工件的尺寸精度及外观质量。

① 拉深凹模圆角半径的确定　拉深凹模的圆角半径对拉深过程有很大的影响。一般说来，凹模圆角半径尽可能大些，大的圆角半径可以降低极限拉深系数，而且还可以提高拉深件质量，但凹模圆角半径太大，会削弱压边圈的作用，且可能引起起皱现象。一般首次拉深的凹模圆角半径 $r_{凹}$ 可以按经验公式确定：

$$r_{凹}=0.8\sqrt{(D-d)t}$$

式中　$D$——坯料直径，mm；

$d$——拉深凹模工作部分直径，mm；

$t$——材料厚度，mm。

以后各次拉深的凹模圆角半径 $r_{凹n}$ 可逐渐缩小，一般可取 $r_{凹n}=(0.6\sim0.8)r_{凹n-1}$，但不应小于 $2t$。

当选取正常拉深系数时，首次拉深的凹模圆角半径 $r_{凹}$ 也可以按表 6-19、表 6-20 选取。

表 6-19　带压边圈的首次拉深凹模圆角半径 $r_{凹}$

| 拉深方式 | 毛料相对厚度 $t/D\times100$ | | |
|---|---|---|---|
| | 2～1 | 1～0.3 | 0.3～0.1 |
| 无凸缘 | $(6\sim8)t$ | $(8\sim10)t$ | $(10\sim15)t$ |
| 带凸缘 | $(10\sim15)t$ | $(15\sim20)t$ | $(20\sim30)t$ |
| 有拉深筋 | $(4\sim6)t$ | $(6\sim8)t$ | $(8\sim10)t$ |

表 6-20　无压边圈的首次拉深凹模半径 $r_{凹}$

| 材料 | 厚度 $t$ | $r_{凹}$ | |
|---|---|---|---|
| | | 第一次拉深 | 以后的拉深 |
| 钢、黄铜、紫铜、铝 | 4～6 | $(3\sim4)t$ | $(2\sim3)t$ |
| | 6～10 | $(1.8\sim2.5)t$ | $(1.5\sim2.5)t$ |
| | 10～15 | $(1.6\sim1.8)t$ | $(1.2\sim1.5)t$ |
| | 15～20 | $(1.3\sim1.5)t$ | $(1\sim1.2)t$ |

拉深时，一般凹模圆角半径的选取按表查取便可，但选取需注意几点：

a. 在浅拉深中，如拉深系数 $m$ 的值相当大，则 $r_{凹}$ 应取较小的数值。

b. 在不用压边圈的很浅的拉深中，对大件，其 $r_{凹}$ 应取介于 $(2\sim4)\ t$ 之间的数值；对

小件，用呈锥形或呈渐开线的凹模。

c. 当在一道工序内拉深出带凸缘的零件时，凹模的 $r_{凹}$ 即等于图纸上的凸缘处的半径尺寸。

d. 在后续的各次拉深中，$r_{凹}$ 逐渐减小，后一工序的 $r_{凹}$ 宜取前一工序的 0.6～0.8 倍数值，在最初几次工序中，其减小量可大些。

③ 凸模圆角半径 $r_{凸}$ 的确定　凸模圆角半径 $r_{凸}$ 对拉深的影响不像凹模圆角半径 $r_{凹}$ 那样显著，但过小的 $r_{凸}$ 会降低筒壁传力区危险断面的有效抗拉强度，使危险断面处严重变薄，若过大，会使在拉深初始阶段不与模具表面接触的毛坯宽度加大，因而这部分毛坯容易起皱。凸模圆角半径 $r_{凸}$ 的选取一般按如下原则：

a. 在第一次拉深，当 $\frac{t}{D}\times 100>0.6$，取 $r_{凸}=r_{凹}$。

b. 当 $\frac{t}{D}\times 100=0.3\sim0.6$，取 $r_{凸}=1.5r_{凹}$。

c. 当 $\frac{t}{D}\times 100<0.3$，取 $r_{凸}=2r_{凹}$。

d. 在中间各次压延，可取 $r_{凸}=\frac{d_{n-1}-d_{n}-2t}{2}$，也可取和凹模圆角半径 $r_{凹}$ 相等或略小一些的数值，即取 $r_{凸}=(0.7\sim1.0)\ r_{凹}$，在最后一次拉深中，应取 $r_{凸}$ 等于零件半径的数值。

④ 凸模和凹模尺寸的确定　凸模和凹模尺寸的确定按以下原则进行：

a. 对于最后一道工序的拉深模，其凸模和凹模尺寸及其公差应按工件的要求确定。

b. 当工件要求外形尺寸时，以凹模尺寸为基准进行计算，即

凹模尺寸：$D_{凹}=(D-0.75\Delta)^{+\delta_{凹}}_{0}$

凸模尺寸：$D_{凸}=(D-0.75\Delta-2z)^{0}_{-\delta_{凸}}$

c. 当工件要求内形尺寸时，以凸模尺寸为基准进行计算，即

凸模尺寸：$d_{凸}=(d+0.4\Delta)^{0}_{-\delta_{凸}}$

凹模尺寸：$d_{凹}=(d+0.4\Delta+2z)^{+\delta_{凹}}_{0}$

d. 中间过渡工序的半成品尺寸，由于没有严格限制的必要，模具尺寸只要等于毛坯过渡尺寸即可。若以凹模为基准时，则

凹模尺寸：$D_{凹}=D^{+\delta_{凹}}_{0}$

凸模尺寸：$D_{凸}=(D-2z)^{0}_{-\delta_{凸}}$

式中　$D$，$d$——工件的外、内形的公称尺寸，mm；

$\Delta$——工件的公差，mm；

$Z$——凸、凹模单边间隙，mm；

$\delta_{凸}$，$\delta_{凹}$——凸、凹模的制造公差，若工件的公差为 IT13 级以上，凸、凹模的制造公差为 IT6～IT8 级，若工件的公差为 IT14 级以下，凸、凹模的制造公差为 IT10 级。

## 6.5　拉深加工的操作要点

在拉深加工时，首先应严格按冲压操作规程进行，严防发生误操作。其次，为完成好零件的拉深，应做好拉深模的安装及调整。

### 6.5.1 拉深模的安装方法

拉深模安装除了有打料装置、弹性卸料装置等在冲裁模、弯曲模调试中遇到的共同问题之外，还特有一个压边力的调整问题。若调整的压力过大，则拉深件易破裂，过小则易使拉深件出现皱折。因此，应边试、边调整，直到合适为止。拉深模的安装分单动冲床上安装与双动冲床上安装两种。

（1）在单动冲床上加工的拉深模安装方法

在单动冲床上加工的拉深模安装、调整方法同弯曲模相似。

如果拉深对称或封闭形状的拉深件（如筒形件），则安装调整模具时，可将上模紧固在冲床滑块上，下模放在工作台上不紧固。先在凹模洞壁均匀放置几个与工件料厚相等的衬垫，再使上、下模吻合，就能自动对正，间隙均匀。在调整好闭合位置后，才可把下模紧固在工作台上。

如果是无导向装置拉深模，则安装时，需采用控制拉深间隙的方法决定上、下模相对位置，可用标准样件或垫片配合调试。

（2）在双动冲床上加工的拉深模安装方法

双动拉深模是应用于双动拉深机的拉深模具，一般用于大型或覆盖件的拉深加工。图6-9为用于大型覆盖件的双动拉深模结构图。

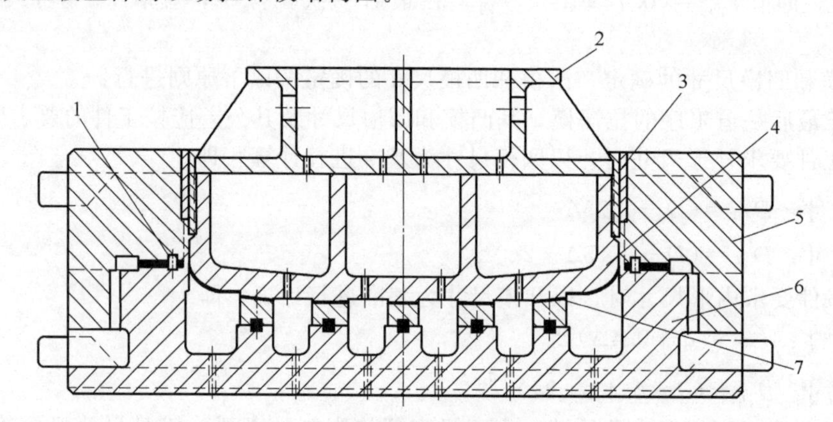


图 6-9 大型覆盖件的双动拉深模结构图

1—拉深筋；2—凸模固定板；3—导板；4—凸模；5—压边圈；6—凹模；7—工件

双动拉深模的总体结构较为简单，一般分为凸模（凸模固定板）、压边圈和下模三部分。其结构多采用正装式结构（凹模装在下模），一般情况下，压边圈与凸模有导板配合。安装时，凸模和凸模固定板直接或间接地（通过过渡垫板）紧固在冲床内滑块上；压边圈直接或间接地（通过过渡垫板）紧固在冲床外滑块上；下模在冲床上则被直接或间接地（通过过渡垫板）紧固在工作台上。

由于所用设备及模具结构的不同，其安装和调整与单动冲床模也不同，一般按如下步骤进行：

① 准备工作　根据所用拉深模的闭合高度，确定双动冲床的内、外滑块是否需要过渡垫板和所需垫板的形式及规格。

过渡垫板是用来连接拉深模和冲床并调节内、外滑块不同闭合高度的辅助连接板，一般车间的双动压力机都准备有不同规格、不同厚度的过渡垫板。外滑块的过渡垫板用来将外滑块和压边圈连接在一起，内滑块的过渡垫板用来将内滑块与凸模连接在一起，下模的过渡垫板将工作台与下模连接在一起。

② 模具预装　先将压边圈和过渡垫板、凸模和过渡垫板分别用螺栓紧固在一起。

③ 凸模的安装　凸模安装在内滑块上，安装程序如下：

a. 操纵冲床内滑块使它降到最下位置。

b. 操纵内滑块的连杆调节机构，使内滑块上升到一定位置，并使其下平面比凸、凹模闭合时的凸模过渡垫板的上平面高出约 10～15mm。

c. 操纵内、外滑块使它们上升到最上位置。

d. 将模具安放到冲床工作台上，凸、凹模呈闭合状态。

e. 使内滑块下降到最下位置。

f. 操纵内滑块连杆调节机构，使内滑块继续下降到与凸模过渡垫板的上平面相接触。

g. 用螺栓将凸模过渡垫板紧固在内滑块上。

④ 压边圈的安装　压边圈安装在外滑块上，其安装程序与凸模类似，最后将压边圈过渡垫板用螺栓紧固在外滑块上。

⑤ 下模的安装　操纵冲床内、外滑块下降，使凸模、压边圈与下模闭合，由导向件决定下模的正确位置，然后用紧固零件将下模过渡垫板紧固在工作台上。

⑥ 空车检查　通过内、外滑块的连续几次行程，检查模具安装是否正确和牢固，检查压边圈各处的压力是否均匀。一般双动冲床外滑块有四个连杆连接，所以通过调节四个连杆的长度，可以小量地调节压边圈的压力。

⑦ 转入正式生产　由于覆盖件形状比较复杂，所以一般要经过多次试拉深和修磨拉深模的工作零件，方能确定毛坯的尺寸和形状，然后转入正式生产。

### 6.5.2 拉深模的调整要点

与弯曲模的调整一样，拉深模的调整也直接影响到拉深件的加工质量，甚至影响到操作人员的人身及拉深设备、拉深模的安全，因此，应重视拉深模的调整工作，拉深模的调整要点主要如下：

**（1）进料阻力的调整**

在拉深过程中，若拉深模进料阻力较大，则易使制品拉裂；进料阻力小，则又会起皱。因此，在调整过程中，关键是调整进料阻力的大小。拉深阻力的调整方法是：

① 调节压力机滑块的压力，使之在正常压力下进行工作。

② 调节拉深模的压边圈的压边面，使之与坯料有良好的配合。

③ 修整凹模的圆角半径，使之合适。

④ 采用良好的润滑剂及增加或减小润滑次数。

**（2）压边力的调整**

从某种程度说，压边圈压力的调整是拉深模加工成败的关键，压边圈压力的调整需根据模具所采用压边装置的不同而有针对性地采取措施。

调整方法：当凸模进入凹模深度大约为 10～20mm 时，开始进行试冲，使其冲压开始时，压边圈起作用，材料受到压边力的作用，在压边力调整到拉深件凸缘部位无明显皱折又无材料破裂现象时，再逐步加大拉深深度。在调试时，压边力的调整应均衡，一般可根据拉深件要求的高度分二至三次进行调整，每次调整都应使工件无皱折无破裂现象。

用压力机下部的压缩空气垫提供压边力时，可通过调整压缩空气的压力大小来控制压边力。通过安装在模具下部弹顶机构中的橡胶或弹簧弹力来提供压边力的，可调节橡胶和弹簧的压缩量来调整压边力大小。

双动压力机的压边力是由压力机外滑块提供的。压边力大小应通过调节连续外滑块的螺杆（丝杠）来调整。在调节时，应使连接外滑块的螺杆得到均衡的调节，以保证拉深工作正常进行。

（3）拉深深度及间隙的调整

① 在调整时，可把拉深深度分成两段或三段来进行调整。即先将较浅的一段调整后，再往下调深一段，直调到所需的拉深深度为止。

② 在调整时，先将上模固紧在压力机滑块上，下模放在工作台上先不固紧，然后在凹模内放入样件，再将上、下模吻合对中，调整各方向间隙，使之均匀一致后，再将模具处于闭合位置，拧紧螺栓，将下模固紧在工作台上，取出样件，即可试冲。

## 6.6 拉深件加工工序的安排

拉深件的形状是千变万化的，对于不同形状的拉深件，其拉深工序的安排也是不同的。具体的拉深次数、拉深方法及拉深工序安排需要根据零件的具体形状尺寸、拉深件的具体材料进行有针对性的拉深工序计算，甚至是工艺试验方可获得。但一般说来，拉深件加工工序的安排符合以下规则。

① 大批量生产中，在凸、凹模强度允许的条件下，应采用落料、拉深复合工艺，如图 6-10、图 6-11 所示。

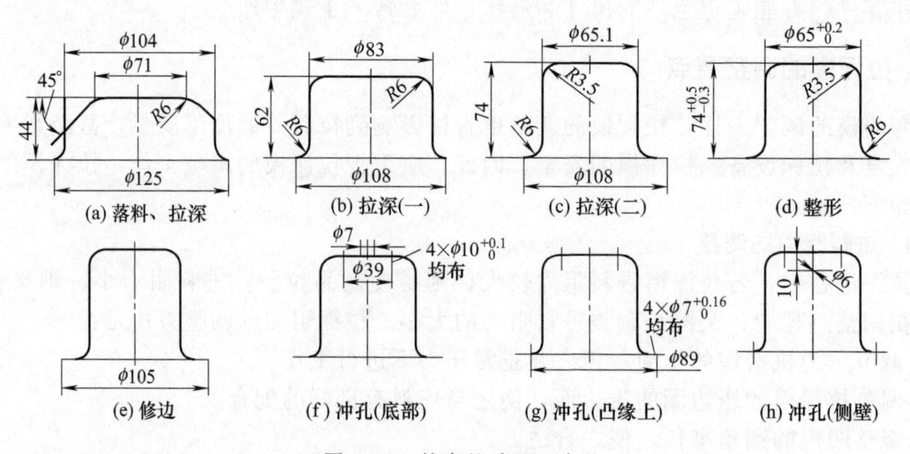


图 6-10　外壳的冲压工序

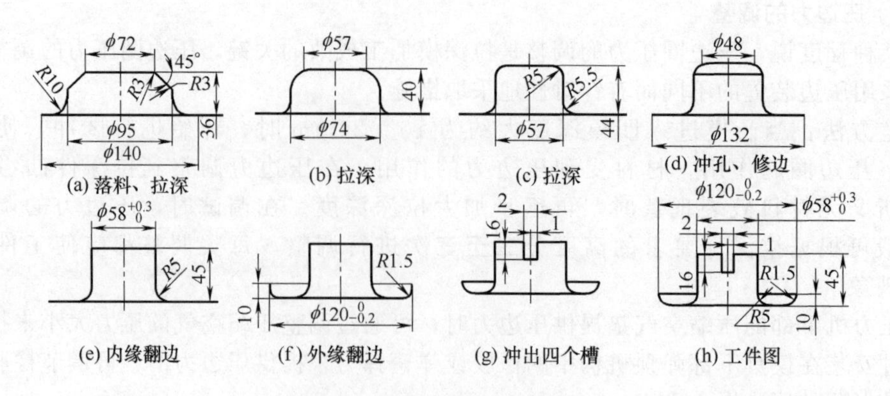


图 6-11　消声器盖的冲压工序

② 除底部孔有可能与落料、拉深复合冲压外，凸缘部分及侧壁的孔均应在拉深完成后再冲孔，如图 6-10、图 6-11 所示。

③ 当拉深件的尺寸精度要求高或带有小的圆角半径时，应增加整形工序，如图 6-10 所示。

④ 修边工序一般安排在整形工序之后，如图 6-10 所示。

⑤ 冲孔、修边常可复合完成，如图 6-11 所示。

⑥ 窄凸缘零件应先拉成圆筒形，然后再拉成锥形凸缘，最后经校平获得平凸缘，如图 6-12 所示（按 1～8 的顺序）。

⑦ 宽凸缘零件应先按零件要求的尺寸拉出凸缘直径，在以后拉深工序中保持凸缘直径不变，如图 6-13 所示。

⑧ 双壁空心零件采用反拉深法能获得良好效果，如图 6-14 所示。

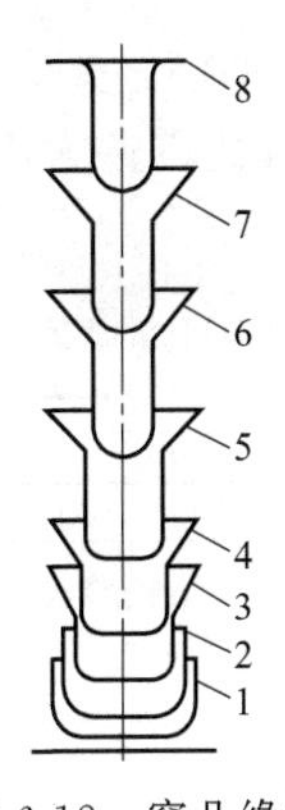

图 6-12 窄凸缘零件的拉深工序

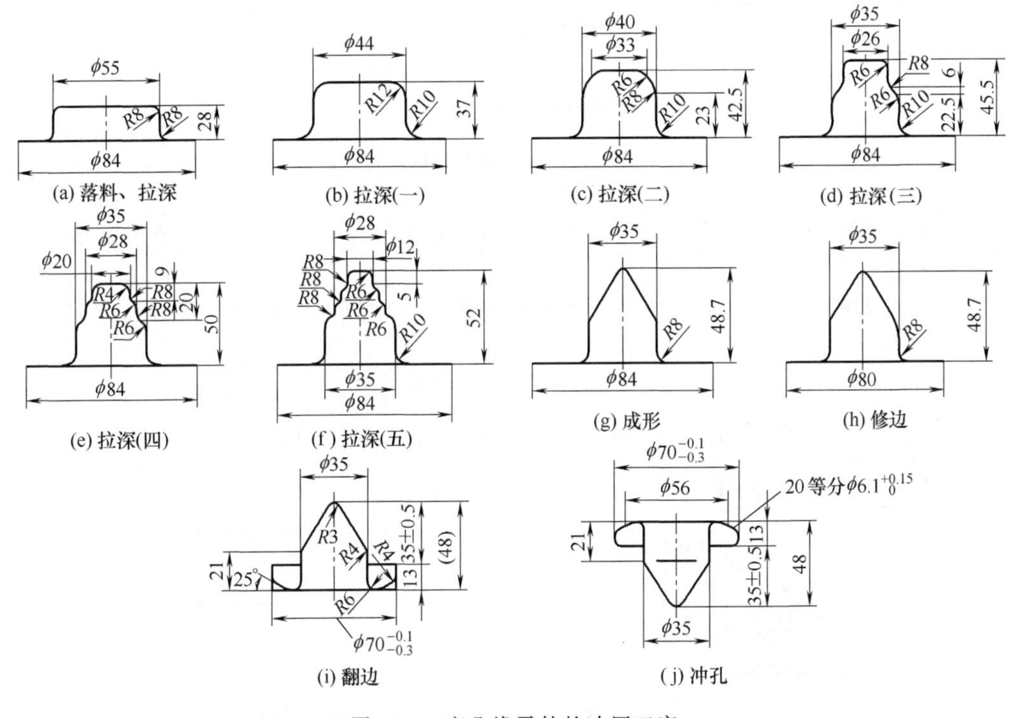

图 6-13 宽凸缘零件的冲压工序

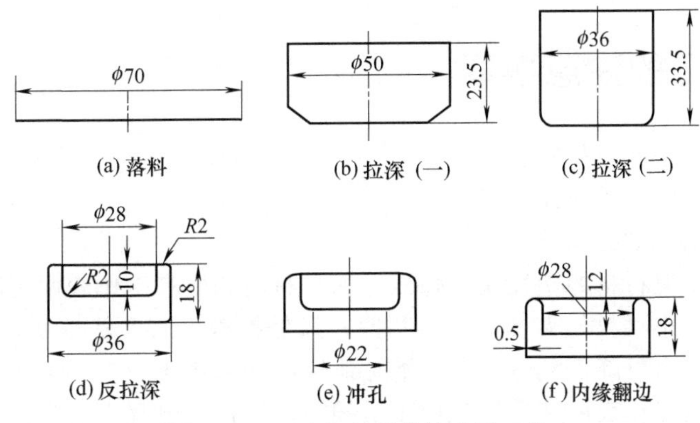

图 6-14 双壁空心零件的冲压工序

⑨ 锥度大、深度深的锥形件，先拉深出大端（口部）直径，然后在以后每次工序中将所有比零件大出的部分拉深成锥形表面，如图 6-15 所示。

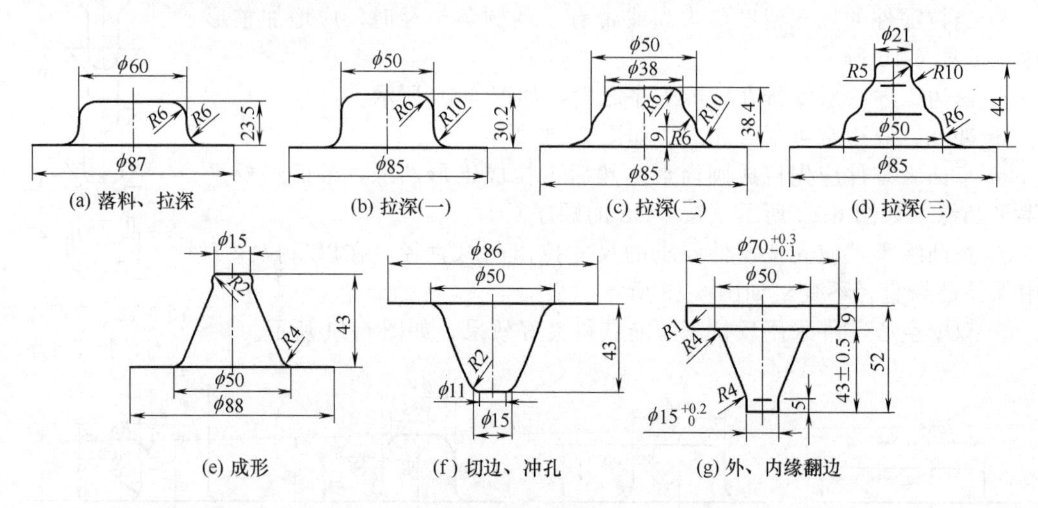


图 6-15　锥度大、深度深锥形件的冲压工序

⑩ 头部带凹形的圆筒形件，当凹部深时，可先拉出外形，再用宽凸缘成形法成形凹部，如图 6-16 所示。

⑪ 形状复杂零件，一般是先拉深内部形状，然后再拉深外部形状，如图 6-17 所示。

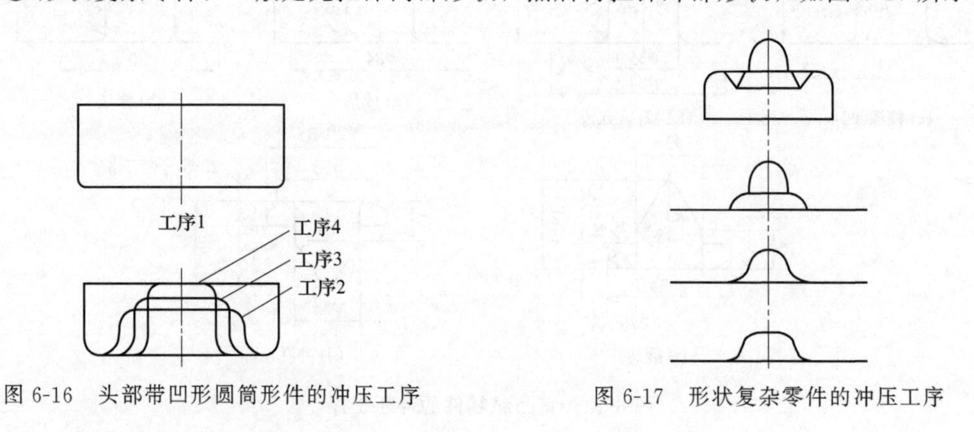


图 6-16　头部带凹形圆筒形件的冲压工序

图 6-17　形状复杂零件的冲压工序

⑫ 多次拉深加工硬化严重的材料，必须进行中间退火。

## 6.7　拉深加工的注意事项

在弯曲加工中，为保证拉深件的质量和模具的使用寿命，冲压操作人员在拉深模的安装、调整和使用过程中，还应注意以下事项。

**（1）注重拉深加工时的润滑**

拉深加工时，不但材料的塑性变形强烈，而且材料和模具工作表面之间存在很大的摩擦力和相对滑动。为减小材料与模具之间的摩擦，降低拉深力（实践证明，同无润滑剂相比，在拉深过程中，拉深力可降低约 30%），相对地提高变形程度（减少拉深系数），提高模具使用寿命，保护模具工作表面和冲压表面不被损伤，在拉深过程中，常常每隔一定的时间在凹模圆角和压边圈表面及相应的毛坯表面涂抹一层润滑剂。

（2）正确选用和涂抹润滑剂

拉深用的润滑剂配方是特制的，不同的拉深材料其润滑剂配制方法也不同。表 6-21 为拉深低碳钢用的润滑剂，表 6-22 为拉深不锈钢及有色金属用的润滑剂，表 6-23 为拉深钛合金用的润滑剂。

表 6-21　拉深低碳钢用的润滑剂

| 简称号 | 润滑剂成分 | 含量(质量分数)/% | 说明 | 简称号 | 润滑剂成分 | 含量(质量分数)/% | 说明 |
| --- | --- | --- | --- | --- | --- | --- | --- |
| 5 号 | 锭子油<br>鱼肝油<br>石墨<br>油酸<br>硫黄<br>钾肥皂<br>水 | 43<br>8<br>15<br>8<br>5<br>6<br>15 | 用这种润滑剂可得到最好的效果,硫黄应以粉末状加进去 | 15 号 | 锭子油<br>硫化蓖麻油<br>鱼肝油<br>白垩粉<br>油酸<br>苛性钠<br>水 | 33<br>1.6<br>1.8<br>45<br>5.5<br>0.1<br>13 | 润滑剂很容易去掉,用于单位压力大的拉深件 |
| 6 号 | 锭子油<br>黄油<br>滑石粉<br>硫黄<br>酒精 | 40<br>40<br>11<br>8<br>1 | 硫黄应以粉末状加进去 | 2 号 | 锭子油<br>黄油<br>鱼肝油<br>白垩粉<br>油酸<br>水 | 12<br>25<br>12<br>20.5<br>5.5<br>25 | 这种润滑剂比以上几种略差 |
| 9 号 | 锭子油<br>黄油<br>石墨<br>硫黄<br>酒精<br>水 | 20<br>40<br>20<br>7<br>1<br>12 | 将硫黄溶于温度约为 160℃的锭子油内。缺点是保存太久会分层 | 8 号 | 钾肥皂<br>水 | 20<br>80 | 将肥皂溶于温度为 60～70℃的水内。用于半球形及抛物线工件的拉深 |
| | | | | 10 号 | 乳化液<br>白垩粉<br>焙烧苏打<br>水 | 37<br>45<br>1.3<br>16.7 | 可溶解的润滑剂,加 3%的硫化蓖麻油后,可改善其功用 |

表 6-22　拉深不锈钢及有色金属用的润滑剂

| 金属材料 | 润滑方式 |
| --- | --- |
| 2Cr13 不锈钢 | 锭子油,石墨,钾肥皂与水的膏状混合剂 |
| 1Cr18Ni9Ti 不锈钢 | 氯化石蜡,氯化乙烯漆 |
| 铝 | 植物(豆)油、工业凡士林,肥皂水,十八醇 |
| 紫铜、黄铜、青铜 | 菜油或肥皂与油的乳浊液(将油与浓肥皂水溶液混合起来) |
| 硬铝合金 | 植物油乳浊液,废航空润滑油 |
| 镍及其合金 | 肥皂与水的乳浊液(肥皂 1.6kg,苏打 1kg,溶于 200L 的水中) |
| 膨胀合金 | 二硫化钼,蓖麻油 |

表 6-23　拉深钛合金用的润滑剂

| 材料及拉深方法 | 润滑剂 | 说明 |
| --- | --- | --- |
| 钛合金 BT1、BT5 不加热镦及拉深 | 石墨水胶质制剂(B-0,B-1) | 用排笔刷涂在毛坯的表面上,在 20℃干燥 15～20s |
| | 氯化乙烯漆 | 用稀释剂溶解的方法来清除 |
| 钛合金 BT1、BT5 加热镦头及拉深 | 石墨水胶质制剂(B-0,B-1) | — |
| | 耐热漆 | 用甲苯和二甲苯油溶解涂于凹模及压边圈 |

冲压生产过程中，润滑剂的涂抹一般采用专用工具或软抹布、棉纱、毛刷等手工涂刷在凹模圆角和压边面处以及与它们相接触的毛坯面上，但不允许涂在与凸模接触的表面，因为这样会促使材料与凸模的滑动，导致材料变薄。润滑剂的涂刷部位在拉深工序中应引起重视，涂刷要均匀，间隔一定周期，并应保持润滑部位干净。对于较薄的毛坯$\left(\frac{t}{D}\times100<0.3\right)$，第一次拉深时，除凹模圆角及压边圈部位外，不必在毛坯上涂抹，以免阻止皱折的形成。

冲压之后从零件上清除润滑剂有各种各样的方法。通常有用软抹布手工擦净、在碱液中电解除油、在专门的溶液中热除油、润滑剂溶解于三氯化乙烯中和在汽油或其他溶剂中消除等几种。

**（3）带凹坑或划痕的毛坯不应拉深**

对表面质量要求很高的拉深件，如不锈钢制品、汽车外覆盖件等，在拉深前应仔细检查其表面质量，如果采用带凹坑或划痕的毛坯拉深，在制品上，这些缺陷将毫无例外地留在制品上，甚至放大，对后续工序产生不良影响，增加成本。

**（4）注重不锈钢拉深的操作技术**

不锈钢材料不但强度高，韧性也较高，拉深后，不但加工硬化严重，残余应力大，易在拉深件口部出现开裂，而且金属易黏附到模具表面，产生“黏结”现象，对工件形成拉伤，出现拉深划痕，降低拉深件质量和缩短模具寿命。不锈钢的冲压技术及操作有以下特点：

① 拉深后的不锈钢制件不宜久放，必须马上进行去应力的退火，通常是每经过一次拉深后就要进行中间退火。

② 不锈钢拉深凹模应采用软材料制作（如铜基材料），或采用在不锈钢板料上贴上一层保护薄膜进行拉深，拉深后再撕掉薄膜，可减少不锈钢制品的拉伤。

③ 拉深不锈钢件的模具间隙以及凸、凹模圆角半径应取较大值，且模具工作零件（凸、凹模）的工作表面粗糙度数值要尽可能低。

④ 应采用较低的拉深成形速度，拉深过程中必须按表6-22选用和涂抹润滑剂。

**（5）拉深圆角磨损或粗糙应修磨**

与冲裁模相比，在结构上，拉深模的凸模与凹模的工作部分均有较大的圆角，而冲裁模的凸模与凹模工作部分均有锋利的刃口，拉深凸模与凹模的间隙一般大于板料厚度，而冲裁模的冲裁间隙远远小于板料厚度，拉深属于成形工序，而冲裁属于分离工序。若拉深模的凸模和凹模圆角磨损或粗糙将直接影响到拉深件的质量，此时，应停止拉深作业，将圆角修整或打磨光亮。

**（6）不能仅以拉深力来选择压力机**

拉深加工中，尽管压床主要受到拉深力$F$及压边力$F_Q$作用，但选择压力机时，却不能简单地将两者相加，这是因为压床的公称压力是指在接近下死点时的压床压力，当拉深行程很大，就很可能由于过早地出现最大冲压力而使压力机超载而损坏，一般按下式选择：

浅拉深时：$F_{压}\geqslant(1.25\sim1.4)(F+F_Q)$

深拉深时：$F_{压}\geqslant(1.7\sim2)(F+F_Q)$

式中　$F_{压}$——压力机的公称压力，N；

$F$——拉深力，N；

$F_Q$——压边力，N。

另一方面，还应考虑到压力机的工作行程不能小于工件高度的2倍。压力机的工作行程是指滑块单方向所经过的路程，最好大于拉深件高度的2.5倍，否则，工件不能很好地从压力机中取出，这一点在选用或压力机生产调配时尤其应加以注意。

## 6.8 拉深件的质量要求及检测

拉深加工制成的拉深件，总的质量要求是：能满足零件图样的形状、尺寸要求，拉深零件应无裂纹、起皱，此外，拉深零件应没有明显的、急剧的轮廓变化，不允许有任何锥角过大或缩颈现象。

（1）零件的形状要求及检测

拉深后的制品零件，其各部位形状和位置公差应符合图样要求，未注形位公差的具体检测按 GB/T 1184—1996 有关标准执行，参见表 1-9（直线度、平面度未注公差数值）～表 1-12（同轴度、对称度、圆跳动未注公差数值）所规定的数值。

（2）零件的表面质量要求及检测

拉深件的表面质量要求与检测方法与弯曲件基本相同，一般也是采用目测观察的方法进行检查，主要检查内容是：拉深零件的内、外拉深圆角等各部位不允许有裂纹、破损；外表面不允许压痕、严重划痕、凹凸鼓起或折皱、翘曲等。

除产品对拉深壁厚有特殊要求者外，对不变薄的复杂拉深件，其厚度变化允许变化约为 $0.6t$～$1.2t$。矩形盒四角允许有增厚。多次拉深的零件外壁上或凸缘表面上也允许在拉深过程中所产生的轻微印痕存在。

（3）零件的尺寸精度要求及检测

拉深件加工的精度与很多因素有关，如拉深件材料的力学性能和材料厚度、模具结构和模具精度、拉深系数的取值，以及拉深件本身的形状尺寸等。因此，往往尺寸精度不高，一般拉深件的尺寸经济公差等级最好在 IT11 级以下。

拉深后的零件，其各部分尺寸精度应符合图样要求，未注线性尺寸的极限偏差具体检测按 GB/T 15055—2007 有关标准执行，具体参见表 1-4（未注公差成形件线性尺寸的极限偏差）所规定的数值；未注成形圆角半径线性尺寸的极限偏差参见表 1-6（未注公差成形圆角半径线性尺寸的极限偏差）所规定的数值。

各类标准中，具体公差等级按相应的企业标准规定选取。

拉深件尺寸精度的检测工具，一般采用游标卡尺、高度尺、万能角度尺等检测量具，对较复杂的中小型拉深件，如抛物线、球形、圆锥形拉深件则应用平面样板检验，即在检验时，将拉深件曲面形状与样板的符合程度作为检查的依据。对于大型复杂曲面零件可采用检验样板、样架、立体型面样板或样架等专用检具检测，也可借助三坐标测量仪做关键尺寸的检查、测量。

## 6.9 拉深件质量的影响因素及控制

拉深件的质量同样包括尺寸精度和外观质量两部分，在实际生产中，拉深件容易出现质量问题，产生的质量问题也是多种多样的，主要有：拉深尺寸不合要求、裂纹、起皱、表面拉毛、拉裂等。又以起皱和拉裂最为常见，其直接影响到拉深件的使用和外观质量。

### 6.9.1 拉深件质量的影响因素

由于起皱和拉裂是拉深加工的主要质量问题，因此，预防、减小和控制拉深加工时的拉裂和起皱无疑是拉深件加工质量的控制重点。从各自产生机理来看：起皱是因切应力过大而使坯料的凸缘部分失稳造成的，而拉裂则是拉深变形抗力超过了危险断面处的材料抗拉强度而发生的。两者尽管产生的原因不一致，但其影响因素确是相互联系的。从全面质量管理

(TQM) 的角度，围绕“机、料、法”几大影响因素进行分析，其主要影响因素有：

① 材料的力学性能　主要指标有：材料的屈强比（$\sigma_s/\sigma_b$）与板厚方向性系数（$r$）。一般规律是：材料的屈强比（$\sigma_s/\sigma_b$）愈小，材料愈不易出现拉深细颈，塑性变形过程的稳定性高，因而危险断面的严重变薄和拉断现象可相应推迟，拉深件的精度也可提高。材料的屈强比（$\sigma_s/\sigma_b$）与硬化指数 $n$ 之间有一定的关系，当材料的种类相同，而且伸长率也相近时，$\sigma_s/\sigma_b$ 较小，$n$ 值较大，所以有时可以简便地用 $\sigma_s/\sigma_b$ 代替 $n$ 值来表示材料在伸长类变形工艺中的冲压性能。板厚方向性系数 $r$ 的大小反映了板平面方向与厚度方向变形难易程度的比较，$r$ 值越大，则板平面方向上越容易变形，而厚度方向上较难变形，这对拉深成形是有利的，即厚度方向变形愈困难的材料，危险断面也愈不易变薄、拉断。

② 凸模圆角半径　凸模圆角半径的数值对于筒壁传力区的最大拉应力影响不大，但是却影响危险断面的强度，圆角半径太小，使板料绕凸模弯曲的拉应力增加，降低危险断面的强度，圆角半径太大，又会减少传递拉深力的承载面积，同时还会减少凸模端面与板料的接触面积，增加板料的悬空部分，易于产生内皱现象。

③ 凹模圆角半径　凹模圆角半径太小，使板料在拉深过程中的弯曲抗力增加，从而增加了筒壁传力区的最大拉应力，易引起拉断；太大，又会减少有效压边面积，易使板料失稳起皱。

④ 凸、凹模间隙　板料在拉深过程中有增厚现象，间隙的大小，应有利于板料的塑性流动，不致使板料受到太大的挤压作用与摩擦阻力，避免因拉深力的增大而使拉深件拉破，但间隙太大时，坯料容易起皱且会影响拉深件的准确性。

⑤ 摩擦与润滑条件　从减少板料在拉深过程中的摩擦损耗，减少筒壁传力区的负担来看，凹模与压边圈的工作表面应比较光滑，并且必须采用润滑剂，从增加危险断面的强度，减少危险断面的负担来看，在不影响拉深件表面质量的条件下，凸模表面可以作得稍为粗糙，而且拉深时不应在凸模与板料的接触表面涂抹润滑剂。

⑥ 压边力　为了减少拉深时筒壁传力区的最大拉应力，应在保证凸缘不起皱的条件下，将压边力取为最小。

⑦ 板料的相对厚度 $t/D$　一般规律是：板料的相对厚度愈大，拉深时抵抗失稳起皱的能力就愈大，越不容易起皱，因而可以减小压边力，减少摩擦损耗，有利于避免拉深件的破裂。坯料的相对厚度 $t/D$ 愈小，拉深变形区抵抗失稳的能力愈差，因而就愈容易起皱。

### 6.9.2 拉深件质量的控制

对拉深件质量进行控制就是应针对影响拉深件质量的各关键要素有针对性地采取有效措施。主要如下：

#### (1) 选用精度较高的压力机

拉深时，压力机对拉深件形状和尺寸也会造成较大的影响，精度较差的压力机，容易使拉深时凸、凹模偏置而造成废品。因此，在选用压力机时，一定要选用精度较高的压力机，同时，压力机应压力足够，以防压力不足，引起材料回弹，达不到所要求的形状和尺寸要求。

#### (2) 设计并制造正确、合理、实用的模具结构

设计并制造正确、合理、实用的模具结构是决定拉深件加工质量、制造成本的主要因素，也是决定拉深件形状和尺寸精度的关键。其中：拉深凹模的断面形状正确与否是保证拉深件正确形状及较高精度的关键。

最简单的拉深凹模是一个带圆角的孔，见图 6-18。圆角以下的垂直直壁部分 $h$ 是使金属板料在受力变形形成圆筒形侧壁、产生滑动的区域，因此，$h$ 值应尽量取得小些，但是，

若 $h$ 过小，则在拉深过程结束后伴随有较大的弹性回跳，因此使冲件在整个高度上各部分的尺寸不能保持一致，而当 $h$ 过大时，则又容易使拉深件侧壁在与凹模洞口垂直直壁部分滑动时摩擦增大而造成过分变薄。一般，凹模洞口直壁部分的高度 $h$ 值在拉深普通精度件时，按 $h=9\sim13$mm 选取；在精度较高件的拉深时，按 $h=6\sim10$mm 选取。

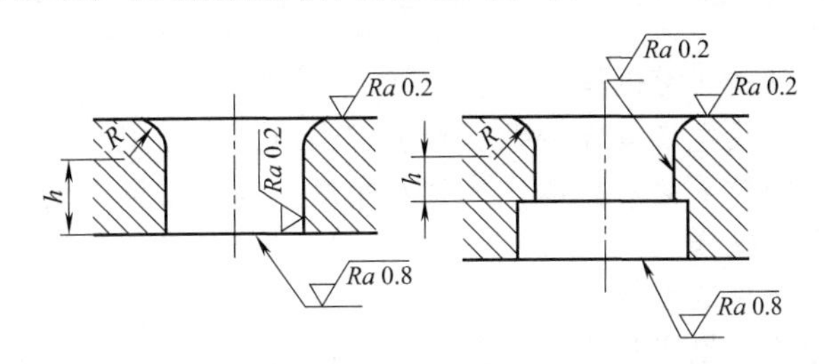


图 6-18　拉深凹模口部结构

由于拉深完成后，金属塑性变形中弹性回跳的作用，冲件的口部略增大，因此，凹模口部直壁部分的下端应做成尖锐的直角［图 6-19（a）］或锐角［图 6-19（b）］，从而可使得凸模回程时就能将冲件被锐缘角挂住而下落。如果下端为圆角或角变钝，则冲件仍然包住在凸模上，将随着凸模一起上升，产生零件回带的故障，如图 6-19（c）所示。

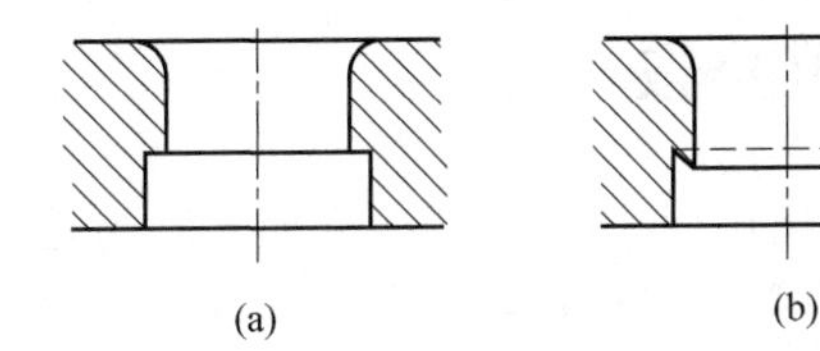
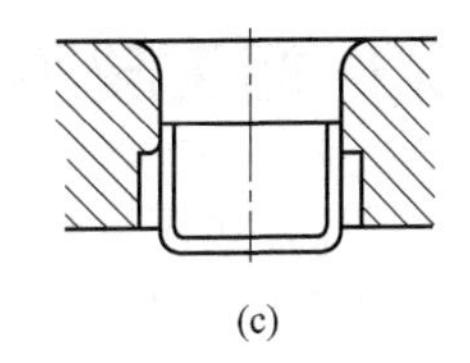


图 6-19　拉深凹模下口部的结构

考虑到有利于防皱且可大大减小拉深系数，在拉深时可选用锥形或渐开线形凹模，但若设计不合理反而起不到应有的作用，甚至产生废次品。图 6-20 为锥形或渐开线形凹模结构。

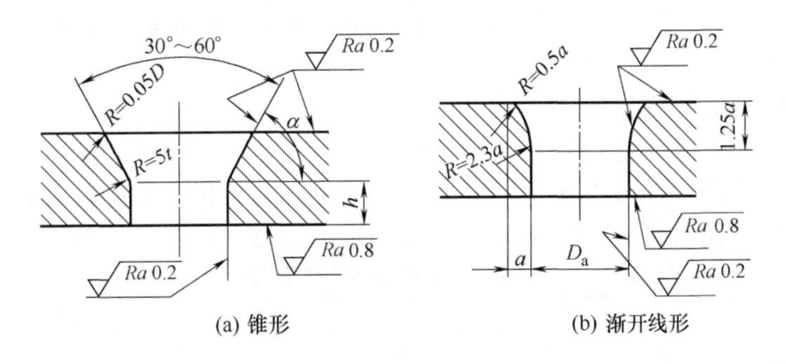


图 6-20　锥形或渐开线形凹模结构

锥形口部的锥度一般取 30°～60°，锥形在和凹模表面以及内孔面相接的地方用光滑的圆弧连接。锥形口部以下的垂直直壁部分 $h$ 值的选取与直筒形凹模相同。

设计时应保证锥形孔上口的直径一般要比坯料的直径小 2～10mm（$<3t$）。如果上口太大，坯料不易放正，易产生拉深件拉深高度不齐的缺陷；如果上口太小，使凹模锥形孔太小，则坯料难以形成具有比平面形状更大的抗压失稳能力的曲面过渡形状，锥形孔将不起作用，拉深件由于变形程度不足，就很可能产生拉破。

另一方面，模具结构的设计还必须考虑到制造的能力及生产加工的成本。如模具结构中采用压边圈压料有利于防皱，但压边圈的采用易使模具结构复杂化并增加制造成本，因此，对不易起皱拉深件，就可不必采用压料装置。

（3）合理选用并控制好拉深材料

拉深件所采用的材料不同，不仅影响拉深件的形状与精度，也可能使拉深件出现裂纹。在条件允许的条件下，应选用成形性能好，金相组织、表面质量好的材料进行拉深，并控制好其质量。

（4）严格按拉深加工的工艺操作

模具的安装、调整以及生产操作的熟练程度都会对拉深加工产生一定的影响。如坯料定位的可靠性，润滑的正确性都会对拉深件形状及精度、表面质量产生影响。因此，应严格按拉深加工的工艺规程进行操作。

（5）设计并控制拉深件的形状

拉深件的形状对拉深质量影响极大，拉深工艺性差的零件不但会增加拉深次数，而且易造成各种拉深缺陷。

（6）制定合理、实用的加工工艺方案

制定合理、实用的加工工艺方案是保证拉深件成功与否的关键，也直接关系到拉深件加工的成本。加工工艺方案主要应包括：拉深加工各工序的安排次序、拉深系数的正确选择、合理的毛坯形状和尺寸计算等。

## 6.10 拉深件加工缺陷的预防和补救

与弯曲加工一样，拉深也是变形类工序中的一种，但与弯曲变形不同的是，拉深加工是环形凸缘逐渐收缩向凹模洞口流动转移成形为筒壁的过程，变形的区域、过程均较板料弯曲复杂，因此，其加工缺陷的预防及控制有特定的方法，对生产中出现的问题，也有一些特定的措施进行适当补救。

### 6.10.1 预防及控制措施

尽管拉深加工比较容易出现质量问题，但事先采取适当的预防及控制措施是完全可以避免的，主要措施如下：

（1）正确设置压边圈进行压边

在拉深过程中，常采用压边圈提供强大的压边力，使坯料凸缘区夹在凹模平面与压边圈之间通过，防止工件凸缘部分起皱。当变形程度较小、坯料相对厚度较大时，抗失稳能力较强，一般不会起皱，这时可省去压边装置。是否采用压边圈可按表 6-24 选取。

表 6-24 采用压边圈的范围

| 拉深方式 | 第一次拉深 | | 以后各次拉深 | |
|---|---|---|---|---|
| | $t/D$ | $m_1$ | $t/D$ | $m_2$ |
| 用压边圈 | $<0.015$ | $\leqslant 0.6$ | $<0.01$ | $\leqslant 0.8$ |
| 不用压边圈 | $>0.02$ | $>0.6$ | $>0.015$ | $>0.8$ |

也可以用下面公式估算，毛坯不用压边圈的条件是：用锥性凹模时，首次拉深$\dfrac{t}{D}\geqslant 0.03(1-m)$；以后各次拉深$\dfrac{t}{D}\geqslant 0.03\left(\dfrac{1-m}{m}\right)$。用平端面凹模时，首次拉深$\dfrac{t}{D}\geqslant 0.045(1-m)$；以后各次拉深$\dfrac{t}{D}\geqslant 0.045\left(\dfrac{1-m}{m}\right)$。如果不符合上述条件，则拉深中须采用压边装置。

（2）正确选用压边圈的形式

在拉深模具结构中，常通过弹簧、橡胶或汽缸等压边装置实施压边，以防止拉深起皱，但压边圈形式有多种，应根据零件特性及结构形式合理选用，常用的形式及选用要求如下：

① 平面压边圈　平面压边圈是最常用的压边形式，该类压边圈既可用于筒形件，也可用于带凸缘拉深件的拉深，压边圈既可安装在上模也可安装在下模，压边力既可通过弹簧也可利用压力机的汽缸获得，可根据零件压边力大小及模具结构需要进行设计。

图 6-21 为利用压缩聚氨酯块获得压边力，平面压边圈安装在上模的圆筒件拉深模结构图。拉深好的零件直接从凹模孔中漏出。压边力的大小还可通过凹模 2 上平面的浅槽深度 $s$ 进行控制，一般取略大于坯料料厚 $t$，以保持压边均衡或防止压边圈将毛坯压得过紧。在拉深铝合金工件时，$s$ 取 $1.1t$（mm），拉深钢制工件，$s$ 取 $1.2t$（mm），拉深带凸缘的工件时，$s$ 取料厚 $t+0.05\sim0.1$mm。

② 弧形压边圈　弧形压边圈主要用于坯料在凸凹模间的悬空度大，第一次拉深相对厚度 $t/D\times100$ 小于 0.3，且有小凸缘和很大圆角半径的工件，该类弧形压边圈可增加压边圈压边的有效作用面积，防止压边圈过早失去作用。图 6-22 为采用弧形压边圈的模具结构。

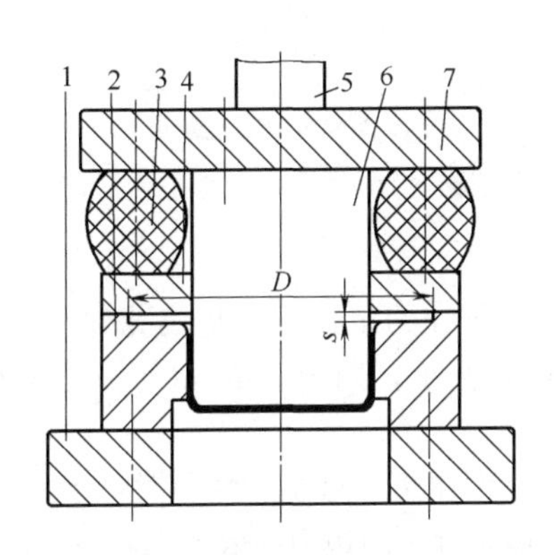


图 6-21　带平面压边圈的拉深模

1—下模板；2—凹模；3—聚氨酯块；4—压边圈；5—模柄；6—凸模；7—上模板

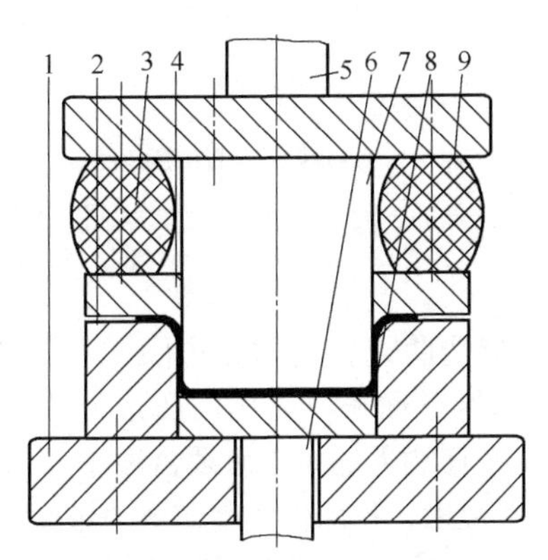


图 6-22　带弧形压边圈的拉深模

1—下模板；2—凹模；3—聚氨酯块；4—弧形压边圈；5—模柄；6—顶杆；7—凸模；8—卸料板；9—上模板

③ 锥形压边圈　锥形压边圈一般与采用的锥形凹模一起配合使用，采用锥形压边圈的拉深模进行拉深，可显著提高拉深件的变形程度，降低拉深系数，减少零件的拉深次数。与不带凹模锥角且不带压边圈的模具比较，其拉深系数可降低 25%～30%。

带锥形压边圈的拉深系数，与锥形凹模的包角 $\alpha$ 有关，其数值按下式确定：

$$m_k=Km_1$$

式中　$m_1$——带普通平面压边圈拉深时的首次拉深系数；

$K$——修正系数，见表 6-25。

**表 6-25　修正系数 $K$**

| $2\alpha$ | 164° | 160° | 156° | 150° | 140° | 130° | 120° | 110° | 100° | 90° | 80° | 60° |
|---|---|---|---|---|---|---|---|---|---|---|---|---|
| $K$ | 0.987 | 0.983 | 0.980 | 0.973 | 0.966 | 0.957 | 0.947 | 0.940 | 0.932 | 0.925 | 0.908 | 0.900 |

图 6-23 为带锥形压边圈的拉深模。

④ 带拉深肋的压边圈　对凸缘特别小或半球形工件，则需采用带拉深肋的压边圈，以增大压边力，带拉深肋压边圈的结构如图 6-24 所示。

⑤ 带限位装置的压边圈　在拉深材料较薄且有较宽凸缘的工件时，为保证压边力的均衡和防止压边圈将毛坯夹得过紧，可选用图 6-25（a）所示的带限位装置的压边圈结构。

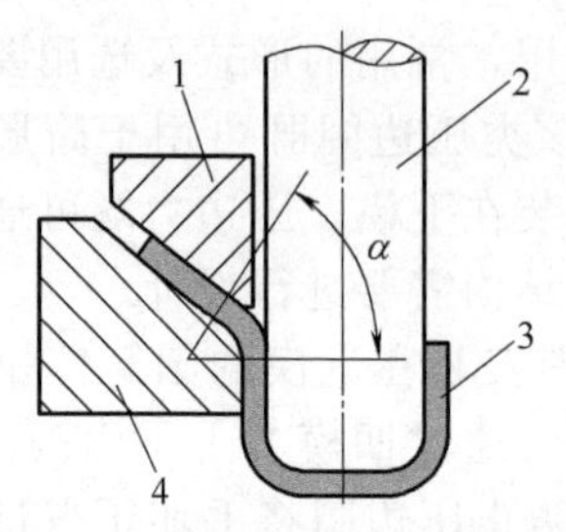


图 6-23　带锥形压边圈的拉深模

1—锥形压边圈；2—凸模；3—工件；4—凹模

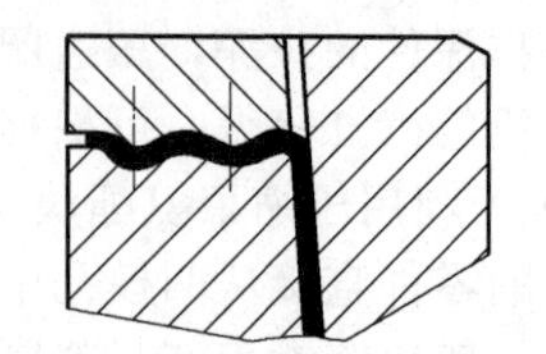

图 6-24　带拉深肋的压边圈

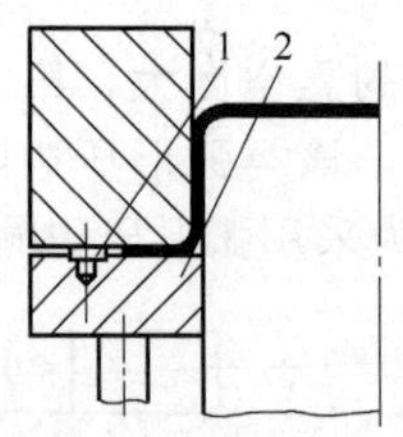

(a) 带限位装置的压边圈

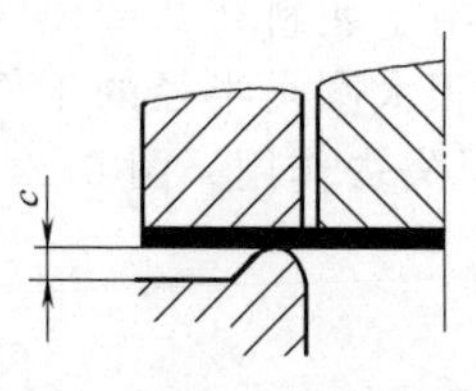


(b) 带凸肋的压边圈

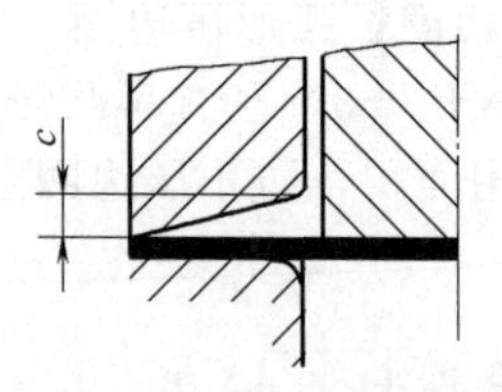


(c) 带斜度的压边圈

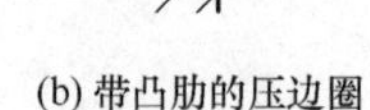

图 6-25　拉深宽凸缘件的压边圈

1—限位柱；2—压边圈

⑥ 带凸肋或斜度的压边圈　在拉深材料较厚且有宽凸缘的工件时，应考虑减小压边圈与毛坯的接触面积，采用的压边方法如图 6-25（b）、（c）所示，图中 $c$ 取（0.2～0.5）$t$。

（3）压边力的大小必须合适

一般说来，拉深件的起皱可通过设置压边力进行预防，但压边力过小，则不能防止起皱，过大则增加了拉深力，甚至引起拉裂。压边力的大小必须合适，计算压边力的公式见表 6-26。

（4）拉深系数不应取得太大或太小

圆筒件拉深系数就是拉深件的平均直径与毛坯直径的比值，即 $m=d/D$。它反映了拉深的变形程度，$m$ 值越小，拉深变形程度越大，拉深就越困难，当拉深系数过小时，变形区内的径向拉应力增大，毛坯壁部的轴向拉应力也增大，当它大到超过材料的抗拉强度时，将在凸模圆角区产生破裂，因此，拉深系数不能太小。当拉深系数取得过大时，虽然拉深变形是安全的，但是拉深次数增多，材料塑性没有完全发挥，是不合算的。

**表 6-26　计算压边力的公式**

| 拉深情况 | 公式 |
|---|---|
| 拉深任何形状的零件 | $F=Aq$ |
| 筒形件第一次拉深(用平板毛坯) | $F_Q=\frac{\pi}{4}[D^2-(d_1+2r_{凹})^2]q$ |
| 筒形件以后各次拉深(用筒形毛坯) | $F_Q=\frac{\pi}{4}[d_{n-1}^2-(d_n+2r_{凹})^2]q$ |

注：$A$——在压边圈下的坯料投影面积，$mm^2$；$q$——单位压边力，MPa，见表 6-27；$d_1$，…，$d_n$——第 1 次……第 $n$ 次的拉深凹模直径，mm；$r_{凹}$——凹模圆角半径，mm；$D$——平板毛坯直径，mm。

**表 6-27　单位压边力 $q$**

| 材料 | $q$/MPa | 材料 | $q$/MPa |
|---|---|---|---|
| 软钢($t$<0.5) | 2.5～3.0 | 铝 | 0.8～1.2 |
| 软钢($t$>0.5) | 2.0～2.5 | 20 钢、08 钢 | 2.5～3.0 |
| 黄铜 | 1.5～2.0 | 高合金钢、高锰钢、不锈钢 | 3.0～4.0 |
| 紫铜、杜拉铝(退火) | 1.0～1.5 | 耐热钢(软化状态) | 2.8～3.5 |

因此，在制定拉深工艺和设计拉深模时，一个重要的原则是，必须使每一道拉深的拉深系数大于相对应的材料极限拉深系数，在多次拉深中，首次拉深时材料塑性最好，后续拉深由于材料加工硬化，塑性变差，因此首次拉深的拉深系数宜取小，尽可能接近材料的极限拉深系数，在后续拉深工序中系数逐渐增大，并保证每道拉深系数均大于相应的极限拉深系数。

在生产中，对于08、10、15Mn钢板，考虑各种具体条件后，采用压边圈拉深和不用压边圈拉深的极限拉深系数见表6-28和表6-29。

**表6-28　无凸缘筒形件带压边圈时各次拉深的极限拉深系数**

| 拉深系数 | 毛坯相对厚度 $t/D\times100$ | | | | | |
|---|---|---|---|---|---|---|
| | 2～1.5 | 1.5～1 | 1～0.6 | 0.6～0.3 | 0.3～0.15 | 0.15～0.08 |
| $m_1$ | 0.48～0.5 | 0.5～0.53 | 0.53～0.55 | 0.55～0.58 | 0.58～0.6 | 0.6～0.63 |
| $m_2$ | 0.73～0.75 | 0.75～0.76 | 0.76～0.78 | 0.78～0.79 | 0.79～0.8 | 0.8～0.82 |
| $m_3$ | 0.76～0.78 | 0.78～0.79 | 0.79～0.8 | 0.8～0.81 | 0.81～0.82 | 0.82～0.84 |
| $m_4$ | 0.78～0.8 | 0.8～0.81 | 0.81～0.82 | 0.82～0.83 | 0.83～0.85 | 0.85～0.86 |
| $m_5$ | 0.8～0.82 | 0.82～0.84 | 0.84～0.85 | 0.85～0.86 | 0.86～0.87 | 0.87～0.88 |

注：1. 表中小的数值适用于在第一次拉深中大的凹模圆角半径 $r_{凹}=(8\sim15)t$，大的数值适用于小的凹模圆角半径 $r_{凹}=(4\sim8)$。

2. 表中拉深系数适用于08、10和15Mn等普通拉深碳钢与软黄铜（H62、H68）。在有中间退火的情况下，拉深系数数值可比表列数值小3%～5%。

3. 拉深塑性较小的金属时（20～25、Q215、Q235、酸洗钢、硬铝、硬黄铜等），拉深系数应取比表列数值增大1.5%～2%，而拉深塑性更好的金属时（如05等）可取比表中所列数值小1.5%～2%。

**表6-29　无凸缘筒形件不带压边圈时各次拉深的极限拉深系数**

| 拉深系数 | 毛坯相对厚度 $t/D\times100$ | | | | |
|---|---|---|---|---|---|
| | 1.5 | 2.0 | 2.5 | 3.0 | >3.0 |
| $m_1$ | 0.65 | 0.60 | 0.55 | 0.53 | 0.50 |
| $m_2$ | 0.80 | 0.75 | 0.75 | 0.75 | 0.70 |
| $m_3$ | 0.84 | 0.80 | 0.80 | 0.80 | 0.75 |
| $m_4$ | 0.87 | 0.84 | 0.84 | 0.84 | 0.78 |
| $m_5$ | 0.90 | 0.87 | 0.87 | 0.87 | 0.82 |
| $m_6$ | — | 0.90 | 0.90 | 0.90 | 0.85 |

注：此表适用于08、10、15Mn等材料，其余各项同表6-28。

### （5）窄凸缘件多次拉深时，应先拉成无凸缘圆筒件

当凸缘直径与圆筒直径的比值小于1.1时称为窄凸缘件。对窄凸缘件的拉深，可在前几次拉深中不留凸缘，先拉成无凸缘圆筒件，而在以后工序中形成锥形凸缘，并在最后一道工序中将凸缘压平。如图6-26所示。否则，易使模具结构复杂或因压边圈太小而使拉深件起皱。

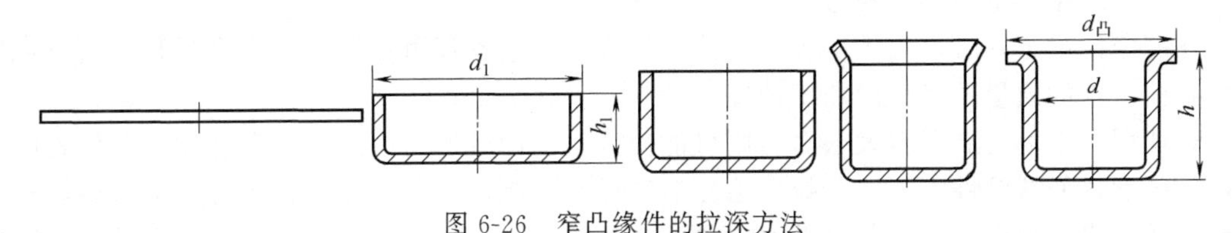


图6-26　窄凸缘件的拉深方法

（6）宽凸缘件多次拉深时，凸缘直径不能变化

当凸缘直径与圆筒直径的比值大于1.4时称为宽凸缘件。在拉深宽凸缘件时应特别注意的是：凸缘直径在首次拉深时就应拉出，以后各次拉深中凸缘直径保持不变。这是因为凸缘直径的微小变化会引起很大的变形抗力，而使底部危险断面处开裂。

当毛坯相对厚度较小，且第一次拉深成大圆角的曲面形状具有起皱危险时，应以减小拉深直径，增大拉深高度的方式进行，如图6-27（a）所示；当毛坯相对厚度较大，在第一次拉深成大圆角的曲面形状不致起皱时，应以减小拉深直径和圆角半径，拉深高度基本不变的方式进行，如图6-27（b）所示。

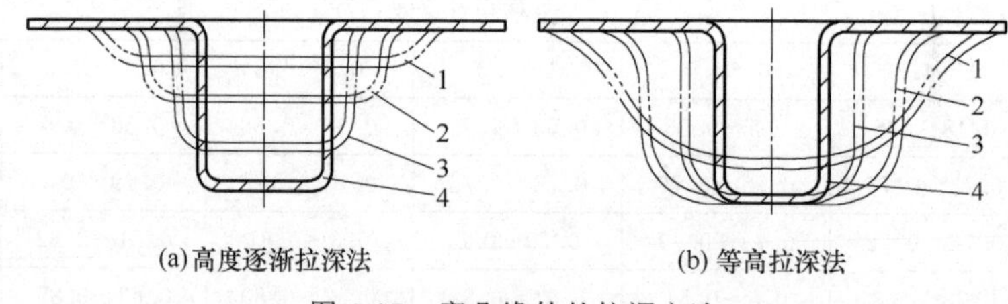


图6-27　宽凸缘件的拉深方法

1～4—拉深顺序

另外，宽凸缘件在首次拉深时，拉入凹模的材料要比按面积计算所需的材料多3%～5%，这些材料在以后各次拉深中一部分挤回到凸缘上，而另一部分就留在圆筒中，这为在以后各次拉深中不使凸缘部分再参与变形，避免拉破提供了保证。这一原则，对于料厚小于0.5mm的拉深件，效果更显著。

（7）盒形件拉深应有较大的圆角半径

盒形件拉深过程的应力和变形比较复杂，沿周边是不均匀分布的，其不均匀程度与相对圆角半径$r_{角}/B$的大小有很大的关系，$r_{角}/B$越小，圆角部分的变形程度越小，从盒形件圆角处转移到侧壁的材料越少，因此，容易引起圆角直壁破裂。为了防止侧壁破裂，有利于盒形件的拉深成形，最好取$r_{角}>3t$，$r_{底}\geqslant t$，最好$r_{底}\approx(3\sim5)t$，如图6-28所示。

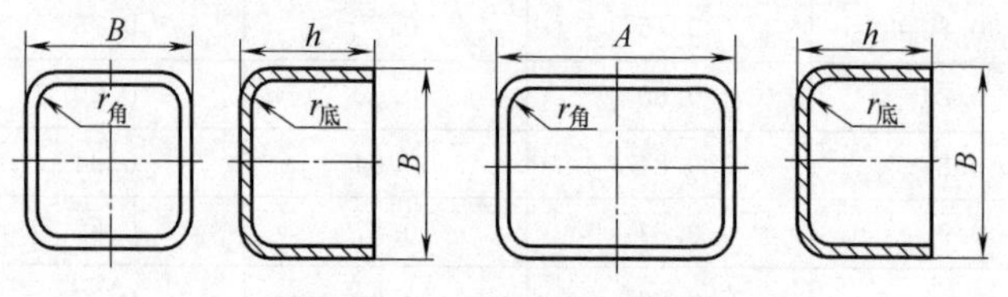


图6-28　盒形件的拉深要求

如果$r_{角}$过小，材料通过凹模圆角时，由于经过反复弯曲，侧壁因过度变薄，容易破裂。

另一方面，当盒形件的内圆角半径较小时，圆角部分对直边部分的影响相对减少，圆角部分的材料几乎不向直壁转移，圆角处的变形最大，此处近似为1/4圆筒拉深，为了减少拉深次数，应尽量取$r_{角}\geqslant0.2h$（$h$为盒形件高）。

（8）正确确定拉深毛坯尺寸

在制定拉深工艺时，应正确确定拉深毛坯尺寸，它不仅直接影响到生产过程，而且直接影响到拉深件的质量及其拉深加工的经济性。

若使用的毛坯比展开料大很多，则可能使危险断面处所得的最大拉深应力大于该处的有效抗拉强度，使拉深件断裂；若拉深毛坯取得过小，则压边面积减小，拉深阻力减少，材料流动较快，将出现因材料不足而形状成形不足的问题，或者因压边面积小需要很大的压边

力，对设备的要求相应提高。

（9）多次拉深后应进行中间退火

在拉深过程中，由于材料的塑性变形产生加工硬化，使强度和硬度增高，而塑性降低，需要进行中间退火，以恢复材料的塑性，否则，易产生拉破。无需中间退火所能完成的拉深次数见表 6-30。退火规范见表 6-31。

表 6-30　无需中间退火所能完成的拉深次数

| 材料 | 08、10、15 钢 | 铝 | 黄铜 | 纯铜 | 不锈钢 | 镁合金 | 钛合金 |
|---|---|---|---|---|---|---|---|
| 次数 | 3～4 | 4～5 | 2～4 | 1～2 | 1～2 | 1 | 1 |

表 6-31　常用金属的退火规范

| 金属 | 加热温度/℃ | 加热时间/min | 冷却 |
|---|---|---|---|
| 08、10、15 钢 | 760～780 | 20～40 | 在箱内空气中冷却 |
| Q195、Q215 钢 | 900～920 | 20～40 | 在箱内空气中冷却 |
| 20、25、30、Q235、Q255 钢 | 700～720 | 60 | 随炉冷却 |
| 30CrMnSiA 钢 | 650～700 | 12～18 | 在空气中冷却 |
| 1Cr18Ni9Ti 不锈钢 | 1150～1170 | 30 | 在气流或水中冷却 |
| T1、T2 紫铜 | 600～650 | 30 | 在空气或水中冷却 |
| H62、H68 黄铜 | 650～700 | 15～30 | 在空气中冷却 |
| Ni | 750～850 | 20 | 在空气中冷却 |
| 铝(L)、防锈铝(5A02、3A21 等) | 300～350 | 30 | 炉冷至 250℃后空冷 |
| 2A11、2A12、硬铝合金 | 350～400 | 30 | 炉冷至 250℃后空冷 |

为消除拉深后的硬化及恢复塑性，也可采用低温退火，低温退火规范见表 6-32。

表 6-32　低温退火（再结晶）规范

| 金属 | 加热温度/℃ | 附注 |
|---|---|---|
| 08、10、15 钢 | 600～650 | 在空气中冷却 |
| T1、T2 紫铜 | 400～450 | 在空气中冷却 |
| H62、H68 黄铜 | 500～540 | 在空气中冷却 |
| 铝(L)、防锈铝(5A02、3A21 等) | 220～250 | 保温 40～45min |

（10）中间退火后的拉深件应进行酸洗

退火后的拉深件表面有氧化皮、污物等，为避免在后续的拉深工序中损坏模具、擦伤工件，退火后必须要酸洗。

酸洗前应先去油，酸洗后，在冷水中漂洗，再在弱碱中将残留的酸液中和，最后再在热水中洗涤，在烘房中烘干。常见材料酸洗液见表 6-33。

表 6-33　酸洗溶液成分

| 工件材料 | 化学成分 | 含量 | 说明 |
|---|---|---|---|
| 低碳钢 | 硫酸或盐酸 | 15%～20%(质量分数) | |
| | 水 | 其余 | |
| 高碳钢 | 硫酸 | 10%～15%(质量分数) | 预浸 |
| | 水 | 其余 | |
| | 苛性钠或苛性钾 | 50～100g/L | 最后酸洗 |

续表

| 工件材料 | 化学成分 | 含量 | 说明 |
|---|---|---|---|
| 不锈钢 | 硝酸 | 10%(质量分数) | 得到光亮的表面 |
| | 盐酸 | 1%～2%(质量分数) | |
| | 硫化胶 | 0.1%(质量分数) | |
| | 水 | 其余 | |
| 铜及其合金 | 硝酸 | 200 份(质量) | 预浸 |
| | 盐酸 | 1～2 份(质量) | |
| | 炭黑 | 1～2 份(质量) | |
| | 硝酸 | 75 份(质量) | 光亮酸洗 |
| | 硫酸 | 100 份(质量) | |
| | 盐酸 | 1 份(质量) | |
| 铝及锌 | 苛性钠或苛性钾 | 100～200g/L | 闪光酸洗 |
| | 食盐 | 13g/L | |
| | 盐酸 | 50～100g/L | |

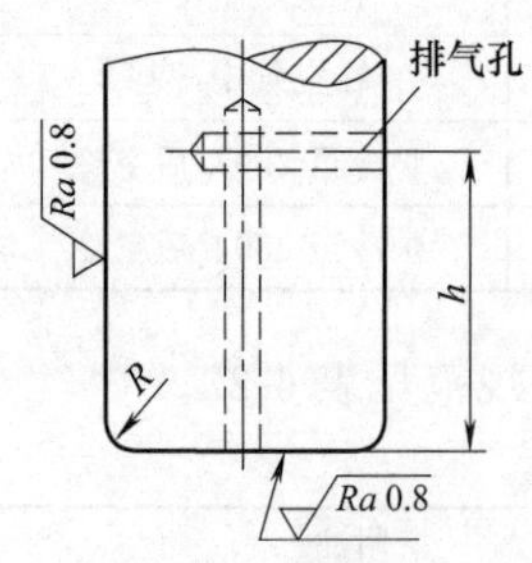

图 6-29　拉深凸模排气孔结构

**(11) 拉深凸模上应设计排气孔**

工件在拉深时，由于拉深力的作用或润滑油等因素，使工件很容易黏附在凸模上。工件与凸模间形成真空，既会增加卸料困难，还会造成工件底部不平，对于材料厚度较薄的拉深件，甚至会使零件被压瘪。因此，凸模上应设计排气孔。拉深凸模排气孔结构如图 6-29 所示。

排气孔的开口高度 $h$ 应大于拉深件的高度 $H$，一般取 $h=H+(5\sim10)$。排气孔的直径不宜太小，否则容易被润滑剂堵塞，或因排气量不够而使气孔不起作用。拉深凸模排气孔直径可参照表 6-34 设计。

**表 6-34　拉深凸模排气孔直径**　　单位：mm

| 凸模直径 | ～50 | ＞50～100 | ＞100～200 | ＞200 |
|---|---|---|---|---|
| 排气孔直径 | 5 | 6.5 | 8 | 9.5 |

## 6.10.2 补救措施

拉深变形工艺是比较复杂的，拉深件的质量问题受诸多因素的影响，结合生产经验可将拉深件质量不合格或废品的原因，大致归纳成以下几个方面：

a. 产品设计不符合拉深工艺要求。

b. 零件材料选择不当或质量不好。

c. 工序设计不够合理。

d. 冲模设计或制造不合要求。

e. 生产中模具未调整好或操作疏忽。

生产中经常遇到的拉深缺陷、产生的原因及补救措施见表 6-35。

表 6-35 拉深缺陷的类型、产生的原因及补救措施

| 缺陷类型 | 产生原因 | | 补救措施 |
|---|---|---|---|
| 尺寸不合要求 | 拉深件高度不够 | 1. 毛坯尺寸过小 | 1. 放大毛坯尺寸 |
| | | 2. 凸、凹模间隙过大 | 2. 调换凸模或凹模，调整间隙 |
| | | 3. 凸模圆角半径太小 | 3. 磨大凸模圆角半径 |
| | 拉深件高度过大 | 1. 毛坯尺寸过大 | 1. 减小毛坯尺寸 |
| | | 2. 凸、凹模间隙太小 | 2. 磨削凸模或凹模，调整间隙 |
| | | 3. 凸模圆角半径太大 | 3. 磨小凸模圆角半径 |
| | 壁厚不匀并与工件底部倾斜 | 1. 凸模与凹模的轴线不同心，造成间隙不均匀 | 1. 调整凸模或凹模使之同心 |
| | | 2. 凹模与定位零件不同心 | 2. 调整定位零件的位置 |
| | | 3. 凸模轴线与凹模顶面不垂直 | 3. 调整凸模或凹模 |
| | | 4. 压边力不均匀 | 4. 调整压边装置 |
| | | 5. 凹模形状不正确 | 5. 修磨凹模 |
| 起皱现象 | 1. 压边力太小或不均匀 | | 1. 调整压边力 |
| | 2. 凸模与凹模的间隙太大 | | 2. 调整间隙；调换凸模或凹模 |
| | 3. 材料厚度太小，超过其许可下偏差，或材料塑性低 | | 3. 调换材料 |
| | 4. 凹模圆角半径太大 | | 4. 修磨凹模或修改压边装置 |
| | 5. 按计算应用压边圈而未用 | | 5. 使用压边圈 |
| 裂纹或破裂 | 1. 材料质量不好（表面粗糙、金相组织不均匀、表面有划痕、擦伤等缺陷） | | 1. 调换适当材料 |
| | 2. 压边力太大或不均匀（材料有变薄，呈现韧性裂口） | | 2. 调整压边力 |
| | 3. 凹模圆角不光洁，有磨损或裂纹 | | 3. 修磨凹模或更换凹模 |
| | 4. 凹模圆角半径太小（材料严重变薄） | | 4. 加大凹模圆角半径 |
| | 5. 凸凹模间隙太小（材料严重变薄） | | 5. 修磨凸模或凹模，调整间隙 |
| | 6. 工艺规程（如润滑、退火等）不合理 | | 6. 修改工艺规程 |
| | 7. 凸模圆角半径太小 | | 7. 修磨凸模 |
| | 8. 毛坯边缘不合要求，有较大毛刺 | | 8. 调整落料模，去除毛刺 |
| | 9. 毛坯尺寸太大，形状不正确 | | 9. 修改毛坯尺寸及形状 |
| | 10. 凸、凹模不同心，不平行 | | 10. 调整冲模 |
| | 11. 拉深系数取得太小 | | 11. 增加工序，调节各工序的变形量 |
| 表面拉毛 | 1. 间隙过小或不均匀 | | 1. 修磨凸、凹模间隙 |
| | 2. 凹模圆角部分粗糙 | | 2. 修磨凹模圆角 |
| | 3. 冲模工作面或材料表面不清洁 | | 3. 清洁表面 |
| | 4. 凸、凹模硬度低，有金属粘模 | | 4. 提高凸、凹模硬度或更换凹模 |
| | 5. 润滑不当 | | 5. 采用合理的润滑剂及润滑方法 |

续表

| 缺陷类型 | 产生原因 | 补救措施 |
| --- | --- | --- |
| 工件外形不平整(如零件底部凹陷或呈歪扭状、零件底部不平整) | 1. 凸模上无出气孔 | 1. 做出出气孔或增加整形工序 |
| | 2. 材料的回弹作用 | 2. 增加整形工序 |
| | 3. 凸、凹模间隙太大 | 3. 调整间隙 |
| | 4. 矩形件末道变形程度取得过大 | 4. 调整工序的变形程度或增加整形工序 |
| | 5. 毛坯不平整,顶料杆与零件接触面积太小或缓冲器弹力不够 | 5. 平整毛坯,改善顶料装置 |

在诸多的拉深缺陷中，起皱和破裂是拉深缺陷中的主要类型，按其产生的形状及特性不同，又可细分为折皱、起伏、变薄、破裂等。在拉深加工过程中，针对各类不同的加工缺陷，可以从以下几方面进行适当补救。

**（1）拉深件表面起皱的补救**

若拉深制品产生凸缘折皱和筒壁折皱，其产生的主要原因是板料拉深时受到压缩变形。通常采用提高板内径向拉应力来消除，补救的方法如下。

① 调整压边力的大小　当折皱在制件四周均匀产生时，初步应判断为压料力不足，逐渐加大压料力试将皱纹消除。如果增大压料力也不能克服折皱时，则需增加压边圈的刚性。由于压边圈刚性不足，在拉深过程中，压边圈会产生局部挠曲而造成坯料凸缘起皱。一般说来，要消除压边圈刚性不足而引起的折皱是比较困难的，只有重新制作压边圈解决此问题。

当拉深锥形件和半球形件时，拉深开始时大部分材料处于悬空状态，容易使侧壁起皱，故除增大压边力外，还应采用拉深肋来增大板内径向拉应力，以消除皱纹。

② 修磨凹模圆角　凹模圆角半径太大，增大了坯料悬空部位，减弱了控制起皱的能力，故发生起皱时，可在磨削凹模端面后，再适当修磨减小凹模圆角半径。

若拉深件口部产生折皱，其主要原因是凹模圆角半径太大，压边圈压边作用不足。调整时，应重新修整凹模圆角半径，使其变小或调整压边机构，加大其压边力。

③ 调整凸、凹模间隙　间隙过大，当坯料的相对厚度较小时，薄板抗失稳能力较差容易产生折皱，因此适当调整冲模间隙，将其间隙调得小一些，也可以防皱。

若拉深方盒形件时角部起皱或向内折，则主要是由于材料角部压边力太小或角部毛坯太小而引起的。在调整时，应设法加大角部毛坯面积或压边力，以消除这种局部起皱现象。

表 6-36 给出了拉深件表面起皱的补救措施。

**表 6-36　拉深件表面起皱的补救措施**

| 质量缺陷 | 简图 | 产生原因 | 解决途径 |
| --- | --- | --- | --- |
| 带凸缘圆筒件凸缘起皱且零件壁部破裂 | | 压边力太小,凸缘部分起皱,材料无法进入凹模型腔而拉裂 | 加大压边力 |
| 圆筒件边缘折皱 | | 凹模圆角半径太大,在拉深过程的末阶段,脱离了压边圈,但尚未越过凹模圆角的材料,压边圈压不到,起皱后被继续拉入凹模,形成边缘折皱 | 减小凹模圆角半径或采用弧形压边圈 |

续表

| 质量缺陷 | 简图 | 产生原因 | 解决途径 |
|---|---|---|---|
| 锥形件或半球形件侧壁起皱 |  | 拉深开始时，大部分材料处于悬空状态，加之压边力太小，凹模圆角半径太大或润滑油过多，使径向拉应力减小，而切向压应力加大，材料失去稳定而起皱 | 增加压边力或采用拉深筋，减小凹模圆角半径，亦可加厚材料 |
| 矩形件角部向内折，局部起皱 |  | 材料角部压边力太小，起皱后拉入凹模型腔，所以局部起皱 | 加大压边力或增大角部毛坯面积 |

（2）拉深件破裂的补救

造成制品零件被拉裂的根本原因是拉深变形抗力大于筒壁开裂处材料的实际抗拉强度。因此，解决拉深件的破裂，一方面要提高拉深件筒壁的抗拉强度，另一方面是要降低拉深的变形抗力。

① 调整压边力的大小　若拉深件凸缘起皱并且零件壁部又被拉裂，则是由于压边力太小，凸缘部分起皱无法进入凹模而被拉裂。故在调整时，应设法加大其压边力，使其减少起皱后，坯件容易进入凹模，从而不至于被拉裂。

② 修磨凹模圆角　若制品底部被拉裂，则是由于凹模圆角半径太小，在拉深时，使材料处于被剪割状态而造成的。调整时，要将凹模的圆角半径适当加大，即可消除底部拉裂现象。

③ 改善润滑条件　若拉深件被拉裂，除可能凹模圆角半径太小外，适当改善润滑条件，适当减小压边力，采用塑性较好的材料或采用坯料中间退火工艺，均可减少拉裂的产生。

④ 增加拉深次数　若拉深件一次拉深变形程度过大，则可采用增加拉深次数，减小每次拉深变形的程度来保证拉深不破裂，也可选用塑性更好或能达到更小极限拉深系数的材料。

表 6-37 给出了拉深件各种破裂的补救措施。

**表 6-37　拉深件各类破裂的补救措施**

| 质量缺陷 | 简图 | 产生原因 | 补救措施 |
|---|---|---|---|
| 凸缘平面壁部拉裂 |  | 材料承受的径向拉应力太大，造成危险断面拉裂 | 减小压边力，增大凹模圆角半径，加用润滑剂，或增加材料塑性 |
| 危险断面显著变薄 |  | 模具圆角半径太小，压边力太大，材料承受的径向拉应力接近 $\sigma_b$，引起危险断面缩颈 | 加大模具圆角半径和间隙，毛坯涂上合适的润滑剂 |

续表

| 质量缺陷 | 简图 | 产生原因 | 补救措施 |
| --- | --- | --- | --- |
| 零件底部拉脱 | 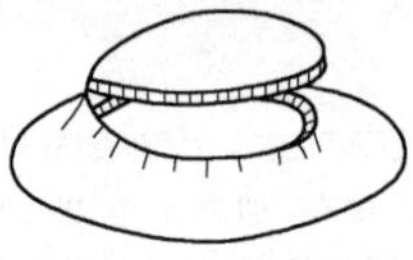  | 凹模圆角半径太小，材料实质上处于被切割状态（一般发生在拉深的初始阶段） | 加大凹模圆角半径 |
| 矩形件角部破裂 | 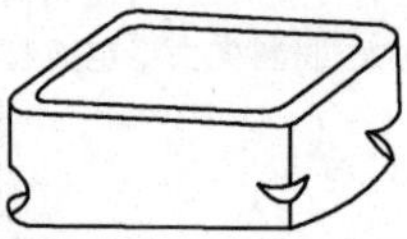  | 模具圆角半径太小，间隙太小或零件角部变形程度太大，导致角部拉裂 | 加大模具圆角半径和间隙，或增加拉深次数（包括中间退火工序） |
| 阶梯形件肩部破裂 |   | 凸肩部分成形时，材料在母线方向承受了过大的拉应力，导致破裂 | 加大凹模口及凸肩部分圆角，或改善润滑条件，选用塑性较好的材料 |

（3）其他拉深缺陷的补救

除起皱、破裂等主要缺陷外，对于生产中产生的其他拉深缺陷可按表 6-38 进行补救。

表 6-38 其他拉深缺陷的补救

| 质量缺陷 | 简图 | 产生原因 | 补救措施 |
| --- | --- | --- | --- |
| 矩形件直壁部分不挺直 |   | 角部间隙太小，多余材料向侧壁挤压，失去稳定，产生皱曲 | 放大角部间隙，减小直壁部分间隙 |
| 矩形件角部上口被拉脱 | 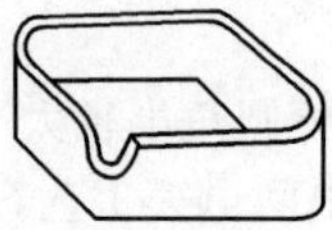  | 毛坯角部材料太多，或角部有毛刺 | 减少毛坯角部材料，打光角部毛刺 |
| 工件边缘呈锯齿状 | 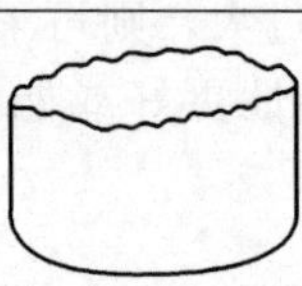  | 毛坯边缘有毛刺 | 修整毛坯落料模的刃口，以消除毛坯边缘的毛刺 |
| 工件边缘高低不一致 |   | 毛坯中心与凸模中心不重合，或材料厚薄不匀，以及凹模圆角半径和模具间隙不匀 | 调整定位，校匀间隙和修整凹模圆角半径 |
| 工件底部凹陷或呈歪扭状 | 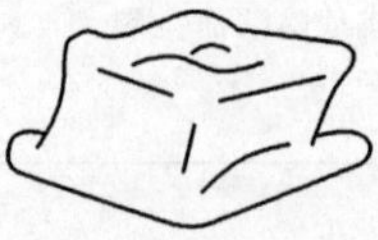  | 模具无出气孔或出气孔太小、堵塞，以及顶料杆与工件接触面太小，顶料杆过长等 | 钻、扩大或疏通模具出气孔，修整顶料装置 |
| 工件底部不平整 |   | 毛坯不平整，顶料杆与工件接触面积太小或缓冲器弹力不够 | 平整毛坯，改善顶料装置 |

续表

| 质量缺陷 | 简图 | 产生原因 | 补救措施 |
|---|---|---|---|
| 工件壁部拉毛 |  | 模具工作平面或圆角半径上有毛刺，毛坯表面或润滑油中有杂质，拉伤零件表面 | 需研磨、抛光模具的工作平面和圆角，清洁毛坯，使用干净的润滑剂 |

## 6.11 拉深加工质量缺陷原因分析及对策

在拉深加工过程中，对待遇到的问题，应仔细观察、细心分析，从拉深加工工艺、所操作拉深模各零部件的结构、拉深材料等众多的影响因素中找出具体的原因，并采取正确的处理措施。以下通过几个实例进行分析说明。

**(1) 制品的外形及尺寸发生变化**

拉深模工作一段时间以后，制品经检查以后，发现其形状和尺寸发生变化，根据生产经验可从以下几方面对其产生原因进行分析、检查。

① 检查压边圈在工作时是否有不平现象　如果压边圈不平整，会使板料在拉深过程中进入凹模的阻力不均匀，致使变形阻力小的那一面的侧壁高度小而且厚，阻力大的面侧面高而薄，如图 6-30 所示。

调整修复措施：检查调整一下凸模与凹模的轴心线是否由于长期振动而不重合；压边圈螺钉是否长短不一；凹模的几何形状是否发生变化或其四周的圆角半径由于磨损严重而不一致，并根据不同情况加以修整。

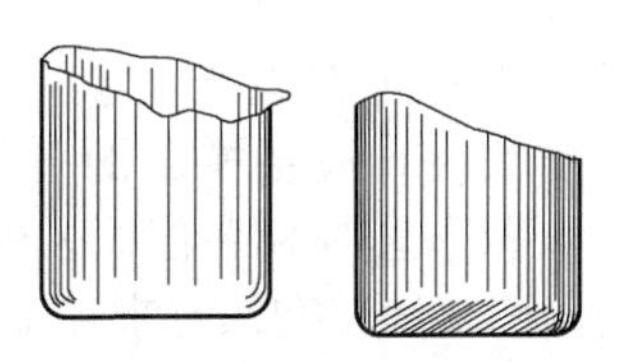

图 6-30　压边圈不平所产生的制件缺陷

② 检查凹模圆角半径是否均匀　如果凹模圆角半径由于长期磨损而变得不均匀（特别是拉深盒形件），拉深时板料各部位流动和变形情况就不一样，所以在拉深件的边缘上常常伸出大小不均的余边，使制件的边缘参差不齐和厚薄不均，或者使制件局部产生细小的折皱，影响制件质量。

解决措施：修磨凹模圆角半径，使之保持均匀。

③ 检查凸模与凹模是否在同一中心线上　如果凸模与凹模不在同一中心线，如图 6-31 所示，则凸模与凹模间隙不均，这样在制件侧壁上就会出现一边高一边低、一边薄一边厚的加工缺陷，有时制品还会在间隙小的一边出现破裂。发生这种现象的主要原因是模具的定位部分产生偏差，例如定位销孔的孔距或孔径由于受长期振动而变化。

解决措施：对冲模进行重新装配与调整，使之恢复到原来的状态。

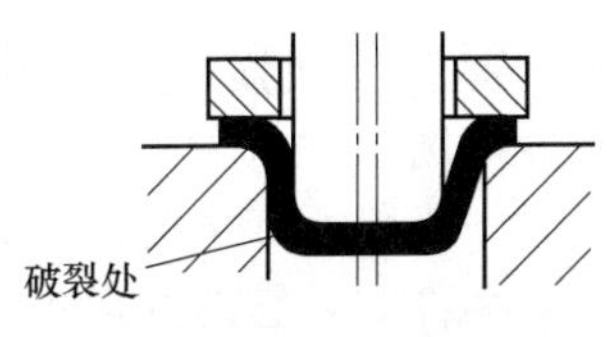


图 6-31　凸模与凹模不同心时所产生的制件缺陷

此外，检查板料定位板的中心是否与凹模中心重合，若不同心，也会产生上述同样的问题，即由于板料的滑动变形量各不相同，一边多而另一边少，则制品也产生一侧高一侧低现象，必须给予调整或更换定位板备件。

④ 检查凸模在使用过程中是否松动而导致冲压时歪斜　假如凸模在冲压时歪斜进入凹模，则凸、凹模各处的间隙不一样，就会使制件壁的变形不一致，发生一边高一边低、一边薄一边厚的现象，严重时还会被拉裂。如图 6-32 所示。若经检查产生的缺陷仅因凸模歪斜，而其他尺寸没问题，则可以用凸模的工作柱面作为基面进行找正，把定位底面修磨到同它垂

直；若尺寸还有问题，则在保证定位底面同工作柱面垂直后，还需修整其尺寸。

造成凸模与凹模中心线不平行的原因，还可能是凹模的定位底面同工作柱面不垂直。要避免这种缺陷，在使用机床磨削或钳工进行修整时，应当用千分表或直角尺来校正，使孔壁同顶平面保持垂直，如图 6-33 所示。

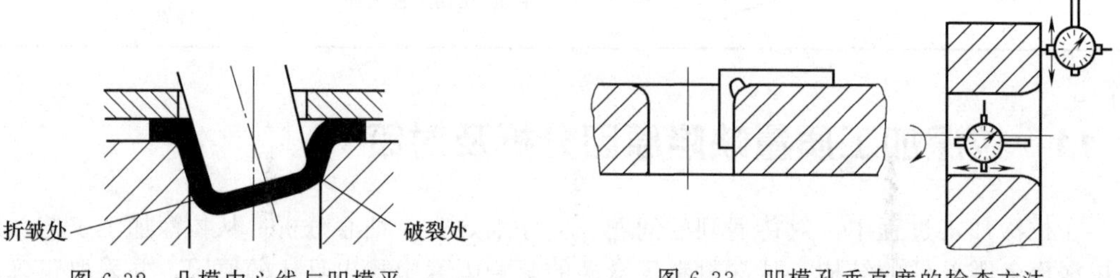


图 6-32 凸模中心线与凹模平面不垂直时所产生的制件缺陷

图 6-33 凹模孔垂直度的检查方法

修复可采用先用凹模的工作柱面作为基面进行找正，把定位底面修磨到同它垂直后，再以定位底面为基面在平面磨床上磨另一平面的加工方法解决。

⑤ 检查压边圈与凸模或凹模的间隙　一般情况下，压边圈（压料板）在冲模中是套在凸模（在复合模中是放在凹模孔内）上沿着凸模移动的，它的位置并没有固定。若压边圈同凸模的间隙过大，也会造成彼此间偏心，使压料不正而引起压力不均匀，造成板料移动和变形不一致，形成上述同样的加工缺陷。解决措施：对压边圈与凸模或凹模的间隙进行调整，使各边间隙在 0.01～0.02mm 范围内。若压边圈（压料板）磨损太大，应更换新的备件。

⑥ 检查冲模各部件装配的牢固性　这是因为，冲模零件在冲模中的准确位置是由定位销（圆柱销）和螺钉来保证的，而紧固后的各零件在冲模工作一段时间后，会因振动而失去原有的牢固性，致使各个零件间相对位置发生变化，特别是凸模与凹模的位置变化，不仅冲不出合格的制品来，有时还会使模具裂损报废，出现不必要的事故。所以，冲模在使用一段时间后，维修工必须对其修整和检查，经常保持销钉及螺钉的定位和紧固作用。

**（2）拉深件出现起皱、裂纹或破裂现象**

在拉深件的拉深过程中，制品起皱、裂纹或破裂是经常发生的。可以从以下方面对其产生原因进行分析、检查。

① 检查压边圈的压力　当压边圈的压力过大时，会增加板料在凹模上的滑动和变形阻力，使板料受凸模的强烈拉力而发生裂纹。这种故障开始时，材料仅发生变薄情况，当拉力超过了材料的抗拉强度时，就形成了韧性裂口。

解决措施：减少压边圈的压料力，如减少压料面积，设置限位柱减小压紧程度，对气垫压料，可将气垫的单位压力减小一些。

② 检查凸模与凹模的圆角半径　应检查凸模与凹模的圆角半径是否受到损坏或磨损，当圆角磨损后加大时，所需要的拉深力变小，板料外缘受压部位减少而圆周方向上压缩力范围增大，致使制品拉成后所留下皱纹的周边加大；当圆角半径变小时，板料所产生的内应力增大，又会造成制品的破裂或整个底部被冲掉。特别是在拉深矩形盒零件时，它的变形主要集中在四个角处，其凸、凹模的圆角对产品质量有很大影响。

解决措施：修复凸、凹模的圆角半径，尽量使其大小合适。

③ 检查凸、凹模的间隙　拉深模间隙对制品质量有很大影响。合理的间隙值是比料厚公称尺寸稍大一些，这样能使多余的材料逐渐向上移动，不至于将制件拉破或发生折皱以及产生裂纹。当间隙变化时，如凸、凹模由于振动影响，位置发生变化，造成一边间隙大，一

边间隙变小。间隙过小的一面，制件会被拉毛，壁厚变薄，使拉深力突然增大，增加了材料的应力，结果会使制品的底边被拉裂并加速凹模的磨损；间隙过大时，就会发生折皱或使制件壁倾斜，造成底小口大。

解决措施：调整凸、凹模，保证其间隙均匀，若经磨损间隙变大无法修复，可更换新的备件。

④ 检查凸、凹模的表面质量　检查凸、凹模的表面质量主要应集中在凹模圆角及其附近部分，除了要求有足够的强度外，其表面必须光洁，因为这是板料产生最大变形的区域。若冲模在使用一段时间后，由于表面质量降低，则在凹模面上就会黏结一些碎片或被拉成凹坑，不但会影响制品表面质量，也会被拉裂或产生折皱。

解决措施：模具在使用一段时间后，必须对凸、凹模表面进行表面抛光。

⑤ 检查压料板（压边圈）是否平整　应检查压料板（压边圈）是否平整，表面是否光滑，否则板料在拉深过程中流动不均匀，失去压料作用，致使制品起皱。压边圈在使用一段时间后，应及时取下磨光。

⑥ 检查凸、凹模的中心是否在同一轴线上　应检查凸、凹模的中心是否在同一轴线上，凸模工作时，是否与凹模垂直。

解决措施：调整或修复凸模与凹模。

⑦ 检查压力机滑块的运动速度　应检查压力机滑块的运动速度是否符合冲压生产工艺的要求。对拉深工艺来说，若速度过高，易引起工件破裂。拉深工艺的合理速度范围如表6-39所示，进行拉深工艺的压力机，滑块速度不应超过这个数值。

**表 6-39　拉深工艺的合理速度范围**　　单位：mm/s

| 拉深材料 | 钢 | 不锈钢 | 铝 | 硬铝 | 黄铜 | 铜 | 锌 |
|---|---|---|---|---|---|---|---|
| 最大拉深速度 | 400 | 180 | 890 | 200 | 1020 | 760 | 760 |

**（3）制品表面出现擦伤**

在拉深件的变形过程中，由于毛坯要逐渐滑过拉深凹模圆角部位的变形区，拉深件侧壁都将出现滑动的痕迹，这是一种具有金属表面光泽的细微划痕，一般这种细微划痕对拉深件来说，是普遍存在的问题，也是允许的，通过擦拭或简单的抛光便可消除。若出现严重划痕或划伤，则称为制品表面擦伤，这是不允许的，可以从以下几方面对其产生原因进行分析和检查。

① 检查凸、凹模工作状况　应检查凸、凹模工作部分是否有裂纹或损坏，表面是否光洁，这是因为拉深毛坯在通过这些损伤表面时将不可避免地出现严重划痕。

解决措施：修磨或抛光损伤表面。

② 检查凸、凹模间隙　应检查凸、凹模间隙是否不均匀，或研配不好，或导向不良等，因为出现这些问题都可能造成局部压料力增高，使侧面产生局部接触划痕或变薄性质的擦伤。

解决措施：调整凸、凹模的间隙使其均匀，保证凸、凹模工作部位的研配质量，保证低的表面粗糙度值和尺寸的一致性。

③ 检查所加工的毛坯表面质量　应检查所加工的毛坯表面是否清洁，毛坯剪切面毛刺和模具及材料上的脏物或杂质是否清除，因为这些因素对此类缺陷的产生有直接影响。

解决措施：清洁毛坯表面，清除毛坯剪切面的毛刺和模具及材料上的脏物或杂质。

此外，正确选用模具材料和确定其热处理硬度，也是减轻拉深擦伤的一个有效措施。一般来说，应选用硬材质的模具来加工较软材料，选用软材质的模具来加工硬材料。例如，加工拉深铝制件时，可采用热处理硬度较高的材料制作模具，也可用镀硬质铬的模具；加工不锈钢制件时，可采用铝青铜模具（或用铝青铜镶拼覆盖的结构形式），这样可以收到较好的拉深效果。另外，在拉深时，采用带有耐压添加剂的高黏度润滑油，或毛坯使用表面保护涂层（如不锈钢采用乙烯涂层等），效果也较好。

**（4）制品表面出现高温黏结**

拉深件表面出现的另一种缺陷是摩擦高温黏结。即在侧壁的拉深方向上产生的表面熔化和堆积状的痕迹，这种痕迹开始出现时，会在模具或制件表面产生一两条短的、浅的线痕，往往呈条形或线形，如不及时消除，将很快出现更多、更深的线痕直至模具不能使用，这不仅给零件表面质量造成损害，严重时甚至引起生产故障。这种情况最易发生在凹模的棱边部位，即凹模的圆角部位。因为在拉深过程中，这些部位的压力很大，因而滑动面的摩擦阻力很大，甚至可能达到1000℃左右的高温，从而导致模具表面硬度降低，并使被软化的材料呈颗粒状脱落，局部熔化黏结在模具上，拉坏制件。它类似于机械加工中，在刀具工作表面产生的拉削瘤所造成的破坏。

对于摩擦高温黏结，必须给予充分重视。用硬而厚的难加工材料（如钢、不锈钢等）进行复杂形状和变形程度不大的拉深时，容易发生这类问题，因此应在拉深工作开始前就进行充分研究和采取预防措施，当发生问题时再进行修复或解决就比较困难了。

凹模材料及其热处理、凹模表面的加工质量是影响摩擦高温黏结的主要因素。因此，对于在拉深过程中容易发生高温黏结的模具，应选用材质较好的合金工具钢、优质模具钢或硬质合金这类材料，并应执行正确的热处理工艺，以保持材料良好的组织、足够的硬度和刚性，这一点是极为重要的。对于凹模的边棱、圆角表面，应进行仔细的精加工，使之有利于材料的滑动。对于摩擦高温黏结特别严重的模具部位，应考虑采用镶拼式结构，以便于及时更换和维修。

此外，在拉深硬而厚的难加工材料时，应在凹模和材料的接触表面合理、正确地使用润滑剂。

**（5）模具磨损严重**

模具磨损严重是指模具的正常使用寿命大大缩短的非正常磨损，且导致拉深件质量和精度严重降低。

① 磨损部位　拉深模产生磨损主要有以下部位：

a. 在毛坯材料流入较多和流动阻力较大的部位，如凹模圆角处、凹模表面和拉深凸梗处等。这些部位由于表面压力大，模具的磨损也就大。模具在这些部位的磨损和黏结是造成划痕和异物凸起等问题的主要原因。

b. 在板厚增加较大的部位磨损也大。板厚加大，虽然在这个拉深变形区域不会产生皱纹，但该部位的表面压力就要增加，同样容易引起黏结和磨损。

c. 在形成皱纹的部位，磨损增加。皱纹不同的高低部位，对凸模和凹模的局部表面都增加了表面压力，并造成磨损。通常，容易发生皱纹是因为拉深深度过大、材料流动量大，这一因素和皱纹的共同影响，将使磨损变得更加严重。

② 措施　改善磨损通常采取以下措施：

a. 应根据板料变厚的实际情况，取凸、凹模的间隙值，这样可以防止局部压力增强，以减少黏结和磨损。

b. 正确的润滑。在黏度不高的润滑油里添加耐高压的附加剂，对减少模具磨损能起到很大的作用。此外，正确和合理的润滑也改善了拉深条件，有时还能减少制件起皱现象。

c. 使用耐磨性好的材料，并进行正确的热处理，使模具具有高的硬度和耐磨性。

d. 消除皱纹。通过消除皱纹来避免由于皱纹引起的磨损，如改善凹模表面形状和精度，合理地布置拉深筋等。

# 第7章 成形加工工艺及质量管理

## 7.1 翻边加工的质量管理

翻边是将工件的孔边缘或外边缘在模具的作用下翻成竖立直边的加工工序。用翻边方法可以加工形状较为复杂，而且具有良好刚度和合理空间形状的立体零件。根据工件边缘的性质和应力状态的不同，翻边可分为内孔翻边和外缘翻边（图 7-1）；按竖边壁厚的变化情况，可分为不变薄翻边（简称为翻边）和变薄翻边。各类翻边加工的变形特点是不同的，因此，翻边加工的质量必须根据不同的翻边性质分别加以控制。

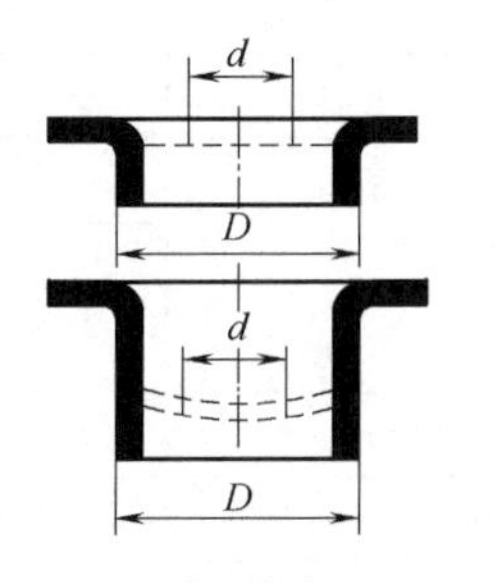


(a) 内孔翻边

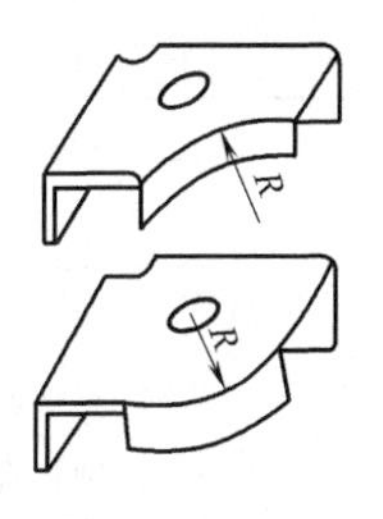


(b) 外缘翻边

图 7-1　内孔及外缘翻边

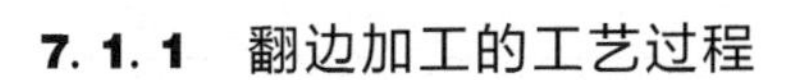

### 7.1.1 翻边加工的工艺过程

常见的翻边加工形式主要有内孔翻边、外缘翻边及变薄翻边，其加工工艺过程如下。

**（1）内孔翻边加工的工艺过程**

① 内孔翻边过程分析　内孔翻边过程分析如图 7-2 所示，翻边前毛坯孔径为 $d_0$，翻边变形区是内径为 $d_0$，外径为 $D$ 的环形部分。当冲头下行时，$d_0$ 不断扩大，并向侧边转移，最后使平面环形变成竖边。变形区的毛坯受切向拉应力 $\sigma_\theta$ 和径向拉应力 $\sigma_r$ 的作用，其中切向拉应力 $\sigma_\theta$ 较大，是主应力，而径向拉应力 $\sigma_r$ 值较小，它是由毛坯与模具摩擦而产生的。在整个变形区内，应力、应变的大小是变化的。孔的外缘处于单向切向拉应力状态，且其值最大，该处的应变在变形区也最大。这样，就使边缘的厚度在翻边过程中不断变薄，翻边后竖边的边缘部位变薄最严重，使该处在翻边过程中成为危险部位，当变形超过许用变形程度时，此处就会开裂。

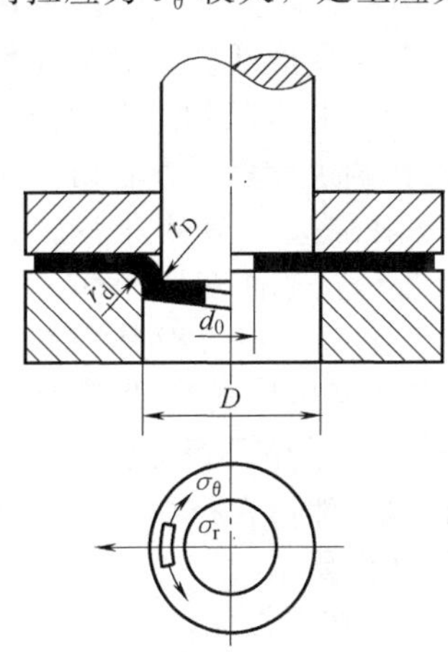


图 7-2　内孔翻边过程分析

② 内孔翻边加工工艺参数的确定

a. 翻边系数的确定。内孔翻边主要有内孔翻边及非圆孔的翻边两种。内孔翻边的变形程度用翻边前孔径 $d$ 与翻边后孔径 $D$ 的比值 $m$ 来表示。即

$$m=\frac{d}{D}$$

$m$ 称为翻边系数。$m$ 值越大，变形程度越小；$m$ 值越小，变形程度越大。翻边时孔不破裂所能达到的最小翻边系数称为

极限翻边系数。表 7-1 为采用不同的翻边凸模、采用不同的预制孔加工方法时的低碳钢极限翻边系数。

**表 7-1　低碳钢的极限翻边系数**

| 翻边凸模形状 | 孔的加工方法 | 材料相对厚度 $d/t$ | | | | | | | | | | |
|---|---|---|---|---|---|---|---|---|---|---|---|---|
| | | 100 | 50 | 35 | 20 | 15 | 10 | 8 | 6.5 | 5 | 3 | 1 |
| 球形凸模 | 钻后去毛刺 | 0.70 | 0.60 | 0.52 | 0.45 | 0.40 | 0.36 | 0.33 | 0.31 | 0.30 | 0.25 | 0.20 |
| | 冲孔模冲孔 | 0.75 | 0.65 | 0.57 | 0.52 | 0.48 | 0.45 | 0.44 | 0.43 | 0.42 | 0.42 | — |
| 圆柱形凸模 | 钻后去毛刺 | 0.80 | 0.70 | 0.60 | 0.50 | 0.45 | 0.42 | 0.40 | 0.37 | 0.35 | 0.30 | 0.25 |
| | 冲孔模冲孔 | 0.85 | 0.75 | 0.65 | 0.60 | 0.55 | 0.52 | 0.50 | 0.50 | 0.48 | 0.47 | — |

注：按表中翻边系数翻孔后口部边缘会出现不很大开裂，若工件不允许，翻边系数应加大 10%～15%。

表 7-2 为圆孔翻边时常用材料的翻边系数，其中 $m_{\min}$ 为当翻边壁上允许有不大的裂痕时，可以达到的最小翻边系数。

**表 7-2　常用材料的翻边系数**

| 经退火的毛坯材料 | 翻边系数 | |
|---|---|---|
| | $m$ | $m_{\min}$ |
| 镀锌钢板(白铁皮) | 0.70 | 0.65 |
| 软钢 $t=0.25\sim2.0$mm | 0.72 | 0.68 |
| $t=3.0\sim6.0$mm | 0.78 | 0.75 |
| 黄铜 H62 $t=0.5\sim6.0$mm | 0.68 | 0.62 |
| 软铝 $t=0.5\sim5.0$mm | 0.70 | 0.64 |
| 硬铝合金 | 0.89 | 0.80 |
| 钛合金 TA1(冷态) | 0.64～0.68 | 0.55 |
| TA1(加热 300～400℃) | 0.40～0.50 | 0.40 |
| TA5(冷态) | 0.85～0.90 | 0.75 |
| TA5(加热 500～600℃) | 0.70～0.75 | 0.65 |
| 不锈钢、高温合金 | 0.65～0.69 | 0.57～0.61 |

对非圆孔的翻边，如图 7-3 所示，须对各圆弧或直线段组成部分分别进行划分，根据其变形情况，确定变形性质。对圆孔翻边的变形性质，当其圆心角 $\alpha$ 大于 180°时，其极限翻边系数与圆孔极限翻边系数相差不大，可直接按圆孔翻边计算；圆心角 $\alpha$ 小于 180°时，其极限翻边系数较圆孔极限翻边系数要小些，按 $m'=\alpha m/180°$ 近似计算，图中的直线段部分按弯曲变形计算。

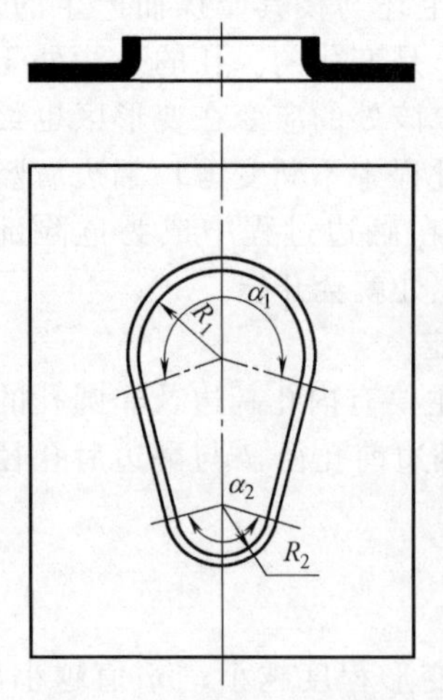

图 7-3　非圆孔的翻边

b. 翻边高度的确定。当在平板毛坯上翻边时，对其预制孔直径 $d$ 进行翻边工艺计算时，应根据零件翻边后的尺寸 $D$ 计算出预制孔直径 $d$，并核算其翻边高度 $H$，当采用平板毛坯不能直接翻边出所要求的高度时，则应预先拉深，然后在拉深件底部冲孔再翻边或采用直接切筒底等工艺方案达到要求。

ⅰ. 平板毛坯上翻边。如图 7-4 所示，在平板毛坯上翻边时，其预冲孔直径 $d$ 的计算公式为

$$d=D-2(H-0.43r-0.72t)$$

翻边高度 $H$ 的计算公式为

$$H=\frac{(D-d)}{2}+0.43r+0.72t$$

或
$$H=\frac{D}{2}(1-\frac{d}{D})+0.43r+0.72t=\frac{D}{2}(1-m)+0.43r+0.72t$$

由于极限翻边系数为 $m_{\min}$，因此，许用最大翻边高度 $H_{\max}$ 的计算公式为

$$H_{\max}=\frac{D}{2}(1-m_{\min})+0.43r+0.72t$$

ⅱ. 预拉深后翻边。当工件的高度 $H$ 大于 $H_{\max}$ 时，则需先拉深，在其底部预冲孔 $d$，再翻边，如图 7-5 所示。这时，先要决定翻边所能达到的最大高度 $h_{\max}$，然后根据翻边高度来确定拉深高度 $h_1$，此时有如下几个计算公式。

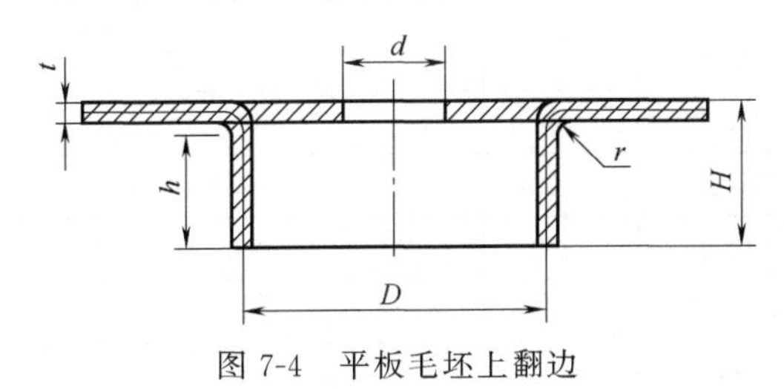


图 7-4 平板毛坯上翻边

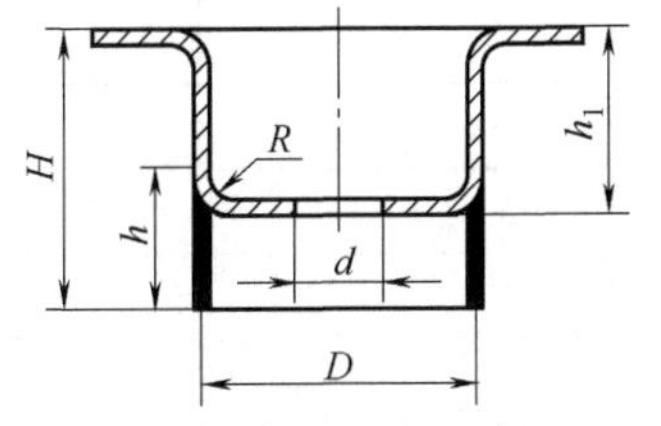


图 7-5 拉深件底部冲孔翻边

翻边高度 $h$ 的计算公式为

$$h=\frac{(D-d)}{2}+0.57r$$

许用最大翻边高度 $h_{\max}$ 的计算公式为

$$h_{\max}=\frac{D}{2}(1-m_{\min})+0.57r$$

拉深高度 $h_1$ 的计算公式为

$$h_1=H-h_{\max}+r+t$$

预冲孔直径 $d$ 的计算公式为

$$d=D+1.14r-2h$$

或
$$d=m_{\min}D$$

c. 翻边力的计算。翻边力 $F$ 近似计算公式为

$$F=1.1\pi(D-d)t\sigma_s$$

式中 $D$——翻边后直径，mm；

$d$——预冲孔直径，mm；

$\sigma_s$——材料屈服点，MPa。

（2）外缘翻边加工的工艺过程

① 外缘翻边过程分析　外缘翻边有外凸和内凹两种情况，如图 7-6 所示。其中，外凸的外缘翻边变形类似于浅拉深，变形区主要为切向压应力，变形过程中材料易起皱；内凹的外缘翻边变形类似于内孔翻边，变形区主要是切向伸长变形，易导致边缘开裂。

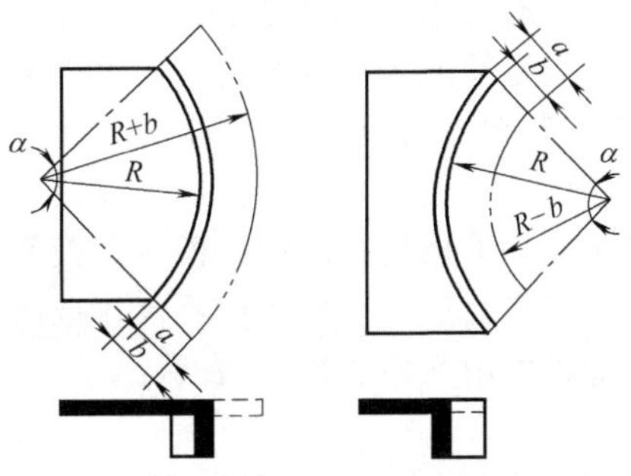


图 7-6 外缘翻边

② 外缘翻边加工工艺参数的确定

a. 外缘翻边变形程度的确定。图 7-6（a）所示

的外凸外缘翻边变形程度 $E_凸$ 的计算公式为

$$E_{凸}=\frac{b}{R+b}$$

其极限变形程度主要受变形区材料失稳的限制，毛坯形状可参照浅拉深的方法计算。

图 7-6（b）所示的内凹外缘翻边变形程度 $E_凹$ 的计算公式为

$$E_{凹}=\frac{b}{R-b}$$

其极限变形程度主要受边缘拉裂的限制，毛坯形状可参照内孔翻边方法计算。

不同材料采用不同的成形方法，其外缘翻边允许的极限变形程度值见表 7-3。

表 7-3 外缘翻边允许的极限变形程度

| 材料名称及牌号 | $E_凸$/% | | $E_凹$/% | | 材料名称及牌号 | $E_凸$/% | | $E_凹$/% | |
|---|---|---|---|---|---|---|---|---|---|
| | 橡胶成形 | 模具成形 | 橡胶成形 | 模具成形 | | 橡胶成形 | 模具成形 | 橡胶成形 | 模具成形 |
| 铝合金 | | | | | 黄铜 | | | | |
| 1035M | 25 | 30 | 6 | 40 | H62 软 | 30 | 40 | 8 | 45 |
| 1035Y1 | 5 | 8 | 3 | 12 | H62 半硬 | 10 | 14 | 4 | 16 |
| 3A21M | 23 | 30 | 6 | 40 | H68 软 | 35 | 45 | 8 | 55 |
| 3A21Y | 5 | 8 | 3 | 12 | H68 半硬 | 10 | 14 | 4 | 16 |
| 铝合金 | | | | | 钢 | | | | |
| 5A02M | 20 | 25 | 6 | 35 | 10 | — | 38 | — | 10 |
| 3A03Y1 | 5 | 8 | 3 | 12 | 20 | — | 22 | — | 10 |
| 2A12M | 14 | 20 | 6 | 30 | 1Cr18Ni9 软 | — | 15 | — | 10 |
| 2A12Y | 6 | 8 | 0.5 | 9 | 1Cr18Ni9 硬 | — | 40 | — | 10 |
| 2A11M | 14 | 20 | 4 | 30 | 2Cr18Ni9 | — | 40 | — | 10 |
| 2A11Y | 5 | 6 | 0 | 0 | | | | | |

当翻边变形程度小于极限变形程度时，可一次翻边成形。

b. 翻边力的计算。外缘翻边力 $F$ 可近似按带压料的单面弯曲力计算：

$$F=KLt\sigma_b$$

式中 $K$——系数，可取 0.5～0.8；

$L$——弯曲线长度，mm；

$t$——材料厚度，mm；

$\sigma_b$——材料抗拉强度，MPa。

**（3）变薄翻边加工的工艺过程**

当零件翻边高度很高时，可以采用减少模具凸、凹模之间的间隙，强迫材料变薄的方法（即变薄翻边），以便提高生产效率和节约原材料。

变薄翻边时，在凸模压力作用下，变形区材料先受到拉深变形使孔径逐步扩大，而后材料又在小于板料厚度的凸模、凹模间隙中受到挤压变形，使材料厚度显著变薄。

变薄翻边的变形程度不仅仅取决于翻边系数，而且取决于壁部的变薄程度，变薄翻边的变薄程度用变薄系数 $K$ 表示：

$$K=\frac{t_1}{t}$$

式中 $t_1$——变薄翻边后零件竖边的厚度，mm；

$t$——毛坯厚度，mm。

一次变薄翻边的变薄系数 $K$ 可取 0.4～0.5。若变薄程度超过变薄系数，则应采用多次变薄翻边加工工艺或应用直径逐渐增大的阶梯环形凸模在冲床一次行程中将其厚度逐渐减小来获得。其中图 7-7（a）所示翻边凸模用于直径较小孔的翻边，图 7-7（b）所示翻边凸模用于直径较大孔的翻边。

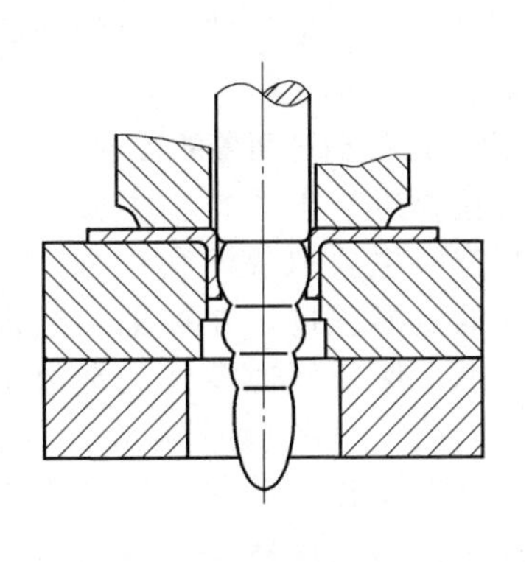

(a) 变薄翻边

$\phi$26.5

$\phi$26

$\phi$14

$\phi$25.2

(b) 凸模类型实例

图 7-7 采用阶梯环形凸模的变薄翻边

阶梯形凸模的阶梯数按下式进行计算：

$$n=\frac{\lg t-\lg t_1}{\lg \dfrac{100}{100-E}}$$

式中 $t$——材料厚度；

$t_1$——变薄后材料的厚度；

$E$——变形程度，见表 7-4。

**表 7-4 变薄翻边时材料的平均变形程度 $E$**

| 材料 | 第一次变形/% | 继续变形/% |
| --- | --- | --- |
| 软钢 | 55～60 | 30～45 |
| 黄铜 | 60～77 | 50～60 |
| 铝 | 60～65 | 40～50 |

变薄翻边属于体积成形，因此变薄后竖边高度按变薄翻边前后体积不变的原则进行计算。变薄翻边力比普通翻边力大得多，力的大小与变形量成正比。

在工业生产中，变薄翻边广泛应用在平板坯料或半成品零件中 M5 以下小螺纹孔直径的翻边，但对于 M5 以上的螺纹孔则不宜采用翻边的方法来加工螺纹底孔。

### 7.1.2 翻边模的结构形式

翻边模的结构与一般拉深模相似。图 7-8 为圆孔翻边模。与拉深模不同的是翻边凸模圆角半径一般较大，甚至做成球形或抛物面形，以利于变形。

由于翻边时有壁厚变薄现象，所以翻边模单边间隙 $Z$ 一般小于料厚 $t$，可取 $Z=(0.75\sim0.85)\ t$。

外缘翻边除了采用钢材制作凸、凹模的钢质模结构外，在生产中还广泛采用橡胶作凸、凹模材料的结构形式，图 7-9 为在橡胶模内进行外缘翻边采用的几种成形方法。橡胶模多用

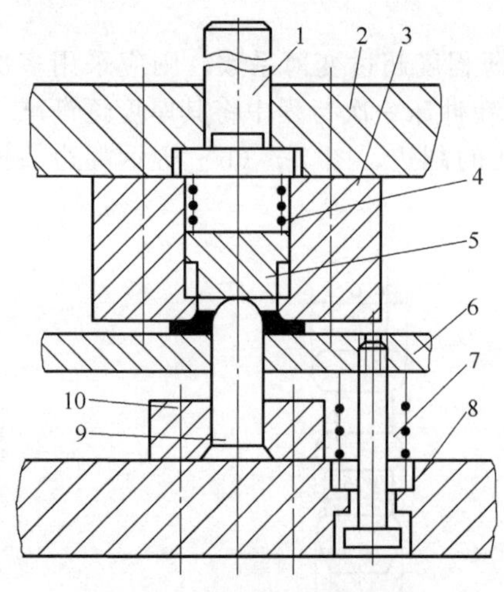

图 7-8　圆孔翻边模结构

1—模柄；2—上模板；3—凹模；4,7—弹簧；5—顶件器；6—退件器；8—下模板；9—凸模；10—凸模固定板

于薄料、变形程度不大、零件小批量生产的翻边，翻边件的质量一般，若对翻边质量要求较高，常常需要进行后续工序的修整。

### 7.1.3　翻边质量控制方法

针对翻边加工可能产生的缺陷，其质量控制主要可采取以下方法。

（1）内孔翻边质量的控制

内孔翻边产生的缺陷主要是制品被拉裂，制品是否被拉裂主要取决于变形程度的大小。对于翻孔时材料的变形程度，在加工工艺及模具设计应作充分的考虑，保证翻边零件的翻边系数小于极限翻边系数。因此，只要模具制造合格、操作调试合理，一般不会出现孔的破裂。但由于极限翻边系数与材料塑性、孔的边缘状况、凸模的形状等许多因素有关，在实际生产中，又受翻边模具安装、使用、操作状况等各种因素的影响，故在内孔翻边时，常会出现一些质量缺陷，此时，可从以下方面分析原因，并采取控制措施。

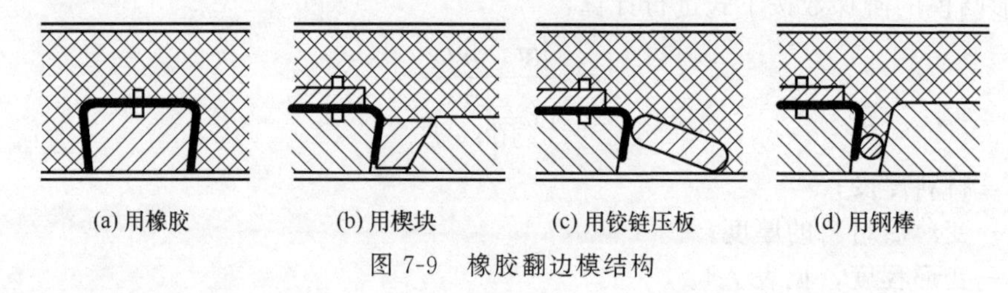

图 7-9　橡胶翻边模结构

① 翻边孔壁偏斜　零件翻边后，若发现孔壁与平面不垂直，可从以下方面对其产生原因进行分析、检查并补救：

a. 检查凸模、凹模之间的间隙值。若间隙值各向不均或者是太大，则在翻孔时，易使孔壁产生偏斜。这时必须调整间隙均匀或加大凸模或缩小凹模孔直径尺寸，减小间隙，以消除孔偏斜现象。

b. 检查凸模对凹模的垂直度。若因振动凸模松动，工作时凸模不垂直于凹模刃口平面，就会造成翻边孔壁偏斜。这时，应重新装配凸模，使凸模垂直于凹模刃口表面，并调整间隙，使之大小合理、各向均匀。

② 翻边孔边缘高低不齐　内孔翻边后，若孔边缘高低不齐，可从以下方面对其产生原因进行分析、检查并补救：

a. 检查凸模、凹模之间的间隙值。若间隙值各向不均或者是太小，在太小的间隙下翻孔，材料被挤压拉长就会造成边缘高低不齐。这时，必须调整间隙，使之各向均匀一致，或是加大凹模孔或减小凸模直径，使间隙变大。

b. 检查凹模圆角半径。若凹模圆角半径周边大小不一致，则在内孔翻边过程中，圆角小的一面材料比圆角大的一面材料更易拉长，从而造成端面尺寸高低不一。这时，应对凹模圆角半径进行刃磨修整，尽量使其四周保持均匀一致。

③ 翻边出现裂口　零件经内孔翻边后，若翻边出现裂口，可从以下方面对其产生原因进行分析、检查并补救：

a. 检查凸、凹模间隙。若间隙太小，容易使翻边出现裂口。这时，应修整凸、凹模大小，使间隙适当加大。

b. 检查翻边坯料材质。若材料太硬，易使翻边时开裂。这时，应将坯料先进行退火软化处理，增强塑性，减少裂口的出现。若还不能消除，则应重新更换塑性较好的坯料。

c. 检查预制孔孔边质量。预制孔孔边应平齐，不允许有大的毛刺，若发现孔边粗糙、参差不齐或有明显毛刺，应经修整去除后再进行翻边，可大大减小裂口现象发生。

d. 修改制件翻边高度。在使用允许的情况下，可适当降低直壁高度，可预防裂纹的产生。若高度不允许降低，可改进工艺方法，即先对孔进行预拉深，然后再进行翻孔，即可避免裂纹的产生。

（2）外缘翻边质量的控制

对外凸的外缘翻边，变形过程中产生的缺陷主要是起皱；内凹的外缘翻边，变形过程中产生的缺陷主要是在边缘开裂。为保证外缘的翻边质量，在产品设计时，在零件使用条件许可情况下，应尽量减小翻边凸缘的高度，控制外缘翻边材料的变形程度，在制定加工工艺时，还应充分考虑并保证翻边零件的变形程度小于极限变形程度，另外，对不封闭曲线外缘翻边零件，由于是非轴对称，在翻边模设计时，为控制翻边时坯料的窜动，一般均设置定位压紧装置，加大压料板的压料力，或采用两件对称翻边，翻边后再从中切开，得到两个零件的加工方法。但在实际生产中，由于翻边过程中各种因素的影响，常会出现一些质量缺陷，可从以下几方面分析原因，并采取控制措施。

① 边壁与平面不垂直

a. 检查坯料。若坯料太硬，或在翻边时产生回弹，而使边壁与零件基面不垂直，这时，应将坯件退火后再进行翻边。对于比较大的零件，在不影响使用功能的情况下，可在翻边棱线上压出加强肋，如图 7-10 所示，以减少回弹时引起的不垂直现象。

b. 检查凸、凹模间隙。若凸、凹模间隙过大，易使板料在翻边时失去控制，产生不垂直现象。这时，应调整间隙，使间隙稍微减小，即可减轻不垂直现象。

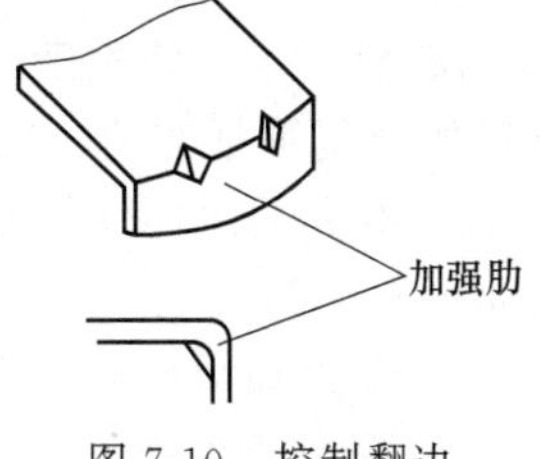


图 7-10 控制翻边回弹的措施

② 翻边不齐或边缘高低不平

a. 检查凸、凹模间隙。若间隙太小或不均匀则易使翻边后边缘高低不齐。这时，应调整间隙，修整凸模或凹模，使间隙变大且均匀。

b. 检查坯料的定位。若在翻边时，坯料位置放置不正或定位装置发生变位使坯料偏移，翻边后容易出现边缘高低不齐。这时应调整定位装置或修整定位板，在翻边时使坯料定位正确，不能在偏移情况下翻边。

c. 检查凹模圆角半径。若凹模周边圆角半径不均匀，忽大忽小，也易使翻边后的边缘高低不齐。这时，应修凹模圆角半径，使其周围均匀一致。

③ 翻边破裂或产生裂纹

a. 检查坯料边缘。若坯料边缘存在很大毛刺，则翻边时易在此处产生裂纹。因此，翻边前，必须对坯料进行清理，使其边缘光滑无毛刺、残渣存在，也可采取将带毛刺的一侧朝上，再进行翻孔，一定程度上可减轻翻孔开裂的现象。

b. 检查凸、凹模间隙。翻边时，凸、凹模间隙不能太小，间隙太小，易翻破或产生裂纹。为使制品不产生裂纹，应修整凸、凹模，适当将间隙放大，并要均匀一致。

c. 检查凹模及凸模圆角半径。翻边时，凸、凹模圆角半径不能太小，为减少裂纹的产生，可适当加大凸、凹模圆角半径。

d. 改进模具结构或零件结构。对不易消除的翻边件裂纹，必要时可改变凹模口的形状或高度，使易破裂处略迟翻边，让两旁的材料在翻边时向该处集中，以减少破裂的产生，或者将翻边凸模弯曲刃做成图 7-11（a）所示的形状，在向下行程中，保证两端先接触，逐渐使材料移向中央，以达到将材料驱向中央不足部位的目的，而减少中间裂纹。若产品使用允许，可在制品容易发生裂纹处，将坯料预先冲出切口，如图 7-11（b）所示，切口顶端以圆角过渡为宜，或者在前道拉深工艺中，有意在翻边易裂处，多留出余料，以补偿翻边时的不足，减少裂纹的产生。若产品使用允许，也可减小翻边凸缘的高度，减少翻边变形程度。

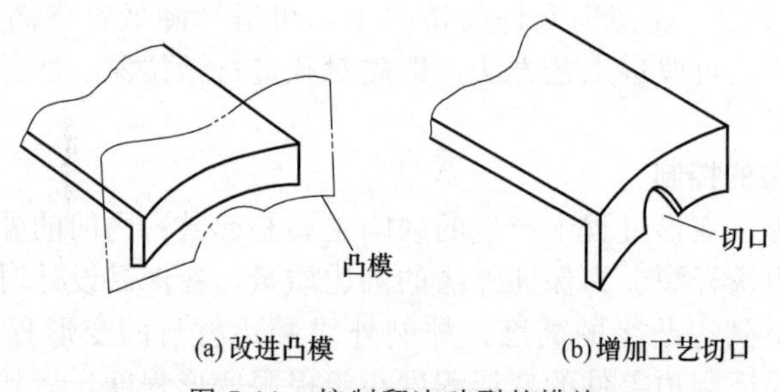

图 7-11　控制翻边破裂的措施

e. 检查坯料硬度。若硬度较大应进行退火处理，使之软化后再进行翻边。

④ 翻边有波浪纹　零件翻边后，若在制品侧边产生较平坦的大波浪，主要是凸、凹模间隙太大或不均匀，凹凸模安装时接触深度不够等因素引起的，这时，可调整间隙，使间隙适当缩小或均匀外，还要调整凸模进入凹模的深度，使之合适，若还不能消除，应在允许的情况下，适当减少翻边高度。

⑤ 翻边表面被擦伤

a. 检查凸模圆角部位是否光洁，若表面粗糙应进行抛光或镀硬铬，以减少对坯料的刮伤，保证表面质量。

b. 检查凸、凹模间隙及表面粗糙度状况。应保证间隙合理均匀，表面光洁，以免翻边材料的金属被粘在凸、凹模工作表面上，而使制品划伤。

c. 检查翻边坯件与凹模是否有杂物，若有应去除。翻边坯件一定要平整，不能在压缩平面上有明显的皱纹或较大的毛刺。

d. 要正确掌握冲压方向，使坯料毛刺朝向凸模一边，尽可能不采用润滑剂。

⑥ 翻边产生皱纹　多发生在外凸翻边，可从以下几个方面对其产生原因进行分析、检查并补救。

a. 检查凸、凹模间隙。间隙不应太大，若间隙太大易使坯料失稳而起皱，应适当缩小间隙并保证均匀。

b. 改进零件设计。实践表明：弯曲线呈凸形时，凸缘部分因受压缩变形而会产生皱纹。凸缘越高、弯曲度越大，曲率越大，产生皱纹越多，因此，在不影响工件使用的前提下，可以采取以下三种措施。一是设计产品时，适当降低凸缘的高度；二是采用切口法，即先将多余的材料切除；三是在凸缘面上设置加强肋，以便在翻边弯曲时吸收多余材料，预防皱纹发生，如图 7-12 所示。

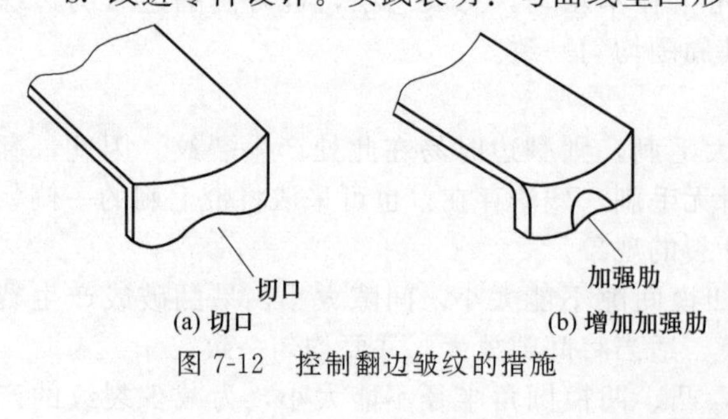

图 7-12　控制翻边皱纹的措施

对零件的外轮廓形状，在设计时一定要均匀圆滑过渡，切忌尖角过渡。

c. 改进凸、凹模工作口部形状，使易起皱纹处先翻边，让多余的材料经两边散开，以免产生皱纹。

## 7.2 胀形加工的质量管理

胀形加工是属于伸长类的成形加工方法。主要有用于平板毛坯的局部胀形（俗称起伏成形或压肋）和圆柱空心毛坯或管类毛坯的胀形（俗称凸肚）等，如图 7-13 所示。

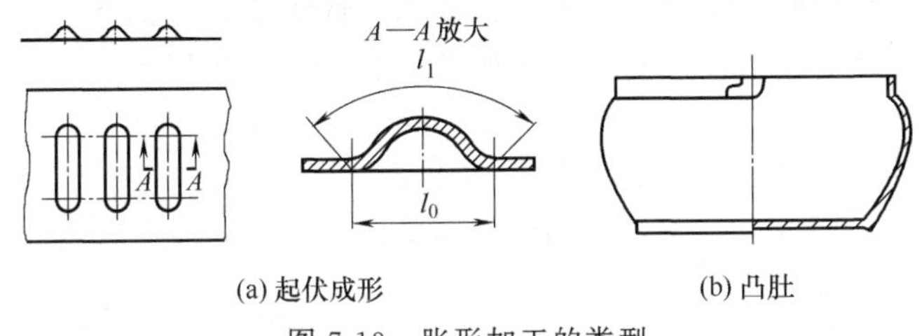


图 7-13　胀形加工的类型

图 7-13（a）所示起伏成形是平板毛坯在模具作用下，依靠材料的局部拉深，使毛坯或工件的形状改变而形成局部下凹和凸起的一种冲压方法。它实质上是一种局部的胀形，主要用于增加工件的刚度和强度，生产中常用的有压筋、压凸包、压字、压花纹等。图 7-13（b）所示凸肚是将空心件或管状坯料向外扩张，胀出所需凸起曲面的一种冲压方法，可用来制造如高压气瓶、波纹管等异形空心件。

两类胀形尽管加工成形原理基本相同，但由于胀形加工范围及其变形程度不同，因此，对不同的胀形加工方法应针对性地采取措施分别加以控制。

### 7.2.1 胀形加工的工艺过程

常见的胀形加工主要有起伏成形及凸肚两种形式，其加工工艺过程如下。

（1）胀形加工过程分析

不论是起伏成形类的平板毛坯局部胀形还是凸肚类的空心毛坯胀形，在胀形时，毛坯的塑性变形局限于一个固定的变形区范围内，板料既不向变形区以外转移，也不从外部进入变形区内。图 7-14 为胀形加工变形过程，变形只局限于直径为 $d$ 的圆周以内，而其以外的环形部分并不参与变形，凸缘部分的材料处于不流动的状态，只是当凸模作用到材料时，在变形区内发生伸长，表面积增加。

胀形变形区内金属处于两向受拉的应力状态，变形区内的板料形状的变化主要是由其表面积的局部增大来实现的，所以胀形时毛坯厚度不可避免地要产生变薄，由于在胀形过程中材料的逐级伸长，变形最剧烈的部分最终要出现缩颈甚至破裂，因而使胀形的深度（胀形量）要受到一定的限制。

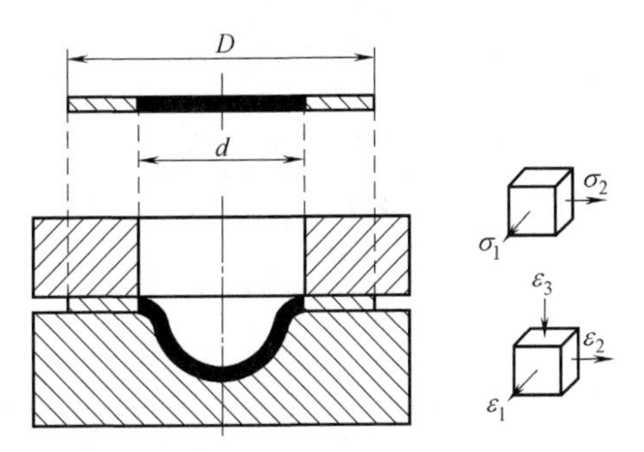


图 7-14　胀形加工变形过程分析

由于胀形时板料受两向拉应力的作用，因而在一般情况下，变形区的毛坯不会产生塑性失稳而出现起皱。所冲制的零件表面光滑、质量较好，也容易得到尺寸精度较高的零件。

（2）胀形加工工艺参数的确定

① 起伏成形加工工艺参数的确定

a. 极限变形程度的确定。起伏成形的极限变形程度，主要受材料的塑性、冲头的几何

形状和润滑等因素影响。在计算起伏极限变形程度时，可以概略地按单向拉伸变形处理，即

$$\delta_{极}=\frac{l_1-l_0}{l_0}<(0.7\sim0.75)\delta$$

式中 $\delta_{极}$——起伏变形的极限变形程度；

$\delta$——材料的伸长率；

$l_0$，$l_1$——变形前后长度。

系数 0.7～0.75 视胀形时断面形状而定，球形肋取大值，梯形肋取小值。

如果计算结果符合上述条件，则可一次成形。否则，应先压制成半球形过渡形状，然后再压出工件所需形状。

b. 变形力的确定。冲压加强肋的变形力按下式计算：

$$F=KLt\sigma_b$$

式中 $F$——变形力，N；

$K$——系数，$K=0.7\sim1$（加强肋形状窄而深时取大值，宽而浅时取小值）；

$L$——加强筋的周长，mm；

$t$——料厚，mm；

$\sigma_b$——材料的抗拉强度，MPa。

② 凸肚加工工艺参数的确定　主要有以下几个方面。

a. 胀形系数。凸肚的变形特点是材料受切向和母线方向拉应力。主要问题是防止拉深过头而胀裂。空心毛坯胀形的变形程度以胀形系数 $m$ 来表示：

$$m=\frac{d_{max}}{d}$$

式中 $d_{max}$——零件最大变形处变形后的直径，mm；

$d$——该处原始直径，mm，如图 7-15 所示。

胀形系数 $m$ 与坯料的伸长率 $\delta$ 的关系：$m=1+\delta$。

表 7-5 是一些材料的极限胀形系数和切向许用伸长率的实验值。

**表 7-5　极限胀形系数和切向许用伸长率的实验值**

| 材料 | 厚度/mm | 极限胀形系数 $m$ | 切向许用伸长率 $\delta\times100$ |
|---|---|---|---|
| 高塑性铝合金［如 3A21(LF21-M)］ | 0.5 | 1.25 | 25 |
| 纯 铝［如 1070A、1060(L1,L2)<br>1050A、1035(L3,L4)<br>1200、8A06 (L5,L6)］ | 1.0<br>1.5<br>2.0 | 1.28<br>1.32<br>1.32 | 25<br>32<br>32 |
| 黄铜<br>如 H62、H68 | 0.5～1.0<br>1.5～2.0 | 1.35<br>1.40 | 35<br>40 |
| 低碳钢，<br>如 08F、10、20 | 0.5<br>1.0 | 1.20<br>1.24 | 20<br>24 |
| 耐热不锈钢<br>如 1Cr18Ni9Ti | 0.5<br>1.0 | 1.26<br>1.28 | 26<br>28 |

b. 毛坯尺寸的计算。胀形毛坯的直径 $d$ 按下式计算：

$$d=\frac{d_{max}}{m}$$

胀形毛坯的原始长度 $L_0$ 如图 7-15 所示，按下式近似计算：

$$L_0=L\left[1+(0.3\sim0.4)\delta\right]+\Delta h$$

$$\delta=\frac{d_{max}-d}{d}$$

式中　$L$——工件的母线长度，mm；

$\delta$——工件切向最大伸长率，前面的系数 0.3～0.4 是考虑切向伸长而引起高度缩小的影响；

$\Delta h$——修边余量，约 5～8mm。

c. 胀形力的计算。

ⅰ. 刚模胀形力 $F$ 按下式计算：

$$F=Ap$$

$$p=1.15\sigma_b\frac{2t}{d_{max}}$$

式中　$F$——胀形力，N；

$A$——胀形面积，$mm^2$；

$p$——单位胀形力，MPa；

$\sigma_b$——材料抗拉强度，MPa；

$d_{max}$——胀形最大直径，mm；

$t$——材料厚度，mm。

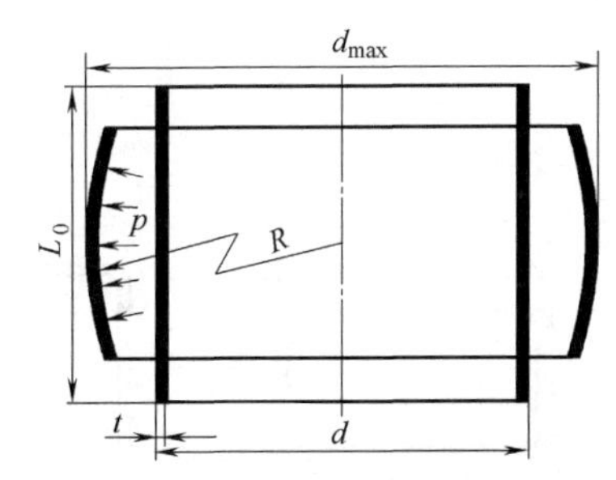


图 7-15　毛坯胀形计算示意图

ⅱ. 软模胀形时所需单位压力 $p$。

两端不固定允许毛坯轴向自由收缩：

$$p=\frac{2t\sigma_b}{d_{max}}$$

两端固定毛坯轴向不能收缩：

$$p=2t\sigma_b\left(\frac{1}{d_{max}}+\frac{1}{2R}\right)$$

式中　$\sigma_b$——材料抗拉强度，MPa，其他符号如图 7-15 所示。

ⅲ. 液压胀形的单位压力 $p$，在生产实际中，考虑许多因素，可按经验公式计算：

$$p=\frac{600t\sigma_s}{d_{max}}$$

式中　$\sigma_s$——材料屈服点，MPa；

$d_{max}$——胀形最大直径，mm；

$t$——材料厚度，mm。

### 7.2.2　胀形模的结构形式

胀形模根据所用的胀形凸模的不同，分为刚性凸模胀形及软体凸模胀形，软体凸模主要包括：橡胶、石蜡、高压液体等。

① 刚性凸模胀形　图 7-16（a）所示底座零件，采用料厚为 1mm 的 08 钢制成，图 7-16（b）为其胀形毛坯结构，设计的刚性胀形模如图 7-16（c）所示。

由于底座成形的区域小，又在筒形件的底部，软凸模充填及取件均较困难，因此不宜采用软凸模胀形，应采用刚性凸模胀形，但刚性凸模胀形模具结构复杂且成本较高，且很难得到精度较高的零件。

② 软体凸模胀形　根据所用凸模材料的不同，主要又分固体软凸模及液体软凸模两种。

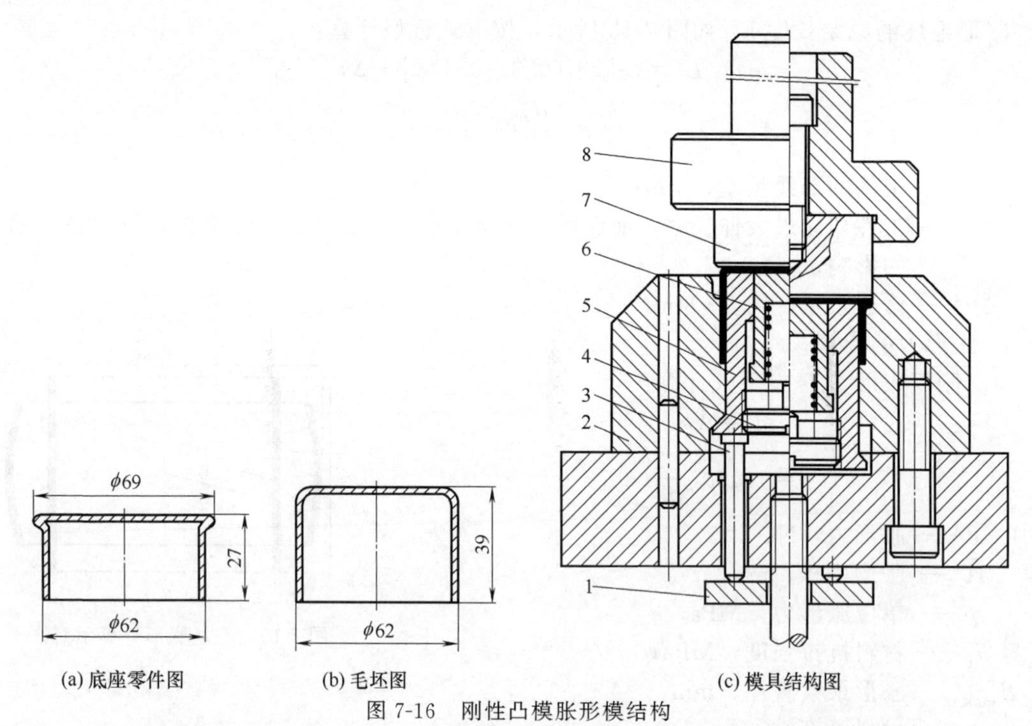


图 7-16　刚性凸模胀形模结构

1—弹顶器；2—凹模；3—顶杆；4—螺塞；5—活动下模；6—顶件块；7—凸模；8—模柄

生产中应用最广泛的是聚氨酯橡胶胀形，它具有强度好、弹性好、耐油性好和寿命长等优点。一般用于成形面积区域较大、成形形状圆滑零件的胀形，用于胀形的聚氨酯橡胶一般硬度为邵氏 65A～85A，压缩量一般为 15%～35%。根据胀形零件的形状，胀形模主要有可分式及整体式两种。图 7-17（a）为整体式聚氨酯橡胶胀形模。

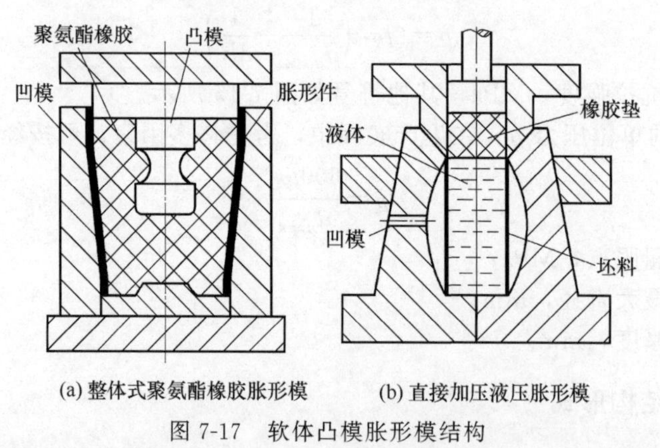


图 7-17　软体凸模胀形模结构

聚氨酯橡胶胀形模设计的关键在于聚氨酯橡胶凸模的设计。聚氨酯橡胶凸模的形状及尺寸取决于制件的形状、尺寸和模具的结构，不仅要保证凸模在成形过程中能顺利进入毛坯，还要有利于压力的合理分布，使制件各个部位均能贴紧凹模型腔，在解除压力后还应与制件有一定的间隙，以保证制件顺利脱模。根据胀形件形状的不同，橡胶凸模的形状常取为柱形、锥形和圆环形等简单的几何形状，也可以由几个简单形状组合成所需形状。

图 7-17（b）为直接加压液压胀形模，用这种方法成形之后还需将液体倒出，生产效率低。根据制件形状和大小，考虑到操作的方便程度及取件的难易等因素，凹模也有整体式与

分块式两种。在模具的凹模壁上还要开设不大的排气孔，以便坯料充分贴模。

液体软凸模胀形由于是在无摩擦状态下成形，且液体的传力均匀，工件表面质量好。液体胀形可加工大型零件，多用于生产表面质量和精度要求较高的复杂形状零件。

图 7-18 为货车车窗板的压肋模，从图中可看出，压肋模结构较为简单，由于压肋件一般外形较大，为节省贵重材料，检修方便，所以模具的工作部分多采用镶块式结构。

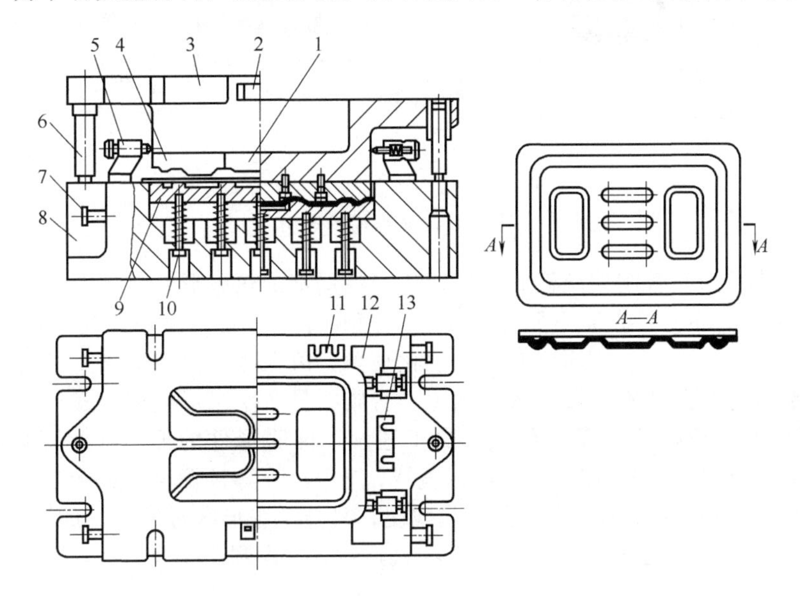


图 7-18 压肋模结构

1,4—成形镶块；2—润滑装置；3—上模板；5—卸料装置；6—导向装置；7—起重销；8—下模板；9—成形下模；10—弹簧；11,13—挡料板；12—下模镶块

### 7.2.3 胀形质量控制方法

胀形裂纹是胀形加工最致命的质量缺陷，一般情况下，只要在胀形加工工艺及模具设计时，控制好其变形程度不超过极限变形程度，是不会产生胀形破裂的，但由于受模具结构、工件形状、润滑条件及材料等各项因素的影响，有时仍会产生胀形破裂，为此，在实际生产中，还应作好以下控制措施：

① 采用的固体软凸模对圆形容器和薄壁管进行胀形加工时，不宜使用天然橡胶，而应采用聚氨酯橡胶，这是因为聚氨酯橡胶具有优良的物理力学性能，容易得到所需的压力。

② 当胀形系数较大时不应采用如图 7-19（a）所示的自然胀形，而应采用如图 7-19（b）所示的压缩胀形。

这是因为自然胀形是在管坯胀形过程中，主要靠毛坯壁厚的变薄和轴向自然收缩（缩短）而成形。自然胀形时，管坯的壁部主要承受双向拉应力的平面应力状态和两向伸长、轴向收缩的变形状态。当胀形系数较大时（变形程度大），成形部分完全靠毛坯壁部分变薄而成形，材料不产生轴向流动补充到成形部分，因此很容易出现胀破。而采用图 7-19（b）所示的压缩胀形方法，即在胀形的同时将管坯沿轴向进行压缩，可提高胀形系数。这是由于管坯轴向加压，使胀形区的应力、应变发生改变，有利于塑性变形。当轴向压力足够大时，变形区的轴向拉应力变为轴向压应力，应变状态也可能变为轴向压缩、径向伸长，而厚度基本不变的情况，这样就显著提高了胀形系数的极限值。

③ 若变形程度超过其极限胀形系数，则应采用多次胀形加工工艺，或改变胀形加工工

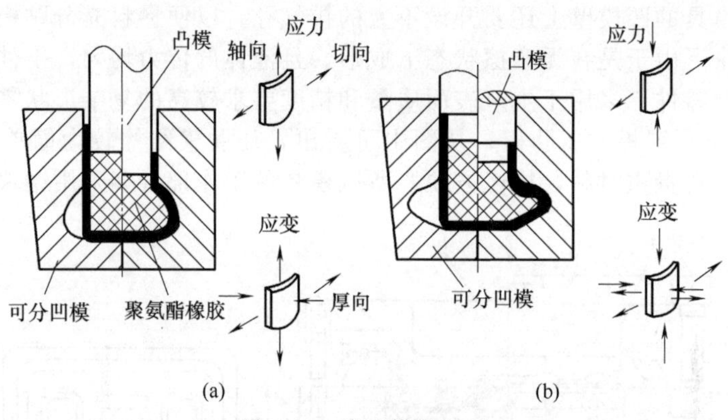

图 7-19 胀形模的选用

艺，如用软凸模胀形代替刚性凸模胀形等，或采用局部加热胀形。

④ 胀形用的毛坯材料表面不能有擦伤、划痕和冷作硬化，使用拉深工件作为胀形的毛坯，由于经过了拉深工序，金属已有冷作硬化现象，故在胀形前应退火。若落料毛坯上有擦伤、划痕、皱纹等缺陷，不应转入胀形加工，否则，易产生胀形破裂。

⑤ 胀形件的形状和尺寸应具有较好的工艺性，即胀形件的形状应尽可能简单、对称，并避免胀形部分有过大的深径比 $h/d$ 或深宽比 $h/b$（$h$ 为零件深度，$d$ 为零件直径，$b$ 为零件宽度），过大的深径比或深宽比容易引起破裂，另外，胀形区过渡部分的圆角也不能太小，否则容易破裂，一般情况下，外圆角半径 $r \geqslant (1\sim2)t$，内圆角半径 $r_1 \geqslant (1\sim1.5)\ t$，其中 $t$ 为材料厚度。

⑥ 胀形时，应使凸模与毛坯间摩擦力减小，即要保持良好的润滑，以使变形分散，应变分布均匀，增加胀形高度，防止破裂。

此外，对实际生产中出现的质量缺陷，可从以下方面分析原因，并采取控制措施。

**（1）侧壁产生竖直裂纹**

胀形后侧壁产生竖直裂纹，如图 7-20 所示。这主要是在成形初期材料受压缩变形，而后期受拉伸变形时产生的，可从以下几方面对其产生原因进行分析、检查并补救。

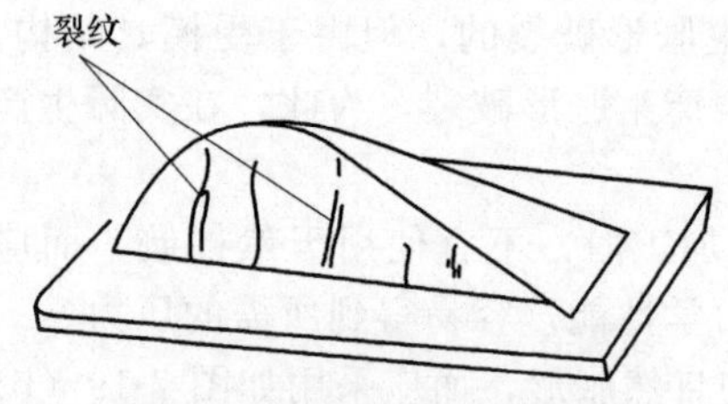

图 7-20 侧壁产生竖直裂纹

① 检查冲模润滑表面，若润滑不好，易产生裂纹，应采用高质量的润滑油润滑。

② 选用塑性较好、变形极限大的材料进行胀形，或坯料经退火处理后再进行胀形。

③ 在使用许可的情况下，使胀形深度降低或将凸缘圆角半径加大以便于胀形成形。

④ 采用压边圈胀形加工时，应适当减少压边力，对采用拉深肋加工的零件，为防止侧边产生竖直裂纹，一般应重新布置拉深肋的位置和形状。

**（2）凸模圆角处裂纹**

胀形后在凸模圆角处产生裂纹，如图 7-21 所示，这主要是由于在胀形时，凸模圆角处材料流动缓慢造成的，可从以下几方面对其产生原因进行分析、检查并补救。

① 检查凸模圆角半径的加工状况。若加工精度较差，表面粗糙，应进行研磨，使之精度及表面粗糙度等级提高，以减少凸模圆角处裂纹的产生。

② 在胀形时，在凸模表面采用高质量润滑油润滑，以减少凸模与材料表面摩擦，减少裂纹，并尽量加快成形速度。

③ 在使用许可情况下，尽量减小胀形深度及加大断裂部的圆角半径以及断裂部位的拐角半径值。

④ 选用延伸率大、屈服点低、塑性好的材料胀形。

**（3）凹模圆角处裂纹**

胀形后在凹模圆角处产生裂纹，如图 7-22 所示，这主要是胀形时材料在凹模圆角部位处流入量太少造成的，可从以下几方面对其产生原因进行分析、检查并补救：

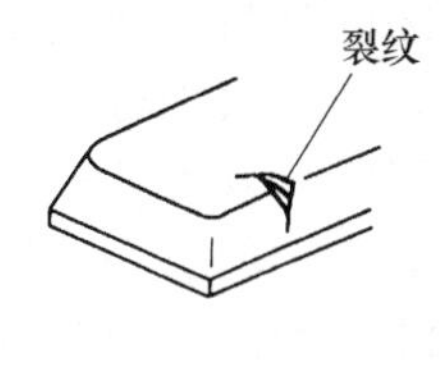


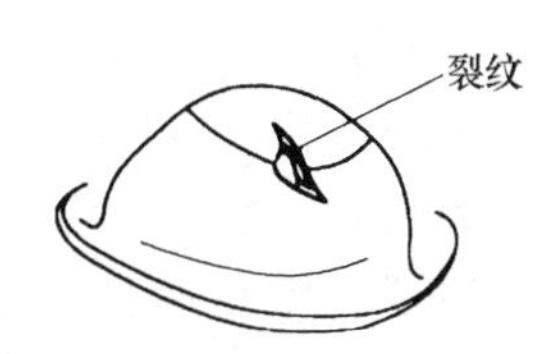


图 7-21　凸模圆角处产生裂纹



图 7-22　凹模圆角处产生裂纹

① 加大压料力，使之不能过小。

② 研磨凹模圆角半径，使其精度质量提高。

③ 对于大中型零件，应加装拉深肋，使之位置布置和形状合理。

④ 加大凹模圆角半径值，使圆角半径超过材料厚度值。

⑤ 改用延伸率较大、塑性较好的材料进行胀形。

**（4）凸模头部部位胀裂**

胀形后在凸模头部位置胀裂，如图 7-23 所示，这主要是凸模头部棱边太尖，拉深应力过大造成的，可从以下几方面对其产生原因进行分析、检查并补救。

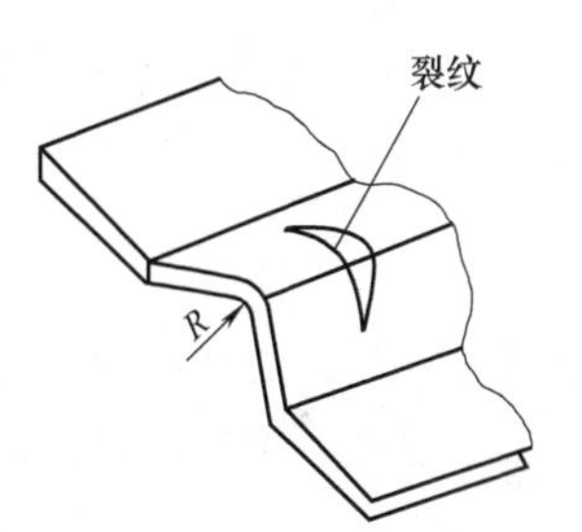


图 7-23　凸模头部部位胀裂

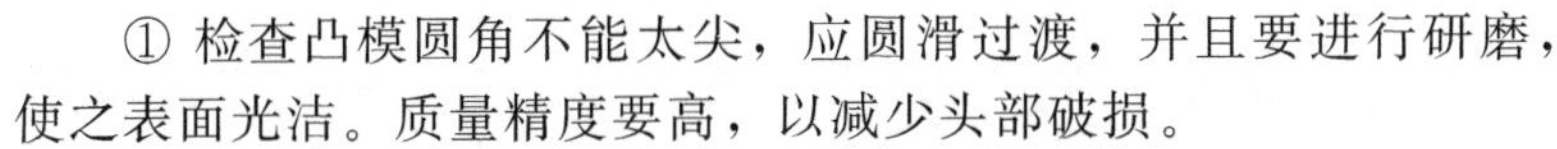

① 检查凸模圆角不能太尖，应圆滑过渡，并且要进行研磨，使之表面光洁。质量精度要高，以减少头部破损。

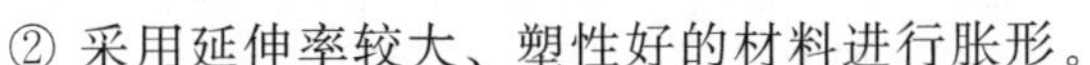

② 采用延伸率较大、塑性好的材料进行胀形。

③ 在使用许可情况下，适当减小胀形深度，加大破裂部位圆角半径值。

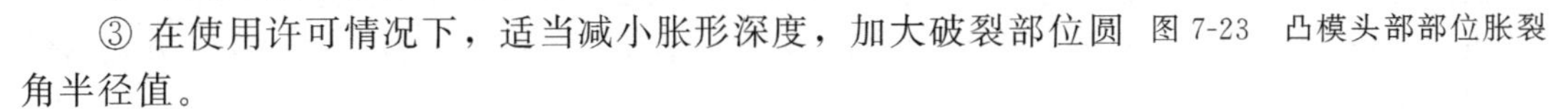

## 7.3　缩口与扩口加工的质量管理

缩口是将圆筒或管件坯料的开口端直径加以缩小的一种成形工序，可将口部缩为锥形、球形或其他形状，见图 7-24（a）；而扩口则与缩口相反，是将空心零件或管状零件口部直径扩大的一种成形工序，可制出管端为锥形、筒形或其他形状的零件，见图 7-24（b）。

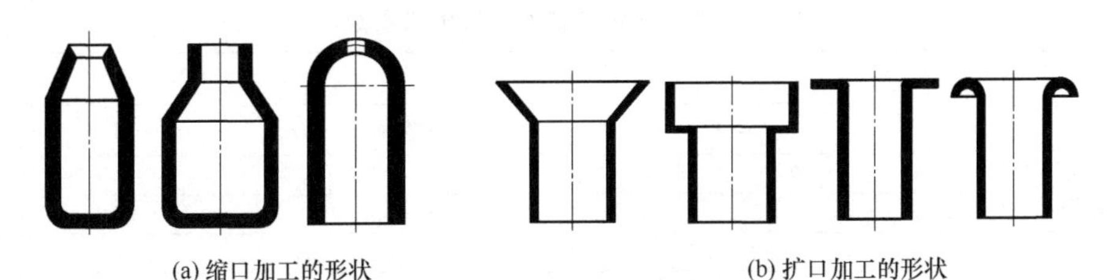

(a) 缩口加工的形状　　(b) 扩口加工的形状

图 7-24　缩口与扩口加工的形状

由于缩口与扩口各自成形加工原理及其变形性质不同，因此，对其质量应有针对性地采取措施加以控制。

### 7.3.1 缩口与扩口加工的工艺过程

（1）缩口加工的工艺过程

① 缩口变形过程分析　在模具压力作用下的缩口变形如图7-25所示，根据其变形过程及其作用，可以把坯料划分为传力区、变形区和已变形区三部分。当缩口变形开始时，随着凹模的下降，传力区$ab$不断减小，它强迫金属材料由传力区转移到此后的变形区去，而变形区的材料，则在变形的过程中将变形坯料转化为零件所要的形状部分，随着凹模的下降，变形区$bc$不断扩大，当缩口发展到一定的阶段，变形区的尺寸已达到一定值而不再变化，此时，即形成稳定变形阶段。随着凹模的下降，传力区不断减小，而已变形区则不断增大，从传力区进入变形区的金属和变形区转移到已变形区的金属体积相等。

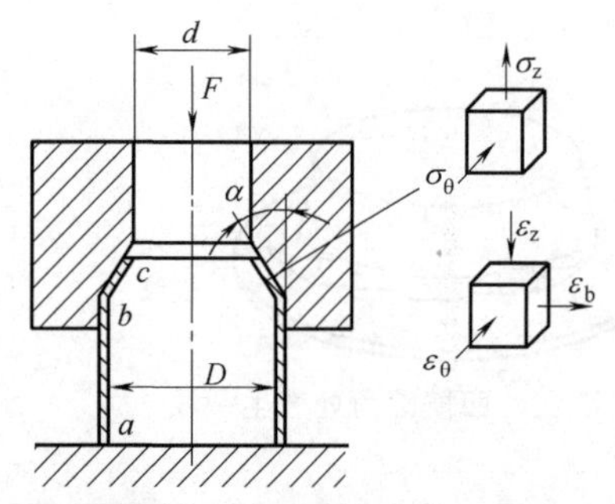

图7-25　缩口变形过程分析

缩口时，变形区内金属受切向和轴向压应力，且主要是受切向压应力的作用，而使直径缩小，壁厚和高度增加，切向压应力使变形区材料易于失稳起皱，而在非变形区的筒壁，由于承受全部缩口压力，也有可能发生失稳变形。因此，防止失稳起皱是缩口工艺的主要问题。

② 缩口加工工艺参数的确定　主要有以下方面。

a. 缩口系数。缩口变形的极限变形程度受到侧壁的抗压强度或稳定性的限制，其缩口变形程度以切向压缩变形大小来衡量，用缩口系数$m$表示：

$$m=\frac{d}{D}$$

式中　$d$——缩口后直径，mm；

$D$——缩口前直径，mm。

极限缩口系数的大小主要与材料种类、料厚、模具形式和坯料表面质量有关。

表7-6是不同材料、不同厚度的平均缩口系数。表7-7是不同材料、不同支承方式的极限缩口系数。

表7-6　平均缩口系数$m$

| 材料 | 材料厚度/mm | | |
|---|---|---|---|
| | ≤0.5 | >0.5～1 | >1 |
| 黄铜 | 0.85 | 0.8～0.7 | 0.7～0.65 |
| 钢 | 0.85 | 0.75 | 0.7～0.65 |

表7-7　锥形凹模缩口的极限缩口系数$m$

| 材料 | 支承方式 | | |
|---|---|---|---|
| | 无支承 | 外支承 | 内外支承 |
| 软钢 | 0.70～0.75 | 0.55～0.60 | 0.3～0.35 |
| 黄铜H62,H68 | 0.65～0.70 | 0.50～0.55 | 0.27～0.32 |
| 铝 | 0.68～0.72 | 0.53～0.57 | 0.27～0.32 |
| 硬铝（退火） | 0.73～0.80 | 0.60～0.63 | 0.35～0.40 |
| 硬铝（淬火） | 0.75～0.80 | 0.63～0.72 | 0.40～0.43 |

注：凹模半锥角$\alpha$为15°，相对厚度$t/D$为0.02～0.10。

b. 缩口次数的确定。如果零件的缩口系数小于极限缩口系数$m_{\min}$，则需要多次缩口。

缩口次数 $n$ 可根据零件总缩口系数 $m_{总}$ 与平均缩口系数 $m$ 来估算，即

$$n=\frac{\lg m_{总}}{\lg m}$$

c. 缩口力的确定　缩口力的大小可按经验公式计算，对于无支承的缩口，缩口力 $F$ 为

$$F=(2.4\sim3.4)\pi t_0\sigma_b(d_0-d)$$

式中　$t_0$——工件缩口前材料厚度，mm；

$d_0$——工件缩口前中心层直径，mm；

$d$——工件缩口后口部中心层直径，mm；

$\sigma_b$——材料抗拉强度，MPa。

（2）扩口加工的工艺过程

① 扩口变形过程分析　在模具压力作用下的扩口变形如图 7-26 所示，根据其变形过程及其作用，也可把坯料划分为传力区、变形区和已变形区三部分。当扩口时，变形区 $bc$ 不断增大，传力区 $ab$ 则相应减小，使传力区的材料逐渐向变形区转移。

扩口时，变形区的材料受到切向拉应力和轴向压应力，且主要是受切向拉应力作用，在切向拉应力的作用下，切向产生伸长变形。愈靠近变形区的外缘（切向边缘 $c$ 处），切向拉应力 $\sigma_\theta$ 愈大，切向拉应变 $\varepsilon_\theta$ 也就愈大，故壁厚减薄严重。若扩口变形程度过大，则扩口边缘 $\varepsilon_\theta$ 由于变薄过度而导致破裂。

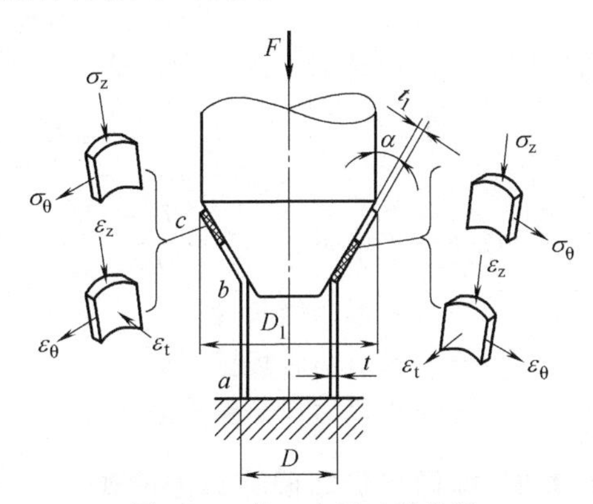

图 7-26　扩口变形过程分析

在靠近变形区的内缘（扩口颈部 $b$ 处），因扩口凸模对材料的镦压作用以及摩擦效应明显，且切向拉伸应变又比较小，故该部位的壁厚略有增加，但这不会影响零件的 $\varepsilon_\theta$ 作用，在非变形区的管壁（传力区 $ab$ 段）上，由于承受全部的扩口压力 $F$，当管壁较长、相对壁厚 $t/D$ 较小时，容易丧失稳定。这里，防止变形区材料的破裂和传力区的失稳是扩口成形的主要问题。

② 扩口加工工艺参数的确定

a. 扩口系数。扩口变形的极限变形程度主要受扩口变形区材料的破裂和传力区的失稳两因素的限制，其变形程度以扩口系数 $K$ 来衡量。

$$K=\frac{D_1}{D}$$

式中　$D_1$——扩口后外缘的直径，mm；

$D$——扩口前管坯的直径，mm。

极限扩口系数的大小主要与材料种类、相对料厚、模具结构形式和凸模锥角等因素有关。极限扩口系数 $K_{max}$ 可按失稳理论计算，为

$$K_{max}=\frac{1}{\left[1-\frac{\sigma_k}{\sigma_m}\times\frac{1}{1.1(1+\tan\alpha/\mu)}\right]^{\tan\alpha/\mu}}$$

式中　$\sigma_k$——抗失稳的临界应力，MPa；

$\sigma_m$——变形区平均变形抗力，MPa；

$\alpha$——凸模的半锥度，(°)；

$\mu$——摩擦因数。

从上式可以看出，比值$\sigma_k/\sigma_m$是影响极限扩口系数的重要因素，提高$\sigma_k/\sigma_m$就可提高极限扩口系数，为此，可采取在管坯的传力区部位增加约束，提高抗失稳的能力，以及对扩口变形区局部加热等措施来达到目的。此外，$t/D$愈大，允许的极限变形程度也就愈大。钢管扩口时，极限扩口系数与相对壁厚的经验关系式为

$$K_{max}=1.35+\frac{3t}{D}$$

当采用半锥角$\alpha=20°$的刚性凸模进行扩口时，其极限扩口系数见表7-8。

表7-8 极限扩口系数$K_{max}$与相对厚度$t/D$的关系

| $t/D$ | 0.04 | 0.06 | 0.08 | 0.10 | 0.12 | 0.14 |
|---|---|---|---|---|---|---|
| $K_{max}$ | 1.45 | 1.52 | 1.54 | 1.56 | 1.58 | 1.60 |

b. 毛坯尺寸计算。在扩口件毛坯尺寸计算时，对于给定形状、尺寸的扩口管件，其管坯直径及壁厚通常取与管件要求的筒体直径及壁厚相等。

管坯的长度尺寸$l_0$按扩口前后体积不变条件来确定，等于扩口部分所需的管坯长度，然后加上管件筒体部分的长度，即

$$l_0=\frac{1}{6}\left[2+K+\frac{t_1}{t}(l+2K)\right]$$

式中 $K$——扩口系数，$K=\frac{D_1}{D}$；

$l$——锥形母线长度；

$t$——扩口前管坯壁厚；

$t_1$——扩口后口部壁厚。

### 7.3.2 缩口与扩口模的结构形式

#### （1）缩口模的结构形式

缩口模的结构比较规范，变化不大。图7-27所示为最简单缩口模，适用于缩口变形程度较小、相对料厚较大的中小尺寸缩口件。

图7-28是口部有芯棒、外部有机械夹持装置的缩口模。

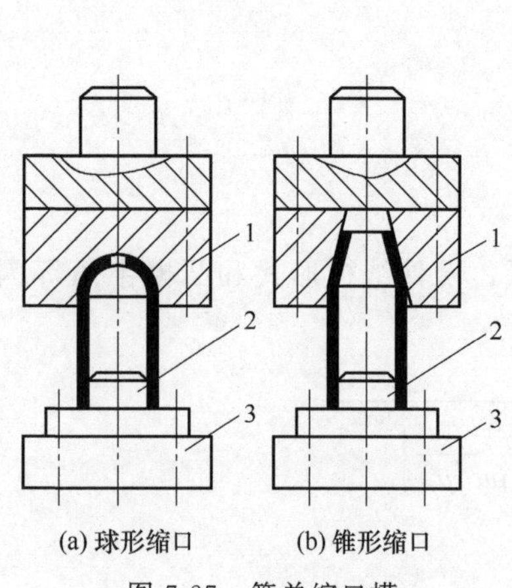


图7-27 简单缩口模

1—凹模；2—定位器；3—下模板

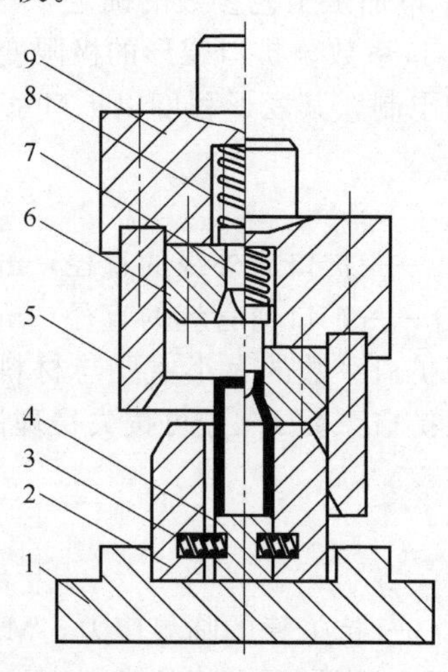


图7-28 口部有芯棒、外部有机械夹持装置的缩口模

1—下模板；2—夹紧器；3,8—弹簧；4—垫块；5—锥形套筒；6—凹模；7—芯轴；9—模柄

缩口时，管件由上模的夹紧器2夹住，提高了传力区直壁的稳定性。夹紧器由两个或等分的三个模块组成，其夹紧动作由上模中的锥形套筒5实现。弹簧3起复位作用，使取件、放料方便。上模内装有芯轴7，不仅可提高缩口部分的内径尺寸精度，而且上模回程时通过弹簧8作用可将管件从凹模6内推出。

由于缩口加工后，材料产生回弹现象，一般口部直径要比缩口凹模大0.5%～0.8%，所以设计凹模时，可对口部的基本尺寸乘以0.992～0.995作为凹模实际标注尺寸，以便补偿回弹。

（2）扩口模的结构形式

根据扩口坯料的形状、尺寸精度要求及生产批量的不同，可选用以下扩口模结构。图7-29为简单扩口模结构，适用于短管坯的扩口加工。

图7-29（a）由于扩口成形过程中管壁传力区外面没加约束，传力区易丧失稳定，故常用于管坯相对壁厚（$t/d$）较大时的扩口加工。图7-29（b）由于凹模3对管壁传力区有约束作用，故可用于相对壁厚（$t/d$）较小些的管坯扩口加工。

图7-30为有夹紧装置的扩口模结构。

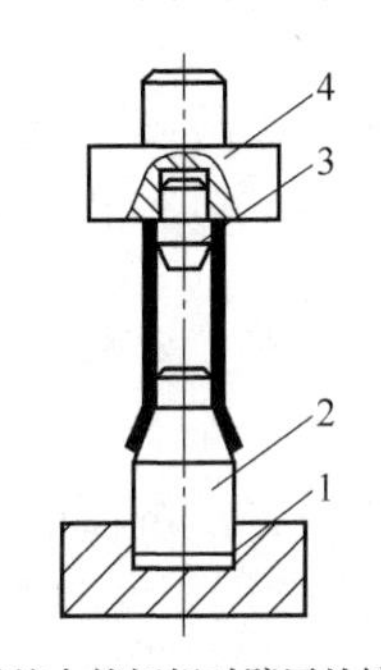


(a) 用于较大管坯相对壁厚的扩口模
1—凸模固定板；2—凸模；
3—衬块；4—模柄

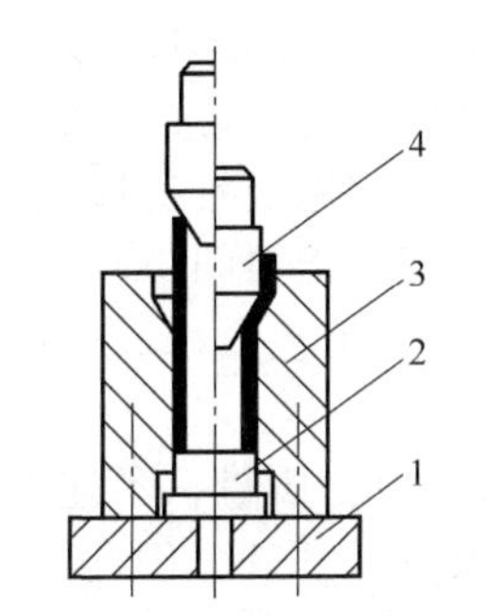


(b) 用于较小管坯相对壁厚的扩口模
1—凹模固定板；2—顶件块；
3—凹模；4—凸模

图7-29　简单扩口模

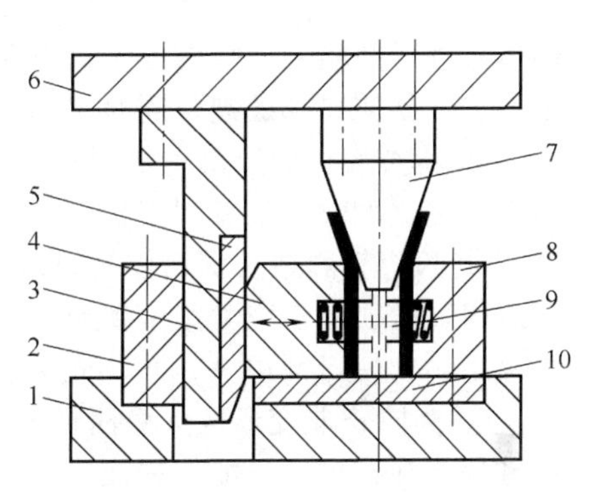


图7-30　有夹紧装置的扩口模
1—下模板；2—挡块；3—斜楔座；4—活动凹模；5—斜楔；6—上模板；7—凸模；8—固定凹模；9—弹簧；10—垫板

凹模做成对开式，固定凹模8紧固在下模板1上，活动凹模4在斜楔5作用下作水平运动，以实现夹紧管坯的动作。扩口时，对开式凹模4、8将管坯夹紧，提高了传力区管坯的稳定性。扩口完毕后，弹簧9起复位作用，使取件、放料方便。适用于批量较大扩口件的加工。

### 7.3.3　缩口与扩口质量控制方法

从缩口与扩口加工可能产生的缺陷来看，其质量控制主要可采取以下方法。

（1）缩口的质量控制

由于缩口时，变形区内金属主要是受切向压应力的作用，易于产生失稳起皱，因此，防皱是缩口加工应主要控制的质量缺陷，采用的具体措施主要有：

① 选用塑性较好的缩口材料，必要时在缩口前进行退火处理，以提高塑性，易于变形，防止皱纹的产生。

② 检查坯件口部质量。坯件在缩口前，一定要去除毛刺，口部边缘要整齐。

③ 检查模具工作部位、形状要合理，间隙要合理而均匀。试验表明：凹模锥角过大或

过小都不利于缩口。凹模锥角过小，主要受限于传力区失稳而起皱；凹模锥角过大，主要受限于变形区失稳而起皱。因此，缩口模的工作部分形状虽应按零件形状设计，但从制造工艺性考虑，则希望凹模锥角接近于最佳角度，二者应力求协调。正常情况下，零件的最大极限缩口变形，一般发生在凹模半锥角为20°附近。

④ 采用良好的润滑。在缩口过程中，对模具工作部位及坯料间良好的润滑是保证成形及防止起皱最好的工艺措施之一。

⑤ 提高模具工作零件表面质量。实践表明：模具工作零件凸、凹模表面粗糙度越低，越容易使零件成形，减少起皱。因此，模具在工作一段时间后，应对凸、凹模工作表面进行研磨与抛光，提高表面粗糙度等级。

若上述措施全采用后，制品零件仍起皱，则可采用将坯料进行局部加热后再缩口，或在缩口时采用填充材料（一般用于大型零件）进行缩口，也能收到良好的防皱及缩口效果。

**（2）扩口的质量控制**

扩口时，变形部分主要承受切向拉应力，其口部破裂是扩口时的主要危险，但是，在采用刚性锥形凸模沿轴向扩口时，在传力区还可能发生失稳而起皱。因此，必须采取必要措施，克服口部裂纹，主体失稳起皱现象，采用的具体措施如下。

① 检查模具工作部位，如凸、凹模的结构形式，凸模尽量采用整体式凸模。这是因为整体式锥形凸模要比分瓣式扩口有利，比较稳定且变形均匀，而采用分瓣式，使得坯料变形不均匀，易使口部破裂，同时，凸、凹模一定要间隙合理，表面光滑。

② 检查坯件的厚薄一定要均匀，符合工艺要求，不能厚薄不均。通常，管材原始壁厚与直径之比大时，最有利于扩口。

③ 检查管料或拉深筒体扩口端部的加工质量，不能有毛刺及参差不齐，粗糙的端口在成形时，往往由于应力集中现象而导致口部开裂。因此，坯件在扩口前必须要经口部清理，去除毛刺，使口部边缘整齐，光洁、平整、无杂物。

④ 为防止非变形区失稳而形成皱纹，在模具结构上，一定要有对传力区进行约束的措施，使之在扩口时不能偏置而失稳。

⑤ 降低冲压速度，在扩口时，冲压速度不要过快，一般应在液压螺旋压力机或液压机上扩口，尽量不使用普通冲床，使用普通冲床由于受冲击及振动的影响，很容易使口部发生裂纹，加工过程注意良好的润滑、减少摩擦，使之在润滑良好状态下进行工作。

⑥ 采用局部加热后进行扩口，采用局部加热或在扩口前进行坯件退火，可以使材料塑性提高，便于加大变形，同时使材料软化后也不容易产生裂纹和起皱。

## 7.4 冷挤压加工的质量管理

冷挤压是将金属体积进行重新分布的体积冲压工序之一，是一种先进的少、无切削加工工艺。利用冷挤压加工的零件表面粗糙度低，加工精度高（可达IT7级），在一定范围内，可大大减少切削加工量，甚至代替切削加工，由于在冷挤压过程中，金属处于三向压应力状态，变形后材料组织致密且具有连续的纤维流向，因而，零件的强度、刚度较好，可用一般钢材代替贵重钢材。正因为冷挤压具有的众多优越性，因此应用日益广泛。

目前，可以挤压加工的金属材料主要有：有色金属及其合金、低碳钢、中碳钢、低合金钢。当挤压件的形状、变形程度适宜时，适当采取措施后，对部分不锈钢、轴承钢、高速钢和钛合金等也能实现冷挤压加工。利用冷挤压加工可以生产各种形状的管件、空心杯形及各种带有突起的复杂形状的空心零件。

在冷挤压加工中，针对不同的材料、不同形状的零件需采用不同的冷挤压成形及质量控制方法。

### 7.4.1 冷挤压加工的工艺过程

冷挤压加工的工艺过程主要有以下方面的内容。

**（1）冷挤压的加工方式**

冷挤压是在常温条件下，利用模具在压力机上对模腔内的金属坯料施加相当大的压力，使其在三向受压的应力状态下产生塑性变形，并将金属从凹模下通孔或凸模和凹模的环形间隙中挤出，从而获得所需的形状、尺寸与性能零件的一种加工方法。按挤压过程中，金属流动方向与凸模运动方向的不同，冷挤压的加工方式分为正挤压、反挤压及复合挤压等，如图 7-31 所示。

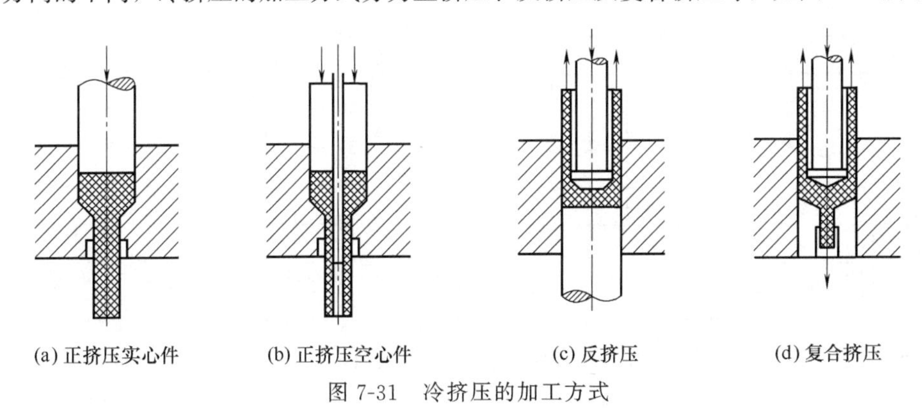

(a) 正挤压实心件　(b) 正挤压空心件　(c) 反挤压　(d) 复合挤压

图 7-31　冷挤压的加工方式

**（2）冷挤压加工工艺参数的确定**

① 挤压变形程度　冷挤压变形程度指挤压时金属材料变形量的大小，冷挤压变形程度的表示方法以断面缩减率 $\varepsilon_A$、挤压比 $G$ 和对数挤压比 $\phi$ 表示，其中：

断面缩减率 $\varepsilon_A=\dfrac{A_0-A_1}{A_0}\times 100\%$

挤压比 $G=\dfrac{A_0}{A_1}$

对数挤压比 $\phi=\ln\dfrac{A_0}{A_1}$

式中　$A_0$——坯料横截面积，$mm^2$；

　　$A_1$——挤压件横截面积，$mm^2$。

由于在冷挤压时，挤压金属处于三向压应力状态下产生塑性变形，可达到很大的变形程度。因此，冷挤压极限变形程度实际上是指在模具强度允许条件下，保持模具具有一定寿命的一次挤压变形程度。表 7-9 列出了常用金属材料一次挤压的极限变形程度参考值。

**表 7-9　常用金属材料一次挤压的极限变形程度参考值**

| 金属材料 | 断面变化率 $\varepsilon_A$/% | | 备注 |
|---|---|---|---|
| 铅、锡、锌、铝、防锈铝、无氧铜等软金属 | 正挤 | 95～99 | 低强度的金属取上限，高强度的金属取下限 |
| | 反挤 | 90 | |
| 硬铝、纯铜、黄铜、镁 | 正挤 | 90～95 | |
| | 反挤 | 75～90 | |
| 黑色金属 | 正挤 | 60～84 | 上限用于低碳钢，下限用于含碳量较高的钢与合金钢 |
| | 反挤 | 40～75 | |

图 7-32～图 7-34 分别为正挤压实心件、正挤压空心件及反挤压件时，碳钢含碳量 $w_C$（质量分数）对许用变形程度的影响。这些极限变形程度值是按模具钢的许用单位压力为 2000～2500MPa、正挤压凹模中心锥角为 120°并经退火、磷化、润滑处理后进行挤压试验得到的，变形图中斜线以下的为一次挤压的许用变形程度区域，斜线以上的是待发展的区域，上、下斜线之间的阴影部分是过渡区域。

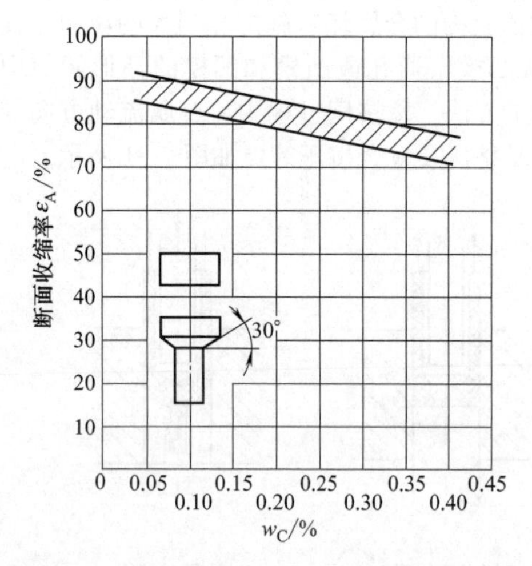

图 7-32　正挤压碳钢实心件的许用变形程度

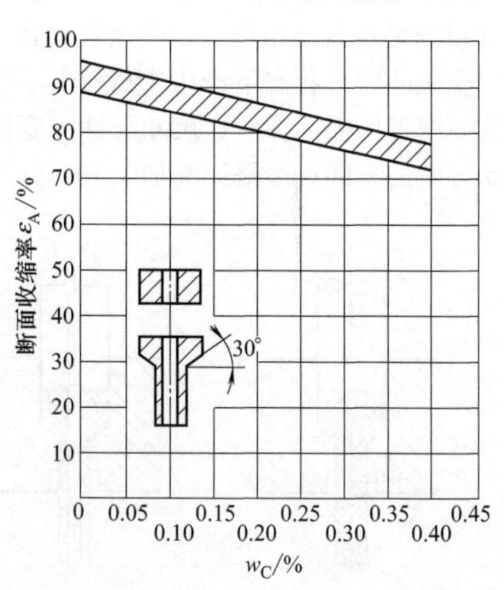

图 7-33　正挤压碳钢空心件的许用变形程度

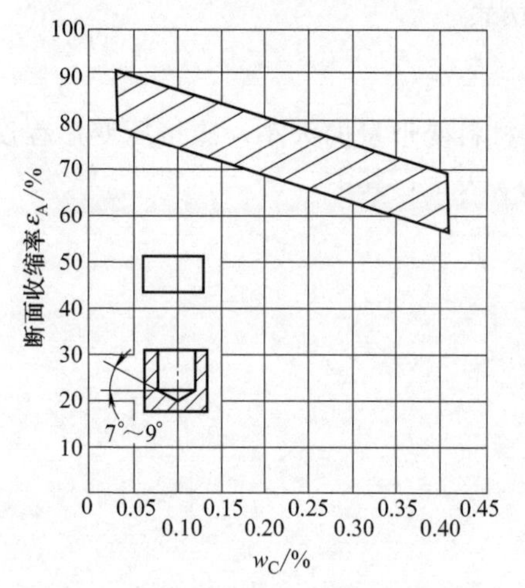

图 7-34　反挤压碳钢的许用变形程度

如果实际生产条件与上述各图的试验条件不符，则应进行适当的修正。实际上，归结影响极限变形程度的因素主要有两个方面：一是模具本身的许用单位压力，这取决于模具材料、模具结构和模具制造。另一方面是挤压金属产生塑性变形所需的单位挤压力，这取决于挤压金属的性质、挤压方式、模具工作部分的几何形状、坯料表面处理和润滑等。

② 毛坯尺寸的计算　毛坯体积根据制件体积与毛坯体积相等原则计算，考虑到零件修边的要求，按挤压工件体积的 1.03～1.05 倍确定零件毛坯的体积。

考虑到零件定位的要求，毛坯的外径应比凹模尺寸（挤压件外径）小 0.1～0.2mm。反挤薄壁有色金属时，毛坯外径比凹模尺寸（挤压件外径）小 0.01～0.05mm。

③ 冷挤压力　冷挤压力 $F$ 的大小是选用冷挤压设备的依据，可按下式进行估算：

$$F=KPS_{凸}$$

式中　$F$——冷挤压力，N；

$K$——安全系数，一般取 1.3；

$P$——单位挤压力，MPa，参见表 7-10；

$S_{凸}$——凸模工作部位投影面积，$mm^2$。

选择压力机吨位时，应保证压力机公称压力大于冷挤压力 $F$。

### 7.4.2　冷挤压模的结构形式

图 7-35（b）为生产图 7-35（a）所示 Q235-A 钢制成的螺母零件所用的正挤压模结构。

**表 7-10　不同钢种各种挤压方式 $P$ 值**　　　　单位：MPa

| 挤压方式 | 含碳量不低于 0.1% | 含碳量 0.1%～0.3% | 含碳量 0.3%～0.5% |
|---|---|---|---|
| 正挤压 | 1400～2000 | 1000～2500 | 2000～2500 |
| 反挤压 | 1600～2200 | 1800～2500 | 2000～2500 |

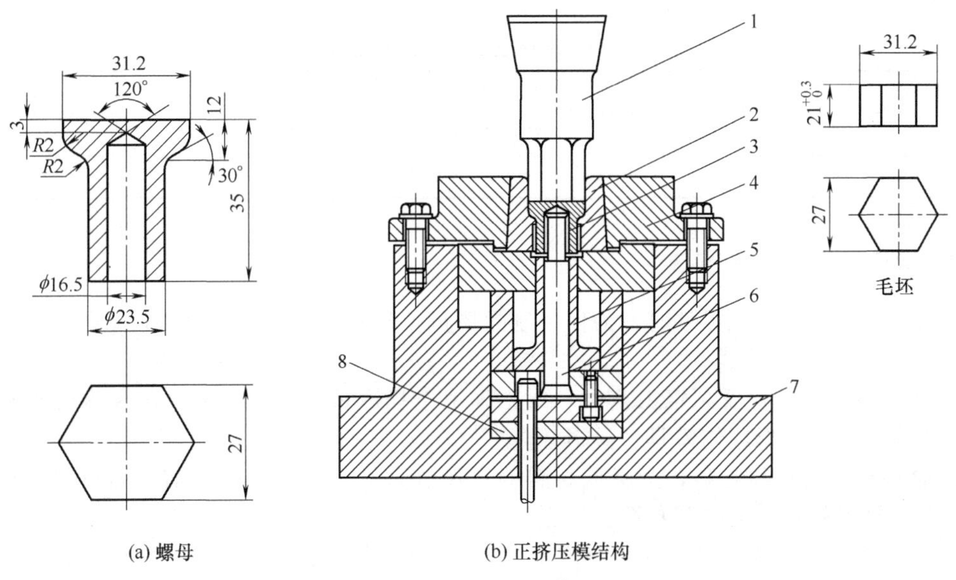


(a) 螺母　　(b) 正挤压模结构

图 7-35　正挤压模

1—凸模；2—凹模；3—挤压件；4—凹模套；5—顶料套；6—顶杆；7—下模座；8—垫板

根据螺母零件图可计算出该冷挤压件的总体积，得到毛坯的尺寸，该工件的相对变形程度为 68%，由表 7-9 可知，工件能够一次正挤压成形。

图 7-36（b）为生产图 7-36（a）所示 20 钢制成的气门顶杆所用的反挤压模结构。

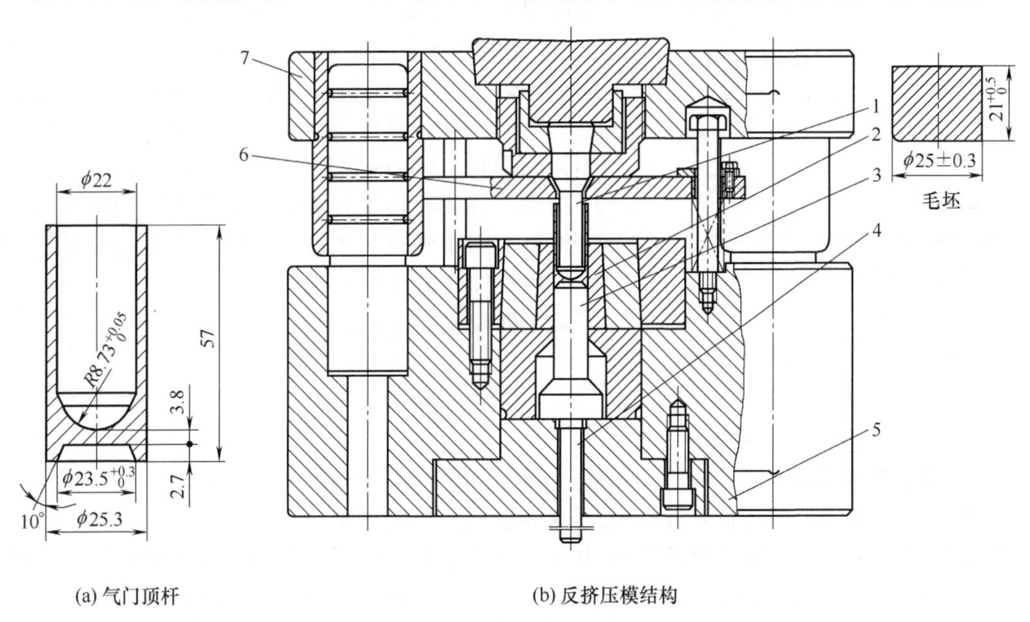


(a) 气门顶杆　　(b) 反挤压模结构

图 7-36　反挤压模

1,3—凸模；2—凹模；4—顶杆；4—垫板；5—下模座；6—卸料板；7—上模座

根据零件图可计算出该冷挤压件的总体积。该工件的相对变形程度为75.6%，根据图7-34可知，该工件变形程度位于过渡区内，所以需要对毛坯进行较好的软化处理及润滑处理，才能实现一次反挤压成形。

由于在冷挤压加工中，凸模和凹模的受力最为剧烈，因此，对凸、凹模材料的选择应特别注意。常用模具材料如表7-11所示。在冷挤压模设计中采用二层或三层凹模压圈对凹模进行定位、压紧，以增加凹模强度。

**表7-11 冷挤压凸、凹模常用材料**

| 模具零件 | 常用材料 | 热处理HRC |
|---|---|---|
| 凸模 | W18Cr4V,Cr12MoV,GCr15,W6Mo5Cr4V2,6W6Mo5Cr4V1 | 62～64 |
| 凹模 | Cr12MoV,CrWMo,GCr15 | 60～62 |

### 7.4.3 冷挤压质量控制方法

采用冷挤压工艺加工零件时，为保证制品质量，延长模具的使用寿命，必须采取必要的措施，主要为：

① 在冷挤压模设计及制定工艺时，要正确地选择冷挤压变形程度，避免因变形程度过大而使制品挤裂、变形或使模具过早损坏。

② 合理选择冷挤压材料，为降低材料的变形抗力，一般在冷挤压前，坯料都应进行热处理使毛坯材料软化和提高其塑性。

③ 在冷挤压时，应在坯料及模具之间涂以适当的润滑剂以降低挤压摩擦力及变形抗力。

④ 设计合理的模具结构，并选用合适的冷挤压模具材料。

⑤ 合理选用冷挤压设备及冷挤压坯料形状、尺寸及结构。

此外，对冷挤压生产中出现的挤压产品产生裂纹等质量缺陷，可从以下几方面分析原因，并采取控制措施。

**(1) 正挤压件外表面环形或鱼鳞裂纹**

正挤压后，在零件的外表面产生的环形裂纹或鱼鳞状裂纹，如图7-37所示。

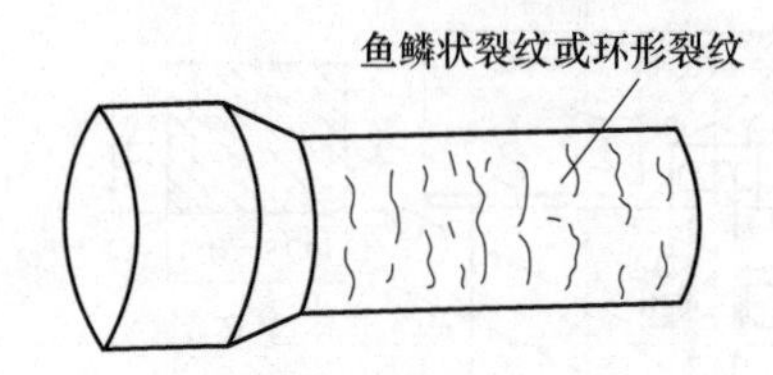


图7-37 正挤压件外表面环形或鱼鳞裂纹

这主要是由于工件和凹模之间存在摩擦，在摩擦力的作用下，金属中心层的流动速度比外表层快。中心层金属对外表层金属产生附加拉应力，当附加拉应力足够大时，便使零件出现环形或鱼鳞状裂纹。预防措施主要有：

① 选用良好的毛坯退火规范，提高金属的塑性。

② 黑色金属正常正挤压前，应进行磷化表面处理。

③ 改用性能良好的润滑剂进行润滑。

④ 减小凹模锥角 $\alpha$，如图7-38所示。

⑤ 采用带反向推力的挤压方法。

⑥ 适当增加正挤压变形程度。

⑦ 改用塑性良好的金属材料。

**(2) 正挤压件表面出现缩孔**

正挤压后，在零件的表面产生缩孔而变为废品，如图7-39所示。

这主要是由于在挤压件头部高度较小时，由于摩擦的作用，常会使与凹模接触表面附近的那部分金属，不能顺利地流向中心，于是便由凸模端面中心附近的金属补充到中心部位去，结果使零件的头部中心产生缩孔形成废品，改进措施主要有：

① 坯料在挤压前，进行表面处理及润滑。

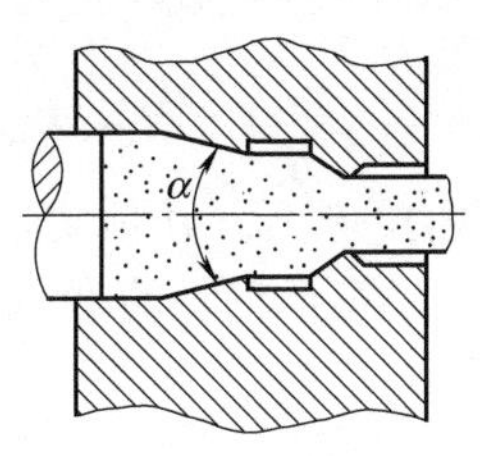


图 7-38　凹模锥角 α

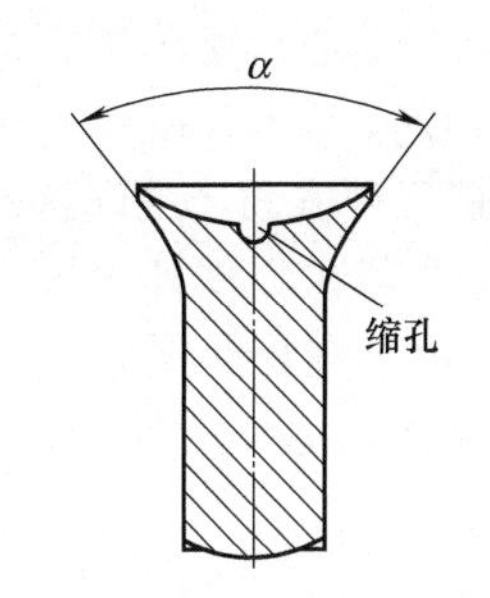


图 7-39　正挤压件表面出现缩孔

② 减小凹模工作带尺寸。

③ 增大凹模入口处圆角。

④ 减小凹模的锥角 α。

⑤ 适当减少正挤压变形程度。

（3）正挤压件弯曲

正挤压后，在零件的底部出现明显弯曲，如图 7-40 所示。

这主要是由于模具工作部位形状不对称或由于润滑不均匀而引起的，改进措施主要有：

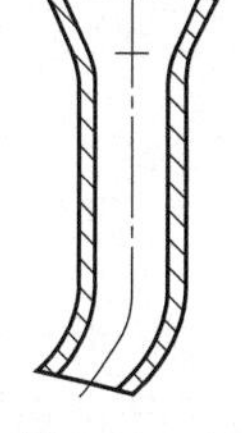

图 7-40　正挤压件弯曲

① 修改模具的工作部位，使其形状对称。

② 在正挤压凹模上面，加装导向套，对正挤出的工件部分，进行导向，以防弯曲。

③ 采用性能良好的润滑剂，并且在挤压时要涂抹均匀。

（4）正挤压空心件内孔产生裂纹

正挤压后，在正挤压空心件的内孔发生裂纹，如图 7-41 所示。

其产生原因与图 7-37 所示的正挤压外表产生裂纹的原因基本相同。其预防措施主要有：

① 选用良好的毛坯退火规范对坯件退火，以提高金属的塑性，或改用塑性较好的金属材料进行挤压。

② 改善表面处理及润滑方法。如正挤压钢材时，应先进行磷化，而后用皂化润滑会比用豆油润滑更能收到良好的挤压效果。

③ 缩小冷挤压毛坯孔径，使毛坯内孔小于凸模心轴直径 0.01mm。这样在挤压开始前先用芯轴将毛坯内孔挤光。然后再进行挤压成形。

（5）正挤压空心件侧壁断裂或皱曲

正挤压后，在正挤压空心件侧壁出现断裂或皱曲，如图 7-42 所示。

图 7-42（a）所示正挤压空心件侧壁断裂主要是由于在挤压时，凸模内的芯轴安装不合适，凸模芯轴露出凸模的长度太长，使制品侧壁容易被拉裂；图 7-42（b）所示正挤压空心

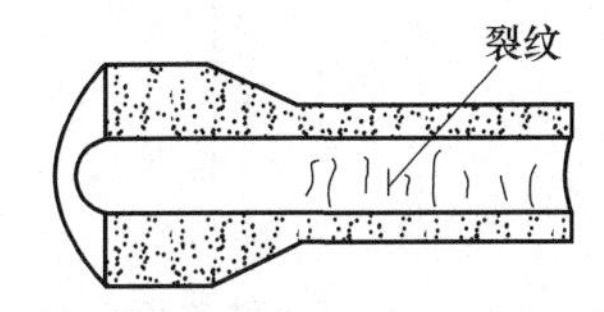


图 7-41　正挤压空心件内孔产生裂纹

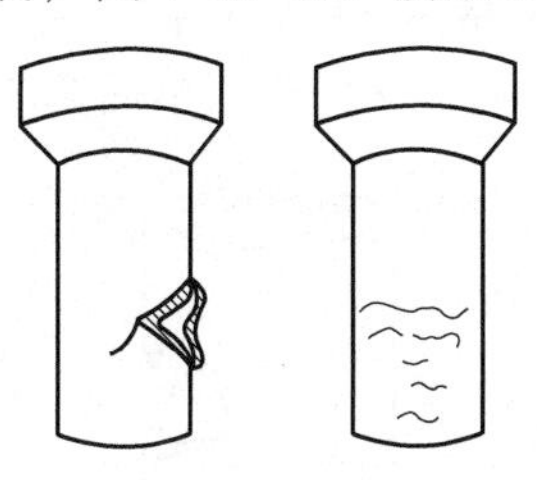


图 7-42　正挤压空心件侧壁断裂或皱曲

件侧壁皱曲则主要是凸模芯轴露出凸模太短。因此，芯轴的装配及露出凸模的高度一定要长短合适。一般使其露出长度应与毛坯孔的深浅相适应，取0.5mm为合适。

（6）反挤压件表面产生环状裂纹

反挤压时，若在零件外表面产生裂纹，如图7-43所示。

这主要是由于内层金属在挤压时流动不均匀，产生了附加拉应力。其预防措施主要有：

① 增加反挤压毛坯的外径，使毛坯与凹模孔配合紧一些，甚至毛坯直径大于型腔直径0.01～0.02mm。

② 采用良好的毛坯表面处理工艺及润滑方法。

③ 提高反挤压凹模型腔的表面质量，进行研磨或抛光，使表面粗糙度减小到 $Ra$ 小于 0.2μm。

（7）反挤压件内孔产生裂纹

反挤压后，反挤压件内孔产生裂纹，如图7-44所示。

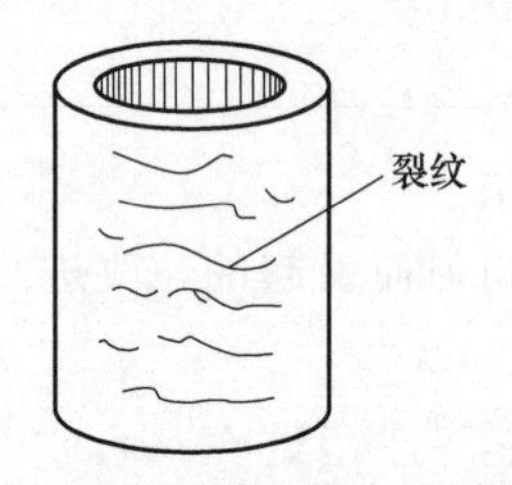


图7-43 反挤压件表面产生环状裂纹

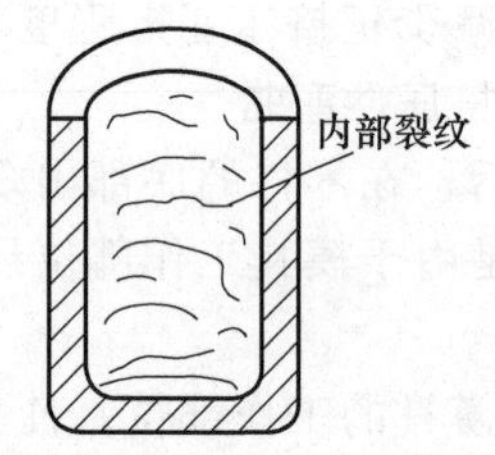


图7-44 反挤压件内孔产生裂纹

这主要是由于在冷挤压低塑性材料时，润滑不合理，由于附加拉应力的作用而引起的内孔裂纹。预防措施主要有：

① 采取良好的毛坯表面处理及润滑，如铝合金2A11、2A12在挤压前，应先磷化再用工业菜油润滑。

② 抛光及研磨反挤压凸模，减小其表面粗糙度值。

③ 改进热处理退火规范，提高毛坯的塑性。

（8）反挤压空心件壁部出现孔洞

反挤压后，反挤压空心件壁部出现孔洞，如图7-45所示。其原因及防控方法如下：

① 检查凸、凹模间隙的均匀性，若间隙不均匀，则会在间隙小的一侧出现洞口。因此，必须重新调整凸、凹模的位置，使之间隙均匀一致，并严格控制上、下模的平行度及垂直度。

② 在挤压时，润滑剂涂得太多，引起“散流”而造成孔洞。因此，必须减少润滑剂用量并涂抹均匀。

③ 凸模细长稳定性差，在挤压时也会使侧壁挤裂，造成洞口。这时，应设法提高凸模挤压时的稳定性或在凸模工作面上加开工艺槽，即可消除挤裂现象。

（9）反挤压件单面起皱

反挤压后，反挤压件单面起皱，如图7-46所示。其解决办法是：

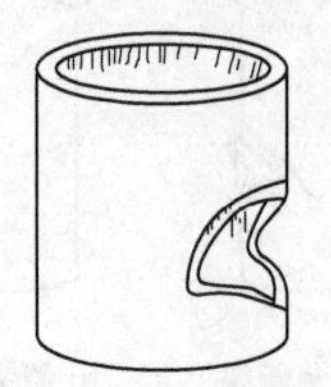

图7-45 反挤压空心件壁部出现孔洞

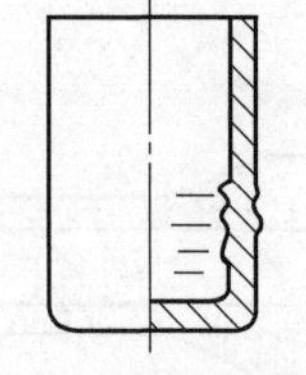

图7-46 反挤压件单面起皱

① 调整凸凹模间隙。当凸、凹模由于长期使用间隙发生变化时，易使挤压的金属流动不均匀，在流动较快的部位易起皱，故应将凸、凹模间隙调整均匀。

② 正确使用润滑剂。挤压时，若润滑剂涂抹太多或不均匀，也易使单面起皱，故一定要涂抹均匀一致。

**（10）反挤压件顶端口部不直或侧壁、底部变薄**

图 7-47（a）所示的反挤压件，挤压后出现顶端口部不直，其主要原因是凹模型孔太浅或卸件装置安装太低。这时应加大凹模型腔深度并将卸件板安装高度提高，但挤压时，应避免工件上端与卸件板相碰撞，同时，还应检查凹模口是否出现锥度，并给以修正。

图 7-47（b）所示的反挤压件，挤压后出现侧壁、底部变薄或高度不稳定，这主要是毛坯退火后硬度不均匀、毛坯尺寸超差及润滑不均匀而引起的。修整时，应提高热处理退火质量，适当使用及均匀涂抹润滑剂并控制好毛坯尺寸，同时，还要检查模具上、下模是否错位，并给予调整使其上、下模中心线重合。

**（11）矩形挤压件口部开裂**

在挤压矩形工件时，有时在口部发生开裂，如图 7-48 所示。

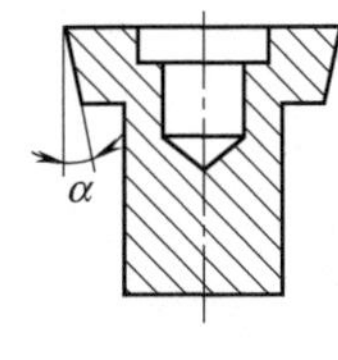


(a) 顶端不直　　(b) 侧壁、底部变薄

图 7-47　形状发生变化

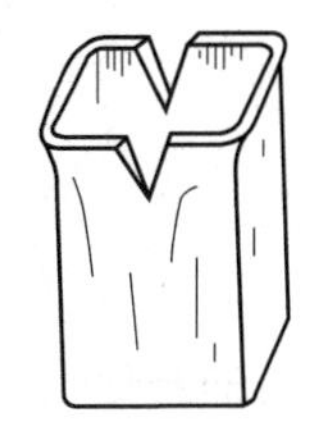

图 7-48　矩形挤压件口部开裂

这主要是长边金属在挤压时流动太快，短边金属流动太慢，二者流动速度不均形成两面拉力不对称而造成的。其预防措施主要有：

① 合理地选择凸、凹模间隙，即长边间隙应稍小于短边间隙值。

② 凸模圆角半径要修整合理。长边的凸模圆角半径要比短边的凸模圆角半径小。

③ 检查凸模的工作带，长边的工作带应大于短边工作带。

④ 修整凸模锥角，即凸模工作端面长边锥角应大于短边端面锥角。

⑤ 改进坯料退火规范，或选用塑性更好的材料。

## 7.5 校平与整形加工的质量管理

校平与整形属于修整性的成形工序，用以消除钣金零件经过各种成形加工后几何形状与尺寸的缺陷，将毛坯或冲裁件压平，即所谓校平；将弯曲、拉深或其他成形件校整成最终的正确形状，称为整形。

校平与整形是控制冲压产品质量、提高尺寸、形状精度的重要工艺措施。

### 7.5.1 校平与整形加工

从校平与整形的生产运用来看，校平主要用于坯料或平板零件的校正；整形主要用于成形类零件后续形状的准确获得。其加工特点如下。

**（1）平板零件的校平**

平板零件的校平，根据板料厚度不同和零件表面平直度要求，有平面校平模和齿形校平模两种。平面校平模的上下模均为光面平板，模具结构如图 7-49 所示。

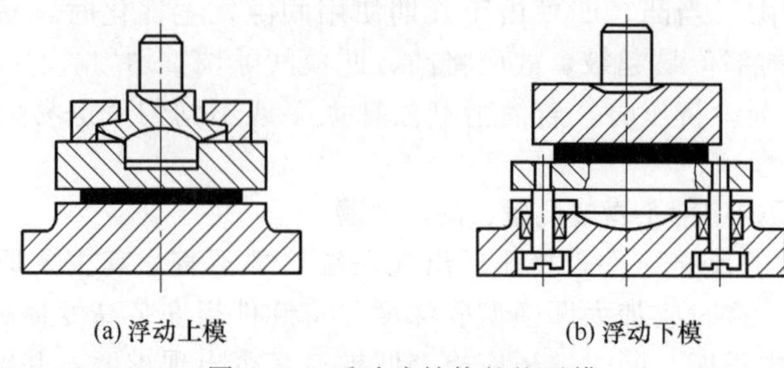

图 7-49　浮动式结构的校平模

为避免压力机台面和滑块的精度影响，一般校平模都采用浮动式结构。

齿形校平模分尖齿模和平齿模，结构如图 7-50 所示。

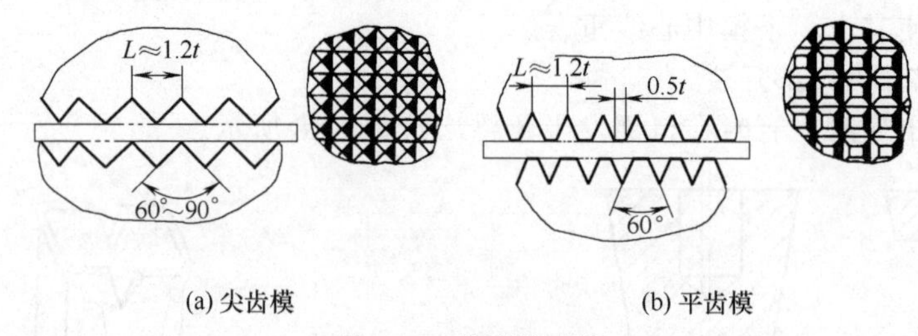

图 7-50　齿形校平模

（2）成形零件的整形

成形零件的整形是在弯曲、拉深或其他成形工序之后进行，此时，工件已接近于成品零件的形状和尺寸，但圆角半径可能较大，或是某些部位尺寸形状精确度不高，需要整形使之完全达到图纸要求。整形模和先行成形工序模大体相似，只是模具工作部分的公差等级较高，粗糙度更低，圆角半径和间隙较小。

## 7.5.2　校平与整形加工的正确使用

（1）校平加工的正确使用

正确使用校平加工工艺，有助于加工件质量的保证，加工过程中应注意以下几点。

① 正确选用校平模　平面校平模主要用于薄料零件或表面不允许有压痕的较厚料且表面平直度要求不高的零件。

尖齿校平模主要用于料厚大于 3mm，表面上允许有细痕的平直度要求较高的零件；平齿校平模主要用于料厚 0.3～1.0mm 的铝合金、黄铜、青铜等板料制成的零件，且表面不允许有深压痕。

齿形模的上下模齿尖应相互错开。当零件的表面不允许有压痕时，可以采用一面是平板，另一面是带齿模板的校平方法。

② 合理选用压力机　校平加工一般可选用摩擦压力机或液压机进行，但均应保证压力机的公称压力大于校平力 $F$，校平力 $F$ 由下式计算：

$$F=Aq$$

式中　$A$——校平投影面面积，$mm^2$；

　　$q$——校平单位压力，MPa，一般取 50～200MPa。

（2）整形加工的正确使用

正确使用整形加工工艺，同样有助于加工件质量的保证，一般来说，应注意以下几点：

① 正确选用整形加工方法　正确选用整形加工方法，有助于保证整形质量，加工中，

若整形加工方法选用不对，还可能对零件产生反作用。

a. 弯曲件整形方法的选用。弯曲件的整形方法主要有压校法和镦校法两种。压校法［图 7-51（a)］一般只对弯曲半径与弯角进行整形，主要用来校形一般用折弯方法获得的零件。零件一般尺寸较大，并可与弯曲工序结合起来进行。镦校法［图 7-51（b)］由于除了在工件表面垂直方向上施加压力作用外，还通过使整形部位的展开长度稍大于零件相应部位的长度，使弯边长度方向上也产生压缩变形，使零件断面内各点形成三向受压的应力状态，使零件得到正确的形状，因此，镦校法除可对弯曲件的弯曲半径与弯角进行整形外，还可兼对弯曲件的直边长度整形。但对于有孔或宽、窄不等的弯曲件，则不宜采用。

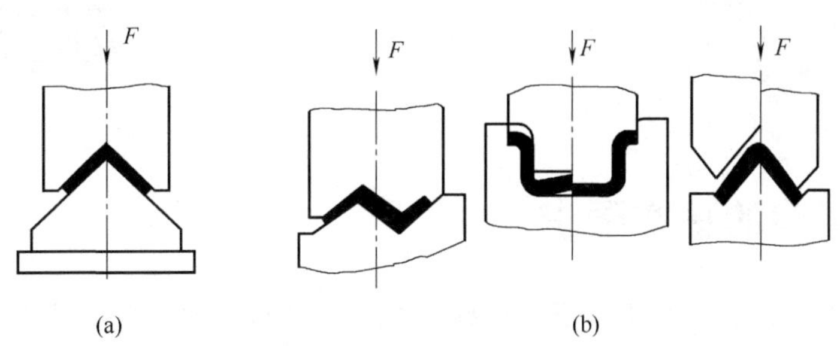


图 7-51　弯曲件的整形方法

b. 拉深或成形件整形方法的选用。对于直壁筒形件，通常采用变薄拉深法进行整形，一般取大的拉深系数，并把整形与最后一道工序结合起来，通过取负间隙，单面间隙 $Z=(0.9\sim0.95)t$（$t$ 为材料厚度），达到整形效果。

对带凸缘零件的整形，为达到整形目的，常校平零件以下部位：校平底部平面及校直侧面曲面；校平凸缘平面；校正凸缘根部与壁部之间的圆角半径。其中，校平底部平面与校直侧壁的校形工作，一般同直壁零件整形法一样，即采用负间隙变薄拉深整形法，而对于校平凸缘平面，应采用模具的压料装置完成。

② 合理选用压力机　整形加工一般可选用摩擦压力机、液压机或机械压力机进行，但均应保证压力机的公称压力大于整形力 $F$，整形力 $F$ 可按下式计算：

$$F=Aq$$

式中　$A$——整形投影面面积，$mm^2$；

$q$——单位整形力，MPa，一般为 150～200MPa。

# 第8章 冲模制造过程的质量控制

## 8.1 冲模制造的基本要求

模具设计技术人员在完成相关模具图样的绘制，履行完相关专业技术人员的校对、审核，冲压工艺人员会签和标准化人员审核（必要时还经由模具制造、维修人员会签）等模具设计质量控制及技术文件管理程序后，最后经相关领导批准后便生效，随即成为模具制造及相关冲压件加工的文件依据。

批准完的模具设计图样，一般先转入模具制造企业或车间的相关工艺部门编制整套模具及零部件加工制造的工艺过程、装配操作方法、检验标准等加工内容的规范性文件。为控制冲模加工工艺技术文件的编制质量，加工文件同样须履行相关的校对、审核、批准手续才可下发到企业或车间各个生产、供应、销售及质检、车间、班组等部门进行模具的制造。

冲模制造是将原材料，按模具图样及加工工艺的规定和要求，通过各种机、电加工设备加工成模具零件，再按规定的装配技术要求，将这些零件进行配合和连接组装成成品模具的全过程。冲模的制造属机、电结合的精密机械加工，它几乎集中了机械加工中所有技术的精华，并且还须广泛采用各种特种加工，但同时又离不开原始的钳工手工操作，因此，从事工艺编制的技术人员既要熟悉本企业一般的机械加工工艺，还需要熟悉特种加工，同时又需要有一定的实际加工经验，才能合理制造出合格的模具。

由于冲模是冲压加工的重要工艺装备，冲压加工件的质量很大程度上取决于冲模的制造精度，且冲模的加工成本占冲压件很大的比例，因此，冲模的制造质量至少应满足以下要求：

① 确保冲模的质量与精度　冲模在设计与加工中，按设计要求和工艺规程所生产的模具，应能达到模具设计图样所规定的尺寸精度和表面质量要求，并能按用户的要求批量生产出合格的零件来。

② 保证冲模操作性能良好　所制造的冲模安装到冲床上时，其方法要简便、调整工作量要少，而且在使用时，各零部件动作要灵活、安全可靠。

③ 保证冲模的耐用度及使用寿命　在一般情况下，冷冲模的加工费用很高，约占整个冲压件成本的20%～30%。因此，冲模的使用寿命长短直接影响到产品成本的高低，故在冲模制造时，其冲模的结构工艺性要好，工作零件的淬火硬度要适中，以保证冲模具有较长的使用寿命。

④ 保证冲模成本的低廉　在冲模制造中，设法保证冲模的成本低廉，就是保证企业经济效益的提高。为了达到降低成本的目的，在加工和设计时，必须要合理利用材料，提高劳动生产率，节约加工成本。

⑤ 保证良好的劳动条件　在冲模的生产制造过程中，应保证良好的工作环境，如操作者不应在超过国家标准规定的噪声、有害气体、粉尘、高温及低温等条件下工作。

## 8.2　冲模制造质量控制的内容

模具制造的整个工艺过程是由冲模制造企业或车间相关工艺技术人员根据模具结构形状和模具精度，结合本企业的技术能力、设备条件及其技术水平等多种因素，通过工艺规程等技术文件来实现的。一般来说，对本企业或车间无法加工的零部件应明确是外购或外协加工，并委托采购或供应等相关部门办理；对本企业或车间能加工的零部件应编制详细的加工工艺规程，下发到生产车间，以指导各技术工人的生产；对标准件则提出采购要求。一般来说，冲模制造的工艺过程如下：

① 材料的配备　根据工艺规程或零件图样，按各零件所需的材料及形体大小，结合企业库存钢种计算、确定出使用的毛坯大小，并用锯床、剪床或气割方法留出一定的余量进行备料，若采用标准坯料件或零部件时，如模架、螺钉、弹簧等，应对外进行采购。

② 坯料的粗加工　坯料在完成下料制备后，往往需根据零件加工工艺要求进行粗加工，使其接近零件最终的尺寸与形状要求，并留出一定的精加工余量。

③ 零件的热处理　根据工艺规程或零件图的要求，对需热处理淬硬的工件，应按工艺文件上所规定的要求，进行淬火与回火处理，使其达到所规定的硬度。

④ 零件的精加工　经淬硬的零件，便可进行零件的最终精加工，使其达到最终所要求的形状和尺寸精度。

⑤ 装配　经精加工后的零件和购置的标准件，经检验合格后，便可按装配工艺规程由装配钳工进行修整后，按图样进行组装，使之成为模具整体。

⑥ 试冲与调整　经组装后的冲模，由钳工用纸片试切认为合格后，可安装到相应的压力机上进行试冲与调整，直到冲模能连续冲出合格的零件为止。

⑦ 模具的验收　经试冲与调整合格的冲模，可按合同或技术条件，组织用户、设计质检工艺部门对其组织检测和验收，经检验合格的冲模，可交付使用。

从冲模制造的工艺过程可看出，冲模是利用若干种坯料通过多道机械加工形成的冲模零件经过一定的装配关系组合而成的。每个环节的加工质量都将影响到模具的最终质量。因此，冲模制造的质量控制应是对冲模制造全过程的全面控制，主要有：冲模坯料的质量控制；冲模零件加工质量的控制；冲模零件热处理质量的控制；模架加工质量的控制；冲模装配质量的控制；冲模验收的质量控制等。

## 8.3　冲模坯料的质量控制

在制造冲模时，冲模零件所用的原材料质量直接影响到零件的加工和使用，坯料的质量是保证冲模制造质量的首要环节。根据冲模零件所用坯料成形状态的不同，可分为：轧制钢材、锻件和铸件三类。因此，应对其分别进行质量控制。一般来说，冲模坯料应满足以下技术条件规定：

① 零件的材料除按有关零件标准规定的使用材料外，允许以其他材料代用。但代用材料的力学性能不得低于原规定的材料。

② 锻件不应有过热、过烧的内部组织和机械加工不能除去的裂纹、夹层及凹坑。

③ 铸造模座在机械加工前须进行时效处理，要求高的铸造模座在粗加工后应再进行一次消除内应力的时效处理。

④ 铸件表面须进行清砂处理。非加工表面应光滑平整，无明显的凸凹缺陷。

⑤ 钢制零件的非工作表面及非配合表面应进行表面发黑处理。铸件模座（包括通用模座）的非加工表面清理后涂漆处理。

### 8.3.1 轧制钢材的质量控制

轧制钢材分热轧和冷轧两种，一般用于中小型冲模工作或定位等零件的加工。为保证钢材质量，除了在订货时对模具用钢提出严格要求外，还应对进厂的原材料进行严格检验，以保证冲模的制造质量。其具体检查项目和依据，应按定货合同所提的特殊要求及国家标准（GB/T 3278—2001、GB/T 1299—2014、GB/T 9941—2009）进行检验。此外，还应注意以下几点：

① 切削加工用钢材表面，不能有明显裂纹、折叠、结疤和夹杂等局部缺陷，其用肉眼可见的局部缺陷的允许深度不能超过从钢材公称尺寸算起的公差。

② 钢材的化学成分应符合钢铁及合金化学分析相关标准的要求。

③ 对按合同成批量进货的钢材应抽样做金相组织状态的检验，以保证坯件的内在质量要求。对碳素工具钢中的珠光体、网状碳化物级别按 GB/T 3278—2001 级别图评定；合金工具钢中的珠光体、网状碳化物级别按 GB/T 1299—2014 级别图评定；高速工具钢中的共晶碳化物级别按 GB/T 9943—2008 级别图评定。

### 8.3.2 铸件的质量控制

铸件具有优良的铸造性能、可加工性及耐磨和润滑性能，并具有一定的强度，通常用于冲模模架的上、下模板及尺寸较大且较复杂的弯曲模、拉深模的模具零件加工。铸件坯料的质量应满足以下要求：

① 铸件表面应经清砂处理，去除砂子或杂物，铸钢件允许带有氧化皮。

② 铸件的飞边、毛刺应去除，其残留高度应不大于 1～3mm。

③ 铸件的非加工表面或受力较大处不允许有气孔、砂眼、裂纹及缩孔等缺陷，对于机械加工表面所裸露的气孔、砂眼、裂纹及缩孔等铸造缺陷的深度应不大于加工余量的 1/3～1/2。

④ 铸件的加工表面应留有后续加工余量，其加工余量不应小于工艺铸件图的规定。

⑤ 铸件经铸造后，必须要进行热处理，以消除铸造时产生的内应力，改善可加工性。铸钢件经完全退火和正火后，其硬度不应超过 229HBW；灰铸铁件进行人工时效后，硬度不应超过 269HBW；合金铸铁件淬火回火后，镍铬铸铁件的最终使用硬度应达到 40～45HRC，钼铬铸铁件的最终使用硬度应达到 55～60HRC。

### 8.3.3 锻件的质量控制

零件毛坯通过锻造后，能使材料的内部组织细密，碳化物分布和流线分布合理，从而能改善热处理性能和提高使用寿命，因而在冲模制造中应用最多，一般大中型冲模的工作零件，固定板、卸料板、垫板等大都选用锻件坯料。锻件坯料的质量应满足以下要求：

① 锻坯交出使用时，应清除氧化皮，锻件表面的锻造夹层、裂纹、凹坑与凸起以及明显的折叠和锻伤及脱碳层深度应控制在切削加工余量的 1/3 以内。

② 锻坯应留有后续加工余量，其加工余量不应小于工艺锻件图的规定。

③ 为保证锻坯质量及锻件使用寿命，首先应控制锻锤吨位，若选择锻锤吨位过小，打击能量不足，锻打不深不透，仅表面层发生足够的变形，心部质量得不到改善，甚至反而恶化，若选择吨位过大，打击过重，则容易锻裂，对于高合金模具钢锻件，可参考表 8-1 进

行，锻造低合金钢时，重量或尺寸可加大一倍。

表 8-1 锻造高合金钢时锻锤的吨位

| 锻锤吨位/kN | 锻造范围 | |
|---|---|---|
| | 拔长的坯料直径或边宽/mm | 反复锻拔的坯料质量/kg |
| 1500 | ≤35 | ≤1 |
| 2500 | ≤40 | ≤1.5 |
| 3000 | 20～50 | 1～3 |
| 4000 | 35～70 | 2～5 |
| 5000 | 50～85 | 3～7 |
| 7500 | 70～120 | 5～15 |
| 10000 | 85～150 | 10～25 |

其次，应控制锻造时的始锻温度及终锻温度，始锻温度主要考虑到锻料最佳的塑性和最小的变形抗力，停锻温度下限主要考虑防止塑性下降，引起锻裂或产生多大的内应力，停锻温度上限主要考虑晶粒长大生成萘状断口或析出网状碳化物等缺陷，表 8-2 为常用模具钢的始锻及终锻温度范围，钢材的加热温度不能超过始锻温度上限的 30～50℃，锻坯尺寸、形状的修整应在高于终锻温度 50℃范围内进行。

表 8-2 常用模具钢的锻造温度范围

| 钢号 | 锻造温度/℃ | |
|---|---|---|
| | 始锻 | 终锻 |
| 10～50 | 1170～1200 | ≥800 |
| 5CrNiMo、5CrMnMo、3Cr2W8V、4Cr5MoSiV、5CrMnSiMoV、12CrNi3A、5SiMnMoV | 1150～1180 | ≥800 |
| T7、T8、9CrSi、4CrW2Si、9Mn2V、8Cr3、4SiCrV | 1130～1160 | ≥800 |
| T10、T12、GCr15、5CrWMn、9Cr2、9CrWMn、CrWMn、Cr2 | 1100～1140 | 800～850 |
| Cr12、Cr6WV | 1160～1100 | 850～900 |
| Cr12V、Cr12MoV、CrW5 | 1080～1120 | 850～900 |
| Cr4W2MoV、Cr12Mn2SiWMoV | 1020～1050 | 850～900 |
| W18Cr4V | 1120～1150 | 900～950 |

最后，应控制锻造后锻坯的冷却规范。既要防止冷速过慢而析出网状碳化物，又要防止冷速过快，内应力过大造成冷裂纹，常用模具钢的锻后冷却规范见表 8-3。

表 8-3 常用模具钢的锻后冷却规范

| 钢号 | 锻后冷却方式 |
|---|---|
| 10～50、T7～T8 | 单独空冷或堆放空冷 |
| 3Cr2W8V、5CrMnMo、5CrNiMo、4CrNiMo、4SiCrV | 放入干砂或炉渣坑中缓冷 |
| T10A、T12A、Cr2、9CrSi、9Cr2、9CrWMn、CrWMn、CrWMn、9Mn2V、MnCrWV、8Cr3、CrW5 | 空冷到 650～700℃后转入干砂、炉渣坑中缓冷 |
| Cr6WV、Cr12、Cr12MoV、Cr12V、Cr4W2MoV、Cr12Mn2SiWMoV、W18Cr4V、W6Mo5Cr4V2 | ≥800℃埋入热干石棉灰或砂坑中缓冷 |

④ 锻件坯料在锻造成形后，必须进行必要的热处理（毛坯预处理），按不同的需要，预处理可分为高温回火、正火或球化退火以及调质处理（工艺规范见 8.7 节“冲模零件的热处理质量的控制”），以消除锻造时所产生的锻造应力，软化锻件，使之有利于后续工序的机械加工。锻造后的交货坯料硬度值应符合表 8-4 所规定的硬度值。

表 8-4　锻造后的交货坯料硬度值

| 锻件钢种型号 | 硬度(HBW) | 锻件钢种型号 | 硬度(HBW) |
|---|---|---|---|
| 12CrNi3 | 217 | CrWMn | 197～241 |
| 40Cr | 207 | Cr12 | 217～269 |
| 20Cr | 179 | Cr12MoV | 207～255 |
| 45 | 197 | 5CrMnMo | 197～241 |
| T7(T7A) | 187 | 3Cr2M8V | 207～255 |
| T10(T10A) | 197 | W18Cr4V | 207～255 |
| GCr15 | 170～207 | 5CrW2Si | 207～255 |

⑤ 对于成批生产的锻造坯件，一般应抽样做金相组织状态的检验，以保证坯件的内在质量要求。坯料的网状碳化物应按 GB/T 1299—2014《工模具钢》标准检验，其珠光体级别应达到 GB/T 1299—2014 标准所规定的要求。

## 8.4　冲模零件加工质量的控制

冲模零件的加工质量主要包括：加工精度及表面加工质量两方面。其中，加工精度主要包含：尺寸精度、形状及位置精度等；表面加工质量主要包含：表面粗糙度、零件表面缺陷等。一般来说，加工的冲模零件应满足以下技术条件规定：

① 零件的尺寸精度、表面粗糙度和热处理等符合有关零件标准的技术要求。

② 零件图上未标注公差尺寸的极限偏差按 GB/T 1804—2000 规定的 IT14 级精度。即：孔的尺寸为 H14，轴的尺寸为 h14，长度尺寸为 js14。

③ 零件加工后的表面不允许有影响使用的砂眼、缩孔、裂纹和机械损伤等缺陷。

④ 所有的模座、凹模板、模板、垫板及单凸模固定板和单凸模垫板的两平面的平行度公差应符合表 8-5 的规定：各种模座在保证平行度要求下，其上、下两平面的表面粗糙度可允许降为 $Ra3.2\mu m$。

表 8-5　平行度公差　　单位：mm

| 基本尺寸 | 公差等级 | |
|---|---|---|
| | IT9 | IT10 |
| | 公差值 | |
| >40～63 | 0.008 | 0.012 |
| >63～100 | 0.010 | 0.015 |
| >100～160 | 0.012 | 0.020 |
| >160～250 | 0.015 | 0.025 |
| >250～400 | 0.020 | 0.030 |
| >400～630 | 0.025 | 0.040 |
| >630～1000 | 0.030 | 0.050 |
| >1000～1600 | 0.040 | 0.060 |

注：1. 基本尺寸是指被测零件的最大长度尺寸或最大宽度尺寸。
2. 滚动导柱模架的模座平行度公差采用 IT9 级。
3. 滑动导柱模架的模座、通用模座、模板、凹模板、垫板等零件的平行度公差采用 IT10 级。

⑤ 矩形（圆形）凹模板的直角面垂直度公差如表 8-6 所示。在保证垂直度公差值的要

求下，其表面粗糙度可允许降为 $Ra3.2\mu m$。

表 8-6 直角面垂直度公差　　　　单位：mm

| 基本尺寸 | ＞18～30 | ＞30～50 | ＞50～120 | ＞120～250 |
|---|---|---|---|---|
| 公差值 | 0.025 | 0.030 | 0.040 | 0.050 |

注：1. 基本尺寸是指被测零件短边尺寸。

2. 垂直度公差是指以长边为基准对短边的垂直度最大允许值。

### 8.4.1 零件加工精度的控制

为控制冲模零件的加工精度，在生产制造过程中，通常采用以下方法：

① 选择合适的加工设备及方式进行加工　零件在加工时，为控制尺寸精度，应根据零件图中所标注的不同公差等级精度要求，选用不同的加工方法及加工设备进行加工。表 8-7 为常用加工方法能达到的加工精度。

表 8-7 加工方法与尺寸精度等级关系

| 加工方法 | | 达到的精度等级(IT) | 加工方法 | | 达到的精度等级(IT) |
|---|---|---|---|---|---|
| 砂型铸造 | | 14～15 | 铣削 | 粗 | 9～11 |
| 锻造 | | 15～16 | | 精 | 8～10 |
| 钻削 | | 11～14 | 铰孔 | 细 | 8～11 |
| 插削 | | 10～12 | | 精 | 6～8 |
| 车、刨、镗、床加工 | 粗 | 10～12 | 磨床加工 | 平磨 | 5～8 |
| | 细 | 9～11 | | 内外圆磨 | 5～7 |
| | 精 | 7～9 | | 精磨 | 2～5 |
| 金刚石钻孔 | | 5～7 | 珩磨 | | 4～8 |
| 金刚石车削 | | 5～7 | 研磨 | | 1～5 |

② 合理选用刀具进行加工　零件的加工精度在很大程度上由所采用的刀具精度决定，因此，应针对零件加工精度合理选用刀具。

③ 选用合理的切削加工方法　在切削零件时，应按工艺规程进行加工，具体采用切削加工时，一般对形状较简单件，可采用试切校样方法进行，即：机床以一定的转速进给量，通过刀具在坯件上试切一小部分后，测量所切削部分的尺寸，再根据测量结果适当调整刀具，再进行测量，直至试样合格后再切削全部表面。对形状复杂件，可利用靠模进行切削加工，通过利用靠模、行程挡块、行程开关及千分表等确定好刀具与工件的相对位置后再进行切削，以保证尺寸精度的准确性。

④ 采用精度较高的数控机床加工　在有条件的情况下，可以采用数控机床对零件进行加工。数控机床是根据被加工零件图样和工艺要求编制成以数字表示的程序输入机床的数控系统中，通过控制工件和工具的相对运动，完成零件形状的自动切削加工。其加工精度高、质量好，是一种先进的加工方法。

### 8.4.2 零件表面加工质量的控制

为保证冲模零件所规定的表面质量要求，在零件加工过程中，通常采用以下方法进行控制：

① 选择合理的加工方式　在加工模具零件时，还应根据零件形状及表面质量要求，选择合适的加工方式进行加工。表 8-8 为各种加工方式能达到的表面粗糙度等级。

**表 8-8　各种加工方式能达到的表面粗糙度等级**

| 加工方式 | | 表面粗糙度 $Ra/\mu m$ | 加工方式 | | 表面粗糙度 $Ra/\mu m$ |
|---|---|---|---|---|---|
| 钳工手工锉削 | | 2.5～0.40 | 铣削 | 粗 | 12.5～3.20 |
| 刮削 | | 12.5～0.40 | | 精 | 1.6～0.20 |
| 刨削 | 粗 | 25～6.3 | 车外圆 | 粗 | 25～3.20 |
| | 半精 | 6.3～1.60 | | 精 | 1.6～0.20 |
| | 精 | 1.60～0.40 | 金刚石车削 | | 0.20～0.025 |
| 插削 | | 2.5～1.6 | 磨平面 | 粗、半精 | 3.20～0.40 |
| 钻孔 | | 2.5～0.80 | | 精 | 0.40～0.025 |
| 镗孔 | 粗 | 25～6.3 | 磨外圆 | | 0.30～0.025 |
| | 半精 | 6.3～0.80 | 珩磨 | | 1.60～0.012 |
| | 精 | 1.6～0.40 | 研磨 | | 1.60～0.012 |
| 金刚石镗孔 | | 0.40～0.05 | 电火花加工 | | 3.2～0.80 |
| 线切割 | | 1.60～0.40 | 电解加工 | | 1.6～0.20 |

② 正确使用与控制所用的加工方法　根据不同的表面粗糙度要求，选取合适的加工方式之后，在加工时还需对这些加工方式进行正确的使用与控制，以便将表面粗糙度控制在所要求的范围之内。主要可以从以下几方面进行控制：

a. 减少机床的振动，消除切削加工时因振动而产生的刀具周期性变化，避免工件表面产生振痕，使得表面粗糙度数值加大。

b. 正确设计切削刀具的几何参数，如增大刀尖圆弧半径和减小负偏角以及采用宽刃铣刀减少进给量等，都可以使表面粗糙度等级提高，减少表面产生的刀痕。

c. 在切削零件时，根据零件实际情况适当减小进给量，采用润滑性较好的切屑液，可以减少工件表面的积屑瘤，使表面光洁。

d. 在磨削时，应选用合适的砂轮和磨削液，降低零件线速度及纵向进给速度，减小每次磨削深度，增加磨削次数，以防止磨削的表面拉毛、烧伤，提高表面粗糙度等级。

e. 采用电火花穿孔加工时，应采用表面粗糙度较好的电极及合理的电规准进行加工；采用线切割加工时，应采用合适电规准进行加工，并注意电极丝的张紧程度，绝不能在加工时使电极丝发生振动或过紧现象，以减少电加工引起的表面变质层。

f. 为提高加工零件的表面质量，可采用珩磨、研磨等光整加工工艺。对电加工的零件，为消除表面变质层，细化表面粗糙度，也可采用研磨、珩磨等光整加工工艺。

g. 要适当控制零件表面产生的残余应力。零件经淬火后，其表面层易产生残余拉应力，而里层又会产生残余压应力，因此，应适当地去应力退火并进行后续磨削加工，但磨削加工中，若进给量过大也会产生较严重的残余应力。这些残余应力若超过材料的强度极限，会产生裂纹，大大降低模具的使用寿命。因此，在磨削时应预留合适的磨削余量，采用合适的磨削进给量及适当的冷却液，以得到较好的表面质量。

h. 控制零件加工过程中冷作硬化层的产生。零件在加工过程中，会产生强烈的塑性变形，其表面强度、硬度都会有所提高。这种冷作硬化现象尽管提高了零件表面硬度，但也会带来裂纹及剥落，致使磨损剧烈增加，影响零件的表面质量。因此，在加工时需采用合理的加工方式及适当的切削加工余量，减少及消除零件表面硬化层的产生。

i. 采用合理、先进的加工方法（NC、CNC）及加工余量，以细化表面粗糙度及消除零件的表面硬化。

j. 选择适当的热处理工艺，如高频感应加热淬火、渗碳、渗氮等消除零件表面残余应力。

k. 采用滚压、挤压、拉削、喷砂等方法，以获得较精细的表面粗糙度及提高零件的抗疲劳强度。

## 8.5 冲模零件间配合尺寸的控制

（1）模具零件的配合类型

模具零件的配合类型及应用见表 8-9。

表 8-9 模具零件的配合种类及应用

| 配合类别及名称 | 用途 | 模具零件所需的配合种类 | |
|---|---|---|---|
| | | 配合类别 | 举例 |
| 过盈配合 | 用于模具工作时，零件间没有相对运动，且又不经常拆装的零件 | H7/r6 | 导柱与导套与底座间的配合 |
| | | H7/r5 | 硬质合金镶块与凹模体的配合 |
| 过渡配合 | 用于模具工作时，零件之间没有相对运动且又需经常拆装的冲模零件 | H7/m6 | 圆柱销与销孔，凸模与凸模固定板间的配合 |
| 间隙配合 | 用于模具工作时，零件之间有相对运动的零件 | H6/h5 或 H7/h6 | 导柱与导套及导板与凸模间的配合 |
| | | H7/h6 | 浮动模柄与模座间的配合 |

（2）配合尺寸精度控制方法

① 正确选择零件的加工基准面和测量基准面。

② 正确按工艺操作并做到严格检查。

③ 按图样的平均尺寸（公差带的中心）加工。

④ 采用配制加工方法加工。

⑤ 采用标准化或者互换性较高的零件。

## 8.6 冲模凸、凹模间隙的控制

冲模凸、凹模之间的间隙大小及均匀性直接影响到所冲制品质量和冲模的使用寿命。如冲裁模，冲裁间隙过大或过小以及分布不均匀，都会使冲裁后的冲压件产生毛刺而弯曲。拉深件则由于间隙大小不均难以成形或产生起皱、裂纹。因此，在制造装配冲模时，操作者必须要严格进行间隙的调整和控制，尽量使其大小适中，各向均匀一致，符合图样要求。实际上，装配的主要工作，也就是要确定凸、凹模的正确位置，并确保它们之间的间隙均匀。

### 8.6.1 间隙控制工艺顺序的选择

装配时，为确保凸模和凹模的正确位置，保证间隙大小适中，均匀一致，一般都是依据图样要求先确定其中一件（凸模或凹模）的位置，然后以该件为基准，用找正间隙的方法，确定另一件的准确位置。实际装配时，要根据模具结构特征、间隙大小及装配条件，来选择间隙控制的工艺顺序和方法。常采用的间隙控制顺序方法见表 8-10。

### 8.6.2 间隙控制方法

在装配过程中，常用间隙控制方法见表 8-11。

表 8-10　常用冲模间隙控制工艺顺序选择

| 序号 | 模具类型 | 间隙控制顺序选择 |
|---|---|---|
| 1 | 单工序冲裁模 | 先安装凹模，再以凹模为基准，配合安装凸模，并保证间隙的均匀性 |
| 2 | 连续模 | 先安装凹模，而各凸模的相对位置应在凸模安装固定时以各凹模孔为准，保证各凸模相对位置和间隙值，只在上、下模装配时可作适当微量调整，以确保间隙均匀一致性 |
| 3 | 复合模 | 先安装凸凹模，再以其为基准用找正间隙的方法确定冲孔凸模和凹模位置，并按模具的复杂度决定先安装冲孔凸模还是落料凹模 |
| 4 | 弯曲拉深或成形模 | 在装配前，根据制品图样，先制作一个标准样件，在装配过程中，将样件放在凸、凹模之间，来控制及调整间隙大小及均匀程度 |

表 8-11　凸、凹模间隙控制方法

| 控制方法 | 图示 | 说明 | 适用范围及优缺点 |
|---|---|---|---|
| 透光调整法 | 1—凸模；2—光源；3—垫铁；<br>4—凸模固定板；5—凹模 | 1. 分别装配上模与下模，其上模的螺钉不要固紧，而下模可固紧<br>2. 将等高垫铁放在上、下模固定板和凹模之间，垫起后用夹钳夹紧<br>3. 翻转合模后的上、下模，并将模柄夹紧在平口钳上，如图示<br>4. 用手灯或手电筒照射凸、凹模并在下模漏料孔中仔细观察。若发现凸模与凹模之间各向透光一致表明间隙合适；若光线在某一方向偏多，则表明间隙在此方向偏大，这时可用手锤锤击固定板侧面，使之向偏大方向移动。再反复透光观察、调整、直到合适为止<br>5. 调整合适后，再将上模用螺钉和销钉固紧 | 适用于冲裁间隙较小的薄板冲裁模具，制模方法简单、便于操作、生产应用广 |
| 垫片调整法 | 1—垫片；2—凸模；3—凹模；<br>4—等高垫铁；5—凸模固定板 | 1. 按图样分别组装上模及下模，但上模不要固紧，下模固紧<br>2. 在凹模刃口四周垫入厚薄均匀、厚度等于所要求凸、凹模单面间隙的金属片或纸片<br>3. 将上、下模合模，使凸模进入相应的孔内，并用等高垫垫起<br>4. 观察各凸模是否顺利进入凹模，并与垫片能有良好的接触，若在某方向上与垫片松紧程度相差较大，表明间隙不均匀。这时，可用锤子轻轻敲打固定板侧面，使之调整到各方向松紧程度一致，凸模易于进入凹模孔为止<br>5. 调整合适后，再将上模螺钉紧固、穿入销钉 | 适用于冲裁比较厚的大间隙冲裁模也适于拉深、弯曲、成形模的间隙调整，其方法简单可行 |
| 涂淡金水法 | — | 在凸模表面上涂上一层淡金水，待干燥后，再将机油与研磨砂调和成很薄的涂料均匀地涂在凸模表面上（厚度等于间隙值），然后将其垂直插入凹模相应孔内，即可装配 | 工艺简单，装配方便，但若涂法不当易使间隙不准 |
| 镀铜法 | — | 采用电镀的方法，按图样要求将凸模镀一层与间隙厚度一样的铜层后，再将其垂直插入凹模孔进行装配。装配后试冲时镀层自然脱落 | 间隙均匀但工艺复杂 |

续表

| 控制方法 | 图示 | 说明 | 适用范围及优缺点 |
| --- | --- | --- | --- |
| 利用工艺定位器法 | 1—凸模；2—凹模；<br>3—工艺定位器；4—落料凸凹模 | 装配时，工艺定位器3的$d_1$与凸模1，$d_2$与凹模2、$d_3$与凸模孔4都处于滑动配合形式，由于工艺定位器$d_1$、$d_2$、$d_3$都是在车床上一次装夹成形，同轴度较高，故能保证上、下模同轴，使间隙均匀一致 | 适用于复合模装配 |
| 塞尺测量法 | — | 1. 将凹模紧固在下模板上，上模装配后暂不紧固<br>2. 使上、下模合模，其凸模进入凹模孔内<br>3. 用塞尺在凸、凹模间隙内测量<br>4. 根据测量结果进行调整<br>5. 调整合适后再紧固上模 | 适用于厚板料间隙较大冲模，工艺烦杂且麻烦，但间隙经测后均匀，也适于拉深弯曲模调整 |
| 腐蚀法 | — | 在加工凸、凹模时，可将工作部位尺寸做成一致，装配后为得到相应间隙将凸模用酸腐蚀去除多余部位。其酸液配方：<br>1. 硝酸20%＋醋酸30%＋水50%<br>2. 水55%＋双氧水25%＋草酸18%＋硫酸2%腐蚀时间根据间隙大小确定 | 间隙均匀 |
| 涂漆法 | 1—凸模；2—漆盒；3—垫板 | 利用磁漆或氨基醇酸绝缘漆，在凸模上涂以与间隙厚度一样的漆膜后进行装配。方法为：<br>1. 将凸模浸入盛漆的容器内约15mm，使刃口向下，如图所示<br>2. 取出凸模，端面用吸水纸擦一下，然后使刃口朝上，该漆慢慢向下倒流，自然形成一定锥度<br>3. 放入恒温箱内在100～120℃温度下烘干0.5～1h，冷却后即可装配 | 方法简单，适用于小间隙冲模 |
| 工艺留量法 | — | 装配前先不要将凸模（凹模）刃口做到所需尺寸，而留出工艺余量使其成H7/h6配合，待装配后取下凸模（或凹模），去除工艺余量而获得间隙 | 方法简单但增加了工序 |
| 标准样件法 | — | 在调整装配前，按图样（制品）先制作一个样件，在装配调整时放在凸、凹模之间，以保证间隙 | 适于弯曲、拉深、成形模，方法简单易行 |
| 试切纸片法 | — | 无论采用何种方法来控制间隙，最后都要采用与制件厚度相同的纸片，在装配后的凸、凹模间试切，根据纸片的切口状态来验证间隙均匀度，从而确定间隙需往哪个方向调整。如果切口一致，表明间隙均匀一致，如果在某处难以切下，表明此处间隙大应修配，若出现毛刺更应调整合适 | 适用于各种调整间隙方法后的最后试验 |

## 8.7 冲模零件热处理质量的控制

在模具设计时，为保证冲模的制造质量，除了合理选择模具材料外，还常对冲模的工作零件、定位零件和辅助结构零件提出热处理要求，热处理效果的好坏直接关系到冲压的成败和模具的寿命及冲件的质量。因此，必须根据模具的工作条件、生产批量、模具市场的供应情况等采用相应的热处理工艺，并控制热处理的质量。一般来说，冲模零件热处理质量应满足以下技术条件规定：

① 零件热处理后的质量应符合有关零件标准的技术要求。

② 热处理后的零件不允许有影响使用的裂纹、软点和脱碳区，并清除氧化皮、脏物和油污。

③ 表面渗碳淬火的零件，其要求渗碳层为成品加工后的渗碳层厚度。

### 8.7.1 常用模具材料的热处理规范

为保证冲模的性能，同时有利于零件的加工制造，冲模主要零件的制造工艺流程大致有以下四种安排：

① 锻造→球化退火→加工成形→淬火与回火→精加工→装配；

② 锻造→球化退火→粗加工→淬火与回火→精加工→装配；

③ 锻造→球化退火→粗加工→高温回火或调质→加工成形→淬火与回火→精加工→装配；

④ 高温回火（或退火）→加工成形→淬火与回火→精加工→装配。

**（1）常用模具钢的退火规范**

为消除锻坯的内应力，改善组织和降低硬度，以利于机械加工，一般采用球化退火，等温球化退火工艺见图 8-1。

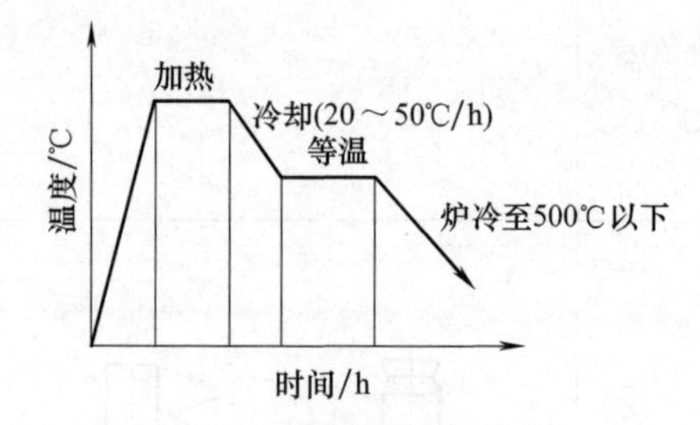


图 8-1　等温球化退火工艺

常用模具钢的等温球化退火规范见表 8-12。

**表 8-12　常用模具钢的等温球化退火规范**

| 钢号 | 加热 | | 等温 | | 冷却方式 | 退火硬度HB |
|---|---|---|---|---|---|---|
| | 温度/℃ | 时间/h | 温度/℃ | 时间/h | | |
| T7、T8 | 750～770 | 1～2 | 680～700 | 2～3 | 炉冷至500℃以下空冷 | 163～187 |
| T10、T12 | 750～770 | 1～2 | 680～700 | 2～3 | | 179～207 |
| 9MnV2 | 750～770 | 1～2 | 680～700 | 2～3 | | ≤229 |
| CrWMn | 790～810 | 2～3 | 690～710 | 3～4 | | ≤241 |
| 9SiCr、9CrWMn | 790～810 | 2～3 | 700～720 | 3～4 | | ≤229 |
| Cr6WV、Cr2、Cr12MoV、W18Cr4V | 850～870 | 3～4 | 740～760 | 4～5 | | ≤241 |
| 6W6Mo5Cr4V、W6Mo5Cr4V2 4Cr5W2VSi、4Cr5MoSiV | 850～870 | 3～4 | 740～760 | 4～5 | | ≤229 |
| Cr12 | 850～870 | 3～5 | 740～760 | 4～5 | | ≤255 |
| Cr4W2MoV | 900 | 3～4 | 740～760 | 6～8 | | ≤255 |

为消除机械加工应力和降低电火花加工层的硬度，以利于修磨，可采用高温回火，其规范见表 8-13。为防止回火时的氧化和脱碳，一般都采用保护气氛、木炭屑或铸铁屑来保护。

表 8-13 常用模具钢的高温回火规范

| 钢种 | 钢号 | 加热温度/℃ | 保温时间/h | 冷却方式 |
|---|---|---|---|---|
| 碳素工具钢 | T7A～T12A | 600～650 | 2 | 空冷 |
| 低合金工具钢 | 9Mn2V、9SiCr、GCr15、CrWMn、9CrWMn | 650～700 | 2～3 | |
| 高合金工具钢 | Cr6WV、Cr12、Cr12MoV | 720～750 | 3～4 | |
| 中碳低合金钢 | 5CrWMn | 680～700 | 4～6 | |
| | 5CrW2Si | 710～740 | 4～6 | |

(2) 常用模具钢的淬火规范

为提高模具材料的硬度及强度，同时提高其耐磨性，模具的工作零件一般均应进行淬火，材料淬火时的加热和冷却工艺规范见表 8-14。

表 8-14 常用模具钢在盐浴中的加热及淬火规范

| 钢号 | 预热 | | 加热 | 加热 | 冷却剂 | 硬度HRC |
|---|---|---|---|---|---|---|
| | 温度/℃ | 时间/min | 温度/℃ | 时间/(min/mm) | | |
| T7A～T12A | 400～500 | 30～60 | 780～800 | 0.4～0.5 | 盐水转油 | >58 |
| | | | 810～830 | 0.4～0.5 | 140～180℃碱浴 | |
| | | | | | 160～180℃硝盐浴 | |
| 9Mn2V | 400～500 | 30～60 | 780～800 | 0.5～0.6 | 冷油或热油 | >58 |
| | | | 790～810 | 0.5～0.6 | 160～180℃碱浴 | |
| | | | | | 160～180℃硝盐浴 | |
| | | | | | 260～280℃硝盐 | >48 |
| CrWMn | 400～500 | 30～60 | 810～830 | 0.5～0.6 | 冷油或热油 | >58 |
| | | | 820～840 | 0.5～0.6 | 160～180℃碱浴 | |
| | | | | | 160～180℃硝盐浴 | |
| | | | | | 260～280℃硝盐 | >48 |
| GCr15 | 400～500 | 30～60 | 830～850 | 0.5～0.6 | 冷油或热油 | >58 |
| | | | 840～960 | 0.5～0.6 | 160～180℃碱浴 | |
| | | | | | 160～180℃硝盐 | |
| | | | | | 260～280℃硝盐 | >48 |
| 5CrWMn | 400～500 | 30～60 | 830～850 | 0.5～0.6 | 热油 | >55 |
| | | | 840～860 | 0.5～0.6 | 160～180℃硝盐 | |
| 5CrW2Si | 400～500 | 30～60 | 870～890 | 0.5～0.6 | 热油 | >55 |
| | | | 880～900 | 0.5～0.6 | 160～180℃硝盐 | |
| 9SiCr | 400～500 | 30～60 | 850～870 | 0.4～0.5 | 冷油或热油 | 58 |
| | | | 860～880 | 0.5～0.6 | 160～180℃碱浴 | |
| | | | | | 160～180℃硝盐 | |
| Cr6WV | 500～550 | 30～60 | 960～980 | 0.25～0.35 | 冷油 | >60 |
| | | | | | 160～180℃硝盐 | |

续表

| 钢号 | 预热 | | 加热 | 加热 | 冷却剂 | 硬度HRC |
|---|---|---|---|---|---|---|
| | 温度/℃ | 时间/min | 温度/℃ | 时间/(min/mm) | | |
| Cr12 | 500～550 | 30～60 | 960～980 | 0.25～0.35 | 冷油、水溶性有机液、铜板、空气 | ＞60 |
| | | | | | 260～320℃硝盐 | |
| Cr12MoV | 500～550 | 30～60 | 1020～1050 | 0.25～0.35 | 冷油、水溶性有机液、铜板、空气 | ＞60 |
| | | | | | 260～320℃硝盐 | |
| W18Cr4V | 800～850 | 0.3～0.4min/mm | 1260～1280 | 0.15～0.20 | 冷油、水溶性有机液 | ＞60 |
| W6Mo5Cr4V2 | 800～850 | 0.3～0.4min/mm | 1180～1200 | 0.15～0.20 | 冷油、水溶性有机液 | ＞60 |
| Cr4W2MoV | 500～550 | 30～60 | 960～980 | 0.25～0.35 | 油冷 | |
| | | | 1020～1040 | | | |
| Cr2Mn2SiWMoV | 400～500 | 30～60 | 840～860 | 0.5～0.6 | 空冷或油冷 | |
| 6W6Mo5Cr4V | 830～850 | 0.3～0.4min/mm | 1180～1200 | 0.15～0.20 | 油冷550℃，350～400℃二次分级冷却，280～300℃等温2～3h | 51～56 |

模具材料经淬火，在冷至室温后应立即进行回火。其回火工艺规范见表8-15。必须注意的是应避开回火脆性温度范围。如9Mn2Si的回火脆性温度为190～230℃；GCr15为200～240℃；9CrSi为200～250℃；CrWMn为250～300℃；Cr12和Cr12MoV为290～330℃。

**表8-15 常用模具钢的回火温度**

| 钢号 | 达到下列硬度范围(HRC)时的回火温度/℃ | | | |
|---|---|---|---|---|
| | 40～50 | 52～56 | 54～58 | 58～62 |
| T7A | 330 | 250 | 220 | 170 |
| T8A | 350 | 270 | 230 | 190 |
| T10A、T12A | 370 | 290 | 250 | 210 |
| Cr6WV | — | 380 | 290 | 240 |
| 9Mn2V | 380 | 300 | 250 | 220 |
| CrWMn | 400 | 320 | 270 | 230 |
| 9SiCr | 450 | 350 | 320 | 250 |
| 5CrW2Si | 420 | 280 | 250 | — |
| Cr12 | — | — | 400 | 250 |
| Cr12MoV(1030℃淬火) | — | 540 | 400 | 230 |
| Cr4W2MoV(1030℃淬火) | — | — | — | 400 |

回火保温时间，材料厚度≤30mm者，在硝盐槽中保温40～80min，在箱式炉中保温60～120min；材料厚度＞30mm者，在硝盐槽中保温60～120min，在箱式炉为保温90～180min。

## 8.7.2 模具零件热处理的质量检验

热处理质量的好坏对模具的使用寿命有着很大的影响，而加强模具零件热处理前后及热处理工序时间的质量检验，是确保零件热处理质量的重要手段。表 8-16 和表 8-17 为模具零件正火和退火与淬火后的检验内容和技术要求。表 8-18 和表 8-19 为几种类型模具零件淬火后允许的变形范围。

表 8-16 模具零件正火与退火后的检验内容及技术要求

| 名称 | | 一般技术要求 |
|---|---|---|
| 尺寸检验 | | 坯料尺寸按图纸规定的尺寸公差进行检验。氧化皮厚度、尺寸变形量不大于机械加工余量的 1/3 |
| 硬度检验 | | 按图纸或有关技术文件规定检验坯料退火后的硬度值 |
| 金相检验 | 脱碳层厚度检验 | 坯料表面脱碳层厚度不得大于机械加工余量的 1/3 |
| | 网状碳化物级别检验 | 不大于改锻后的允许级别 |
| | 球光体级别检验 | 1. 碳素工具钢：按 GB/T 1298—2014 所附第一级别图 6 级标准检验，一般 2～4 级为合格<br>2. 合金工具钢：按 GB/T 1299—2014 所附第一级别图 6 级标准检验，一般 2～4 级为合格，Cr12 型等高合金及高速工具钢不评定珠光体球化等级 |

表 8-17 模具零件淬火与回火前后的检验内容和技术要求

| 名称 | 内容和一般技术要求 |
|---|---|
| 淬火前检验 | 1. 是否符合加工工艺路线<br>2. 零件有无裂纹、碰伤、变形等缺陷<br>3. 材料是否符合图纸规定，表面是否存在残余脱碳层<br>4. 对重要零件及易变形的零件测量记录有关部位的尺寸 |
| 淬火与回火后外观检验 | 不允许有裂纹、烧伤、碰伤、腐蚀和严重氧 |
| 淬火与回火后硬度检验 | 按图纸及有关工艺文件规定检验零件的硬度 |
| 淬火与回火后变形量检验 | 测量淬火、回火后零件的有关尺寸 |
| 淬火与回火后金相检验 | 必要时进行下列金相检验：<br>1. 马氏体等级。一般按 6 级标准进行评定，碳素工具钢≤3 级为合格；合金工具钢≤2 级为合格<br>2. 淬火实际晶粒度等级。Cr12 型等高合金工具钢与高速工具钢，常用淬火实际晶粒度的大小作为淬火组织的评定依据。一般 Cr12 型钢为 6～11 号，高速工具钢为 8～11 号<br>3. 网状碳化物。模具的主要零件，特别是要求高的重要零件，不允许存在网状碳化物<br>4. 残余奥氏体量。要求精度高的模具零件必要时测定其残余奥氏体量。CrWMn、GCr15 等为 9%以下；Cr12 型钢为 12%以下 |

表 8-18 模具主要零件淬火允许的变形范围

| 部位尺寸/mm | 材料 | | |
|---|---|---|---|
| | 碳素工具钢 | CrWMn、9Mn2V | Cr12MoV、Cr6WV |
| | 允许变形量/mm | | |
| 201～300 | −0.20 | +0.06<br>−0.15 | +0.04<br>−0.08 |

续表

| 部位尺寸/mm | 材料 | | |
|---|---|---|---|
| | 碳素工具钢 | CrWMn、9Mn2V | Cr12MoV、Cr6WV |
| | 允许变形量/mm | | |
| 120～200 | −0.15 | +0.05<br>−0.10 | +0.03<br>−0.06 |
| 51～119 | −0.10 | ±0.06 | +0.02<br>−0.04 |
| ≤50 | −0.05 | ±0.03 | ±0.02 |

表 8-19 孔中心距淬火允许变形率

| 钢号 | 碳素工具钢 | CrWMn、9Mn2V | Cr12MoV、Cr6WV |
|---|---|---|---|
| 变形率 | −0.08% | ±0.06% | ±0.04% |

### 8.7.3 模具零件热处理缺陷的防止及补救措施

模具零件的热处理缺陷直接影响到整套模具的制造质量，因此，应尽量避免。

(1) 淬火、回火及退火的疵病防止及补救措施

表 8-20～表 8-22 为模具零件淬火、回火及退火后出现的疵病及其防止措施与补救方法。

表 8-20 模具零件淬火的疵病及其防止措施与补救方法

| 疵病 | 产生原因 | 防止措施与补救方法 |
|---|---|---|
| 过热与过烧 | 1. 材料钢号混淆<br>2. 加热温度过高<br>3. 在过高温度下,保温时间过长 | 1. 淬火前材料经火花鉴别<br>2. 过热工件经正火或退火后,按正常工艺重新淬火<br>3. 过烧工件不能补救 |
| 裂纹 | 原材料内有裂纹<br>原材料碳化物偏析严重或存在锻造裂纹<br>淬火裂纹:<br>1. 未经预热,加热过快<br>2. 加热温度过高或高温保温时间过长,造成脆性<br>3. 冷却剂选择不当,冷却速度过于剧烈<br>4. $M_s$ 点以下,冷却速度过大<br>① 水-油双液淬火时,工件在水中停留的时间过长<br>② 分级淬火时,工件自分级冷却剂中取出后,立即放入水中清洗<br>5. 应力集中<br>6. 多次淬火而中间未经充分退火<br>7. 淬火后未及时回火<br>8. 表面增碳或脱碳 | 加强对原材料的管理与检验<br>合理锻造及加强对锻件的质量检验<br>1. 采取预热,高合金钢应尽量采用两次预热<br>2. 严格控制淬火温度与保温时间<br>3. 正确选择冷却剂,尽可能采用分级,等温冷却工艺<br>4. 严格按正确冷却工艺处理<br>5. 模具零件结构不合理造成应力集中的应提高设计工艺合理性。在应力集中处包扎或堵塞耐火材料,冷却时尽量采取预冷<br>6. 重新淬火的零件应进行中间退火<br>7. 淬火后应及时回火<br>8. 模具零件加热时应注意保护措施,如盐浴脱氧,箱式炉通入保护气氛等 |
| 淬火软点 | 1. 原材料显微组织不均匀,如碳化物偏析,碳化物聚集等<br>2. 加热时工件表面有氧化皮、锈斑等,造成表面局部脱碳<br>3. 淬火介质老化或有较多的杂质,致使冷却速度不均匀。碱浴中水分过多或过少<br>4. 较大尺寸的工件淬入冷却介质后,没作平稳的上下或左右移动,以致工件凹模或厚截面处蒸汽膜不易破裂,降低了这部分的冷却 | 1. 原材料需经合理锻造与球化退火<br>2. 淬火加热前检查工件的表面,去除氧化皮、锈斑等,盐浴要定时脱氧<br>3. 冷却介质保持洁净,定期清理与更换。碱浴要定期测量水分<br>4. 工件淬入冷却介质时需正确操作 |

续表

| 疵病 | 产生原因 | 防止措施与补救方法 |
| --- | --- | --- |
| 硬度不足 | 1. 钢材淬透性低，而模具的截面又较大<br>2. 淬火加热时表面脱碳<br>3. 淬火温度过高，淬火后残余奥氏体量过多，淬火温度过低或保温时间不足<br>4. 分级淬火时，在分级冷却介质中停留时间过长(会发生部分贝氏体转变)或过短。水-油淬火时，在水中停留时间太短<br>5. 碱浴水分过少 | 1. 正确选用钢材<br>2. 注意加热保护，盐浴充分脱氧<br>3. 严格控制各种钢材的淬火加热工艺规范<br>4. 按正确冷却工艺规范操作<br>5. 严格控制碱浴水分 |
| 表面腐蚀 | 1. 在箱式炉中加热，表面由于保护不良而氧化脱碳<br>2. 在盐浴炉中加热，盐浴脱氧不良<br>3. 工件进行空冷淬火或在空气中预冷的时间过长<br>4. 硝盐浴使用温度过高或硝盐浴中存在大量的氯离子，使工件产生电化学腐蚀<br>5. 淬火后工件没有及时清洗，以致残存盐渍腐蚀表面 | 1. 工件需装箱保护，保护剂在使用前要烘干，或通入保护气体<br>2. 盐浴需充分及时脱氧<br>3. 高合金钢尽量不进行空冷淬火<br>4. 硝盐浴使用温度不宜超过 500℃，要保持硝盐浴的洁净<br>5. 淬火后工件要及时清洗干净<br>6. 采用真空热处理 |

**表 8-21 模具零件退火的疵病及其补救措施**

| 疵病 | 产生原因 | 补救措施 |
| --- | --- | --- |
| 退火后硬度过高 | 1. 加热温度不当<br>2. 保温时间不足<br>3. 冷却速度太快 | 按正确工艺规范重新退火 |
| 退火组织中存在网状碳化物组织 | 1. 锻造工艺不合理<br>2. 球化退火工艺不对，例如过热到 $A_{cm}$ 以上，随后冷却缓慢 | 正火或调质后再按正确的球化工艺重做 |

**表 8-22 模具零件回火的疵病及其防止措施与补救方法**

| 疵病 | 产生原因 | 防止措施与补救方法 |
| --- | --- | --- |
| 一般脆性 | 回火温度偏低或回火时间不足 | 选择合理的回火温度与充分的回火时间。各种材料避开其回火脆性区 |
| 第一类回火脆性 | 原因尚不十分清楚。一般认为是由于马氏体分解析出碳化物，从而降低了晶界断裂强度，引起脆性 | 可在钢中加入钨、钼等合金元素来防止钢材在回火时产生的脆性，或在回火后进行快冷来防止(可在水或油中快冷，然后再在 300～500℃加温保温消除应力)。已出现这类回火脆性时，可以用再次回火并快冷的方式来消除 |
| 第二类回火脆性(某些钢材在 450～550℃回火时，若回火缓慢冷却，会产生脆性) | 原因尚不十分清楚。一般认为与晶界间析出某些物质有关，但析出物质的类型以及在钢中的分布方式则未确定 | 淬火后要充分回火，高合金钢要采用二次回火 |
| 磨削裂纹 | 除磨削不当会产生裂纹外，回火不足也可能造成裂纹 | 回火后应及时清洗 |
| 表面腐蚀 | 回火后没有及时清洗 | |

（2）热处理变形的防止及控制措施

模具零件热处理产生变形是必然趋势，模具热处理后形状和尺寸的准确性直接影响到产品的质量，为控制热处理变形，可从以下方面考虑：

① 正确控制淬火温度。在一般情况下，为减少变形量，对淬火合金工具钢零件应选用淬火温度下限进行加热，而对碳素工具钢零件应采用淬火温度上限温度加热（指水或油冷却工艺）。

② 对形状比较复杂、厚薄相差比较大的工件，在设计时应选用合金工具钢，淬火时，应进行适当的预热，以减少热应力，防止其变形。

③ 在保证硬度的前提下，尽量采用缓冷方式或采用预冷与热介质（热油、碱浴、硝盐）中分级淬火或等温淬火的方法。

④ 在易变形处预先留有变形量，待热处理后再进行修整，不至于使工件由于变形太大而报废。

⑤ 淬火前，在工件上还可以适当开有工艺孔、留有工艺肋等，以防工件产生裂纹和变形。

⑥ 做好零件淬火时的保护，零件淬火前，必须要经过仔细认真的分析和研究。对于容易发生变形的部位，一定要进行包扎、捆绑和堵塞，尽量使零件的形状和截面积大小趋于对称，使淬火时应力分布均匀，以减少变形。

## 8.8 模具零件热处理变形的矫正

模具零件经热处理后发生变形和裂纹是不可避免的。若发现变形较大而影响使用时，钳工可采各种方法对其矫正。其矫正方法见表 8-23。

表 8-23　模具零件淬火变形后钳工矫正方法

| 矫正方法 | 图　示 | 工艺操作 |
|---|---|---|
| 锤击矫正法 | | 若零件在淬火后发生局部变形，可采用锤击法矫正。即用氧-乙炔枪对准变形部位加热后，用锤子进行敲击，使变形减小。在敲击时，绝不允许敲击刃口，要远离刃口 3～5mm，使之扩大延伸 |
| 加热冷却法 | (a) 变形工件　(b) 矫正方法<br>1—凹模；2—石棉板；3—压板 | 1. 变形方式：四周尺寸加大<br>2. 矫正方法：把凹模刃口用石棉包起，并用螺栓紧固后，放在电炉中重新加热至 500～600℃，然后急速冷却，借助其热应力使其收缩，恢复原来形状<br>3. 注意事项<br>① 加热温度不能超过 $A_{c_1}$ 点<br>② 冷却时，碳钢用水冷，合金钢用油冷<br>③ 淬火工件需正火后才能缩孔<br>④ 反复缩孔 3～4 次后，再回火一次 |
| 镀铬矫正法 | — | 在胀大及收缩部位，采取局部镀硬铬，以弥补该变形部位尺寸 |

续表

| 矫正方法 | 图示 | 工艺操作 |
| --- | --- | --- |
| 机械挤压法（回火矫正） | 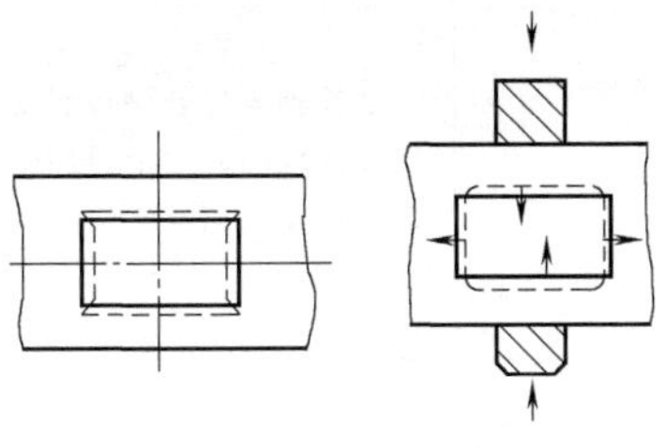 (a) 变形工件　(b) 矫正方法 | 第一步：挤压。用专用夹具将工件夹紧并施一定压力<br>第二步：回火。将工件连同夹具一起，在回火炉中加热，温度200～350℃，保温0.5～1h<br>第三步：再次加压。加热后的零件从炉中取出，再次加压，使尺寸比图样小0.05～0.1mm左右<br>第四步：自然冷却后，钳工修磨到尺寸<br>注意：回火加压温度不能超过工件回火温度，若反复数次回火矫正，应逐次提高回火矫正温度10～20℃ |
| 镶嵌矫正法 | — | 对于带凹槽的工件，在淬火冷却介质中取出后，用塞块嵌在凹槽中，空冷并一起回火，以防槽变形 |
| 热点矫正法 | 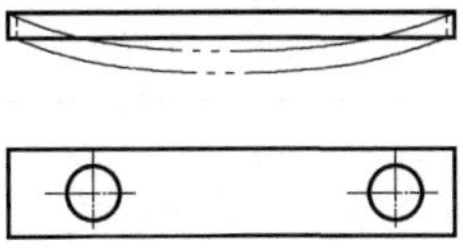 (a) 变形工件 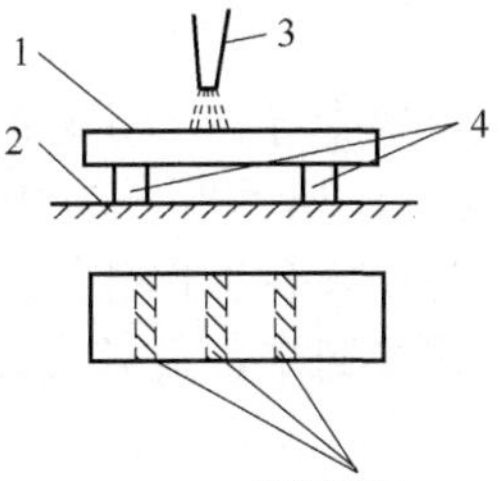<br>加热部位<br>(b) 矫正方法<br>1—零件；2—平台；3—喷枪；4—垫块 | 1. 将工件预热180～200℃，时间为30～60min<br>2. 将预热后的工件放在等高垫铁上垫平，用氧-乙炔枪喷热点(图b)<br>3. 热点火焰使热点处温度迅速升高，体积急速膨胀而又受到周围的挤压限制其胀大，热点后冷却尺寸又收缩，周围又承受拉应力，从而达到矫正目的<br>4. 注意事项<br>①工件热点必须在回火充分后进行<br>②反复热点矫正时，不应在同一处进行，应和原热点相距10mm为宜<br>③热点位置应是工件鼓起的最大变形区，加热温度不超过700℃，当受热部位呈现红色时(600～650℃)，即可快速冷却<br>④热点后，工件应进行回火处理 |
| 冷矫正法 | 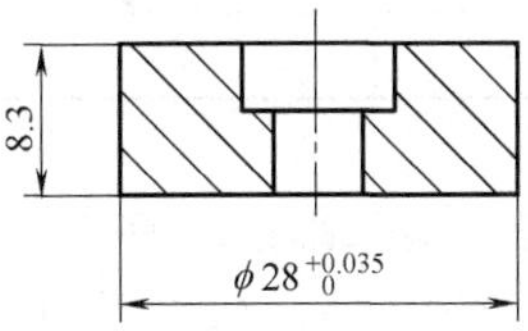 8.3<br>$\phi 28^{+0.035}_{0}$ | 图示零件为Cr12MoV材料，其变形情况为：淬火前尺寸为$\phi 28^{+0.035}_{0}$mm，而淬火后尺寸缩小为$\phi 28^{0}_{-0.05}$mm。若将其－20℃冷处理10min，则尺寸变为$\phi 28^{+0.04}_{0}$mm，再经低温回火又变成$\phi 28^{+0.03}_{0}$mm，基本合格<br>①放在70℃环境下冷却<br>②施加一定压力，弥补变形 |
| $M_s$点矫正法 | 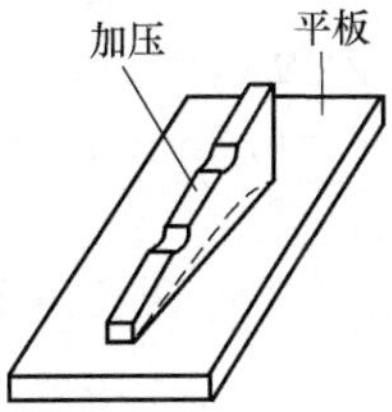 加压　平板 | 采用连续冷却到$M_s$点附近取出加压进行矫正 |

续表

| 矫正方法 | 图　示 | 工艺操作 |
| --- | --- | --- |
| 冷压矫正法 | L<br>支承点 | 细长轴零件若硬度在28～30HRC时，经调质处理发现凸鼓变形，可在此点进行冷压矫正，矫正后再及时回火 |
| 重新淬火法 | 黏土 | 将工件重新退火，修正合格后再进行第二次淬火。在第二次淬火时，其表面要经过喷砂处理，清除表面氧化皮 |
| 化学腐蚀法 | — | 对于形孔收缩或外形胀大的凸、凹模可采用20%硝酸＋20%硫酸＋60%蒸馏水腐蚀。腐蚀深度双面0.12mm/min，对不腐蚀部位，涂硝基漆或石蜡保护 |

## 8.9 模架加工的质量控制与检测

模架由上模座、下模座、导柱、导套组成。按模架中导柱、导套的结构形式可分为滑动导向模架和滚动导向模架两种类型。按模架的材料，模架主要分为铸铁模架和钢板模架两种，其中钢板模架具有更好的精度和刚度。模架既是冲模各工作部件安装的结构件（冲模上所有的工作零件和辅助零件均需通过螺钉、圆柱销连接起来，最后安装在模架上，构成完整的冲模结构），又是提供整套冲模正确导向、保证冲模正确加工的基准及基础。因此，必须根据冲压加工件的精度及外形尺寸、生产加工批量等情况选用合适的模架，并采取适当的措施控制模架的加工质量。一般来说，模架加工的质量应满足以下技术条件规定：

① 各种模柄（包括带柄上模座）的圆跳动公差值见表8-24。

**表8-24　模柄圆跳动公差**　　单位：mm

| 基本尺寸 | ＞40～63 | ＞63～100 | ＞100～160 | ＞160～250 |
| --- | --- | --- | --- | --- |
| 公差值 $T$ | 0.012 | 0.015 | 0.020 | 0.025 |

注：基本尺寸是指被测零件的短边长度。

② 上、下模座的导柱、导套安装孔的轴心线应与基准面相垂直，其垂直度公差应满足以下要求：安装滑动导柱或导套的模座为100∶0.01mm；安装滚动导柱或导套的模座为100∶0.005mm。

③ 导套的导入端孔允许有扩大的锥孔，孔的最小直径小于或等于55mm时，在3mm长度内为0.02mm；孔径大于55mm时，在5mm长度内为0.04mm。

④ 导柱和导套的压入端圆角与圆柱面交接处的$R=0.2$mm的小圆角应在精磨后用油石修出。

⑤ 滑动和滚动的可卸导柱与导套的锥度配合面，其吻合长度和吻合面积均应在80%以上。

⑥ 滚动模架中铆合在钢球保持圈上的钢球应在孔内自由转动而不脱落。

### 8.9.1 模架加工质量的控制

模架的加工质量包含组成模架各零件的正确加工及模架装配质量的控制两部分。

**（1）模架零件加工质量的控制**

模架的上、下模板，其加工工艺过程为：铸造毛坯→热处理退火→检验→刨削或铣削上、下平面→钻削或粗镗导柱、导套孔→刨削气槽→磨削上、下平面→精镗导柱、导套孔到尺寸→检验。

其中：上、下模板的导柱、导套孔加工是模板加工的关键，为保证孔的坐标位置及其同轴度要求，上、下模板应在叠合的情况下，配对加工出导柱、导套孔。

导柱、导套的加工工艺过程是：棒料切断→车外圆及导套内孔→钻工艺孔→热处理淬火→检验→磨削内、外圆到尺寸→检验。

其中：导柱、导套一般用 20 钢制造。为了增加其表面硬度和耐磨性，在加工后应进行表面渗碳处理，渗碳层为 0.8～1.2mm，渗碳后的淬火硬度为 58～62HRC。

导柱、导套外径与模板安装孔的配合要求可参见表 8-25 选择确定。

**表 8-25　导柱、导套与上、下模板孔的配合关系**

| 模架形式 | 导套与上模板孔的配合 | 导柱与下模板孔的配合 |
|---|---|---|
| 滑动导向模架 | H7/r6 | R7/h5 或 R7/h6 |
| 滚动导向模架 | H6/m5 | R7/h6 |

**（2）模架装配质量的控制**

通常生产中使用的滑动导向和滚动导向标准模架都采用机械压入式固定法装配。机械固定法是将导套、导柱与上、下模板安装孔采用压入式固定的方法。采用这种方法装配模架加工方便、固定可靠，且适用于大批量生产条件使用。专业厂按国标生产的标准模架及大型曲面零件冲压用模架和精冲模、硬质合金模架、冲压精度要求较高的模架，都采用这种压入机械装配。

① 滑动导向模架装配的质量控制　根据滑动导向模架结构的不同，可采用以下两种方法装配，装配过程中应做好以下检测。

第一种装配方法的加工步骤及检测要点为：

a. 利用压力机，将导柱 2 首先压入下模板 3 内，如图 8-2 所示。压导柱时，将压块 1 顶在导柱中心孔上。在压入过程中，应测量与矫正导柱的垂直度，并将两个导柱全部压入。

b. 将上模板 2 反置套在导柱上，然后套上导套 1，并用千分表检查导套压配部分的内外圆同轴度，并将其最大偏差 $\Delta_{max}$ 放在两个导套中连线的垂直位置，这样可减少由于不同轴而引起的中心距变化，如图 8-3 所示。

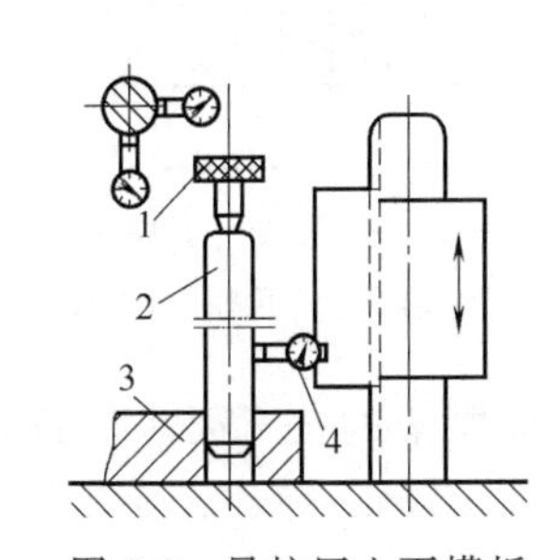


图 8-2　导柱压入下模板

1—压块；2—导柱；3—下模板；4—千分表

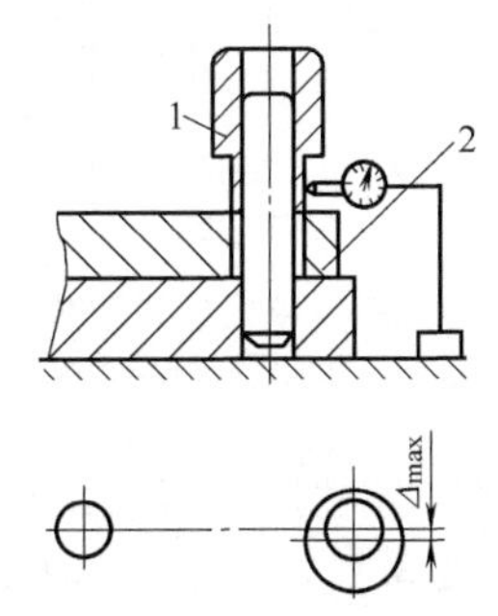


图 8-3　导套压入上模板

1—导套；2—上模板

c. 用帽形垫块1放在导套2上，将导套一部分压入上模板3内，然后取走下模板及导柱，并仍用帽形垫块将导套全部压入上模板内，如图8-4所示。

d. 将上、下模板对合，中间垫以垫块，放在平板上测量模架平行度是否符合要求，如图8-5所示。

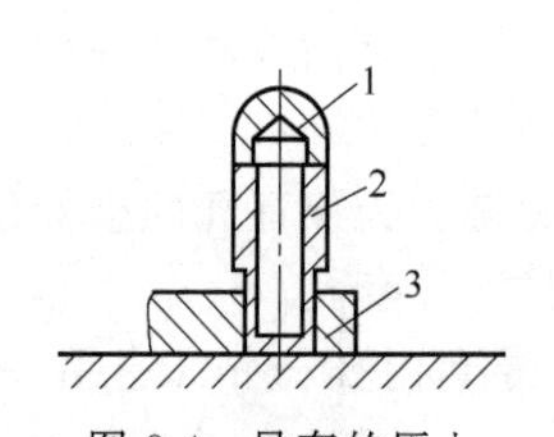

图8-4 导套的压入

1—帽形垫块；2—导套；3—上模板

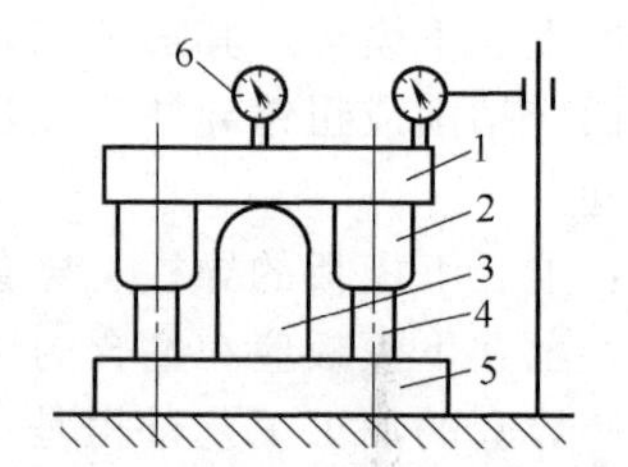

图8-5 上、下模板平行度的控制

1—上模板；2—导套；3—球面支持杆；4—导柱；5—下模板；6—千分表

第二种装配方法的加工步骤及检测要点为：

a. 直接将模柄压入上模板内，并加工骑缝销钉孔或螺纹孔，其装入方法如图8-6（a）所示。然后，把模柄端面和上模板底面一起磨平，如图8-6（b）所示。

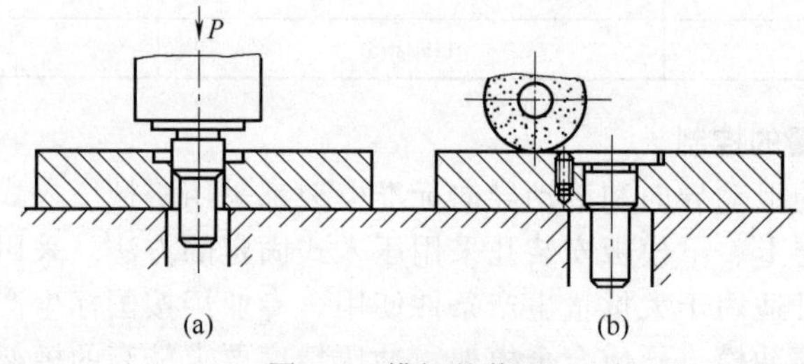

图8-6 模柄的装配

b. 按图8-7所示的方法，将导柱3压入下模板2内，并检验导柱与下模板的垂直度。

c. 用同样的方法将导套2压入上模板3内，如图8-8所示。

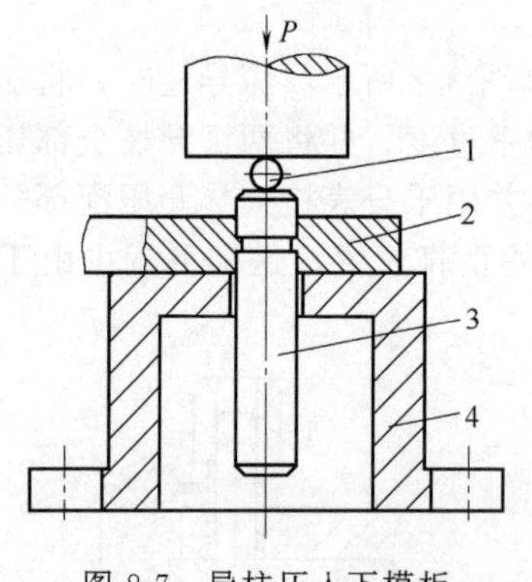

图8-7 导柱压入下模板

1—钢球；2—下模板；3—导柱；4—胎具

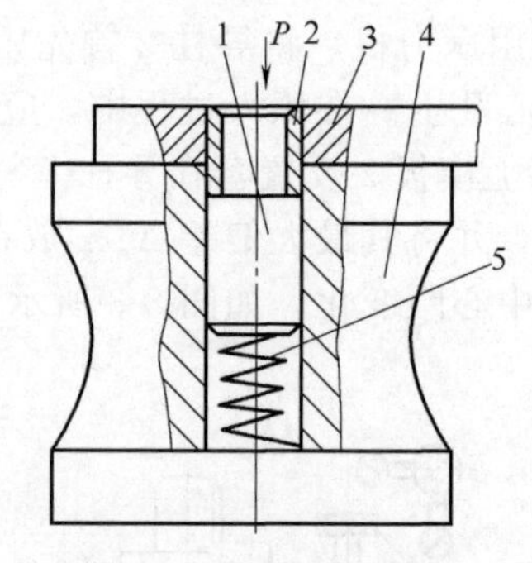

图8-8 导套压入上模板

1—导向柱；2—导套；3—上模板；4—胎具；5—弹簧

d. 导套、导柱压入后，即可使上、下模板对合，然后按模架的技术要求进行检查。检查的范围主要包括：模柄、导柱、导套与模板安装的牢固性，模柄、导柱、导套与模板的垂直度、导柱与导套的配合精度及上、下模板的平行度和外观质量等。

② 滚动导向模架装配的质量控制　滚动导向模架的上、下模板及导柱、导套的加工方

法，与滑动导向模架的加工方法基本相同，其装配的要点主要在于滚珠夹持套的装配。

图 8-9 为滚珠夹持套结构示意图。其材料为黄铜。在夹持套圈上安装滚珠的几十个孔为台阶孔，装配时，选择相对误差小于 0.002mm 的钢珠装入孔内以后，再将孔四周铆翻封口，保证钢珠在里面能灵活转动即可。

图 8-10（a）为手工封口用的铆口工具，图 8-10（b）为利用台钻主轴加压进行封口的铆口工具。

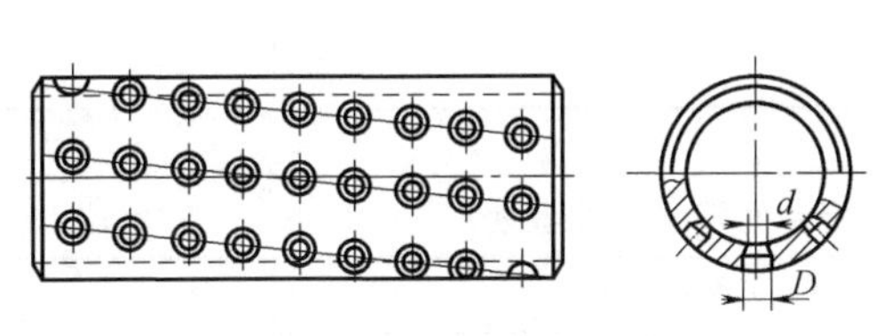

图 8-9　滚珠夹持套结构

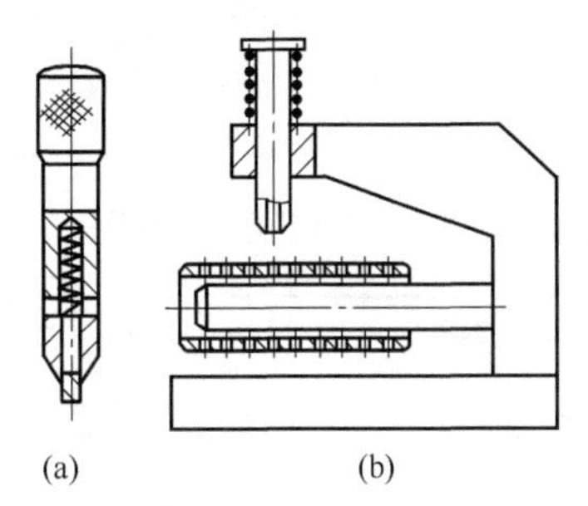

图 8-10　夹持套铆口工具

### 8.9.2　模架加工质量的检测

为控制模架质量，避免不合格的模架转入总装，影响冲模质量，对自制及外购进入模具总装的模架必须根据模具图样或相关国标要求进行质量检测，专业模架生产企业还必须根据模架的检测结果，对模架检验定级，只有检验定级后才可以附检验合格证书，进行包装、出厂。

（1）模架的检测

① 上模座上平面对下模座下平面的平行度检测　检测按图 8-5 所示方法进行，即将装配好的模架放在检验用的精密平板上，在上、下模座之间的中心位置上，用球面支持杆支撑上模板，然后用千分表按规定测量被测表面。球面支持杆的高度必须控制在被测模架的闭合高度范围内。根据被测表面的大小，可推动模架或测量架，测量整个被测表面，最后取千分表的最大与最小读数差，即为上模座上平面对下模座下平面的平行度误差值。

② 导柱轴心线对下模座下平面的垂直度检测　检测按图 8-2 所示方法进行，即将装有导柱的下模座放在检验用的精密平板上，用千分表对导柱进行垂直度测量，由于导柱垂直度具有任意方向要求，所以应将在两个相互垂直方向上测量的垂直度误差 $\Delta x$、$\Delta y$ 再作矢量合成，$\Delta_{max}=\sqrt{\Delta x^2+\Delta y^2}$，求得该导柱 360°范围内的最大误差值 $\Delta_{max}$ 即为被测导柱的垂直度误差。

③ 导套孔轴线对上模座上平面的垂直度检测　检测按图 8-11 所示方法进行。即将装有导套的上模座放在精密平台上，在导套孔内插入带有 0.015∶200 锥度的芯轴，以测量芯轴轴线的垂直度作为导套孔轴线垂直度的误差值。与导柱轴心线对下模座下平面垂直度的检测一样，在两个相互垂直方向上测得的垂直度误差 $\Delta x$、$\Delta y$ 也应再作矢量合成，$\Delta_{max}=\sqrt{\Delta x^2+\Delta y^2}$，$\Delta_{max}$ 即为导套孔轴线在 360°范围内对上模板上平面的垂直度误差，但测定的读数 $\Delta x$、$\Delta y$ 必须扣除或加上芯轴 $H$ 范围内锥度的影响因素。

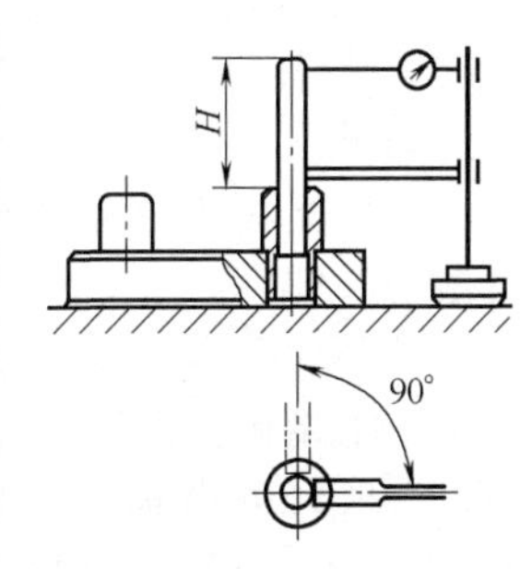

图 8-11　导套孔对上模座垂直度的检测

④ 模架的检测定级　按相关标准滑动导向模架精度分为 Ⅰ

级、Ⅱ级，滚动导向模架精度分为0Ⅰ级、0Ⅱ级，加工完成后的模架在测得上述指标后，便可根据表8-26及表8-27所列的技术指标，对模架进行定级。

表 8-26 各级精度模架的技术指标

| 检查项目 | 被测尺寸/mm | 模架精度等级 | |
|---|---|---|---|
| | | 0Ⅰ、Ⅰ级 | 0Ⅱ、Ⅱ级 |
| | | 公差等级 | |
| 上模座上平面对下模座下平面的平行度 | ≤400 | 5 | 6 |
| | >400 | 6 | 7 |
| 导柱轴心线对下模座下平面的垂直度 | ≤160 | 4 | 5 |
| | >160 | 5 | 6 |

注：公差等级按GB/T 1184—1996。

表 8-27 导柱、导套配合间隙（或过盈量） 单位：mm

| 配合形式 | 导柱直径 | 模架精度等级 | | 配合后的过盈量 |
|---|---|---|---|---|
| | | Ⅰ级 | Ⅱ级 | |
| | | 配合后的间隙值 | | |
| 滑动配合 | <18 | ≤0.010 | ≤0.015 | — |
| | >18～30 | ≤0.011 | ≤0.017 | |
| | >30～50 | ≤0.014 | ≤0.021 | |
| | >50～80 | ≤0.016 | ≤0.025 | |
| 滚动配合 | >18～35 | — | — | 0.01～0.02 |

### 8.9.3 模架的正确选用

模具中采用的模架已经标准化，模架一般须根据模具工作零件的外形尺寸及设计使用要求选用，选用原则如下：

① 后侧导柱模架　它具有三面送料、操作方便等优点，但由于冲压时容易引起偏心矩而使模具歪斜，因此，适用于冲压中等精度的较小尺寸冲压件的模具，大型冲模不宜采用此种形式。

② 对角导柱模架　两个导柱装在对角线上，冲压时可防止由于偏心力矩而引起的模具歪斜，适用于在快速行程的冲床上冲制一般精度冲压件的冲裁模或级进模。

③ 中间导柱模架　适用于横向送料和由单个毛坯冲制的较精密的冲压件。

④ 四导柱模架　导向性能最好，适用于冲制比较精密的冲压件或大型的冲压件。

⑤ 三导柱模架　用于冲制较大尺寸的冲压件。

滑动导向模架是最为常用的导向装置，广泛用于冲裁模，弯曲、拉深、成形及复合、级进模等类型模具的冲压加工。

滚动导向模架是一种无间隙、精度高、寿命较长的导向装置，适用于高速冲模，精密冲裁模以及硬质合金模具的冲压工作。

不论采用何种模架形式，选用模架的导柱和导套配合间隙均应小于冲裁或拉深等模具的间隙，一般，可根据凸、凹模间隙来选用模架等级。对冲裁模，若凸、凹模间隙小于0.03mm，可选用Ⅰ级精度滑动导向模架或0Ⅰ级精度滚动导向模架；大于0.03mm时，则可选用Ⅱ级精度滑动导向模架或0Ⅱ级精度滚动导向模架。拉深较厚的金属板（4～8mm）时，可选用Ⅱ级精度滑动导向模架或0Ⅱ级精度滚动导向模架。

## 8.10 冲模的装配与调试

冲模装配与调试是模具制造的最后阶段，也是制造中的关键工序，它包括装配、调整、检验和试模等工序内容。只有装配与调试均通过验收的冲模才算是合格的，才能交付验收。

### 8.10.1 冲模的装配要求

为保证冲模装配精度，使之具有良好的技术状态，装配完成后的冲模必须满足以下技术要求，这既是装配要求，同时也是检验的要求。

(1) 外观要求

冲模装配完成后，其模具外观应满足表8-28的要求。

表8-28　外观要求

| 项目 | 技术要求 |
| --- | --- |
| 铸造表面 | 1. 铸造表面应清理干净，光滑、美观无杂尘<br>2. 铸件表面应涂防锈漆 |
| 加工表面 | 模具加工表面应平整，无锈斑、锤痕及碰伤、焊补等 |
| 加工表面倒角 | 1. 加工表面除刃口、型孔外，锐边、尖角均应倒钝<br>2. 小型冲裁模倒角应≥2mm×45°、中型冲裁模倒角≥3mm×45°、大型冲裁模倒角≥5mm×45° |
| 打刻、编号 | 在模具的模板上应按规定打刻模具编号，使用压力机型号、工序号、装模高度、制造日期等 |

(2) 部件装配要求

表8-29给出了冲模主要部件的装配技术要求。

表8-29　主要部件的装配技术要求

| 安装部位 | 技术要求 |
| --- | --- |
| 凸模、凹模、凸凹模、侧刃与固定板的安装基面装配后的垂直度 | 1. 刃口间隙≤0.06mm时，在100mm长度上垂直度误差≤0.04mm<br>2. 刃口间隙≤0.06～0.15mm时，在100mm长度上垂直度误差≤0.08mm<br>3. 刃口间隙≥0.15mm时，在100mm长度上垂直度误差≤0.12mm |
| 凸模(凹模)与固定板的装配 | 1. 凸模(凹模)与固定板装配后，其安装尾部与固定板安装面必须在平面磨床上磨平至 $Ra1.6\sim0.8\mu m$ 以上<br>2. 对于多个凸模工作部分高度，必须按图样保持相对的尺寸要求，其相对误差不大于0.1mm<br>3. 在保证使用可靠的情况下，凸模、凹模在固定板上的固定允许用低熔点合金浇注 |
| 凸模(凹模)的拼合 | 1. 装配后的冲裁凸模或凹模，凡是由多件拼块拼合而成的，其刃口两侧的平面应完全一致、无接缝感觉以及刃口转角处非工作的接缝面不允许有接缝及缝隙存在<br>2. 对于由多拼块拼合而成的弯曲、拉深、翻边、成形等的凸模、凹模，其工作表面允许在接缝处稍有不平现象，平面度不大于0.02mm<br>3. 装配后的凸模工作表面与凹模型腔表面不允许留有任何细微的磨削痕迹及其他缺陷 |
| 导柱压入模座后的垂直度 | 导柱压入下模座后的垂直度在100mm长度范围内误差为：<br>滚珠导柱类模架<0.005mm<br>滑动导柱Ⅰ类模架≤0.01mm<br>滑动导柱Ⅱ类模架≤0.015mm<br>滑动导柱Ⅲ类模架≤0.02mm |
| 导料板的装配 | 1. 装配后上模导料板的导向面应与凹模进料中心线平行。对于一般冲裁模其平行度误差不得大于100mm：0.05mm<br>2. 左右导板的导向面之间的平行度误差不得大于100mm：0.02mm |

续表

| 安装部位 | 技术要求 |
| --- | --- |
| 斜楔及滑块导向装置 | 1. 模具利用斜楔、滑块等零件，作多方向运动的结构，其相对斜面必须吻合。吻合程度在吻合面纵横方向上，均不得小于3/4长度<br>2. 预定方向的偏差不得大于100mm∶0.03mm<br>3. 导滑部分必须活动正常，不能有阻滞现象发生 |
| 模柄对上模板安装面垂直度 | 在100mm长度范围内应不大于0.05mm |
| 浮动模柄安装 | 浮动模柄结构中，传递压力的凹凸球面必须在摇动及旋转的情况下吻合，其吻合接触面积应不少于应接触面的80% |

### （3）紧固件技术要求

表8-30给出了模具所用紧固件的装配技术要求。

**表8-30　紧固件的装配技术要求**

| 紧固件名称 | 技术要求 |
| --- | --- |
| 螺钉 | 1. 装配后的螺钉必须拧紧，不许有任何松动现象<br>2. 螺钉拧紧部分的长度对于钢件及铸钢件连接长度不小于螺钉直径，对铸铁件连接长度应不小于螺纹直径的1.5倍<br>3. 螺钉头部不能高出安装平面，一般应低于安装平面1mm以上 |
| 圆柱销 | 1. 圆柱销连接两个零件时，每一个零件都应有圆柱销1.5倍直径的长度占有量（销深入零件深度大于1.5倍圆柱销直径）<br>2. 圆柱销与销孔的配合松紧应适度<br>3. 圆柱销端面不能高出安装平面，一般应低于安装平面1mm以上 |

### （4）凸模、凹模间隙技术要求

表8-31给出了凸模、凹模间隙的技术要求。

**表8-31　凸模、凹模间隙的技术要求**

| 模具类型 | | 技术要求 |
| --- | --- | --- |
| 冲裁凸模、凹模 | | 1. 间隙必须均匀，其误差不大于规定间隙的10%<br>2. 局部尖角或转角处误差不大于规定间隙的30% |
| 压弯、成形类凸模、凹模 | | 装配后的凸模、凹模四周间隙必须均匀，其装配后的偏差值最大不应大于"料厚＋料厚的上偏差"，而最小值不应小于"料厚＋料厚的下偏差" |
| 拉深模 | 形状简单 | 各向间隙应均匀一致 |
| | 形状复杂 | 与压弯、成形类凸凹模间隙控制法相同 |

### （5）闭合高度

装配好的模具，其闭合高度应符合图样规定的要求，闭合高度尺寸公差见表8-32。

**表8-32　闭合高度尺寸公差**　　单位：mm

| 闭合高度尺寸 | 公差 |
| --- | --- |
| ≤200 | ＋1<br>－3 |
| 200～400 | ＋2<br>－5 |
| ＞400 | ＋3<br>－7 |

### （6）顶出卸料件技术要求

模具装配完成后，其卸料机构动作应灵活，无卡紧现象，且弹簧、卸料橡胶应有足够的弹力及卸料力。表 8-33 给出了顶出卸料件的技术要求。

表 8-33 顶出卸料件的技术要求

| 顶出卸料件 | 技术要求 |
| --- | --- |
| 卸料板、推件板、顶板的安装 | 1. 装配后的冲压模具，其卸料板、推件板、顶板、顶圈均应露出凹模面、凸模顶端、凸凹模顶端 0.5～1mm<br>2. 图样另有要求时，按图样要求进行检查 |
| 弯曲模顶件板装配 | 装配后的弯曲模顶件板，在处于最低位置（即工作最后位置）时，应与相应弯曲拼块接齐，但允许顶件板低于相应拼块。其公差在料厚为 1mm 以下时为 0.01～0.02mm；料厚大于 1mm 时，为 0.02～0.04mm |
| 顶杆、推杆装配 | 顶杆、推杆装配时，长度应保持一致。在一副冲模内，同一长度的顶杆，其长度误差允许不大于 0.1mm |
| 卸料螺钉 | 在同一副模具内，卸料螺钉应选择一致，以保持卸料板的压料面与模具安装基面平行度误差在 100mm 长度内不大于 0.05mm |
| 螺杆与推杆孔 | 模具的上模座、下模座，凡安装弹顶装置的螺杆孔或推杆孔，除图样上有标注外，一律在坐标的中心。其允许偏差对于导向模架应不大于 1mm；对于铸件底座应不大于 2mm |

### （7）模板间平行度

装配后的冲模上模板上平面对下模板下平面应满足以下平行度公差要求，其平行度允差参见表 8-34。

表 8-34 模板间平行度允差值　　单位：mm

| 模具类型 | 刃口间隙 | 凹模尺寸（长＋宽或直径 2 倍） | 300mm 内平行度允差 |
| --- | --- | --- | --- |
| 冲裁模 | ≤0.06 | — | 0.06 |
| | >0.06 | ≤350 | 0.08 |
| | | >350 | 0.10 |
| 其他类冲模 | — | ≤350 | 0.10 |
| | | >350 | 0.14 |

注：1. 刃口间隙取平均值。
2. 包含有冲裁性质的其他类冲模按冲裁类冲模装配。

### （8）漏料孔

下模座漏料孔一般按凹模孔尺寸每边应放大 0.5～1mm。漏料应通畅，且无卡住现象。

### （9）装配精度

总体装配完成的冲模应满足以下装配精度要求：

① 冲模各零件的材料、形状尺寸、加工精度、表面粗糙度和热处理等技术要求，均应符合图样设计要求。

② 凸、凹模之间的配合间隙要符合设计要求，并要保障各向均匀一致。

③ 模具的模板上平面对模板下平面要保证一定平行度要求，见表 8-34。

④ 安装于压力机上、下模板安装孔（槽）之相对位置公差不应大于±1mm。

⑤ 模柄装入上模板后，其圆柱部分与上模板上平面的垂直度允差应符合图样要求，凸模安装后其与固定板垂直度允差应符合图样要求。

⑥ 装配后的冲模，上模沿导柱上、下移动时，应平稳无滞涩现象。选用的导柱、导套

在配对时应符合规定的等级要求；若选用标准模架，其模架的精度等级要满足制件所需的精度要求。

⑦ 装配后冲模各活动部位应保证静态下位置准确，工作时配合间隙适当，运动平稳可靠。

⑧ 装配后的冲模，在安装条件下要进行试冲。在试冲时，条料与坯件定位要准确、安全、可靠，对于连续及自动冲模要畅通无阻，同时出件、退料顺利。

### 8.10.2 冲模的装配工艺过程

冲模装配工艺过程就是按冲模设计的总装配图，把所有的冲模零件连接起来，使之成为一体，并能达到冲模所规定的技术要求的一种加工工艺。为保证冲模上述各项装配技术要求，一定要按装配工艺规程进行装配。

**（1）模具的装配工艺步骤**

装配质量的好坏，将直接影响到冲件的质量和冲模的耐用度及使用寿命。冲模装配工艺过程一般按以下步骤进行：

① 熟悉和研究装配图　装配图是冲模进行装配的主要技术依据。通过对装配图的分析与研究，应了解所要装配冲模的主要特点和技术要求，各零件的安装部位及其作用，零件与零件间相互位置、配合关系以及连接方式，从而确定合理的装配基准、装配方法和装配顺序。

② 清理检查零件　根据总装图上的模具零件明细表，对零件进行清点和清洗，并检查主要零件的尺寸和形位精度，查明各部分配合面的间隙，加工余量及有无变形和裂纹等缺陷。

③ 布置好工作场地　准备好所需的工、卡、量具及设备。

④ 准备标准件及材料　按图样要求备好标准螺钉、销钉、弹簧、橡胶或装配时所需的辅助材料如低熔点合金、环氧树脂、无机黏结剂等。

⑤ 组件装配　组件装配是指冲模在总装配之前，将两个或两个以上的零件按照规定的技术要求连接成一个组件的局部装配工作，如模架的组装，凸模、凹模与其固定板的组装，卸料零件的组装等。组件的装配质量对整副模具的装配精度将起到一定的保证作用。

⑥ 总装配　冲模的总装配，是将零件及组件连接在一起成为模具整体的全过程。冲模在总装前，应选择好装配的基准件，安排好上、下模的安装顺序，然后进行装配。

⑦ 调试及验收　模具完成装配后，要按模具验收技术条件检验冲模的各部分功能，并通过试冲，对其进行调整，直到冲出合格的工件来，模具才能交付使用。

**（2）模具的装配工艺要点**

表 8-35 给出了模具装配时，各操作工序的装配工艺要点。

**表 8-35　模具装配工艺要点**

| 序号 | 项目 | 装配要点 |
| --- | --- | --- |
| 1 | 分析模具装配图 | 模具装配图是模具装配工作的主要依据。通过对模具装配图的分析，了解产品尺寸形状、模具结构、主要技术参数、零件连接方式和配合性质、冲裁间隙要求，以便确定装配基准、装配工艺 |
| 2 | 组织工作场地 | (1)根据模具结构和装配工艺，确定工作场地<br>(2)准备工、量、夹具和辅助设备 |
| 3 | 清理、检测待装零件 | (1)根据图样检测各零部件<br>(2)清洗检测合格后的模具零部件 |

续表

| 序号 | 项目 | 装配要点 |
| --- | --- | --- |
| 4 | 冲裁模常用装配顺序 | (1)装配下模部分:依据装配顺序装配下模各零件<br>(2)装配上模部分:一般先将凸模装配在固定板上,再装配其他零件<br>(3)上下模合模调整模具的相对位置,主要调整模具冲裁间隙<br>(4)紧固下模没紧固的零件,紧固完成后再次检查冲裁间隙<br>(5)紧固上模没紧固的零件,紧固完成后需再次检查冲裁间隙<br>(6)检查装配质量 |
| 5 | 试冲和调整 | 试冲时可用切纸(纸厚等于料厚)试冲及上机试冲两种方法。试冲出的制品零件要仔细检查。如试冲时发现间隙不均匀、毛刺过大,应进行重新装配调整,试冲合格后再钻、铰销钉孔定位 |

(3)冲模装配的方法

冲模制造属单件小批量生产，且零件相互间的配合精度要求较高，因此，传统的冲模装配工艺基本上采用修配和调整的方法进行。近年来，模具加工技术的飞速发展，先进数控技术及计算机加工系统的大量运用，使模具零件可以很方便地进行高精度加工，同时，模具检测手段的日益完善，也使装配及质量的保证变得越来越简捷。装配时，只要将加工好的零件直接连接，不必或少量调试就能满足模具较高的装配精度要求，两种冲模装配方法主要有以下特点：

① 配作装配法　又称修配装配法。即在零件加工时，只需对与装配有关的必要部位进行高精度加工，相配合的零件装配时修去预留的修配量以达到装配精度。如冲孔模加工时，可将凸模的工作刃口按图样规定的尺寸和公差加工，凹模则不必精加工，留有一定的修配余量，按凸模配合加工，在装配时配合凸模修整到所规定间隙尺寸。这样做，可以获得较高的装配精度，而零件的制造公差可以放宽。这种方法，即使没有坐标镗床等高精度设备，也能装配出高质量的模具，但耗费的工时较多，并且需要钳工有很高的实践经验和技术水平。

② 直接装配法　又称互换装配法。即在零件加工时，将所有零件的型孔、型面及安装孔，全按图样加工完毕，装配时只要把零件连接在一起即可。当装配后的位置精度较差时，应通过修正零件来进行调整。其实质就是用控制零件加工误差的方法来保证装配精度。这种装配方法简便迅速，且便于零件的互换，但模具的装配精度取决于零件加工精度。为此，要有先进高精度的加工设备及测量装置才能保证模具的质量。

### 8.10.3 冲模的装配方法及要点

为保证冲模的装配质量，冲模装配人员必须根据模具的结构特点及本企业的生产加工能力等情况，选择合适的装配顺序、装配方法。

(1)冲裁模的装配

冲模模装配时，应注意按以下装配顺序、装配方法进行。

① 装配顺序的选择　在进行冲裁模装配时，为了确保凸、凹模间隙均匀，必须先确定好装配顺序，才能开始总装。其原则是：

a. 无导向冲模。上、下模分别安装，在机床上安装后进行调整。

b. 有导向装置的单工序冲模。组装部件后，可先选装上模（或下模）作为基准件，并将紧固螺钉、圆柱销紧固，再装下模（或上模），但不要先将螺钉、圆柱销固死，等与先组装的基准配合、间隙调好，其他零件以基准配装、试切合格后再将螺钉及销钉固紧。

c. 有导柱的复合模。与单工序冲模不同，复合模装配时，上、下模的配合稍不准，就会导致整副模具的损坏，所以装配时不得有丝毫差错。复合模分正装式（落料凹模安装在上模）和倒装式（落料凹模安装在下模）复合模两种结构形式，由于凸凹模位置的不同，装配的方法也略有不同，但一般均是通过先借助于凸凹模之外的工作零件找出并确定凸凹模位置，再以凸凹模为基准，分别调正其他工作零件的位置，以保证模具的间隙。

对于倒装式复合模，一般先安装上模，然后借助上模中的冲孔凸模以及安装在上模的落料凹模孔，找出下模的凸凹模位置，并按冲孔凹模孔在下模板上加工出漏料孔，这样可以保证上模中的卸料装置能与模柄中心轴线对正，避免漏料孔错位，最后，将下模其他零件以上模为基准装配。

对于凹模在下模上的正装式复合模，最好先装配下模，并以其为基准再安装上模。

d. 有导柱的连续模。连续模是一种多工序冲模，它不仅有由多道冲裁工序组成的连续模（级进模），往往还带有弯曲、拉深、成形等多种工序。由于在送料的方向上具有两个或两个以上的工位，因此，这类冲模的加工与装配要求较高，难度也较大，若步距和定位稍有误差，就很难保证制品内、外形状相对位置一致。因此，凹模各型孔的相对位置及步距一定要加工、装配准确。

连续模（级进模）装配一般选择凹模为装配基准件，装配时，先装配下模，再以下模为准，配装上模。由于级进模的结构多数采用镶拼形式，由若干块拼块或镶块组成，为便于调整准确步距和保证间隙均匀，对拼块凹模的装配原则是：先把步距调整准确，并进行各组凸、凹模的预配，检查间隙均匀程度，修正合格后再把凹模压入凹模固定板，然后再把其装入下模座，之后以凹模定位，再把凸模装入上模，待用切纸法试冲达到要求后，用销钉定位固定，再装入其他辅助零件。

一般装配步骤为：装配准备→装配模柄→装配导柱、导套→装配凸模→装配凹模→安装下（上）模→配装上（下）模→调整间隙→固紧上（下）模→装卸料板→试切与调整→打刻编号。

应该指出的是，各类冲模的装配顺序并非一成不变，主要根据冲模结构操作者的加工经验习惯而定。

② 装配工艺方法的选择　冲裁模的装配工艺方法主要有配作和直接装配两种，具体选用哪一种，需根据企业生产设备及操作人员技术水平来确定。

③ 装配要点　制造一副合格的冲模需要合理的装配工艺来保证。冲裁模的装配应遵循以下要点。

a. 要合理选择装配方法。必须充分考虑和分析模具的结构特点及零件的加工工艺和加工精度等因素，以选择最方便又最可靠的装配方法来保证模具的装配质量。

b. 要合理确定装配顺序，以确保装配质量及间隙的均匀性。一般来说，冲模装配前应先选择装配基准件。基准件原则上按照冲模主要零件加工时的依赖关系来确定。可作装配时基准件的零件有固定板、凸模、凹模等。

c. 要合理控制凸、凹模间隙大小及均匀性，保证凸、凹模间隙的大小及均匀性是模具装配的关键。

d. 要保障装配后的冲模动作灵活、协调，能试切出合格的工件。

e. 要保证装配尺寸精度，如模具的闭合高度及各零件的配合精度等，符合图样要求。

**（2）弯曲模的装配**

弯曲模的装配方法与冲裁模基本相同，一般可按以下步骤及方法进行。

① 弯曲模的装配顺序　在装配弯曲模时，其装配顺序的选择是保证弯曲模精度的基础。对于无导向弯曲模，上、下模一般按图样分开安装，凸、凹模的间隙控制是借助试冲时压力机的滑块位置及靠垫片和标准样件来保证的；对于有导向弯曲模，一般先装下模，并以凹模为基准再安装上模，凸模与凹模间隙靠标准样件调试及研配。

② 装配工艺方法　弯曲模的装配基本上与冲裁模相似，有配作和直接装配两种方法。对于一般弯曲模，其零件加工应按图样加工后直接进行装配；而对于复杂形状的弯曲模，应借助于事先准备好的样件，按凸模（凹模）研修凹模（凸模）的曲面形状后，分别装在上、下模上进行研配；对于大型弯曲模应安放在研配压力机上研配，并保证间隙值。

在装配时，一般是按样件调整凸凹模间隙值。同时，在选用卸料弹簧及卸料橡胶时，一定要保证有足够的弹力。

③ 装配步骤　以下通过图 8-12 所示通用弯曲模简述弯曲模的装配步骤。

a. 装前准备工作。识读模具图样，了解模具结构组成及弯曲工作过程。如图 8-12 所示模具，经对模具进行识读，可知其是一无导向装置的 V 形与 U 形通用弯曲模，且只要更换凸模 2 及两块凹模 7 即可弯曲不同形状及尺寸的制品。制品成形后由顶块 3 通过弹顶器（模座下无画出）带动顶杆 6 将制件卸出。此外，在模具装配前，还应针对模具图样，检查参与装配的零件，同时准备模具连接用的螺钉、销钉等标准件。

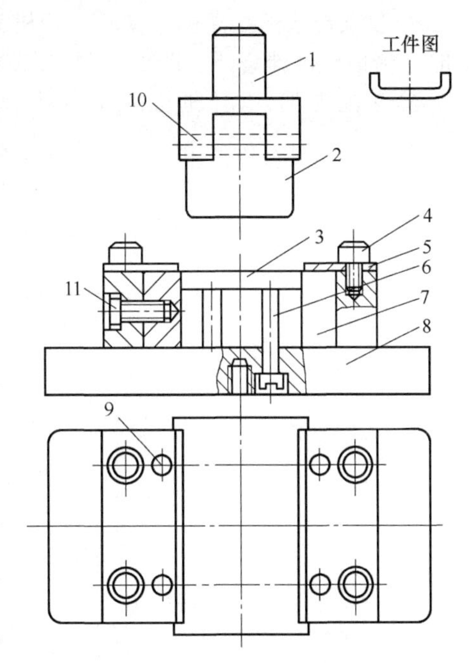


图 8-12　通用弯曲模

1—模柄；2—凸模；3—顶块；4，9，11—螺钉；5—定位板；6—顶杆；7—凹模；8—模座；10—销钉

b. 装下模。将凹模 7 按图样要求安装在模座 8 上，并将定位板 5 装好，但不要固紧。

c. 装上模。将凸模 2 安装在模柄槽中，须使凸模上平面与模柄槽底接触，并穿入销钉 10。

d. 制作标准样件。制作与制品一样的厚度标准样件（按产品图材料采用铜或铝板）套在凸模上。

e. 调整间隙及试冲。将装好的上、下模分别固定在压力机滑块及工作台面上，用制作的样件控制凸、凹模间隙，调好压力机行程，即可试冲，检验合格则将下模螺钉紧固，可交付使用。

**（3）拉深模的装配**

尽管拉深模结构多样、拉深形状各异，但拉深模的装配基本上与冲裁模、弯曲模装配方法相似，可采用直接装配和配作装配两种方法进行。

① 装配顺序的选择　拉深模装配顺序的选择是保证拉深模精度的基础。与弯曲模装配一样，其装配顺序的选择也分无导向装置拉深模及有导向装置拉深模两种形式。

a. 无导向装置的拉深模，上、下模可分别按图样装配，其间隙的调整，待安装到压力机上试冲时进行。

b. 有导向装置的拉深模，按其结构特点先选择组装上模（或下模），再用标准样件或垫片法边调整间隙边组装下模（或上模），然后再进行调整。

② 装配组装方法　拉深模的装配方法与冲裁模、弯曲模的装配基本上相似，也是根据拉深模的复杂程度，拉深模零件的加工精密程度情况，有针对性地选择配作法或直接装配法。通常可按以下方法选择。

a. 形状简单的拉深模，如筒形零件及盒形件，其拉深凸、凹模一般按设计要求加工后直接进行装配，并要保证间隙值。

b. 复杂形状的拉深模，其凸、凹模采用机械加工如铣、仿形及电火花加工后，需在装配时，借助样件锉修凸、凹模和调整间隙，即采用配作法进行加工与装配。

③ 装配要点　以下通过图 8-13 所示落料、拉深复合模简述拉深模的装配要点。

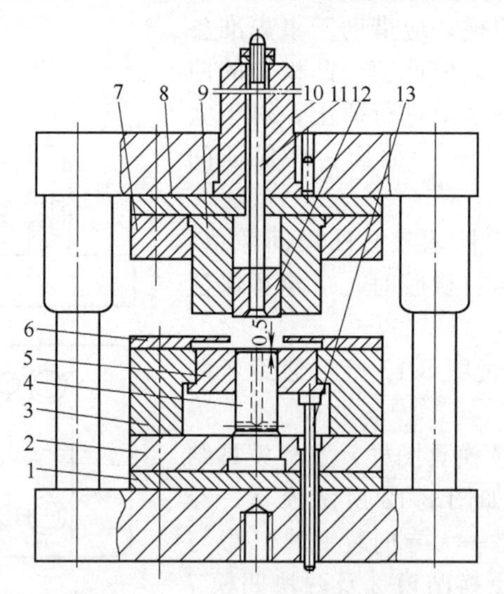


图 8-13　落料、拉深复合模

1—下垫板；2—凸模固定板；3—落料凹模；4—凸模；5—下顶件器；6—卸料板；7—上固定板；8—上垫板；9—凸凹模；10—模柄；11—打料杆；12—顶件器；13—顶杆

分析图 8-13 所示拉深模结构可知：该拉深模能同时完成落料及拉深成形两道工序，所冲板料经落料、拉深成形后，从上模由上顶件口推出，拉深时的压边力是由安装于模具下部的弹顶机构（图中未标出）通过顶杆 13 来提供的。此类冲模加工适用于圆筒形拉深及矩形盒件的拉深。其加工及装配要点见表 8-36。

**表 8-36　落料拉深复合模加工及装配要点**

| 加工装配项目 | 加工及装配说明 |
| --- | --- |
| 零件加工及部件装配 | 1. 本模具所有零件由于形状简单，可直接通过机械加工完成，如凸凹模 9、落料凹模 3 以及凸模 4 均应按图样加工，并在精加工时确保表面质量及间隙值<br>2. 模架选用标准模架<br>3. 凸模 4、凸凹模 9 采用压入固定法安装在固定板上，并应固定牢固 |
| 装配上模 | 1. 选用凸凹模 9 作为基准件将上模进行安装及固定<br>2. 安装好上顶件机构 |
| 配装下模 | 1. 以上模、凸凹模 9 为基准件安装下模各零件<br>2. 将样件放在凸凹模、凹模、凸模之间，调整好间隙后再紧固下模各零件<br>3. 配装下模时，应注意下述工艺要求：<br>①拉深凸模 4 应低于落料凹模 3 约 0.15mm<br>②下顶件器 5 应不高于落料凹模 3 的刃口平面<br>③顶件器 12 的长度应保持一致，使其压边及顶料受力平衡，并要突出凸凹模 9 下平面<br>④上、下模顶件机构装配后应动作灵活，无涩滞现象 |
| 试冲与调整 | 将装配后的模具安装到指定的压力机上，进行试冲拉深并调整，直到制出合格制品为止 |

## 8.10.4 冲模调试的内容及要求

模具的试冲与调整简称为调试，习惯上又称为试模。

（1）试模的目的

① 发现模具设计与制造中存在的问题，以便对原设计、加工与装配中的工艺缺陷加以改正与修正，加工出合格的制品。

② 通过试冲与调整，能初步提供出制品的成形条件及工艺规程。

③ 试模调整后，可以确定前一道工序的毛坯形状及尺寸。

④ 验证模具的质量与精度，作为交付使用依据。

（2）试模的内容

① 将模具安装在指定的压力机上。

② 用指定的材料（板料）在模具上试冲出成品。

③ 检查制品质量，并分析质量缺陷及产生原因，设法修整模具直至能试生产出一批完全符合图样要求的合格制品。

④ 排除影响生产、安全、质量和操作的各种不利因素。

⑤ 根据设计要求，确定某些模具零件的尺寸，如拉深模凸、凹模圆角大小，以及拉深前、落料坯料尺寸及形状。

⑥ 经试模编制出冲压制品生产工艺规程。

（3）试模的要求

冲模试模的要求是多方面的，不但对冲模本身有要求，还对试模的测量、设备等方面有要求。

① 冲模的质量与外观要求：

a. 冲模装配后，要按冲模技术条件经全面检验合格后，方能安装在指定型号、规格压力机上试冲。

b. 冲模的外观应完好无损，各活动部位需在空载运行下，动作灵活，并应涂以润滑剂润滑后进行试模。

② 试冲材料要求：

a. 试模用的原材料牌号、规格应符合工艺要求，并经检验合格。

b. 试模用的条料（卷料）形状和尺寸要符合工艺规定，其表面要平直，无油污及杂物。

③ 冲压设备要求：调试所用压力机主要技术参数（公称压力、行程、装模高度）应符合工艺要求，并能保证冲模顺利安装，压力机的运行状况应良好、稳定。

④ 试冲件数要求：试冲数量应根据用户要求而定，一般情况下，小型冲模≥50 件；硅钢片≥200 片。自动冲模连续时间≥3min。

⑤ 冲件质量要求：试冲的制品经检查后，尺寸、形状及表面质量精度要符合制品规定要求。其冲裁模毛刺不得超过所规定数值，断面光亮带要分布合理均匀，弯曲、拉深、成形件要符合图样规定的要求。

⑥ 冲模交付使用要求：

a. 模具要能顺利、方便地安装到工艺要求的压力机上。

b. 能批量稳定地冲制出合格制品零件。

c. 能保证生产操作安全。

（4）试模注意事项

a. 试模所用材料的牌号、力学性能、厚度均应符合产品图样规定的要求，一般不得代用。

b. 试模条料宽度，应符合工艺规程要求。若连续模试模时，条料或卷料的宽度应比导板间距离小 0.1～0.15mm，而且宽窄一致，并在长度方向上要平直。

c. 模具应在所要求设备上试冲，并要固紧无松动。

d. 模具在试模前要进行一次全面检查，认为无误后才能安装试冲，在使用中要加强润滑。

e. 试模过程中，除模具装配者本人参加外，应邀请模具设计、工艺人员、质检人员、管理人员、用户共同参与。

（5）模具的安装与调整

各类冲模（冲裁模、精冲模、弯曲模等）的安装与调整按本书前述各章的相关内容进行。

## 8.11 冲模装配质量的控制

（1）合理选择装配方法

在装配过程中，究竟选择哪种装配方法，应充分分析加工企业的机床设备、生产方式、冲模特点以及冲模零件的加工工艺和加工精度等因素，选择最方便又最可靠的装配方法来保证冲模的装配质量和装配精度。一般来说，直接装配法适用于模具加工设备齐全、具有高精度机械加工、电加工设备及高精密测量仪的大中型专业模具生产厂；配作装配法对精密设备比较少，而冲模精度要求又比较高的中小工厂较为适宜。

（2）正确确定装配顺序

各类冲模的装配顺序并不是一成不变的，主要应根据冲模的结构特点、操作者的操作经验以及是否方便调整来保证装配后的精度，一般可按以下原则进行：

① 以卸料板作基准进行装配时，应通过卸料板导向孔将凸模装入固定板，先组装上模，然后再以凸模为基准装下模中的凹模，这样可以确保凸、凹模配合间隙及精度。

② 对无导向冲模，一般上、下模的装配顺序没有严格要求，可分别进行装配。而对于有导柱导向的冲模，一般先组装下模，然后以下模安装好的凹模为基准，配装上模的凸模，并组装上模及各配件。

③ 对复合模，一般应先借助于凸凹模之外的工作零件找出并确定凸凹模位置，再以凸凹模为基准，适当调整并确定其他工作零件的位置，以保证装配精度。

④ 对有导柱的级进模，为便于调整准确步距，一般先装配下模，再以下模组装后的凹模孔为基准将凸模通过刮料板导向，准确装配上模。

（3）严格控制部件的装配质量

在冲模装配过程中，除了模架组装外，凸模或凹模在固定板上的装配是主要的部件装配。其安装质量直接影响到冲模的使用寿命和精度的高低。因此，在凸（凹）模与固定板组装过程中，必须严加控制，主要从以下方面进行：

① 固定部位的控制　凸（凹）模的固定形式主要有：螺钉紧固、直接压入固定、热压固定及化学固定几种，其固定部位质量主要有以下要求。

a. 采用螺钉紧固装配的凸（凹）模［见图 8-14（a)］，其与安装孔应采用 H7/m6 的配合形式，装配后应固紧、不能松动，且两接触端面 A 应贴死，不允许有缝隙；采用直接压入固定的凸（凹）模［见图 8-14（b)］，其与安装孔应采用 H7/m6 或 H7/n6 的配合形式，安装后应与固定板的支承面在同一平面上，即将两接触端面 B 一起磨平。

b. 采用热压法固定时，其过盈量应选用配合尺寸的 0.1%～0.2%。

c. 采用低熔点合金、环氧树脂或无机黏结剂黏结时，凸模与固定板孔间应有一定间隙，其间隙值应根据选用的填充、黏结介质不同选用，如图 8-15 所示。固定时，环氧树脂和低熔点合金一定要填实，经固化后不得松动。

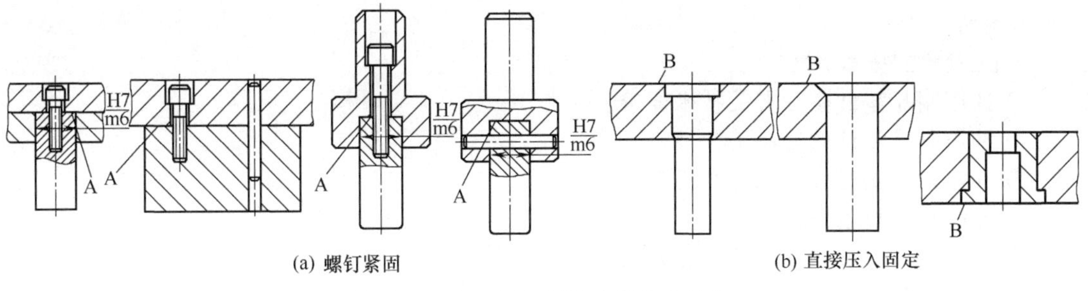


(a) 螺钉紧固　(b) 直接压入固定

图 8-14　凸（凹）模配合部位的控制

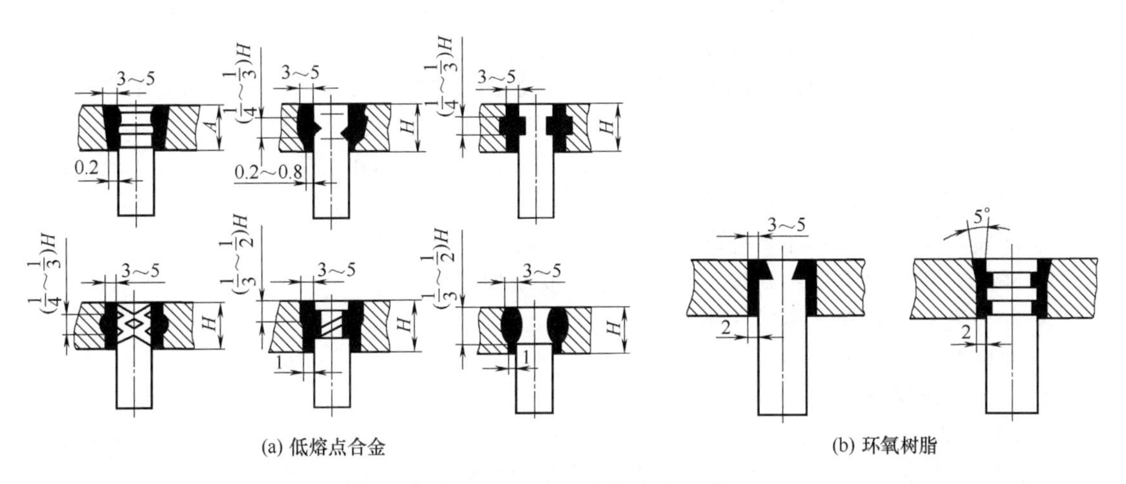


(a) 低熔点合金　(b) 环氧树脂

图 8-15　凸（凹）模化学固定

② 安装位置的控制　凸模（凹模）在固定板上固定后，凸模（凹模）的中心轴线必须与固定板的安装基面垂直，一般垂直度不应大于 0.02mm，薄板料冲模不应大于 0.01mm。为了达到这个目的，在压入时，应始终用角度尺（直角尺）进行检查，不合适时应随时进行调整，如图 8-16 所示。

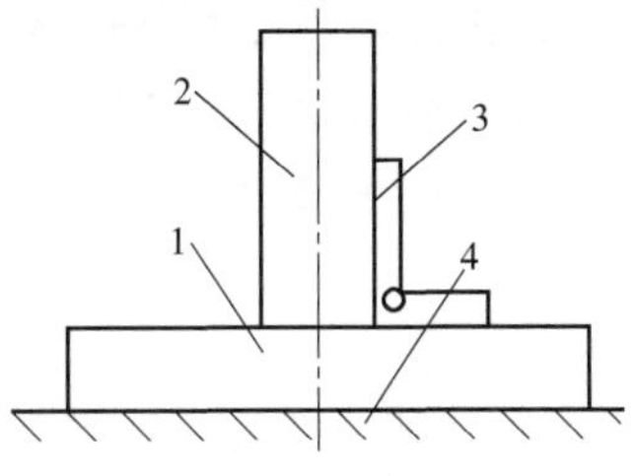

图 8-16　凸（凹）模垂直度控制

1—固定板；2—凸模；3—角度尺；4—平台

（4）控制间隙的均匀性

冲模间隙的大小及其均匀性，对冲压件质量及冲模寿命有很大影响。在装配冲模时，凸模、凹模间隙的控制可参照表 8-11 进行，此外，对于一般冲模，包括多个凸模的冲模，可以根据模具的结构先确定其中一件（凸模或凹模）的位置，然后以该件为基准，用找正间隙的方法，确定另一件的位置。在一般情况下，首先安装凹模，并以凹模为准，配制安装凸模，并保证其间隙值及均匀性。

对于复合模应先安装固定凸凹模，然后以凸凹模为基准，确定冲孔凸模或落料凹模位置，并保证其间隙值。对于级进模，一般先安装固定凹模，然后根据凹模孔，借助卸料板孔导向，再确定各凸模在固定板上的位置，并找正间隙，保证其均匀性。

## 8.12　冲模验收的质量控制

冲模经装配、试模调整后，要进行验收以交付使用。冲模验收主要由制造企业负责组织、冲模使用单位负责具体验收，并由双方的设计、工艺和检验部门有关人员参加，其验收方法和规程如下。

（1）验收的技术依据

① 冲压制品零件图和有关技术要求。

② 冲压制品零件的冲压工艺规程。

③ 冲模设计图样和制造工艺规程。

④ 冲模验收技术条件。

⑤ 双方签订的合同文本及有关要求。

（2）验收项目及内容

冲模验收主要根据验收技术条件和合同文本所规定要求进行检查。模具验收检测项目及要求可参照本章“8.10.1 冲模的装配要求”进行。

此外，还需对冲模工作稳定性进行检查，一般在正常生产条件下，若能连续工作 8h 无差错，即可认定冲模稳定性较好。冲模稳定性检查时，要符合如下要求：

① 冲模工作系统安装要牢固、可靠；活动部位要灵活、动作平稳协调；定位要准确。

② 卸料、退料机构动作要灵活，工作顺畅。

③ 冲模各主要受力零件要有足够强度。

④ 冲模安装后要平稳；调整、维修方便，安全性能好。

⑤ 冲模配件、附件、易损件要齐全。

⑥ 冲模要方便使用。

（3）验收后交接程序

冲模经验收合格后，制、用双方即可按合同进行交接，并装箱组织发货运输。在交接时双方在验收合格单上签字后，制造方还应给使用方随模附带下述技术性文件：

① 模具设计图样，以作为使用方维修依据。

② 冲模检验记录及验收合格证书。

③ 试冲合格制品零件 3～15 件。

④ 冲模使用说明书。

# 第9章 冲压加工过程的质量管理

## 9.1 冲压加工的生产现场管理

生产现场管理是生产管理的重要组成部分，也是实现安全、合理和有效生产的基础。冲压加工的生产现场管理主要包括：生产现场管理、冲压加工的安全管理等，主要由冲压生产车间负责。由于每类因素都直接影响到所加工冲压件的质量，因此，必须进行严格控制。

### 9.1.1 冲压生产现场的要求

良好的冲压生产环境，不但有助于冲压产品质量的保证，而且有利于操作人员的人身健康。冲压生产现场主要包括冲压车间的作业条件、作业环境、冲压生产现场的安全保护等。

**（1）生产作业环境要求**

冷冲压生产场地应为操作者提供在生理上和心理上的良好作业环境，生产场地的温度、通风、光照度和噪声等应符合劳动卫生要求，不仅有利于劳动者的安全和健康，还有助于提高生产率，对保证冲压件质量起到促进作用。

为劳动者创造一个符合劳动卫生要求、保护工人健康的生产环境的条件，应以GB/T 8176—2012《冲压车间安全生产通则》中所规定的各项安全规则和要求，作为安全生产和安全管理的规范和依据。冲压操作者应熟知这些内容。

① 温度　室内工作地点的空气温度，冬季应不低于12～15℃，夏季不超过32℃，当超过时，应采取有效的调温措施。

② 通风　室内工作地点需有良好的空气循环。应以自然通风为主，必要时加以净化处理。对加热、清洗、烘干设备，应装设通风装置。

③ 光照度　车间工作空间应有良好的光照度，一般工作面不应低于150lx，各工作点的光照度不应低于表9-1所列数值。

表9-1　冲压车间光照度

| 工作面和工作点 | 光照度/lx |
|---|---|
| 剪切机的工作台面，水平光照度 | 500 |
| 压力机上的下模，水平光照度 | 500 |
| 压力机上的上模，垂直光照度 | 500 |
| 压力机控制按钮，垂直光照度 | 300 |
| 压力机启动踏板，水平光照度 | 150 |
| 车间内部仓库的地面上光照度 | 100 |

采用天然光照明时，不允许太阳光直接照射工作空间；采用人工照明时，不得干扰光电保护装置，并应防止产生频闪效应。

除安全灯和指示灯外，不应采用有色光源照明。

④ 噪声　车间噪声级应符合《工业企业噪声卫生标准》。

压力机、剪板机等空运转时的噪声值不得超过 85dB。冲压设备各部位（如压力机滑块下行）的噪声值应符合相应规定要求。

工厂必须采取有效措施消减车间噪声和振动，减少噪声源及其传播；采用吸音墙或隔音板吸收噪声并防止向四周传播；采用减振基础吸收振动；把产生强烈噪声的压力机封闭在隔音室或隔音罩中等。

一般来说，噪声值在 80dB 以下对人体及其听觉没有什么影响，在 90dB 以下对 85％的人无影响，因此，对超过 90dB 的工作场所，应采取措施加以改进，在改造之前，工厂应为操作者配耳塞（耳罩）或其他护耳用品，常用防护用具及效果见表 9-2。

表 9-2　常用防护用具及效果

| 种类 | 使用说明 | 质量/g | 衰减/dB |
|---|---|---|---|
| 棉花 | 塞在耳内 | 1～5 | 5～10 |
| 棉花加蜡 | 塞在耳内 | 1～5 | 15～30 |
| 伞形耳塞 | 塑料或人造橡胶 | 1～5 | 15～35 |
| 柱形耳塞 | 乙烯套充蜡 | 3～5 | 20～35 |
| 耳罩 | 罩壳上衬海绵 | 250～300 | 15～35 |
| 防声头盔 | 头盔上衬海绵 | 1500 | 30～50 |

强噪声的安全限度和我国工业企业噪声卫生标准见表 9-3、表 9-4。

表 9-3　强噪声的安全限度

| 耳朵无保护 | | 耳朵有保护 | |
|---|---|---|---|
| 噪声声压级/dB | 最大允许暴露时间 | 噪声声压级/dB | 最大允许暴露时间 |
| 108 | 1h | 112 | 8h |
| 120 | 5min | 120 | 1h |
| 130 | 30s | 132 | 5min |
| 135 | ＜10s | 142 | 30s |
| | | 147 | 10s |

表 9-4　我国工业企业噪声卫生标准

| 新建、扩建、改建企业 | | 现有企业 |
|---|---|---|
| 每个工作口接触噪声时间/h | 允许噪声/dB | 暂时达不到标准时允许噪声参考值/dB |
| 8 | 85 | 90 |
| 4 | 88 | 93 |
| 2 | 91 | 96 |
| 1 | 94 | 99 |

注：噪声最高不得超过 115dB。

（2）生产场地的要求

车间生产设备的平面布置除满足工艺要求外，还应符合安全、卫生和环境保护标准规范，因此，生产场地的管理除了监督并规范生产设备的排列间距，以有利于安全操作外，还包括车间通道的宽度是否有利于材料、模具和冲压件的运输，成品及坯料的堆放是否会影响操作者的安全，生产场地是否清洁等内容。

① 车间通道必须畅通　车间通道宽度应符合表 9-5 的规定。

表 9-5　车间通道宽度

| 通道名称 | | 宽度/m |
|---|---|---|
| 车间主通道 | | 3.5～5 |
| 压力机生产线之间的通道 | 大型压力机(≥800t 单点、630t 双点) | 4 |
| | 中型压力机(160～630t 单点、160～400t 双点) | 3 |
| | 小型压力机(≤100t) | 2.5 |
| 车间过道 | | 2 |

通道边缘 200mm 以内不允许存放任何物体。

保证工艺流程顺畅，各区域之间应以区域线分开。区域线应用白色或黄色涂料或其他材料镶嵌在车间地坪上。区域线的宽度须在 50～100mm，区域线可以是连续的，也可以是断续的。

② 模具的存放　生产场地使用的所有模具（含夹具）应整齐有序地存放在冲模库或固定的存放地。各种冲模必须稳定地水平放置，不得直接垛放在地坪上。大型冲模应垛放在楞木或垫铁上，每垛不得超过 3 层，垛高不应超过 2.3m。楞木或垫铁应平整、坚固，承重后不允许产生变形和破裂。多层垛放的模具应是有安全栓或限位器的冲模，并不得因多层垛放而影响冲模精度。小型冲模应存放在专用钢模架上，模架最上一层平面不应高于 1.7m。垛堆或钢模架之间应有 0.8m 宽的通道。

大量生产条件下，可采用高架仓库存放冲模，配备巷道堆垛起重机作业。

生产中使用的夹具、检具应有固定的存放地，但不宜多层存放。

③ 材料的存放　材料（包括板料、卷料和带料）应按品种、规格分别存放，存放的载荷重不得超过地坪设计允许的数值。成包的板料应堆垛存放。垛间应有通道，当垛高不超过 2m 时，通道宽度至少应为 0.8m；当垛高超过 2m 时，通道宽度至少应为 1m。垛包存放高度一般不应超过 2.3m。同一垛堆的板料，每包之间应垫以垫木。散装的板料，应每隔 100～200mm 垫以垫木，根据板料长度不同，可垫 2～4 根垫木。

垫木的厚度不小于 50mm，长度应与板料宽度相等。垫木应平整、坚固，承重时不应变形和破裂。

卷料可多层存放，总高不应超过 4m。卷料以存放在楞木上为宜。同一垛堆的钢卷料，每卷卷径应一致。为防止卷料滚动，应备有专门的固定角撑。

其他金属或非金属材料存放和储存时，采用上述各方法。当材料数量不多时，应采用金属货架形式存放。

④ 冲压件的存放　冲压件仓库的空气湿度不应超过 60%。

当使用专用的标准化存货架可以多层储存冲压件。

大批大量生产时，可用高架仓库存放冲压件，同时配备巷道堆垛起重机作业。

无货架存放冲压件，只适于小批量生产。应按零件特点，将冲压件分类叠放或立放于地坪的楞木上。放置和储存时，不得使零件产生永久变形。零件的尖棱不应凸向人行通道。

堆垛和箱架之间，应有 0.8m 宽的人行通道；当仓库内行驶堆垛叉车时，应有 2m 宽的通道。

⑤ 生产现场的安全保护　主要有以下方面。

a. 设标志牌。冲压生产区域、部门和设备，凡可能危及人身安全时，应按 GB 2894—2008《安全标志及其使用导则》中有关规定，于醒目处设标志牌。

b. 涂安全色。对冲模技术安全状态参照 GB 2893—2008《安全色》的有关规定，在上、下模正面和反面涂上安全色，以示区别，安全模具为绿色，一般模具为黄色，必须使用手工送料的模具为蓝色，危险模具为红色。不同涂色的模具在使用中应采取的防护措施和允许的行程操作规范见表 9-6。

表 9-6 冲模涂色标志和行程操作规范

| 涂色标志 | 相应的含义和防护措施 | 允许的行程操作规范 |
| --- | --- | --- |
| 绿色 | 安全状态,有防护装置或双手无法进入操作危险区的功能 | 连续行程<br>单次行程 |
| 蓝色 | 指令,必须采用手工具 | 单次行程<br>连续行程 |
| 黄色和绿色 | 注意,有防护装置 | 单次行程<br>连续行程 |
| 黄色 | 警告,有防护装置 | 单次行程 |
| 红色 | 危险,无防护装置且不能使用手工具 | 禁止使用 |

### 9.1.2 冲压加工的安全管理

相对来说，冲压加工可以说是一个操作不安全甚至危险的工种，这是因为所使用的压力机加工速度快，而在冲压操作时，多数又是以人工送料、取件、卸料为主，在长期工作以后，操作人员很容易疲劳而发生人身事故。统计表明：冲压事故中的 30%～35%来自于操作者送料、取件时操作不当和精力不集中，其他事故则依次分别为：压力机上未安装安全保护装置或安全保护装置失灵；模具结构设计中没有采取必要的安全措施；冲压环境恶劣。为提高冲压加工的安全性，通常冲压加工中的安全管理措施主要有如下几项。

**（1）装设压力机安全装置**

安全装置是保障人身和设备安全的技术措施，一般由技术部门负责。当技术部门完成对冲压设备防护装置的改造、安装，并正常使用后，应使操作人员、维修人员和安全管理人员对安全防护装置有全面了解，能正确使用、维修，并应向设备部门提供完整的技术资料，将其纳入设备的正常管理。

通常在压力机上装设的安全装置，根据安全装置的保护方式的不同，主要分为安全保护控制装置和安全保护装置两类，根据压力机的种类和工作方法的不同，应采用一定的与其相适应的安全装置。

① 安全保护控制装置　安全保护控制装置是通过发出信号达到控制保护的目的，它包括双手操作式和非接触式。

双手操作式常用的有双手操作按钮和双手操作杠杆等。双手操作按钮具有同步性的功能。对大吨位的机械压力机、液压机，两个或两个以上操作者时，对每个操作者都提供双手操作按钮。使用双手操作按钮时，不允许同时使用脚踏操作装置。

为处理发生的紧急情况，在设备上装设红色紧急停止按钮，一般大吨位的冲压设备上出厂前都设有紧急停止按钮。紧急停止按钮是自锁的，它是超前于任何操作控制的。停机控制的瞬间动作必须使离合器立即脱开、制动器立即结合。大吨位冲压设备有多个操作点时，各操作点上一般都设有紧急停止按钮。

非接触式安全保护控制装置有光电、红外控制、感应区控制等方式。非接触式安全保护控制装置是由光束、光幕、感应区等形成保护区，其保护长度最大可达 400mm。图 9-1 为光电式安全装置。

光电式安全装置工作原理是：在操作者与危险区（上、下模空间）之间，有可见光通过，一旦操作者的手或其他不透光物进入危险区遮住光源时，则光信号能通过光电信号转变为电信号，使压力机的滑块立即停止运动，从而防止事故发生。

② 安全保护装置　安全保护装置包括活动、固定栅栏式、遮挡式等。安全保护装置一般为冲压设备外部增添的安全设施，可保护操作者的手不能从其周围伸入危险区内。图 9-2 为拨杆式拨手器。

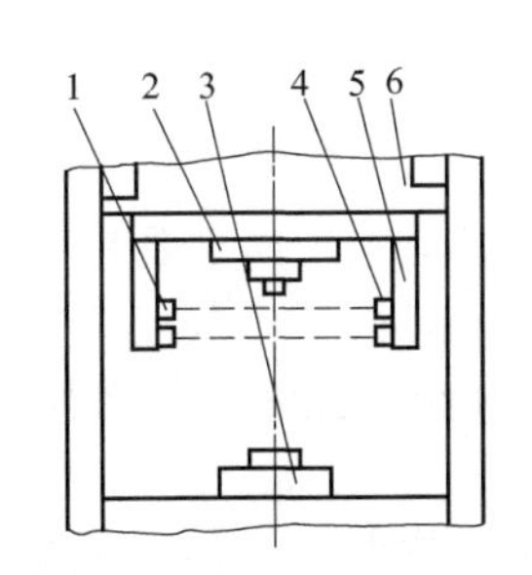


图 9-1　光电式安全装置

1—发光源；2—上模；3—下模；4—接收头；5—支架；6—滑块

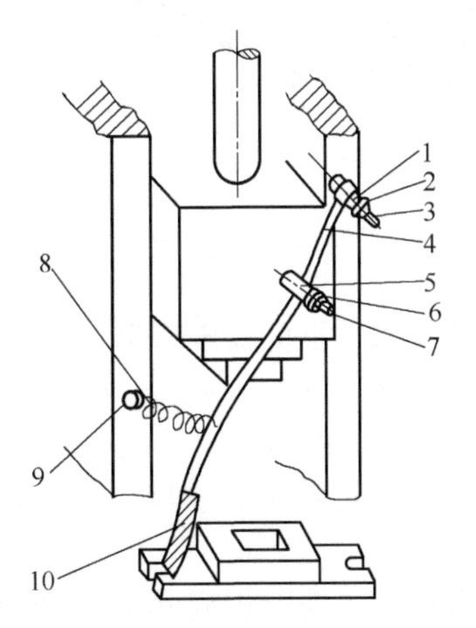


图 9-2　拨杆式拨手器

1—套筒Ⅰ；2—挡圈；3—轴Ⅰ；4—拨杆；5—套筒Ⅱ；6—挡圈；7—轴Ⅱ；8—拉簧；9—拉簧座；10—拨手外套

拨杆上的套筒Ⅰ装在压力机右侧立柱上的轴Ⅰ上，在滑块的右上方装有轴Ⅱ并套有套筒Ⅱ，在压力机左侧立柱上安装有拉簧座，由弹簧和拨杆连接起来，拨杆呈弯曲状，拨手外套一般由软的塑料或橡胶制成。当压力机滑块下行时，套筒Ⅱ压迫拨杆向右方移动，将操作者的手拨出模外。当压力机滑块上行时，拨杆在弹簧的作用下，恢复到原来的位置。

**（2）模具设计采取安全措施**

模具设计时，在允许的情况下，应尽量采用级进模和自动冲模结构，以使操作者双手尽可能不伸入模具工作区内；此外，对操作较为危险的冲模应采用冲模安全罩。

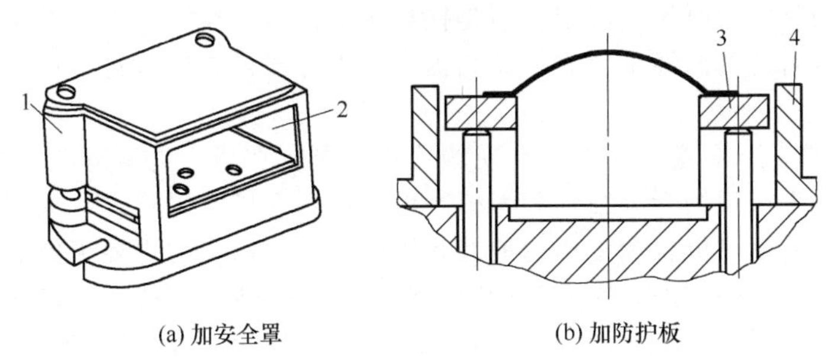


(a) 加安全罩　　(b) 加防护板

图 9-3　模具的安全防护

1—冲模安全罩；2—塑料窗口；3—活动卸料板；4—防护板

图 9-3（a）所示安全罩装在下模座上，将冲模工作区封闭起来，仅留塑料窗口观察模具的工作情况，以保证生产安全。

若不便于采用安全罩，也可以在模具周围安装安全栅栏或在活动卸料板四周加装防护板，见图 9-3（b），以防止操作者的手指和异物误入冲模危险区，造成人身事故或损坏模具。

如在中小型压力机上不能采用机械化送卸料装置，而需用冲模冲压单件毛坯时，在没有防护装置的情况下，操作者严禁用手直接伸入冲模内放置毛坯和取出工件，必须使用图 9-4 所示的取料和放料的手工工具操作。

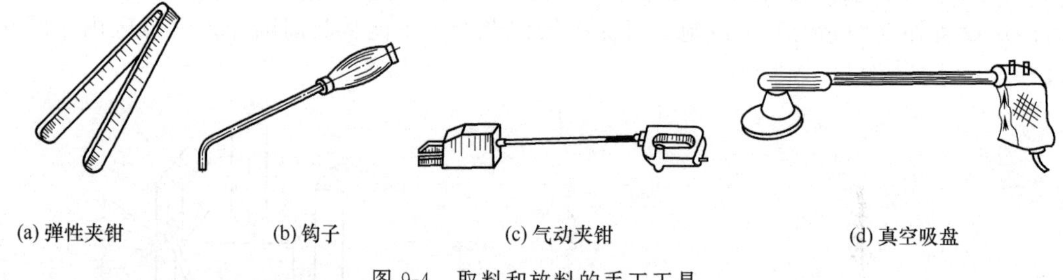

(a) 弹性夹钳　(b) 钩子　(c) 气动夹钳　(d) 真空吸盘

图 9-4　取料和放料的手工工具

（3）冲压作业的安全管理

冲压作业的安全管理是一项综合性的工作，不仅要有技术措施，而且要有较严格、较健全的管理办法，主要从以下几个方面进行控制：

① 建立、健全工艺管理　工艺管理的重要内容是建立内容完善的工艺文件，主要包含以下内容：

a. 合理配置安全措施和防护装置。安全措施和防护装置是根据具体作业情况配置的，既要保证作业安全，又要照顾作业方便，为了使安全装置更好地发挥作用，要求操作人员按规定正确使用，以保证自身安全，同时还要与有关人员（安全人员、技术人员）深入研究和分析作业状况，提出安全器具的改进意见，进一步杜绝该项作业中的隐患。每种新使用的安全作业器具都应在生产实践中进行多次验证和改进，保证器具定型，保障安全。安全器具一经定型后，就应保证备件供应，以便在需要时随时使用。

b. 规范作业行程。冲压作业行程规范的原则一般为：开式冲床进行单件送料时，采用单次行程；闭式冲床尽量采用连续行程，但是在制件尺寸较大且操作复杂的工序中，为保证质量仍采用单次行程。对于那些已经采取了可靠安全措施、作业并不十分复杂的工序可以折中处理，采用间断连续的规范。

c. 归纳总结科学的操作方法。冲压操作要点是冲压工人生产经验的总结，主要应由操作人员根据作业的具体情况讨论决定，但是操作中的许多动作，特别是手法和节奏常常因人而异，因此，应该对这方面经常研究，总结提高，把冲压操作规范化，从而归纳出科学的操作方法。

② 保证良好的生产环境　冲压生产现场应符合国标要求，并要建立生产现场定置管理图，并应有相应的生产现场管理细则和考核制度，做到现场定置管理，文明生产。

冲压操作人员的工作位置和工作场地的布置应该与其承担的主要工作任务相适应。对于操作人员可以坐着操作的工序，应配备标准高度、舒适方便的座椅；毛坯料、成品件、废料的堆放位置，不允许有其他杂物，不允许成品和废料零散堆放，不允许工作场地有油污废液。

③ 注重安全教育　安全教育的形式分三级安全教育、经常性安全教育、专门培训教育，应针对性地运用。

a. 三级安全教育。三级安全教育是指厂级、车间级、小组级的安全教育。三级安全教育的内容有所不同，新工人进厂，工厂要进行安全教育和训练。车间一级要进行车间安全生产知识和规章制度教育，重点讲解安全生产的意义，本单位伤亡事故的典型案例及事故发生的主要原因。小组一级要进行冲压安全操作规程的教育，介绍本工种的工作性质、职责范围、生产情况，介绍冲床的特点，冲床伤害事故发生的原因和预防措施等。上述三级教育主要通过讲解、谈话及实施参观等方法完成。

b. 经常性安全教育。进行经常性的安全教育要力求形式多样、生动活泼。如开展排查隐患竞赛、安全知识竞赛等多种方式，也可以采取开展以百日无事故为内容的竞赛活动，调动群众的积极性，清除各种违章作业和事故隐患。

c. 专门培训教育。通过培训教育把安全知识与工艺、设备、模具等有关知识有机地结合起来，提高工人的技术水平，使冲压工人和管理人员在掌握专业知识的同时，提高技术水平，使冲压工人和管理人员在掌握专业知识的同时，提高安全操作的技能和技巧。专业培训教育的内容还应包括对冲压作业中的各种危险因素及隐患的分析和采取的处理措施，在实际生产过程中使冲压工人和安全检查人员都能够分析和解决每一道工序、每一套模具存在的危险因素。

在开展各种教育的过程中，为了了解和考核冲压工人及管理人员的安全技术水平，必须定期组织对他们进行考试。

### 9.1.3 生产现场的管理方法

目前，生产现场管理行之有效的现场管理理念和方法是“6S”管理，所谓“6S”管理是由日本企业在推动生产现场管理时所提炼和总结的五个名词“5S”扩展而来，“6S”即：“整理”（Seiri）；“整顿”（Seiton）；“清扫”（Seiso）；“清洁”（Seiketsu）；“素养”（Shitsuke）；“安全”（Security）。

“6S”是生产现场管理的基础，也是TPM（全面生产管理）的前提和TQM（全面质量管理）的第一步，也是ISO 9001推行的捷径。

**（1）“6S”现场管理的主要内容及实施步骤**

“6S”现场管理各组成部分的主要内容及实施步骤如下。

① 整理的主要内容是：

a. 保持出口畅通无阻，出口处不得停靠（摆放）任何物品。

b. 物品应摆放整齐，不能超出黄线，更不能占用通道。

c. 保证通道畅通无阻，任何物品不能占用通道。

d. 办公桌面物品放置整齐，桌面干净，创造良好的办公环境。

e. 木柜内的物品也应摆放整齐与做好相关标识。

f. 下班前应将工作台面的物品（物料、工具等）整理好，摆放整齐，并与标识相符。

g. 易燃物品、化学品、危险品，要规定专门的区域，并做好醒目的标示。

推行整理的步骤共分五步：第一步，现场检查；第二步，区分必需品和非必需品；第三步，清理非必需品；第四步，非必需品的处理；第五步，每天循环整理。

② 整顿的主要内容是：

a. 做好区域标示，易挥发性的液体每次使用后和存放时要旋紧盖口，液体需做好标识，防止误用。

b. 做好产品状态标示，按区域放置，防止本车间未完成全部工序的半成品流入下个车间。

c. 劳保用品与生产用品分类分隔放置，不能混放，一目了然。

d. 对产品做好相关标识，防止混用。

e. 办公区域的文件分类存放，并保证文件的有效性，做到能够及时找到相关的文件。

f. 长时间停止使用的机器设备（在维修中的机器设备）要做好标识与防尘防护。

g. 易燃物品、化学品、危险品要划分专门的区域，应有应急的防范措施。

h. 待使用的原材料要做好防尘、防水等防护，并做好标识。

推行整顿的步骤共分三步：第一步，分析现状；第二步，物品分类；第三步，决定储存方法。

③ 清扫、清洁的主要内容是：

a. 保持工作场所明朗，清洁，创造良好的工作环境。

b. 以“6S”（整理、整顿、清扫、清洁、素养、安全）为规范，说得到要做得到。

c. 保持工作场所顺畅、明朗、整洁，依据工作中心、相关设备就近的原则布置、整理工作区域。

推行清扫的步骤共分六步：第一步，准备工作；第二步，扫除一切垃圾、灰尘；第三步，清扫点检机器设备；第四步，查明污染的发生源，从根本上解决问题；第五步，实施区域责任制；第六步，制定相关清扫基准。

推行清洁的步骤也共分六步：第一步，对推行人员进行教育；第二步，向作业者进行确认说明；第三步，规定摆放方法；第四步，进行标识；第五步，将放置方法和识别方法对作业者进行说明；第六步，划区域线，明确各责任区和责任人。

④ 素养的主要内容是：

a. 注重工作仪容，主要包括：穿工作服上班；注意人身安全防护；不穿拖鞋上班等。

b. 出入车间时，做到随手关门。

c. 对机器设备进行日常维护与定期保养，保证机器设备处于最佳的生产状态。

d. 遵守作业规定，认真按作业指导书要求及操作规定作业。

推行素养的步骤共分五步：第一步，制定共同遵守有关规则、规定；第二步，制定服装、仪容、识别证标准；第三步，制定礼仪守则；第四步，培训、教育、训练；第五步，推动各种精神提升活动。

⑤ 安全的主要内容是：严禁违章，重视全员安全教育。

“安全第一，防患于未然”是每个员工每时每刻都必须树立的观念，充分体现对生命的尊重。

（2）“6S”现场管理的目的

推行“6S”现场管理是以规范现场和不断提升员工的素养，最终实现产品零故障或零缺陷为目的。“6S”各组成部分的目的分别是：

① 整理　腾出空间，空间活用，防止误用，塑造清爽的工作场所。

② 整顿　工作场所一目了然，消除寻找物品的时间，保证工作环境整整齐齐，消除过多的积压物品。

③ 清扫　稳定品质，减少工业伤害。

④ 清洁　形成制度，贯彻到底，维持整理、整顿、清扫的成果。

⑤ 素养　培养有好习惯、遵守规则的员工，营造团队精神。

⑥ 安全　建立起安全生产的环境，所有的工作都建立在安全的前提下。

推行“6S”现场管理简单、易行，是企业提升质量的有力工具，也是实施 TPM 或 TQM 最基本的工作，其工作精髓在于全员（从董事长到一线员工）、全部门（从生产、技术、综管、财务、后勤等）、全过程（从产品研发到产品废止）人员参与，工作难点贵在恒久坚持、逐渐深化，切忌中途停止。

## 9.2 冲压生产的综合管理

在冲压生产过程中，要实现对所生产冲压件质量的全面控制，仅仅由车间负责管理显然是不全面、不完整的，事实上，围绕产品生产活动这个中心，企业的各个部门都与产品生产过程有直接或间接的联系，企业的生产管理也不仅限于生产现场管理，主要还包括：生产计划和作业计划管理；技术文件及技术工艺管理；劳动工时生产定额管理；生产过程中的质量管理；人力资源管理等。

在冲压生产加工的全过程中，与产品质量的保证和提高关系最为密切的是：计划、人力、技术、检验部门分别进行冲压作业计划管理、人员素质的控制及生产现场工艺管理、冲压件检验制度。

### 9.2.1 冲压作业计划管理

冲压作业计划管理的主要形式是：生产计划编制及建立管理控制制度。冲压作业计划编制目的是指导、组织、管理生产，做到有计划地均衡生产，以保证计划的完成。

为编制好作业计划，计划部门人员应深入调查研究，掌握生产情况，按产品结构和生产规模合理制定一系列有关数量和期限的作业计划，防止生产脱节和停机过多，使冲压制件有节奏地生产。生产过程中还需加强生产调度工作，这种正常的计划调度十分有利于安全，如果生产作业计划和调度不当，就必然会造成无节奏、不均衡，出现前松后紧、突击加班等无计划状态，这不仅容易发生伤害事故，而且会降低产品质量，造成大量浪费，给企业带来许多不良后果。

### 9.2.2 人员素质的控制

冲压加工是一项专业性很强的技术加工工艺，因此，应对冲压工艺及模具设计、操作、检测等人员的素质进行控制，才能保证冲压件的加工质量。一般来说，有以下要求：

① 冲压生产各类岗位的操作人员和质量控制管理人员，应具有相应的专业理论知识和实践经验。

② 工人应有人员培训控制程序和相应的职工教育管理和培训制度。冲压操作人员、检验员、理化检验员等必须进行相应专业的技术培训和考核，取得操作许可证后，方可上岗操作。

③ 对各类操作人员按“机械工业工人技术等级”中锻压的应知应会进行培训和考核。

④ 从事冲压工艺和冲模设计及修理的工程技术人员，必须受过相应专业的高等教育，或具有相当学历的技术水平，其中的设计审核技术人员还必须具有丰富的冲压实践知识。

### 9.2.3 生产现场工艺管理

冲压生产现场的工艺管理内容主要为生产用产品图纸及现场工艺文件的管理、工艺规程的落实、工艺纪律的监督等。

**（1）生产用产品图纸及现场工艺文件的管理**

冲压生产用产品图纸及现场工艺文件应统一由技术部门归口发放，所有的技术文件均应按规定的程序审批签字后，方能生效。图纸及文件上应有明显的管理标识和发放日期，确保图纸及文件使用的正确性和有效性。

为保证生产各方面协调一致，产品图纸及冲压工艺规程应同时发放到生产调度部门、采购部门、销售及售后服务部门、检验部门和相关联的生产车间。

生产用产品图纸应由车间技术人员专门保管，工艺规程及操作指导书应按工序将工艺卡片发至各工位，在现场张挂或由操作者妥善保管。

生产中，若图纸及工艺文件确需更改或更换，其更改和更换应按更改规定和审批程序进行，与其有关的文件务必相应更改并签字，做好文字记录方为有效。

(2) 工艺规程的落实与工艺纪律的监督

工艺规程编制并发放后，应由工艺技术人员严格监管执行，严格贯彻落实。

对工艺纪律的监督应建立现场工艺纪律检查及管理办法，由现场工艺技术人员担负起工艺纪律督查的责任、要求操作者按制定的工艺规程和操作守则严格执行，同时，对现场工艺纪律进行定期检查，并建立工艺纪律检查考核记录，对违反工艺纪律的现象和人员向车间负责人提出处理意见。现场工艺纪律具体检查内容有：

① 原材料使用的检查　冲压件用原材料应有质量证明书，并符合产品图样和工艺文件规定的材料牌号、规格、尺寸和性能要求；使用代用材料时，应有材料代用手续，并经相关产品、工艺技术人员签字认可方能代用；对重要的冲压件原则上不允许代用，必须代用时必须采取相应补救措施，以防产生质量事故。

② 剪切下料工序的检查　下料前，应根据冲压工序卡核实材料牌号、状态、规格、尺寸、数量，检查表面质量、板材平整度、纤维方向等技术要求；下料毛坯尺寸公差、断面质量和毛刺高度均按工艺规定和有关技术标准进行检查；下料过程中，如发现毛坯料有肉眼可见的缺陷，如翘曲、扭曲、夹层和表面锈蚀等，应经检验人员或工艺人员处理后方可继续工作；下好的坯料和成品块料应做好标识记好数量，分别摆放，每垛坯料应写清零件号和材料牌号，以免混料；坯料不得划伤、碰伤，加工和储运时，表面质量要求较高的冲压件要采取有效的防护措施。

③ 前处理工序的检查　热轧板料、型材及退火的坯料和半成品零件冲压前必要时进行酸洗或其他前处理工序；前处理时应严格执行相应前处理工艺规程和质量检验制度。

④ 冲压工序的检查　冲压工序应该在工艺文件指定的设备或代用设备上进行。使用代用设备时，需办理设备代用手续；检查压力机是否运转正常，润滑是否良好，模具安装是否正确、牢固，模具状态是否良好。根据工艺规定选用合适的润滑油，润滑油应保持清洁、无变质，并采用正确的涂抹方法；正式生产前，按工艺文件要求进行首件交检检查，合格后方可投产；冲压件应放在专用或通用的工位器具上，存放废料和可利用废料应分别摆放；凡经检查零件不合格，应立即停止生产，按不合格零件处理程序办理。

⑤ 冲压后续工序的检查　冲压件的表面处理需要喷砂、抛丸、滚光、酸洗、磷化处理的应按有关工艺文件规定进行，处理后的表面质量应符合特殊工艺技术文件质量要求；冲压工序后的热处理、机加工、涂装等工序均按工艺文件有关规定进行；冲压件在存储或发运时应按要求进行防锈处理。

### 9.2.4　冲压件检验制度

为保证冲压加工件的质量，防止生产出不合格品，避免不合格品出厂，企业必须建立产品质量检验制度，对冲压件来说，制度至少应包括以下内容：

① 应建立进厂原材料复验制度，重要原材料应进行牌号、炉号的复验，并附有复验合格报告单、复验标识，不合格料应有明显标记。合格料和不合格料应分区存放，严禁混料。

② 检查人员必须执行每批、每班、每换一次模具和换人时，必须进行首件检查，检验合格后方可正式投入生产。生产中严格按照工艺文件规定的检查频次进行巡回检查，对冲压件质量变化进行监控；工序生产结束时，进行末件检查。检查均有记录和台账。

③ 工序中生产工人要做好首件检查、工序自检、工序互检，以确保产品质量。

④ 冲压件工序合格后，检验员应在检验卡上签字，方可转入下一道工序。

⑤ 冲压件终检应按产品图样，工艺文件及有关标准或合同等按有关规定进行，终检合格后，应在冲压件规定的部位上打上检验印记标识（或挂标签）或做其他标识。

⑥ 应有产品标识和可追溯控制程序的管理办法，应建立相应的标识清单、部位及要求，

并做好记录。

## 9.3 冲压加工装备的质量控制

为控制并保证冲压件质量，还必须对冲压加工装备进行控制，主要包括：冲模质量的管理及检测量具（含通用和专用量具）精度的控制及管理以及生产加工仪表、设备质量的控制及管理等。

### 9.3.1 冲模及检测量具的质量控制

① 新模具应按模具图样的要求制造，经检验合格后进行制造调试，制造调试合格后才能进行生产与调试；当冲压件质量达到产品图样和工艺要求后方可投产。工厂应有新模具订货、检验和调试管理制度。

② 在每批冲压件生产结束时，检验员对末件检验合格后，模具方可入库并继续使用，否则应将模具和末件送修理站修理合格后，方可入库。经修理的模具，生产前要安排必要的调试，工厂应实行模具使用工作记录制度。

③ 冲压件的检测器具，包括检具、样板、量规及标准量具，必须有定期检定制度，以及保管、维修、报损有关管理规定和记录。

④ 冲压生产所用安全用具，必须按工艺规定选用，并定期检查。建立相应的管理、使用、修理制度。

⑤ 每套模具必须建立“模具履历表”，并建立严格的模具管理制度和模具维修制度。

### 9.3.2 设备、仪表的质量控制

① 各类设备仪表必须完好，并有操作规程和维修检定制度。

② 各类在用主要设备必须挂有完好设备标牌，定期保养检验。不合格设备必须挂“停用”标牌。

③ 设备的控制系统及检测显示仪表应定期检查，并有鉴定合格证，确保仪表精度和显示数值准确。

④ 所用设备都必须建立档案，其具体内容包括：设备使用说明书；台时记录；故障记录；修理记录。安全防护装置应纳入正常管理范围，并将其列为设备完好内容的一部分加以考虑，同时应明确设备附件并提供必要的备件，保证修理和更换。

### 9.3.3 压力机的维护保养

压力机的质量对冲压件的质量、冲模的使用寿命有较大的影响，为确保冲压件质量，首先应按工艺规程要求正确选用压力机；其次，应加强对冲压设备的检查、维护保养，使压力机始终保持良好的状态，保证压力机的正常运转和确保操作者的人身安全。

为保证压力机的维护保养质量，应制定维护保养制度，根据冲压设备、仪表经常发生的故障，可能出现的隐患以及容易磨损的部位制定修理计划，确定专人负责，定期检查维修，并做好记录。

**（1）压力机维护保养的内容**

① 离合器、制动器的保养　要保证离合器、制动器动作顺利准确，摩擦盘的间隙必须调准。间隙过大将使动作时间延迟，密封件磨损，需气量增大，造成不良影响；间隙过小或摩擦盘的齿轮花键轴滑动不良、返回弹簧破损等，将造成离合器、制动器脱开时，摩擦盘相互碰撞，产生摩擦声，引起发热，使摩擦片磨损，甚至会出现滑块二次下落现象。

离合器、制动器动作要准确，制定停止位置的误差在±5°以内，如超出，就必须调整。这时应检查：制动器摩擦片有无磨损，动作是否不良，离合器、制动器摩擦片是否附着油污。

② 拉紧螺栓的检修　经过长时间使用或超负荷，有会使拉紧螺栓松动。此时只要在压力机接受负荷后，观察机架的底座和立柱的结合面是否有油出入，有油出入，说明拉紧螺栓松动，在拉紧螺栓松动的状态下进行压力机作业是很危险的，必须重新紧固。

③ 给油装置的检修。压力机各相对旋转和滑动部分如果给油不足，易引起烧损，出现故障。因此，应该经常认真检查给油情况，使其保持良好状态。

首先应检查油箱、油池、油杯、泵等油量是否充足，有无污物，其次，检查各注油部位、输油管、接头有无漏油，如有漏油需立即更换密封件。

④ 供气系统的检修　供气系统一旦漏气，必使气压降低，使气动部分动作不良。因此，要经常检查并更换密封件，保持空气管路正常。

⑤ 压力机的润滑保养　冲床各活动部位都需要添加和保持润滑剂，以进行润滑。润滑保养是压力机保养的重要内容之一。润滑的作用是减少摩擦面之间的摩擦阻力和金属表面之间的磨损。有的冲床采用循环稀油润滑（例如滑块导轨处），还起到冲洗摩擦面间固定杂质和冷却摩擦表面的作用。润滑对保持设备精度，延长使用寿命有一定作用。

润滑方式分为集中润滑和分散润滑两种。小型曲柄冲床多采用分散润滑的方式，利用油枪、油杯或手揿式油泵对各润滑点供油，中、大型曲柄冲床和高速冲床常采用集中润滑的方式，用手揿式或机动油泵供油。

各类冲床的润滑点、使用的润滑剂和润滑方式，在冲床使用说明书内有详细的规定，冲床操作人员应按说明书的要求定时给予人工润滑、床面擦拭及日常维护保养。

润滑剂分稀油（润滑油）和浓油（干油、润滑脂）两大类。冲床的多数活动部位速度较低、负载较大并经常启动或停止，所以常选用润滑脂或黏度较大的润滑油，有时也采用稀油和浓油的混合润滑剂。

冲床上常用的润滑油为40号、50号、70号机械油，常用润滑脂为1号、2号、3号钙基润滑脂和2号、3号钠基润滑脂。

**（2）压力机常见故障及维修**

压力机在使用中，由于维护不当或正常的损耗，常会出现一些故障，影响正常的工作。冲床的故障维修由机械或电气修理技术人员及操作人员（简称机修人员）共同完成。曲柄压力机常见的故障和排除方法主要有：

① 轴承（连杆支承、曲轴支承）发热　原因是轴承配合间隙太小或润滑不良，应重新调整配合间隙或刮研轴承，检查润滑情况。

② 连杆球头配合松动　应拧紧连杆球头处的调整螺母，调整配合间隙到正常值。

③ 滑块导轨发热　原因是润滑不良，导轨面拉毛或配合间隙太小，应检查润滑情况，调整配合间隙到正常值，并将拉毛的导轨面重新刮研修理。

④ 停机后滑块自动下滑　原因是滑块导轨间隙太大或制动力不足，应调整间隙或制动力。

⑤ 开、停机时滑块动作不灵，或停机位置不准　主要原因是离合器和制动器失灵，或是调整不适当，或是摩擦面有油污（对摩擦式结构而言），或是易损件（如刚性离合器中的转键和键、摩擦离合器中摩擦片、块）损坏，应分析原因加以解决。

⑥ 冲压过程中，滑块速度明显下降　主要原因是润滑不足，导轨压得太紧，电动机功率不足。此时应加足润滑油，放松导轨重新调整或维修电动机。

⑦ 调节闭合高度时，滑块无止境地上升或下降　原因可能为限位开关失灵，此时应修

理限位开关，但必须注意调节闭合高度的上限位和下限位行程开关的位置，不能任意拆掉，否则可能发生大事故。

⑧ 气垫柱塞不上升或上升不到顶点　产生原因可能是密封圈太紧；压紧密封圈的力量不均；气压不足；导轨太紧；废料或顶杆卡在托板与工作台板之间等，此时排除方法分别为放松压紧螺钉或更换密封圈；将压紧密封圈的力量调整均匀；放大导轨间隙；消除废料，用堵头堵上工作台上不用的孔。

⑨ 液压气垫得不到所需的压料力　产生原因可能是油不够；控制缸活塞卡住不动或汽缸不进气等。排除方法主要是：加油；清洗汽缸，检查气管路或气阀。

⑩ 液压气垫能产生压紧力，但拉深不出合格的零件　产生原因可能是控制凸轮位置不对，压紧力产生不及时；气垫托板与模具的压边圈不平行，压料力量不均匀。排除方法主要是：调整凸轮位置；调整气垫托板与模具压边圈的平行度。

## 9.4　冲压操作中的故障处理

冲压操作的步骤及主要内容是：冲压设备的选择、冲模在设备上的安装与调整、开机送料进行冲压、使板料或坯料变成成品零件。尽管操作不很繁杂，但由于压力机、冲模工作时，彼此间要承受较大的冲击载荷，且动作猛烈，作用时间短，因此，压力机及冲模易发生故障，这就要求操作者在冲压过程中，除应注意到产品质量外，还应时刻观察压力机及冲模的运行状况，若压力机及冲模出现异常声响，产品出现质量不稳等情况，应立刻停机，并将情况向有关人员或部门反应。一般设备情况由车间机电员修理或上报企业有关设备部门负责；冲压件加工问题则由现场技术人员处理或上报企业技术部门解决。

各类冲模在操作过程中产生的故障及解决措施详见本书前述各章节，以下对冲模中产生的较为严重故障进行分析，并提出解决措施，供生产参考。

**（1）冲模爆裂**

造成模具爆裂的原因是多方面的，就设计、制造及使用等方面综合分析，可以从以下几方面分析原因并采取措施：

① 模具材质不好　如果模具材质不好，则在后续加工中容易碎裂，不同材质的模具使用寿命不同，设计生产批量较大或加工零件外形较大、形状复杂的冲模时，工作零件应选用合金工具钢或硬质合金制造。

② 热处理如淬火、回火工艺等不当，模具产生变形　实践证明，模具的热加工质量对模具的性能与使用寿命影响很大，从模具失效原因的分析统计可知，因热处理不当所引发的模具失效事故约占 40%以上。模具工作零件的淬火变形与开裂，使用过程中的早期断裂，均与模具的热加工工艺有关，主要有以下几方面：

a. 锻造工艺。这是模具工作零件制造过程中的重要环节。对于高合金工具钢的模具，通常应对材料碳化物分布等金相组织提出技术要求，此外，还应严格控制锻造温度范围，制定正确的加热规范，采用正确的锻造方法，以及锻后缓冷或及时退火等措施。

b. 预备热处理。应视模具工作零件的材料和要求的不同分别采用退火、正火或调质等预备热处理工艺，以改善组织，消除锻造毛坯的组织缺陷，改善加工工艺性。高碳合金模具钢经过适当的预备热处理可消除网状二次渗碳体或链状碳化物，使碳化物球化、细化，促进碳化物分布均匀，从而保证淬火、回火质量。

c. 淬火与回火。这是模具热处理中的关键环节。若淬火加热时产生过热，不仅会使工件造成较大的脆性，而且在冷却时容易引起变形、开裂或冲裁加工的早期爆裂，严重影响模具寿命。冲模淬火加热时特别应注意防止氧化和脱碳，应严格控制热处理工艺规范，在条件允许的情况下，可采用真空热处理。淬火后应及时回火，并根据技术要求采用不同的回火工艺。

d. 消应力退火。模具工作零件在粗加工后应进行消应力退火处理，消除粗加工所造成的内应力，以免淬火时产生过大的变形和裂纹。对于精度要求高的模具，在磨削或电加工后还需经过消应力回火处理，以稳定模具精度。

③ 模具研磨平面度不够，产生挠曲变形　模具工作零件表面质量的优劣对于模具的耐磨性、抗断裂能力及抗黏着能力等有很大影响，尤其是表面粗糙度值对模具寿命的影响很大，若表面粗糙度值过大，在工作时会产生应力集中现象，并在其峰谷间容易产生裂纹。为此，应注意以下事项：

a. 模具工作零件在加工过程中必须防止磨削烧伤零件表面，应严格控制磨削工艺条件和工艺方法（如砂轮硬度、粒度、冷却液、进给量等参数）。

b. 加工过程中应防止模具工作零件表面留有刀痕、夹层、裂纹、撞击伤痕等宏观缺陷，这些缺陷的存在会引起应力集中，成为断裂的根源，造成模具早期失效。

c. 采用磨削、研磨和抛光等精加工和精细加工，获得较小的表面粗糙度，提高模具使用寿命。

④ 线切割工艺　冲模刃口多采用线切割加工。由于线切割加工的热效应和电解作用，使模具加工表面产生一定厚度的变质层，造成表面硬度降低，出现显微裂纹等，致使线切割加工的冲模易发生早期磨损，直接影响模具冲裁间隙的保持及刃口容易崩刃，缩短模具使用寿命。因此，在线切割加工中应选择合理的电规准，尽量减少变质层深度。

⑤ 冲压工艺规程及模具设计　不合理的冲压加工工艺及模具设计易造成模具的早期失效，主要有：

a. 不合理的往复送料排样法及搭边值过小易造成模具急剧磨损或凸、凹模啃伤。因此，在编制加工工艺时，考虑提高材料利用率的同时，必须根据零件的加工批量、质量要求和模具配合间隙，合理选择排样方法和搭边值，以提高模具寿命。

b. 冲床设备的选用。冲压设备的精度与刚性对冲模寿命的影响极为重要。设备精度高、刚性好，则冲模寿命大为提高。

c. 模具的导向机构精度。准确和可靠的导向，对于减少模具工作零件的磨损，避免凸、凹模啃伤影响极大，尤其是无间隙和小间隙冲裁模、复合模和多工位级进模则更为有效。

为提高模具寿命，必须根据工序性质和零件精度等要求，正确选择导向形式和确定导向机构的精度，一般情况下，导向机构的精度应高于凸、凹模配合精度。

d. 设计模具强度不够，刃口间距太近等设计缺陷均可能使模具发生早期失效。

⑥ 模具使用不当　不合理地使用模具，也易造成模具爆裂，主要有：

a. 冲压零件的原材料厚度公差超差、材料性能波动、表面质量较差（如锈迹）或不干净（如油污）等，会造成模具工作零件磨损加剧、易崩刃等不良后果。

b. 生产意识不够。如采用叠片冲压、组装模时无漏料或出现堵料等。

**（2）凸模断裂崩刃**

凸模产生断裂、崩刃，可从以下几方面分析原因并采取措施：

a. 凸模强度不足。可采取的措施有：增加凸模整体强度，减短凹模直刃部尺寸，将凸模刃部端面修出斜度或弧形；改进模具设计，采用导套保护的结构。

b. 大、小凸模相距太近，冲切时材料牵引，引发小凸模折断。采取的措施为：将小凸模长度磨短，使其比大凸模短一个料厚左右，形成阶梯冲裁。

c. 凸模或凹模局部过于尖锐。采取的措施为：改进凸模或凹模设计，使其过渡平缓。

d. 冲裁间隙不均偏移，凸模受力不均而折断。采取的措施为：调整间隙或更换凸、凹模。

e. 凸、凹模材质不好，热处理不好。采取的措施为：更换使用材质，正确合理地进行热处理。

f. 模具导向磨损，导向精度得不到保证。采取的措施为：更换或修复导柱、导套，保证导向精度，并注意日常保养。

（3）凸模折断或脱落

凸模出现折断或脱落加工故障，可从以下几方面分析原因并采取措施：

① 设计、制造不合理　从设计上考虑，当冲裁时，产生的侧向力未被抵消，易产生凸模折断；制造时，若卸料板歪斜，则在冲裁过程中，由于卸料板与凸模间的相互挤压，也易使凸模折断。

凸模的形状对改善刚性有密切影响，当凸模强度低时，为防止凸模折断或脱落，应根据使用条件的不同有针对性选择不同的结构或选用强度更高的材料来制造。

一般来说，对较大尺寸凸模采用台阶式或螺栓固定凸模的固定方法，只要设计的尺寸公差与配合合理，凸模的固定应是稳妥可靠的；而对细长的冲头，由于刚性差，设计时，最好将其前端设计成带导向的结构以增加其刚性，发生故障的原因及解决措施主要有：

a. 制造质量不高，凸模固定不牢固。尤其是对采用过盈配合压入的结构，如果制造中未能确保设计要求的过盈量，则很容易出现凸模脱落问题。此时可采用将凸模端面与凸模固定板端面进行“凿密”铆接进行补救，也可对凸模固定部分进行适当余量的电镀（铜或铬等）后重新装配使用。

b. 冲裁较厚、较硬或黏性较大的材料时，因为卸料力增加很多，若采用铆接、低熔点合金或高分子浇注对凸模进行固定，而操作时又未能安装好就很容易发生凸模脱落或松动故障，此时除可对过盈配合的凸模固定端面采取“凿密”铆接法补救外，采用弹性卸料板结构进行卸料也能减少部分卸料力，改善凸模的卸料受力状态。

另外，在设计时，凸模的合理布置也极为重要。若冲模冲裁力的合力中心位置与冲柄中心有较大偏移，则会产生较大力矩而保证不了冲模工作的平衡，如果与压力机滑块本身的偏移方向重合，则凸模的横向挠度更要增大，所以各凸模应尽可能布置在对称的位置上。

而如果材料搭边值太小，材料变形不规则，凸模的左右侧压力不同，凸模受弯，也极易发生折断事故。尤其在往复冲裁时，搭边应至少是材料厚度的1.5～2倍。

② 冲裁操作的原因　在冲裁过程中，有时会由于操作事故而缩短冲模使用的寿命甚至损坏凸模。例如，冲床选用不当或模具在冲床工作台上安装不良，都可能发生事故，没有注意到废料堵塞或废料落入凹模仍继续作业时，不仅会冲出残缺件，而且凸模也很容易遭到破坏甚至折断。上述情况都应尽力避免，在级进模和自动冲模上安装报警器或故障自动停机装置，对模具有很好的保护作用。

（4）冲模刃口出现圆角和黏结

刃口出现圆角的主要原因是淬火硬度低或刃口材料不好，致使刃口容易磨损而出现圆角。

刃口黏结的主要原因是刃口（多数是凹模刃口）与冲裁件之间在冲裁变形过程中，发生强力挤压和摩擦发热。在冲裁不锈钢材料时，刃口黏结现象较多出现。解决的途径是减小刃口与冲裁材料间的挤压和摩擦，保证间隙在合理间隙范围内，降低刃口及其侧壁的粗糙度，使用适当的润滑剂。

## 9.5 冲模生产过程中的质量控制

冲模是冲压加工的重要工艺装备，其质量好坏直接影响到所加工零件的质量，因此，在冲模的搬运、使用、储存等整个冲压生产全过程都应加强对冲模质量的控制。

### 9.5.1 冲模搬运及起吊的安全操作

在使用大、中型模具加工零件时，应用起重设备进行模具或坯料的吊运，吊运应注意如下事项：

（1）起重前检查

a. 吊运的物体重量不准超过桥式起重机的起重量；

b. 桥式起重机的大车和小车行走部分以及制动器、限位装置等必须灵敏可靠。

（2）捆缚

a. 捆缚有尖锐棱边的物体时，必须用衬垫加以保护，以防止损坏钢丝绳或棕绳。

b. 要掌握好物体的重心，捆扎要牢固。

c. 散装物体在吊运前选用的容器要牢固，装载要稳妥，不能贪多求满，防止吊运时物体散失跌落。

d. 捆缚后多余的绳头不能悬挂在外面，以免吊运时碰人或钩倒其他物体。

e. 捆缚物体必须考虑到吊运时绳子与水平面之间的倾斜角度。倾斜角愈小，绳子受力愈大。如图 9-5 是绳子在不同斜角时的受力情况。由图可知，吊运重物时，倾斜 15°的绳子所受拉力是倾斜 60°时的十倍。

f. 模具的捆缚，必须保证模具在吊运或装卸过程中不发生滑脱事故，通常使绳索经过下模板捆缚牢固。大型模具则需栓连住模具上的吊装用孔（图 9-6）或起吊用栓柄及吊钩方可进行吊运。

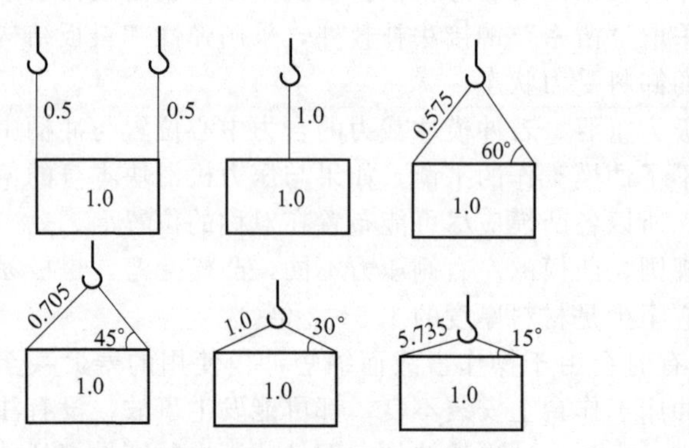

图 9-5 绳索在不同斜角时的受力情况

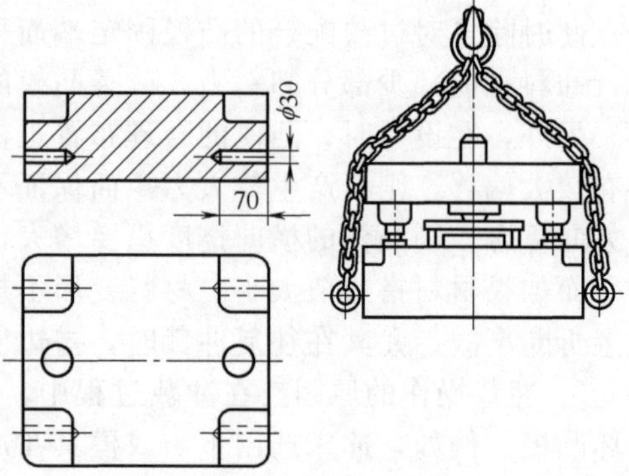

图 9-6 模具栓连法

（3）挂钩

钢丝绳的两端编有索套，用它挂在桥式起重机的吊钩上。挂钩时应用手握持索套的尾部，而不应拿住扣圈部分直接挂钩，以免手被扣圈与钩子夹住。此外，所用钢丝绳不应太短，以免绳子倾斜角太小，不但加大绳子拉力，还容易使索套在吊运过程中滑出吊钩。

（4）吊运

a. 吊运前应先试吊，当确认物体挂牢、物体稳定后才能正式起吊；

b. 起吊时，动作要慢，制动要平稳，避免物体晃动；

c. 吊运时必须通过吊运通道，不许从人头上越过，也不许吊着物体在空中长时间停留；

d. 放置物体时要缓慢，以防止损坏设备，物体放置稳当后方可卸除绳子和摘钩，以免发生事故；

e. 不许倾斜起吊物体，也不许用桥式起重机作拖拉牵引动作。

### 9.5.2 冲模使用状态的质量控制

为使冲模在冲压加工前、中、后都处于良好的使用状态，保证冲压件的加工质量，必须对冲模的使用状态进行以下方面的质量控制。

**（1）冲模在使用前、后的质量控制**

冲模在使用前、后都应指定专人管理，投产和入库前要经过检查，发现损坏的模具应不投产，不入库；模具使用后要按冲模使用记录卡内容要求填写，积累模具的原始资料；模具入库前必须经过清洗或清理，并应在有关工作面上，活动或滑动部分加注润滑剂和防锈油脂；模具库应有模具管理账目，管理人员应对出入库的模具及时登记，包括模具所需的安全装置和安全工具。

**（2）冲模使用状态的质量控制**

在冲模使用过程中，零件的自然磨损，冲模制造工艺不合理，冲模在机床上安装或使用不当以及设备发生故障等原因，都会使冲模的主要零件失去原有的使用性能及精度，致使冲模技术状态日趋恶化，影响生产的正常进行和制品的质量。因此，在冲模管理上，必须要主动地掌握冲模的技术状态变化，做好冲模技术状态的鉴定，并认真地予以处理，使冲模能始终在良好的技术状态下工作。

对冲模技术状态的鉴定，每副冲模都应进行，且必须建立技术鉴定档案，对每次鉴定结果都要填写登记卡片，处理意见，技术状态情况，以备查用，这不仅是现阶段冲模使用状态的需要，也便于今后对该冲模做到正确、合理使用。

冲模的技术鉴定，主要是通过对冲模工作性能的检查和制件质量状况两个方面进行的。

① 冲模的工作性能检查　冲模在使用过程中或在使用后，应对冲模的性能及工作状态进行详细的检查，主要如下：

a. 冲模工作成形零件的检查。在冲模工作中或工作后，结合制件的质量情况，对其凸、凹模进行检查，即凸、凹模是否有裂纹、损坏及严重磨损，凸、凹模间隙是否均匀及其大小是否合适，刃口是否锋利（冲裁模）等。如发现冲裁件有毛刺，肯定凸、凹模刃口变钝及间隙不均，此时必须做必要的修整和处理。

b. 导向装置的检查。检查导向装置的导柱、导套是否有严重磨损，其配合间隙是否过大，安装在模板上是否松动。

c. 卸料装置的检查。检查冲模的推件及卸料装置动作是否灵敏可靠，顶件杆有没有弯曲、折断，卸料用的橡胶及弹簧弹力大小是否合适，工作起来是否平稳，有无严重磨损及变形。

d. 定位装置的检查。检查定位装置是否可靠，定位销及定位板有无松动情况及严重磨损。如结合制件检查时，应检查制品的外形及孔位是否发生变化及是否存在质量不合要求等情况。

e. 安全防护装置的检查。在某些冲模中，为使工作安全可靠，一般都设有安全防护装置，如防护板等设施，检查时应着重检查其使用的可靠性，是否动作灵敏、安全。

f. 自动系统的检查。在某些自动冲模中，应检查自动系统的各零件是否有坏损，动作是否协调，能否自动做正常的送料和退料。

② 制件的质量检查　冲模的技术状态好坏直接表现在制件质量、精度上，因此，对制件进行质量检查，是冲模技术状态鉴定的重要手段。

a. 制件质量检查的内容主要：制件形状及表面质量有无明显缺陷和不足；制件各部位尺寸精度有无降低，是否符合图样规定的要求；冲裁后的毛刺是否超过规定的要求，有无明显的变化；拉深件侧壁有无拉毛，弯曲件弯曲角度有无明显变化等。

b. 在做冲模技术鉴定时，对制件质量的检查应分三个阶段进行：

制件的首件检查。制件的首件检查应在冲模完成安装在压力机上及调整后试冲时进行。即对首次冲压出的几个制件，详细检查其形状、尺寸精度，并与前一次冲模检验时的测定值作比较，以检查冲模的安装及使用是否正确。

冲模使用中的检查。冲模在使用过程中，应随时对制件进行质量检查，以及时掌握、了解冲模在使用中的工作状态。其主要检查方法是：测量尺寸、孔位、形状精度；观察毛刺状况。通过检查，随时可以掌握冲模的磨损和使用性能状况。

末件检查。在冲模使用完毕后，应对最后几个制件做详细检查，检查确定质量状况。其检查时，应根据工序性质，如冲裁件主要检查外形尺寸、孔位变化及毛刺变化情况；拉深件主要检查拉深形状、表面质量及尺寸变化状况；弯曲件主要检查弯曲圆角、形状位置变化状况。通过末件质量检查状况及所冲件的数量，来判断冲模的磨损状况或冲模有无修理的必要，以防止在下一次使用时产生事故或中断生产。

### 9.5.3 冲模储存的安全操作

冲模使用结束后，经认真仔细的检查，确认技术状态良好，经清洗或清理，工作面、活动或滑动部分加注润滑剂和防锈油脂并填写好模具的使用状态等管理卡片后，可吊运冲模入库储存，冲模在吊运时应稳妥、慢起、慢放，以保证存放安全。

为保证模具的刃部完好和橡胶不致过早失去弹性而损坏，在模具储藏时应设置支撑销或垫块、木块支撑，使上下模之间具有一定的空隙，并存放在专用的工具架上。如图 9-7 所示。

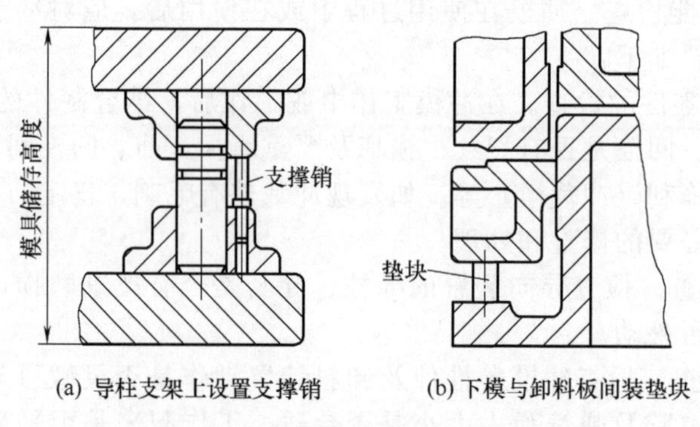


图 9-7 模具入库时的存放

模具入库贮存时，小型模具应放在模具架上，大、中型模具应放在架底层或进口处，底面应垫以枕木并垫平，并能便于存放和取出。

## 9.6 冲模的管理

管理好模具，对改善模具技术状态，保证制品质量和确保冲压生产顺利进行至关重要。模具管理的基本要求：应做到账、卡、物三者相符，分类进行管理，主要涉及模具管理卡、模具管理台账以及相关的管理制度。

模具管理卡是指记载模具号和名称，模具制造日期、单价、制品图号和名称、材料规格、所使用的设备、模具使用条件、模具加工件数及质量状况的记录卡片，一般还记录有模具定期技术状态鉴定结果及模具修理、改进以及生产中借用者等内容。模具管理卡是模具档案，要求一模一卡，在模具使用后，要立即填写工作日期、制件数量及质量状况等有关事项，与模具一并交库保管。

模具管理台账对库存全部模具进行登记、管理，主要记录模具号及模具存放、保管地点，以便使用时及时取存。

模具的分类管理是指模具应按其种类和使用机床分类进行定置管理。有的企业按制件的类别分类保管，一般按制件分组整理。如某个零件需分别经冲裁、拉深、成形三个工序才能完成的，可将这三个工序使用的冲裁模、拉深模、成形模等一系列冲模统一放在一块管理和保存，以便在使用时，很方便地存取模具，便于维护和保养。

**（1）模具的入库发放管理方法**

① 入库的新模具，必须要有技术、质量检验、生产车间、使用单位首次共同检验合格证，并经试模后或使用后能制出合格制品件，经各方签字后办理入库手续。

② 使用后的模具应及时入库，一定要有技术状态鉴定说明，并确认下次是否还能继续使用。

③ 经维修保养恢复技术状态的模具，经自检和互检确认合格后，方可入库，便于投入下次使用。

④ 经修理后的模具，经检验人员验收调试合格后，确认冲制的试件合格。

不符合上述要求的冲模，一律不允许入库，以防误用。

模具的发放须凭生产指令即按生产通知单，填明产品名称、图号、模具号后方可发放使用。

**（2）模具的保管方法**

① 储存模具的模具库，应通风良好，防止潮湿，并能便于存放及取出。

② 储存模具时，应分类存放并摆放整齐。

③ 小型模具应放在架上保管，大、中型模具应放在架底层或进口处，底面应垫上枕木并垫平。

④ 模具存放前，应擦拭干净，并在导柱顶端的贮油孔中注入润滑油后盖上纸片，以防灰尘及杂物落入导套内影响导向精度。

⑤ 在凸模与凹模刃口及型腔处，导套、导柱接触面上涂以防锈油（特别是拆开存放），以免损坏工作零件。

⑥ 模具存放时，应在上、下模之间垫以限位木块（特别是大、中型模具），以避免卸料装置长期受压而失效。

⑦ 模具上、下模应整体装配后存放，不能拆开存放，以免损坏工作零件。

⑧ 对长期不使用的模具，应经常检查其保存完好程度，若发现锈斑或灰尘应及时予以处理。

⑨ 建立模具管理档案，记载出、入库完好情况。

⑩ 同时应作好模具修理和维护时要使用的备件管理。

**（3）模具报废的管理**

① 凡属于自然磨损而又不能修复的模具，应由技术部门鉴定开出报废单，并注明原因，经生产部门会签后办理模具报废手续。

② 凡因安装使用不当损坏的模具，由责任者填写报废单，注明原因，经生产部门审批后办理报废手续。

③ 由图纸、工艺改进使模具报废的，应由设计部门填写报废单，按自然报废处理。

④ 新模具经试模后或鉴定不合格而无法修复时，应由技术部门组织工艺人员、模具设计、制造者共同分析后，找出报废原因及改进办法后，再进行报废处理。

## 9.7 冲模的修理

模具在制造或使用过程中，由于模具制造工艺不合理，模具在机床上安装或使用不当，或模具由于其内部零件受到冷、热交替变化及压力的冲击和腐蚀，零件会逐渐被磨损，失去原有的使用精度，再加上操作者的粗心大意甚至被损坏，这些都将影响到产品质量和生产的正常进行。为使冲模在使用过程中能正常工作，始终保持良好的工作状态，就必须对其修理。

### 9.7.1 模具技术状态的鉴定

在模具制成或使用时，必须主动掌握模具技术状态的变化，并认真及时地予以处理，使其经常在良好状态下工作。同时，通过对模具及时进行技术状态鉴定，可以掌握模具的磨损程度以及模具损坏的原因，从而制定出修理内容及修理方案，这对延长模具使用寿命，降低制件的成本也是十分重要的。

一般情况下，对于新制成或经修理后的模具，是通过试模来鉴定的，而对于使用后准备交库保存的模具则是通过使用时末件的质量状况检测和模具使用中的工作性能检查、模具成型零件的检测等方法来进行技术鉴定的。

**(1) 模具技术状态的鉴定方法**

模具技术鉴定的方法见表9-7。

表9-7 模具技术鉴定的方法

| 鉴定内容 | | 检查方法 |
|---|---|---|
| 质量检查 | 检查内容 | 1. 制件尺寸精度是否符合图样要求<br>2. 制件形状及表面质量有无明显缺陷<br>3. 制件毛刺或飞边是否符合规定要求<br>4. 制件外观有无明显弊病 |
| | 首件检测 | 1. 检查模具安装调整后首批制件是否符合图样要求<br>2. 将首批检查结果与前次使用后末件检查结果相比较是否发生变化，以确定模具安装正确与否 |
| | 模具使用中的检测 | 1. 抽查模具批量生产中的制件，对其进行质量检测<br>2. 将检测结果与首件检查结果相对比，根据尺寸精度变化状况，确定模具磨损状况及使用性能变化情况 |
| | 末件检测 | 1. 模具在使用后，检测末件的质量<br>2. 根据末件的质量变化状况来判断模具有无检修的必要 |
| 模具工作性能检查 | 检查工作零件 | 检查模具各工作零件各紧固部位有无松动，能否正常工作，其间隙分型面密合是否发生变化，表面有无磨损或划痕 |
| | 检查卸料及推件零件 | 检查各推件及卸料机构工作是否灵活，有无磨损及变形 |
| | 检查导向零件 | 检查导柱、导销及导套有无松动和磨损，配合状态是否发生变化 |
| | 检查定位零件 | 检查定位装置是否可靠，有无松动及位置发生变化或磨损后定位不准 |
| | 检查安全防护零件 | 检查模具安全防护装置是否完好，有无安全隐患 |

**(2) 模具成形零件的检测**

通过上述模具技术状态鉴定后，还需对凸模、凹模（或凸凹模）、镶块、顶件块等模具成形零件进行检查及检测，其检测除使用一些通用测量技术外，常用的量具或量仪有以下几种：

① 样板检测型面。样板包括：半径样板，由凹形样板和凸形样板组成，可检测模具零件的凸凹表面圆弧半径，也可以作极限量规使用；螺纹样板，主要用于低精度螺纹的螺距和牙型角的检验。对于型面复杂的模具零件，则需专用型面样板检测，以保证型面的尺寸精度。

② 光学投影仪检测型面。利用光学系统将被测零件轮廓外形或型孔放大后，投影到仪器影屏上进行测量。经常用于凸模、凹模等工作零件的检测，在投影仪上，可以利用直角坐标或极坐标进行绝对测量，也可将被测零件放大影像与预先画好的放大图相比较，以判断零件是否合格。

### 9.7.2 模具修理工作的组织

在模具修理时，为延长模具的使用寿命，使其恢复到原有工作状态，企业必须要合理地安排及组织对模具的维护与修配工作。

**（1）维修人员的配备**

在一般使用模具生产零、部件制品的企业中，为了使模具能得到合理使用，做到安全正常生产，根据生产规模及批量的大小，应设立模具维修车间或维修小组，实施以预防为主、修配为辅的管理模式，监督模具的使用以及运行生产状况，发现问题及时解决或修配，并在模具使用后，对其进行技术状态鉴定和检修，以使模具处于良好技术状态下工作，最大限度地延长模具使用寿命，防止制品出现缺陷，以降低制件的制造成本，提高企业经济效益。

模具维修组织的成员，应该是由有一定模具制造经验、工作责任心强的模具工来担任，并要配备一些专业技术人员。在通常的情况下，要求他们的技术专业水平和实践经验比较全面，即不仅要具有钳工操作过硬的技能，精通模具的专业知识以及模具制作、装配、调试、验收检验、使用的操作本领，更主要的是还要有善于分析、解决模具出现故障的能力。只有这样，才能在模具出现故障后，在最短的时间内修复，不误生产的正常进行。

**（2）模具维修工的职责**

① 熟悉本企业产品所用模具的种类及每个制品零件所用模具套数、工艺流程及使用状况，并对每套模具在使用后要进行模具技术状态鉴定，建立技术档案。

② 详细掌握要检修的模具结构组成、成形制品原理及工作过程，并能修整配制模具的易损备件。

③ 负责与操作者一起安装、调试模具，并在模具工作中，随时跟踪检查模具的工作状况，随机进行修整，使之处于正常工作。

④ 负责需检修的模具零件的修配、更换及装配。

⑤ 负责修配装配后的模具调试工作。

⑥ 负责对模具操作工的技术培训及指导工作。

### 9.7.3 模具维修的方式及工具

模具修理的目的是以最少的经济代价，使模具经常处于完好和生产准备状态，保持、恢复和改善模具的工作性能，以确保生产任务的完成。为此，应具体评估模具故障的危害，选用经济、有效的修理方式。

**（1）维修方式的选择与安排**

维修方式的选择应对模具的受损情况进行全面检查之后给出，检查内容主要有：模具的工作部分是否正常；模具的定位部分是否正常；模具的紧固、导向和卸料等零件的工作状态等是否良好。

① 模具维修的方式　模具维修方式主要有两种：一种是模具维修工在模具使用时，随机进行维护性保养及随机维修（主要工作内容是更换磨损或损坏的辅助零件，或消除不大的

缺陷等)；另一种方法是卸开模具进行检修（主要工作内容是对模具进行全面检查，拆下和更换损坏零件、调整零件位置、修复受损部位等)。

② 维修方式的选择及安排　具体模具维修方式的选择可根据以下原则进行。

a. 模具在使用过程中，若发现所成形的制品质量出现缺陷或模具工作时产生不正常响声及故障，应立即停机检查故障产生的原因，对于一些小的毛病，能随机进行临时修整的尽量不要将模具从机床上随意卸下，应按随机维修的方法，进行修复后继续使用。对于实在不能随机修复的再从设备上卸下，根据故障的部位、损坏程度进行恢复原技术状态的检修。

b. 模具在工作中出现故障后或每批次使用后，即使没有出现较大毛病，也应检查一下正常的磨损程度，并结合末件检查制品质量状况，决定模具是否需要修理或需检修部位。在修理的过程中，通常要把损坏及影响制件质量的部位进行拆卸、检修，勿需将模具大拆大卸，因为每拆卸一次，都会对模具的技术状态造成很大影响。

c. 模具在检修的过程中，无论是对原件进行修复还是更换新的部件，都要满足原图样设计的尺寸、精度以及各部位配合精度要求，并要对其进行重新研配和修整。

d. 对需成形制品批次量很大或模具需长期使用时，应定期检查模具各部位磨损状况，以决定是否需要检修。如对于冲模，若冲压到一定数量后，即使没发现大的毛病，也要对模具进行检测、修整，以保证正常使用，延长使用寿命。对于型腔模，要结合本企业的实际使用水平，来确定定期检修的时间。但其检修时间，应安排在两次生产的间隔期。

e. 在对模具进行全面检修时，应对模具的各部位配合精度及全部零件尺寸精度和完好度作一次全面检查，检查时要按原设计图样要求进行。对不符合要求的部件，要进行修配或更换，使其达到原设计要求。

f. 模具在检修时，要适应生产的要求，若生产中急需的应以最快、最短的时间修理完毕。在修理完成之后，要和新制模具一样按要求进行组装、调整和试模，经验收合格后才能交付使用。

**(2) 模具维修的设备及工具**

一般来说，根据模具复杂程度及修理工作量大小的不同，修理中所使用到的设备也是不同的。常用的设备主要有：试模用小型成形设备、手扳压力机、钳工用台虎钳、工作台钻床、抛光机、砂轮机；常用的工具主要有：用于开启模具的撬杠、用于夹持模具零件和组件的卡钳、用于装卸圆柱销的拔销器等。表 9-8 给出了维修模具所用设备及工具。

**表 9-8　维修模具所用设备及工具**

| 名称 | | 图　示 | 用　途 |
|---|---|---|---|
| 维修用设备 | 试模用小型成形设备 | — | 能供小型冲模使用的压力机，若大型冲模及各类型腔模，可采用生产车间的设备，主要用于修配后试模用 |
| | 手扳压力机 | — | 供模具维修时零件压入装配，压印，锉修，导柱、导套压入及压出用 |
| | 风动砂轮机 | — | 主要用来维修时打磨工件用。其风动砂轮机的规格为：7000r/min、1600r/min、3000r/min |
| | 钳工用台虎钳、工作台钻床、抛光机、砂轮机 | — | 主要用于修配时钳工的锉修加工，打孔、攻螺纹、抛光及模具部件的装配及拆卸等 |
| | 手推起重小车 | — | 供模具运输用 |

续表

| 名称 | | 图示 | 用途 |
|---|---|---|---|
| 维修用主要工具 | 撬杠 | 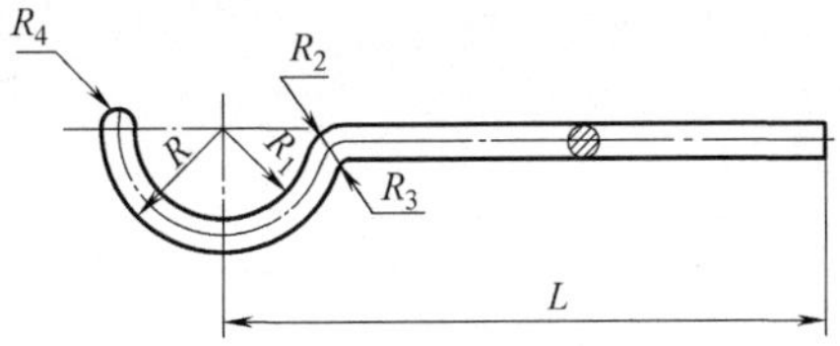 | 主要用于开启模具 |
| | 夹钳 |  | 主要用在修理时卡紧零件，或安装模具时卡相邻部件使用 |
| | 样板夹 | 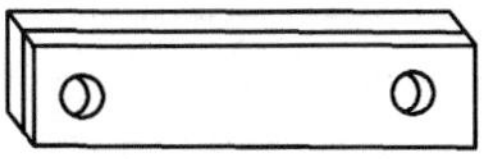 | 主要用在配作模具零件夹样板时使用 |
| | 拔销器 | 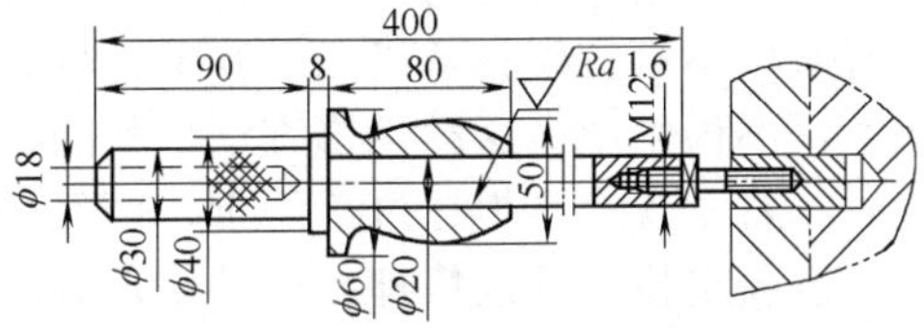 | 又称退销棒，主要在装、卸模具时，取出和安装销钉时使用 |
| | 螺钉定位器 | 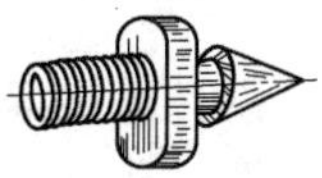 | 主要用来装配冲模时，配合螺纹作定位调整用 |
| | 铜锤 | — | 以黄铜棒为材料制成，主要用于调整冲模间隙及零件的拆卸 |
| | 内六角螺钉扳手 | — | 主要用来取出或拧紧各种规格的内六角螺钉 |
| | 抛光轮 | 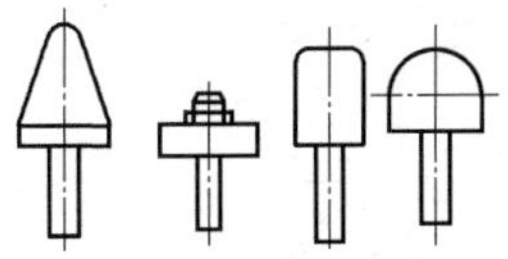 | 主要有布、皮革及毛毡三种形式，主要用来对零件抛光 |
| | 手动砂轮机及磨头 | 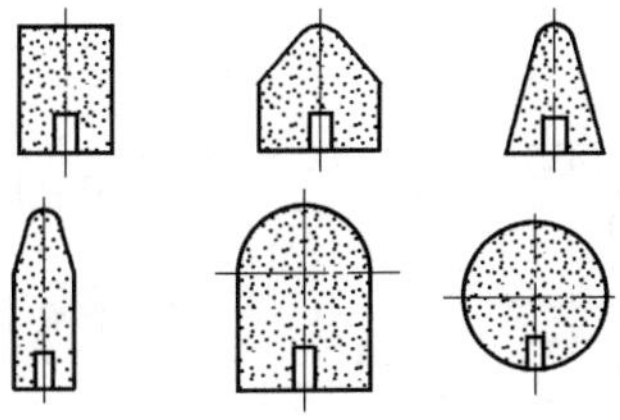 | 其粒度为46、60、80等各种规格，主要用于修磨各种零件 |
| | 细纹什锦锉 | — | 由五支～十二支细锉备用，用来锉修各种零件 |

续表

| 名称 | | 图示 | 用途 |
|---|---|---|---|
| 维修用主要工具 | 油石 | — | 应备有圆形、方形、长方形、半圆形、三角形多种，粒度在 0.154～0.071mm（100～200 目）之间，用以修磨刃口或抛光用 |
| | 砂布 | — | 应备有 0.4mm、0.18mm、0.125mm、0.08mm（40 目、80 目、120 目、180 目）各种不同规格，主要在维修时抛光用 |
| 测量工具 | 游标卡尺、游标高度尺、角度尺、塞规及百分表、千分表 | — | 主要对修理零件的划线、测量及检测用 |

### 9.7.4 冲模的随机维护性检修

模具在使用过程中，由于零部件间的冲击及磨损，使用一段时间后，总会出现这样或那样的毛病及故障。这些故障，有时可不必将模具从机床上卸下，可直接在机床上进行维护性修整，使之恢复到原有工作状态，不误生产。这种检修方法俗称随机维护性检修。此外，在模具使用过程中或在技术鉴定时，若发现模具损坏过于严重，而又无法随机检修时，为延长使用寿命，须对模具进行拆卸，重新更换备件或修理，这种修理方法称为模具的检修。模具检修通常交由模具制造部门完成，而随机维护性检修则由冲压生产车间的模具维修小组完成。

冷冲模随机维护性检修主要内容包括：模具易损零件，如凸模、凹模、定位板、定位块及顶杆，连续模中的挡料块磨损后的备件更换，凸、凹模表面的修磨，被损坏零件的临时修复，紧固松动了的零件以及对导柱、导套的清洁、润滑，根据所冲制品零件检测的质量缺陷调整模具使其恢复正常等。其维护性检修方法见表 9-9。

表 9-9 冲模随机维护性检修方法

| 模具检修部位 | 图示 | 检修方法 |
|---|---|---|
| 模具易损零件的更换 | 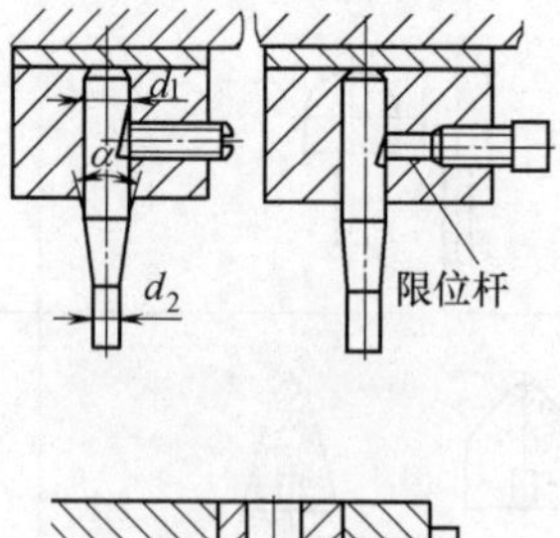 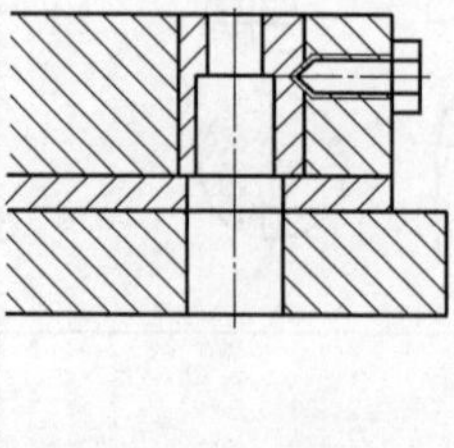 $d_1$ $\alpha$ $d_2$ 限位杆 | 1. 易损的凸、凹模及定位零件，可采用快换式冲模结构，如图示的凸、凹模更换，只需很短的时间更换后，调整一下凸、凹模间隙，即可立刻开机使用<br>2. 通用标准零件如定位螺钉、卸料机构的顶杆以及卸料弹簧、橡胶等，若有损坏，可将模具在机床上做部分拆卸，更换新件后，稍做修整即可继续使用 |

续表

| 模具检修部位 | 图　　示 | 检修方法 |
| --- | --- | --- |
| 凸、凹模工作表面的修磨 | 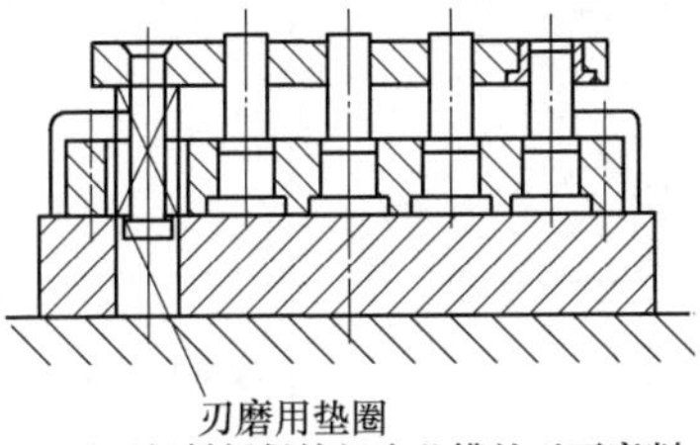 (a) 用卸料板保护细小凸模的平面磨削 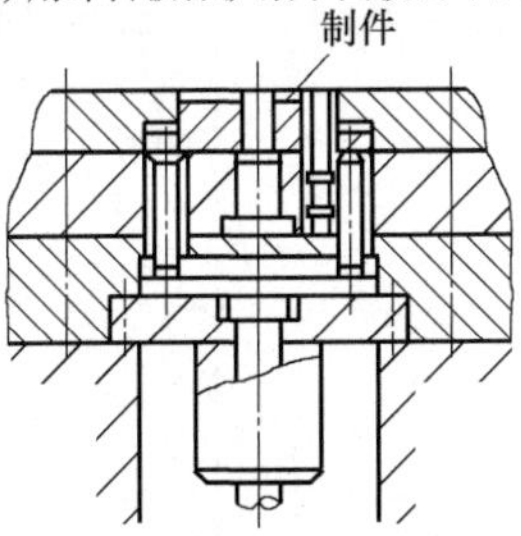<br>(b) 用顶件器保护凸模的平面磨削 | 1. 当冲裁模的凸、凹模刃口磨损程度不大或有轻微的啃刃现象，使冲件毛刺加大时，可在压力机上用不同规格的磨石蘸煤油在刃口面上顺着一个方向对刃口轻轻刃磨，直到刃口光滑锋利为止<br>2. 弯曲拉深的凸、凹模工作面出现拉毛、拉伤痕迹和金属微粒黏附在工作面上使制品出现划痕时，可先用细砂纸或弧形磨石将凹模工作面打光再用氧化铬抛光<br>3. 假如冲裁凸、凹模崩刃和裂纹较大时，可从机床上单独卸下凸、凹模，用平面磨床磨修后再重新安装继续使用。但对于一些较小的凸模为预防变形可采用图(a)中的用卸料板及图(b)的用顶件器保护方法进行平面磨床磨削刃口<br>4. 在磨削凹模刃口时，可将下模单独卸下平磨后再安装，与上模调整间隙后再继续使用，但刃磨的吃刀量一定要小 |
| 修磨受损伤的刃口 | 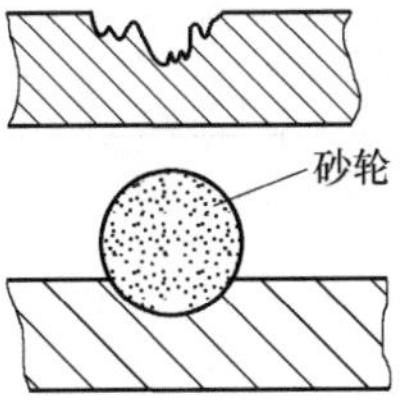 | 冲裁模工作过程中出现严重的啃刃或有不严重的崩刃、裂纹，当冲模精度要求不高时，可采用风动砂轮先修磨成圆滑过渡的表面，然后用磨石研磨成锋利的刃口，如图所示。但采用风动砂轮时，一定轻轻研磨，不可用力过大，以免造成新的崩刃、裂纹 |
| 被损坏及变形零件的随机修复 | 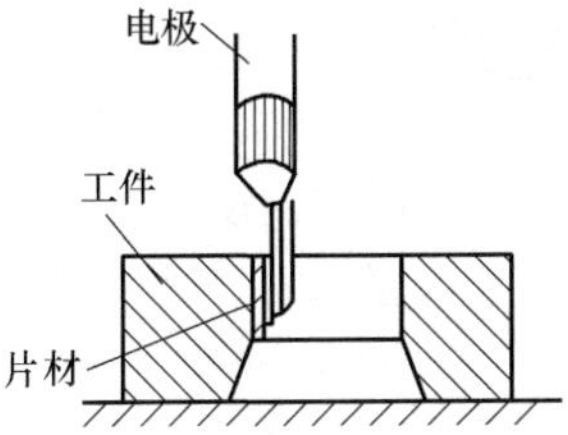 (a) 片状修补 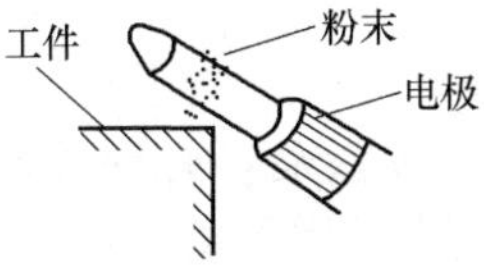<br>(b) 粉末修补 | 冲模使用过程中某些零件会发生变形或损坏，如拉深模压边圈的压料面，定位零件的定位板，顶杆、顶料板弯曲或变形，这时可根据零件受损情况进行修磨，个别局部磨损较大的可以采用补焊、修磨的方法继续使用，如图所示采用便携式模具修补机进行修补 |

续表

| 模具检修部位 | 图　示 | 检修方法 |
| --- | --- | --- |
| 对松动零件进行紧固 | 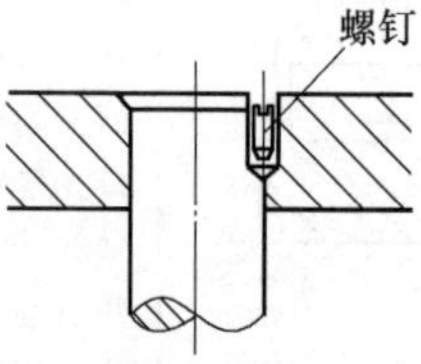 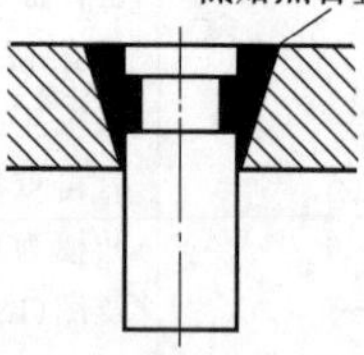 螺钉<br>(a)<br>低熔点合金<br>(b) | 1. 在冲压过程中，若凸模脱落，可单独将上模从机床上卸下，采用图示骑缝螺钉[图(a)]或用低熔点合金浇注[图(b)]<br>2. 要随时检查模具各螺钉及销钉的松紧情况，若发现松动要及时拧紧，以免导料板、卸料板、定位板由于松动未固紧，失去使用功能，损坏模具 |
| 调整因自然磨损而改变的凸、凹模间隙 | 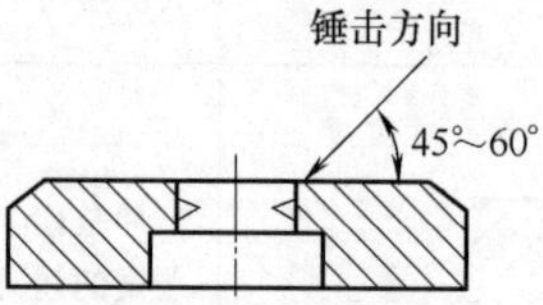 锤击方向<br>45°～60° | 在冲压过程中，若发现制品毛刺变大，弯曲、拉深件壁厚高低不均，表明凸、凹模间隙发生变化，应立即停机调整凸、凹模相对位置或用手动砂轮、磨石进行刃磨、捻压使间隙合适，达到正常工作状态 |
| 导向零件的清洁与润滑 | — | 在冲压过程中要时刻检查导套、导柱的工作运转状况，按工艺规程及时涂抹润滑油，以减少磨损，保证模具上、下对中，正常工作 |
| 根据制件质量状况随机进行调整及检修 | — | 在冲模进行随机维护性检修时，可根据制件质量变化状况，进行随时调整及修复 |

## 9.8 冲压件废次品的监控及处理

冲压件的加工主要是利用板料，通过压力机滑块对安放在压力机上的模具进行简单冲击来完成零件加工的，由于加工速度快，且生产批量大，因此，若生产加工过程中缺乏控制，则很容易产生成批次的废次品。为控制冲压件质量，对生产加工的冲压件废次品应进行监控，对产生的废次品则应按质量管理程序进行处理，冲压件废次品的监控及处理主要从以下几方面进行。

（1）冲压件废次品的监控

在冲压生产过程中，要预防和控制冲压废次品，必须提高管理人员及操作者的质量意识，实现全面质量管理，加强质量教育，提高技术及管理水平，人人把好质量关。在生产过程中，生产工人要认真搞好自检、互检。车间要设质量管理小组，班组及工序间要设专职检验员，做到自检、互检、专检相结合。各类人员主要应做好以下方面的控制：

① 操作者的质量监控

a. 严格按照工艺要求进行操作，在保证质量的基础上提高产品加工效率。

b. 操作前要对设备、工具及坯料进行检查，排除影响质量的隐患。

c. 加强工作责任心，在加工时做到首件及中间环节的检查，并做到工序间互检及装配前的检查。

d. 上、下工序要做到主动联系，及时交流质量状况，做好产品质量情况交接工作。

e. 检查质量发现问题后，要及时与有关部门共同分析原因，找出补救办法，以避免产生废品及发生严重的质量事故。

② 现场技术员的质量监控

a. 参与“三检制”的实施，掌控好日常生产的产品质量。

b. 每日对各生产工序进行巡视，及时发现问题和解决问题。

c. 对关键工序做到日日巡视、周周分析，确保关键工序质量优良。

d. 做好质量记录的收集、整理、分析和分类管理、保存工作。

e. 协助工厂或车间安全员对安全生产情况进行定期或不定期的检查。

③ 检验员的质量检验

a. 遵守检查制度，按产品及技术条件、技术验收标准、工艺规程对产品进行验收，做到首件检查、中件抽查、尾件复查验收。

b. 正确办理验收、返修及报废手续，及时填写原始质量记录。做到不误检、不错检、不漏检。

c. 维护、保养好检验用具及量具、标准样板。

d. 参加质量分析会及全面质量管理活动，分析废品原因，共同研究改进产品质量措施。

④ 车间质量管理小组的质量控制

a. 车间应成立以有实践经验的老工人、技术人员、管理人员为骨干的质量管理小组，实行全面质量管理。

b. 采用各种形式宣传提高产品质量的重要性，定期召开质量分析会，总结、推广提高产品质量的经验。

c. 经常对操作者进行质量教育。

d. 组织产品改进活动、提出产品改进建议、制定产品改进措施。

e. 监督、检查质量管理状况。

**（2）不合格品的处理**

经检验部门检验，可将生产的零件划分为两类：与规定的产品、工艺图样相符的为合格品；反之，与规定的产品、工艺图样要求有不相符部分的零件则为不合格品。

对合格零件，由检验部门确认后，应签发冲压件合格证，或做出合格标记。确认为不合格的零件，应填写通知单，并在零件上做标示，隔离存放，并通知质量保证体系的不合格品处理机构按不合格品处理程序进行处理。

按企业不合格品管理制度，所有不合格品都要有评审记录。不合格品处理分返工、返修、让步接收及报废等几种方式，当经不合格品处理机构（一般由技术部门的产品、工艺和检验部门的技术人员及技术主管领导共同组成）处理为返修、返工时，检验主管技术人员应填写退修单，并有返工、返修记录，当不合格品要让步接收时，要有产品让步申请，当经不合格品处理机构判定为报废时，应开具废品单等单据。

## 9.9 质量的信息反馈及改进

为保证、改进和提高产品质量，企业应建立质量信息反馈管理制度，以便对产品设计、工艺规程可能存在的质量问题持续进行改进。

（1）质量的信息反馈

质量信息主要包括企业内部及外部信息，为产品改进的需要，企业应建立质量信息反馈管理制度。

企业内部信息主要是生产过程中发现的质量问题，其反馈渠道主要有：正常生产中，现场技术人员对生产加工工艺规程的跟踪所发现可能存在的问题；检验人员所发现的不合格项；操作人员及下道工序加工所反映的产品质量问题等。

企业外部信息一般是产品使用的质量信息，其反馈渠道主要有：用户的质量反应、投诉；企业对用户进行的定期走访信息等。

当生产过程中发现质量问题时，应立即停止生产并及时组织分析，找出原因，对影响产品质量问题的诸因素，可通过信息管理系统进行反馈监督有关单位解决，以落实责任，并提出处理办法或改进措施，只有经生产验证确认合格后，方可恢复生产。

为防止不合格品的再度产生，应有纠正和预防措施控制程序，建立产品纠正和预防措施、验证办法。

对反馈的外部信息，企业应通过定期或不定期的质量会议，对查访中提出的意见及反馈的信息进行及时分析、研究处理。

（2）质量的改进

从质量的产生、实现、保证的角度来讲，产品设计是产品质量的缔造者，工艺技术人员是产品质量的创造者，操作人员是产品质量的建设者，而检验人员则是产品质量的守护者。

对冲压加工来讲，工艺技术人员所制定的工艺规程对冲压件质量的保证更是起着举足轻重的作用，为保证工艺规程等技术文件正确、合理的指导作用，促进产品加工质量的持续改进，工艺技术人员还应做好以下工作：

① 每当新产品投产时，工艺技术人员应当亲临现场，参与从模具安装调试到首件的冲制、检验、确认全过程。

② 负责倾听和收集对于产品、工艺、质量的改进意见和建议，提出并实施改进方案。

③ 不定期地对工艺进行验证，尤其是新产品的零件和问题多的、复杂的关键零件要进行工艺验证工作，并建立工艺验证报告制度。

④ 对关键工序和重点工序应推广使用质量管理点的办法，质量管理点应有作业指导书和数据记录。

⑤ 参与对操作者每日的“6S”管理，并组织开展“QC”小组活动，不断推进产品质量的改进和提高。

⑥ 负责提出产品质量改进计划，推进产品改进计划的落实。

# 参考文献

[1] 郑家贤. 冲压工艺与模具设计实用技术 [M]. 北京：机械工业出版社，2005.
[2] 丁松聚，等. 冷冲模设计 [M]. 北京：机械工业出版社，2001.
[3] 彭建声. 冲压加工质量控制与故障检修 [M]. 北京：机械工业出版社，2007.
[4] 钟翔山，等. 冷冲模设计案例剖析 [M]. 北京：机械工业出版社，2009.
[5] 秦松祥，等. 冲压件生产指南 [M]. 北京：化学工业出版社，2009.
[6] 范玉成，等. 冲压工操作技术要领图解 [M]. 济南：山东科学技术出版社，2007.
[7] 罗云华. 冲压成形技术禁忌 [M]. 北京：机械工业出版社，2008.
[8] 钟翔山，等. 冲压加工质量控制应用技术 [M]. 北京：机械工业出版社，2011.
[9] 涂光祺，等. 冲模技术 [M]. 北京：机械工业出版社，2002.
[10] 杨玉英，等. 实用冲压工艺与模具设计手册 [M]. 北京：机械工业出版社，2005.
[11] 钟翔山，等. 冲压工速成与提高 [M]. 北京：机械工业出版社，2010.
[12] 王孝培. 实用冲压技术手册 [M]. 北京：机械工业出版社，2001.
[13] 夏巨谌，等. 实用钣金工 [M]. 北京：机械工业出版社，2002.
[14] 模具实用技术丛书编委会. 冲模设计应用实例 [M]. 北京：机械工业出版社，2006.
[15] 马林，等. 全面质量管理基本知识 [M]. 北京：中国经济出版社，2001.
[16] 钟翔山，等. 冷冲模设计应知应会 [M]. 北京：机械工业出版社，2008.
[17] 钟翔山，等. 冲压工操作质量保证指南 [M]. 北京：机械工业出版社，2011.
[18] 钟翔山，等. 图解冲压工入门与提高 [M]. 北京：化学工业出版社，2017.
[19] 马朝兴. 模具工（中级工）[M]. 北京：化学工业出版社，2006.
[20] 任志俊，等. 模具工 [M]. 沈阳：辽宁科学技术出版社，2011.
[21] 刘志明. 实用模具设计与生产应用手册 [M]. 北京：化学工业出版社，2019.